普通高等教育材料类系列教材

工程材料及热加工技术

徐　跃　聂金凤　李玉胜　江金国　编
颜银标　朱和国　主审

机械工业出版社

本书介绍的工程材料及热加工技术广泛应用于机械、电子、建筑、化工、仪器仪表、航空航天、军工等工业部门。本书共 11 章，涵盖了以下四部分内容。第一部分为工程材料的基本理论，包括金属材料、高分子材料、无机非金属材料的组织结构；材料制备过程中的组织控制，组织和性能的关系；材料改性，金属材料的热处理理论和高分子材料、无机非金属材料的改性理论。第二部分为常用工程材料，包括工程材料的种类、牌号、组织、性能特点和应用。第三部分为金属材料的热加工技术，包括铸造、压力加工和焊接。第四部分为工程材料的失效分析、选用等，包括工程材料的失效类型、原因和零件失效的分析方法，零件的选材原则及工程应用实例。本书以工程材料特别是金属材料为主线，同机械类专业教学大纲要求相结合，各章内容深入浅出，厚基础、重应用，并注重对学生分析解决生产实际问题的能力和创新能力的培养。

　　本书可作为普通高等院校机械类专业工程材料及热加工技术方面相关课程的教学用书，主要面向机械类本科、专科学生，也可供有关工程技术人员学习、参考。

图书在版编目（CIP）数据

工程材料及热加工技术/徐跃等编. —北京：机械工业出版社，2022.8
普通高等教育材料类系列教材
ISBN 978-7-111-71024-0

Ⅰ.①工… Ⅱ.①徐… Ⅲ.①工程材料-高等学校-教材②热加工-高等学校-教材 Ⅳ.①TB3②TG306

中国版本图书馆 CIP 数据核字（2022）第 102465 号

机械工业出版社（北京市百万庄大街 22 号　邮政编码 100037）
策划编辑：赵亚敏　　　　责任编辑：赵亚敏　章承林
责任校对：樊钟英　王　延　封面设计：张　静
责任印制：李　昂
唐山三艺印务有限公司印刷
2022 年 9 月第 1 版第 1 次印刷
184mm×260mm·18.75 印张·463 千字
标准书号：ISBN 978-7-111-71024-0
定价：55.00 元

电话服务　　　　　　　　网络服务
客服电话：010-88361066　机　工　官　网：www.cmpbook.com
　　　　　010-88379833　机　工　官　博：weibo.com/cmp1952
　　　　　010-68326294　金　书　网：www.golden-book.com
封底无防伪标均为盗版　　机工教育服务网：www.cmpedu.com

前　言

材料科学技术是科学与工业技术发展的基础，与信息科学、能源科学已经并列为现代人类文明的三大基础和支柱。材料科学技术日新月异，各种新型材料伴随着高科技的发展而不断涌现，正改变着世界和我们的生活。掌握现代材料科学技术对科学技术领域的科技工作者是十分必要的。

工程材料及热加工技术广泛应用于机械、电子、建筑、化工、仪器仪表、航空航天、军工等工业部门。本书从工程应用角度出发，介绍了工程材料的基本理论及热加工技术，以及工程材料失效及选材等基本知识。在内容上尽量做到系统性、实用性、综合性相结合，力图反映近年来工程材料和热加工技术领域的最新成果。在叙述上图文并茂、深入浅出、通俗易懂、文字简练、直观形象，便于教学和理解。

"工程材料及成形工艺"课程是高等院校机械类专业的一门综合性技术基础课。课程学习的目的是使学生掌握工程材料的成分、组织结构、热加工技术及工艺条件（如载荷、温度、环境介质等）的改变对其性能的影响，掌握工程材料的牌号、基本特征、应用范围及热加工技术。该课程内容以金属材料为主，通过学习，学生在掌握材料及热加工技术理论的基础上，可初步具备根据零件的使用条件和性能要求合理选用工程材料的能力，以及根据所选材料合理制定零件热加工工艺和改性工艺的能力。

作为配套教材，本书具有较强的理论性和应用性，在学习过程中应注重对知识的分析、理解，并注意前后知识的衔接和综合应用。为了提高分析问题和解决问题的独立工作能力，学生在学习系统的理论外还要注意密切联系生产实际、注重实践环节。在学习本书之前，学生应具备必要的对生产实践的感性认识和专业基础知识。

本书由徐跃统稿。编写分工为：第1、2、3、6章由徐跃编写，第4、5章由李玉胜编写，第7、8章由江金国编写，第9、10、11章由聂金凤编写。全书由颜银标和朱和国担任主审。南京理工大学材料科学与工程学院张新平老师和李建亮老师对本书的编写提出了宝贵的建议和意见，在此表示由衷的感谢。

本书在编写过程中参考了国内外有关教材、科技著作及论文，在此特向有关作者和单位致以诚挚的感谢。

限于编者本身的水平和视野，本书难免存在一些疏漏之处，恳请读者指正。

编　者

目 录

第 1 章

工程材料的种类及其性能指标

工程材料具有许多良好的性能，因此被广泛地应用于制造各种构件、机械零件、工具和日常生活用具等。设计机械零件时，零件的结构、形状和尺寸与所选工程材料性能指标密切相关。要设计出理想的零件，必须选择合理的材料，以满足零件所要实现的功能（承受载荷、耐冲击、耐腐蚀等）。因此，首先了解工程材料具有的性能及其性能指标，对了解材料组织和性能之间的关系、合理选择材料，都是必要的。

材料的性能通常分为使用性能和工艺性能。使用性能是材料在使用过程中表现出的各种性能，包括物理性能（密度、熔点、导热性、导电性等）、化学性能（耐蚀性、抗氧化性等）、力学性能（强度、塑性、冲击性能、疲劳强度等）。工艺性能是材料在成形过程中表现出的性能，包括铸造性能、焊接性、可锻性、可加工性和热处理性能等。

本章主要介绍工程材料的种类，力学、理化和工艺性能指标，要求重点掌握常用力学性能指标的物理意义、实用意义及应用场合，并了解其测试与表示方法。

1.1　工程材料的种类

材料种类繁多，通常按其组成特点、结构特点或性能特点进行分类。根据使用性能，材料分为结构材料和功能材料。工程材料主要是指结构材料，是用于机械、车辆、建筑、船舶、化工、仪器仪表、航空航天、军工等各工程领域中制造结构件的材料，主要利用材料的力学性能，如强度、硬度及塑韧性等。工程材料按组成特点可分为金属材料、非金属材料和复合材料三大类，如图 1-1 所示。

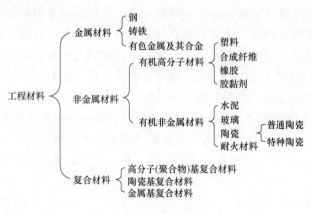

图 1-1　工程材料分类

除上述工程材料外，还有功能材料。功能材料是用于制造功能元件（磁性器件、光敏元件、各种传感器等）的材料，主要使用材料的特殊物理、化学性能，如电、磁、光、声、热等。

另外，根据材料的具体用途，又可将材料分为航空航天材料、信息材料、电子材料、能源材料、机械工程材料、建筑材料、生物材料、农用材料等。有时也将材料分为传统材料和新型材料。传统材料一般是指需求量和生产规模大的材料，而新型材料是建立在新思路、新概念、新工艺的基础上，以材料的优异性能为主要特征的材料。严格地讲，两者并无严格区别，因为传统材料也在不断提高质量、降低成本、扩大品种，在工艺及性能方面不断更新。然而新型材料经过长期应用又变成了传统材料。如钢铁材料刚出现的时候是新型材料，但是现在钢铁材料则是一种传统材料，而钢铁材料经过细晶化获得超级钢则又是一种新型材料。

1.1.1 金属材料

金属材料是最重要的工程材料，包括纯金属及其合金（以纯金属为基，加入其他纯金属或非金属元素所构成的金属材料），作为工程材料使用的主要是合金。元素周期表中共有八十多种金属元素，其中以铁、铝、铜、钛、镍等为基构成的合金作为工程材料使用。工业上把金属及其合金分为以下两大部分。

1）黑色金属：主要指铁和以铁为基的合金，包括钢、铸铁和铁合金。广义的黑色金属还包括铬、锰及其合金。黑色金属应用最广，90%以上的金属结构材料和工具材料是以铁为基的合金。钢铁材料具有优良的工程性能，价格也比较低。

2）有色金属：黑色金属以外的所有金属及其合金。有色金属常分为五大类，分别为：①轻金属（密度 $\rho < 4.5 \mathrm{g/cm^3}$），如铝、镁、钠、钙等；②重金属（密度 $\rho > 4.5 \mathrm{g/cm^3}$），如铜、锌、镍、铅等；③贵金属，如金、银、铂、铑等；④类（半）金属，如硅、硒、锗、锑、钋等；⑤稀有金属，如钨、钼、镭等。

1.1.2 非金属材料

工业中除金属材料外，非金属材料在近几十年也得到了越来越广泛的应用。非金属材料可分为高分子材料（聚合物）和无机非金属材料。

1. 高分子材料

以高分子化合物或高分子聚合物为主要组分所构成的材料称为高分子材料，它分为有机高分子材料和无机高分子材料，这里主要介绍有机高分子材料。有机高分子材料分为天然高分子材料和人工合成高分子材料两大类，工程上主要使用人工合成高分子材料。所谓高分子材料（聚合物）是指分子量为 $10^4 \sim 10^6$，分子结构呈链状，链上有重复的化学结构单元的化合物。高分子材料种类很多，工程上通常根据力学性能和使用状态将其分为以下四大类。

1）塑料：指室温呈玻璃态的高分子聚合物，具有较高的强度、韧性和耐磨性。

2）合成纤维：指高分子聚合物通过机械处理所获得的纤维材料，具有高的强度。

3）橡胶：指室温呈高弹态的高分子聚合物，具有优良的弹性性能。

4）胶黏剂：指室温呈黏流态的高分子聚合物。

2. 无机非金属材料

无机非金属材料包括陶瓷、水泥、玻璃和耐火材料等。

（1）陶瓷 陶瓷材料是由金属元素与非金属元素如氧、氮、硼等形成的化合物所构成的材料，由不含碳、氢、氧结合的化合物构成。工程上应用最广的是工业陶瓷材料，近年来出现的高温结构陶瓷、导体和半导体陶瓷、生物陶瓷等都是新型陶瓷材料。按照成分和用途，工业陶瓷材料可分为以下三类。

1）普通陶瓷材料（又称传统陶瓷）：主要为硅、铝氧化物构成的硅酸盐材料。

2）特种陶瓷材料（又称新型陶瓷）：主要为高熔点的氧化物、碳化物、氮化物、硅化物等经烧结而成的材料。

3）金属陶瓷材料：指用陶瓷生产方法获得的金属与化合物粉末所构成的材料。

（2）玻璃 玻璃是以石英砂、纯碱、石灰石等为主要原料，经高温熔融、成型、急冷硬化而成的非晶态固体材料。从玻璃的化学组成来看，最常用、产量最大的是以二氧化硅、氧化钠、氧化钙和少量的氧化镁、氧化铝为成分的硅酸盐玻璃，其他氧化物玻璃有硼酸盐、磷酸盐、锗酸盐、铝酸盐、锑酸盐等。

（3）水泥 水泥是指加入适量水后可形成塑性浆体，既能在空气中硬化又能在水中硬化，并能将砂、石等材料牢固地胶结在一起的细粉状水硬性胶凝材料。水泥是无机非金属材料中使用量最大的一类建筑工程材料，用它胶结砂、石制成的混凝土，硬化后不但强度较高，而且还能抵抗淡水或盐水的侵蚀。

（4）耐火材料 耐火材料是指耐火度不低于1580℃的一类无机非金属材料。耐火度是指材料在高温作用下达到特定软化变形程度时的温度，它标志材料抵抗高温作用的性能。

1.1.3 复合材料

复合材料是由几种材料通过复合工艺组合而成的新型材料，它既能保留原组成材料的主要特性，又能通过复合效应获得原组分所不具备的性能，还可以通过材料设计使各组分的性能互相补充并彼此关联，从而使材料具有新的优越性能。按照构成基体材料的不同，复合材料分为金属基复合材料、陶瓷基复合材料和高分子（聚合物）基复合材料。它在强度、刚度和耐蚀性方面比单一的金属、陶瓷和聚合物都优越，是一类特殊的工程材料，一直是材料科学与工程学科研究的热点之一，该类材料具有广阔的应用与发展前景。

本书主要介绍工程结构材料，各章内容将按上述工程材料的分类进行讨论。

1.2 工程材料的力学性能及指标

材料在外力作用下所表现出的各种性能称为力学性能，常用强度、塑性、硬度、韧性、疲劳强度、断裂韧性和高低温力学性能等进行表征。

在各种工作状态下的工程构件和机械零件都要承受载荷。有的零件所受载荷的大小或方向不随时间变化，或随时间变化非常缓慢，这种载荷称为静载荷；有的零件所受载荷的大小或方向随时间变化非常快，这种载荷称为动载荷。在不同类型载荷作用下，构成零件的材料将表现出不同的力学行为。因此，应根据受力情况选用不同的性能指标来评价材料力学性能。

1.2.1 静载荷下材料的力学性能

1. 材料强度与塑性的测试

强度和塑性是材料最重要、最基本的力学性能指标，由拉伸试验法测定。按GB/T

228.1—2010 将材料制成标准拉伸试样；将试样装于拉伸试验机后，缓慢地施加拉力，试样逐渐伸长，直至断裂；拉伸过程中，自动记录拉力 F 和伸长量 ΔL 的关系曲线——应力-延伸率曲线；将拉力 F 除以试样原始横截面积 S_o 即得应力 R，将伸长量 ΔL 除以试样原始长度 L_o 即得延伸率 e，消除试样几何尺寸的影响，得到应力-延伸率曲线，如图1-2所示。

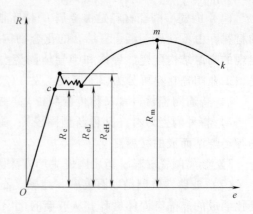

图1-2　低碳钢的应力-延伸率曲线

图1-2中，Oc 为直线段，应力与延伸率成线性关系，该直线段的斜率称为弹性模量（E）；如果卸去载荷，伸长的试样立即恢复原状，这种可恢复原状的变形叫弹性变形，弹性模量反映了材料产生弹性变形的难易程度；其应力与延伸率的比值 $E=R/e$ 称为材料的弹性模量，是衡量材料抵抗弹性变形能力的指标。E 越大，材料的刚度就越大。超过 c 点后，如果卸除载荷，试样的形状不能完全恢复，这种不能恢复的永久变形称为塑性变形。随后曲线上出现一个平台，此时应力不变，而延伸率仍在增加，这种现象称为"屈服"。材料屈服后，要使变形继续进行，必须提高应力；变形至 m 点，应力达到最大值，此时，试样局部截面变细，出现"缩颈"现象。之后，应力开始下降，变形主要集中在缩颈区域，最后在缩颈处断裂。由拉伸试验可测得强度和塑性指标。

2. 强度指标

1）弹性极限：指材料由弹性变形过渡到弹-塑性变形的最大应力，它表征材料开始塑性变形的抗力。在工作过程中不允许发生塑性变形的零件，如弹簧，设计时应根据弹性极限来选材和设计，保证工作应力不超过材料的弹性极限。

2）屈服强度：指材料产生明显塑性变形时的应力，它表征材料产生明显塑性变形时的抗力。屈服强度可以分为上屈服强度 R_{eH} 和下屈服强度 R_{eL}。机械零件经常因过量的塑性变形而失效，一般来说不允许发生明显的塑性变形。由于下屈服强度的数值较为稳定，因此以它作为材料抗力的指标。工程中常根据下屈服强度确定材料的许用应力。屈服强度不仅有直接的使用意义，在工程上也是材料的某些力学行为和工艺性能的大致度量。例如，材料屈服强度高，对应力腐蚀和氢脆就敏感；材料屈服强度低，冷加工成形性能和焊接性能就好等。因此，屈服强度是材料性能中不可缺少的重要指标。

屈服现象发生在退火或热轧的低碳钢和中碳钢等材料中，其他金属材料在拉伸时，无明显的屈服现象产生。因此，国家标准规定，可用有规定要求的规定塑性延伸强度 R_p 或者规定残余延伸强度 R_r 表示。例如，$R_{p0.2}$ 表示规定塑性延伸率为 0.2% 时的应力；$R_{r0.2}$ 表示规定残余延伸率为 0.2% 时的应力。如图1-3所示，铸铁不发生明显塑性变形，属于脆性材料，因而定义其残余延伸率为 0.2% 时的应力值为其屈服强度。

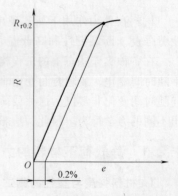

图1-3　铸铁的应力-延伸率曲线

3）抗拉强度 R_m（$R_m=F_m/S_o$）：也叫强度极限，指试样在拉伸时所能承受的最大应力，它表征材料对最大均匀变形时的抗力。一般来说，在静载荷作用下，只要工作应力不超过材料的抗拉强度，零件就不会发生断裂。因此，它也是设计和选材的主要依据。

三大类工程材料都可用拉伸试验法测量它们的强度性能，但陶瓷材料更多地采用三点弯曲试验法（图 1-4）测量抗弯强度，以该强度作为陶瓷材料的强度性能指标。另外，陶瓷的抗拉强度很低，而抗弯强度较高，抗压强度更高，因此要充分考虑与设计陶瓷应用的受力状态。

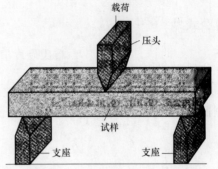

图 1-4 三点弯曲试验示意图

3. 塑性指标

塑性是指材料在外力作用下产生永久变形的能力，它表征材料在外力作用下产生永久变形而不发生破坏的能力。塑性可用断后伸长率 A 和断面收缩率 Z 来表示，其计算公式分别见式（1-1）和式（1-2）。

$$A = \frac{L_u - L_o}{L_o} \times 100\% \tag{1-1}$$

式中 A——断后伸长率；

L_u——试样断裂时的长度（m）；

L_o——试样的原始长度（m）。

$$Z = \frac{S_o - S_u}{S_o} \times 100\% \tag{1-2}$$

式中 Z——断面收缩率；

S_o——试样的原始横截面面积（m^2）；

S_u——试样断裂处的横截面面积（m^2）。

材料具有一定的塑性才能顺利地进行各种变形或成形加工，还可以提高零件使用的可靠性，防止突然断裂。A、Z 越大，材料塑性越好。由于断后伸长率与试样尺寸有关，因此，比较断后伸长率时要注意试样规格统一。

几类工程材料中，通常聚合物的塑性最好，如橡胶的弹性变形可达 1000% 以上；金属材料的塑性也较好，小于 100%；Al_2O_3 陶瓷、石英玻璃几乎不发生塑性变形，为脆性材料。

4. 硬度指标

硬度是一种重要的力学性能指标，用静载压入法（即在静载荷下将一个硬的物体压入材料）测量。硬度值反映了材料表面抵抗其他硬物压入其表面的能力，它表征材料抵抗塑性变形的能力。硬度试验形式有布氏硬度、洛氏硬度和维氏硬度等。

因硬度试验所用设备简单，操作方便、迅速，不损坏工件，而且硬度值和抗拉强度之间存在一定的对应关系，零件图上的技术要求往往只标注硬度值，所以硬度试验已成为产品质量检查、制订合理工艺的重要试验方法。

（1）布氏硬度 布氏硬度测量用布氏硬度计。布氏硬度测量根据 GB/T 231.1—2018 的规定，用一定的试验力 F 将直径为 D 的碳化钨合金球压入试样表面，保持一定时间 t 后卸去试验力，移去压头，再测量试样表面压痕直径 $d\left(d=\dfrac{d_1+d_2}{2}\right)$，如图 1-5a 所示。布氏硬度的计算公式为

$$布氏硬度值 = 0.102 \times \frac{2F}{\pi D\left(D-\sqrt{D^2-d^2}\right)} \tag{1-3}$$

表示布氏硬度时，在符号 HBW 之前的数值为硬度值，符号后面按一定顺序用数值表示测试条件，表示为球体直径（mm）、试验力（kgf，1kgf = 9.80665N）和保持时间（s），保

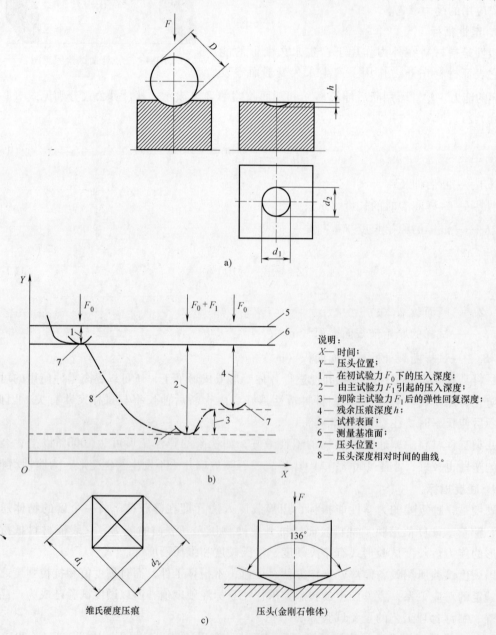

说明：
X— 时间；
Y— 压头位置；
1— 在初试验力 F_0 下的压入深度；
2— 由主试验力 F_1 引起的压入深度；
3— 卸除主试验力 F_1 后的弹性回复深度；
4— 残余压痕深度 h；
5— 试样表面；
6— 测量基准面；
7— 压头位置；
8— 压头深度相对时间的曲线。

图 1-5 常用硬度测试原理示意图
a）布氏硬度 b）洛氏硬度 c）维氏硬度

持时间为 $10\sim15s$ 时不需要标注，例如 600HBW 1/30/20。布氏硬度主要用于金属材料的硬度测量，很少用于陶瓷。

布氏硬度压痕直径较大，一般不用于测量成品零件，也不能用来测量较薄的零件。

（2）洛氏硬度　洛氏硬度用洛氏硬度计测定。洛氏硬度试验原理如图 1-5b 所示。用金刚石圆锥体或碳化钨合金球作为压头，试验时按规定分两级试验力将压头压入试样表面，初试验力加载后，测量初始压痕深度。随后施加主试验力，在卸除主试验力后保持初试验力时测量最终压痕深度，根据压痕深度来确定其硬度。压痕越深，材料越软，硬度值越低；反之，硬度值越高。被测材料的硬度，可直接由硬度计刻度盘读出。洛氏硬度计算公式为

$$洛氏硬度值 = N - \frac{h}{S} \tag{1-4}$$

式中　N——给定标尺的全量程常数（mm）；

　　　h——卸除主试验力，在初试验力下压痕残留的深度（mm）；

　　　S——给定标尺的标尺常数（mm）。

根据压头和载荷不同，常用洛氏硬度标尺见表 1-1。除表 1-1 中所列标尺外，还有六种表面洛氏硬度标尺，见 GB/T 230.1—2018。

表 1-1　常用洛氏硬度标尺

洛氏硬度标尺	硬度符号单位	压头类型	初试验力 F_0	总试验力 F	标尺常数 S	全量程常数 N	适用范围
A	HRA	金刚石圆锥	98.07N	588.4N	0.002mm	100	20~95HRA
B	HRBW	直径 1.5875mm 球	98.07N	980.7N	0.002mm	130	10~100HRBW
C	HRC	金刚石圆锥	98.07N	1.471kN	0.002mm	100	20~70HRC
D	HRD	金刚石圆锥	98.07N	980.7N	0.002mm	100	40~77HRD
E	HREW	直径 3.175mm 球	98.07N	980.7N	0.002mm	130	70~100HREW
F	HRFW	直径 1.5875mm 球	98.07N	588.4N	0.002mm	130	60~100HRFW
G	HRGW	直径 1.5875mm 球	98.07N	1.471kN	0.002mm	130	30~94HRGW
H	HRHW	直径 3.175mm 球	98.07N	588.4N	0.002mm	130	80~100HRHW
K	HRKW	直径 3.175mm 球	98.07NP	1.471kN	0.002mm	130	40~100HRKW

注：当金刚石圆锥表面和顶端球面是经过抛光的，且抛光至沿金刚石圆锥轴向距离尖端至少 0.4mm，试验适用范围可延伸至 10HRC。

（3）维氏硬度　维氏硬度用维氏硬度计测量。维氏硬度试验的原理与布氏硬度相同，区别在于所用的压头不同：前者所用的是锥面夹角为 136° 的金刚石正四棱锥体，压痕是四方锥形（图 1-5c）；后者所用的是球体，压痕是球形。

维氏硬度的计算公式为

$$维氏硬度值 = 常数 \times \frac{试验力}{压痕表面积} = 0.102 \times \frac{2F\sin\dfrac{136°}{2}}{d^2} \approx 0.1891\frac{F}{d^2}$$

式中　d——两压痕对角线长度 d_1 和 d_2 的算术平均值（mm）；

　　　F——试验力（N）。

维氏硬度标注为"硬度值 HV 试验力（kgf）/试验力保持时间，例如 600HV 30/20。维氏硬度试验所用试验力较小，压痕深度浅，适用于测量较薄零件、表面硬化层、金属镀层、薄片金属和陶瓷材料的硬度。它对软、硬材料均适用，所测硬度的有效值范围为

$0 \sim 1000HV$。

另外，由试验测得的各种硬度值不能直接进行比较，必须通过硬度换算表换算成同一种硬度值后，方可比较其大小。

金属材料的硬度测量常用布氏硬度、洛氏硬度和维氏硬度等。陶瓷材料的硬度测量方法有静载压入法和划痕法：静载压入法所测的硬度值反映陶瓷材料抵抗破坏的能力；划痕法所测的硬度称为莫氏硬度，分为15级，数值大的材料可划刻数值小的材料，其值只表示硬度由小到大的顺序，不表示软硬的程度。

典型材料的硬度值见表1-2。从表1-2中可以看出：陶瓷材料的硬度值最高，金属材料的硬度值次之，聚合物的硬度值最低，一般不超过20HV。

表 1-2　典型材料的硬度值

材料		条件	硬度/（kg/mm²）
金属	纯度为99.5%的铝	退火	20
		冷轧	40
	铝合金（Al-Zn-Mg-Cu）	退火	60
		沉淀硬化	170
	低碳钢	正火	120
		冷轧	200
	轴承钢	正火	200
		淬火（830℃）	900
		回火（150℃）	750
陶瓷	WC	烧结	1500 ~ 2400
	金属陶瓷（WC-6%Co）	20℃	1500
		750℃	1000
	Al_2O_3	—	~1500
	B_4C	—	2500 ~ 3700
	BN（立方）	—	7500
	金刚石	—	6000 ~ 10000
	硅石	—	700 ~ 750
	钠钙玻璃	—	540 ~ 580
	光学玻璃	—	550 ~ 600
聚合物	聚苯乙烯	—	17
	有机玻璃	—	16

1.2.2　动载荷下材料的力学性能

1. 冲击韧性

作用于零件上的载荷以极快的速度发生变化，这种载荷称为冲击载荷。在实际生产中，许多零件承受冲击载荷，如运输工具在起动、紧急制动或停止的瞬间，其中有许多零件承受极大的冲击载荷。此时，材料在冲击载荷作用下表现出的力学行为与上述拉伸是不同的，其力学性能由冲击韧性指标来评价。

冲击韧性是反映金属材料对外来冲击负荷的抵抗能力，一般由冲击韧度（a_K）和冲击吸收能量 K 表示，其单位分别为 J/cm^2 和 J。冲击试验因试验温度不同而分为常温、低温和高温冲击试验三种；若按试样缺口形状分类，又可分为 V 型缺口、U 型缺口和无缺口冲击试验三种。

冲击韧性通常用一次摆锤冲击试验来测定，其测试原理示意图如图1-6所示。试验时，将带有缺口的标准冲击试样置于试验机的支座上，摆锤升至一定高度 H_1 后落下，试样被冲断，摆锤继续摆动升至高度 H_2，则冲断试样所消耗的能量（冲击吸收能量）K 的计算公式为

$$K = mg(H_1 - H_2) \qquad (1\text{-}5)$$

式中　K——摆锤冲断试样所消耗的能量（J）；

　　　　m——摆锤质量（kg）；

　　　　g——重力加速度（m/s^2）；

H_1、H_2——摆锤冲断试样前、后的高度（m）。

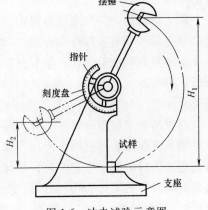

图1-6　冲击试验示意图

冲击吸收能量 K 表征材料抵抗冲击载荷不发生变形和断裂的能力。

材料的冲击韧度 a_K 的计算公式为

$$a_K = K/S_0 \qquad (1\text{-}6)$$

式中　S_0——试样缺口处截面面积（cm^2）。

材料冲击韧性的大小与材料本身特性（如化学成分、显微组织和冶金质量等）、试样几何参数（尺寸、缺口形状、表面粗糙度等）和试验温度等有关。

材料的冲击韧性与温度的关系如图1-7所示。通常冲击韧性随温度降低均下降，并在某一温度附近急剧降低，这一温度称为材料的冷脆转化温度。使用温度高于材料的冷脆转化温度时，材料呈韧性断裂（断裂前有明显塑性变形）；使用温度低于材料的冷脆转化温度时，材料呈脆性断裂（断裂前无塑性变形）。因此，在设计低温下工作的零件时，应选用冷脆转化温度低于使用温度的材料。

陶瓷材料为脆性材料，因其韧性极低，一般不用一次摆锤冲击试验法来测量其韧性。

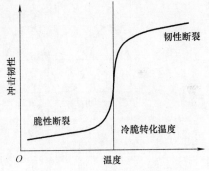

图1-7　冲击韧性与温度的关系

2. 疲劳强度

机械零件如轴、齿轮、弹簧等，大多受交变载荷（即载荷的大小、方向呈周期性变化）作用，尽管交变应力低于屈服强度，但在交变应力的长期作用下，零件仍会发生突然断裂，这种现象称为疲劳。疲劳断裂前无明显塑性变形，断裂是突然发生的，因此具有很大的危险性。疲劳破坏是机械零件失效的主要原因之一。据统计，在机械零件失效中大约有80%以上属于疲劳破坏，疲劳破坏前没有明显的变形，而且疲劳破坏经常造成重大事故，所以对于轴、齿轮、轴承、叶片、弹簧等承受交变载荷的零件，要选择疲劳强度较好的材料来制造。

材料所能承受的、不发生疲劳断裂的最大交变应力称为疲劳强度（S），它表征材料抵抗疲劳断裂的能力。由疲劳试验法测定材料的疲劳曲线（即 $\sigma\text{-}N$ 曲线，交变应力 σ 与断裂循环次数 N 之间的关系曲线），如图1-8所示。由该曲线可看出，σ 越小，N 越大；当应力低于某一数值时，经无数次应力循环也不会发生疲劳断裂，该应力值即为材料的疲劳极限 σ_D。一般试验时规定，钢在经受 10^7 次、非铁（有色）金属材料经受 10^8 次交变载荷作用

时不产生断裂时的最大应力称为疲劳强度。

陶瓷材料的疲劳与金属材料疲劳的差别较大：陶瓷材料对交变载荷不敏感，不存在真正的疲劳极限，只有条件疲劳极限（即在一定循环周次下材料所能承受的最大应力），陶瓷断口中不易观测到疲劳条纹；金属材料的疲劳与交变载荷密切相关，疲劳断口留有疲劳条纹形成、扩展和断裂的形貌。陶瓷材料疲劳强度的分散性远大于金属，这与陶瓷材料的结构有关。

材料的疲劳极限受材料的种类、纯度与组织状态、载荷类型、零件表面状态和工作温度及环境状况等因素的制约。例如，普通电炉冶炼的合金钢杂质较多，其疲劳极限为630MPa；而真空冶炼时的同成分合金钢，其疲劳极限达789MPa。同一种材料如40Cr钢承受交变弯曲载荷时的疲劳极限为650MPa，承受交变拉压载荷时的疲劳极限为552MPa。冷热加工时产生的缺陷（如脱碳、裂纹、刀痕、碰伤）使疲劳极限降低。45钢表面光滑时，抗拉强度为656MPa，疲劳极限为280MPa；若表面有刀痕，则抗拉强度为654MPa，疲劳极限为145MPa。高温使材料的疲劳裂纹易形成和扩展，降低了疲劳极限。材料在腐蚀介质中工作时，由于表面产生点蚀或表面晶界被腐蚀而成为疲劳源，在交变应力作用下就会逐步扩展而导致断裂。例如，在淡水中工作的弹簧钢，疲劳极限仅为空气中的10%～25%。因此，在设计承受交变载荷的零件时，对材料和制造工艺应提出更高要求。

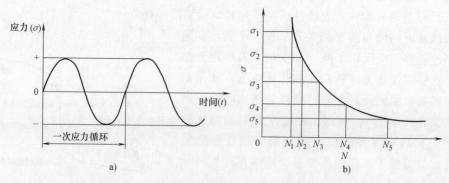

图 1-8　疲劳试验法测定的材料疲劳曲线示意图

a）循环应力曲线　b）疲劳应力与应力循环周次的关系曲线

3. 断裂韧性

有些高强度材料的零件常常在远低于屈服强度的状态下发生脆性断裂，中、低强度材料制成的重型机械、大型结构件也有类似情况发生，这就是低应力脆断。研究表明，低应力脆断与材料内部的裂纹及裂纹的扩展有关。因此，裂纹是否易于扩展，就成为衡量材料是否易于断裂的一个重要指标。

材料中存在裂纹时，在外力的作用下，裂纹尖端附近形成一个应力场，为表述该应力场的强度，引入应力场强度因子的概念。在弹塑性条件下，当应力场强度因子增大到某一临界值时，裂纹便失稳扩展而导致材料断裂，这个临界值或失稳扩展的应力场强度因子称为断裂韧性。断裂韧性反映了材料抵抗裂纹失稳扩展即抵抗脆断的能力，是材料的力学性能指标。

断裂韧性是材料固有的力学性能指标，是强度和韧性的综合体现，与裂纹的大小、形状、外加应力等无关，主要取决于材料的成分、内部组织和结构。工程材料中，金属材料的断裂韧性最高，复合材料次之，高分子材料和陶瓷材料最低。

断裂韧性在工程中的应用主要在以下三个方面：一是设计，包括结构设计和材料选用，可根据材料的断裂韧性，计算结构的许用应力，从而设计结构的形状和尺寸，并为选材提供重要依据；二是校核，可以根据结构要求的承载能力、材料的断裂韧性，校核结构的安全性，判断零件的脆断倾向；三是新材料开发，可以根据对材料断裂韧性的影响因素，有针对性地设计材料的组织结构，开发新材料。

1.2.3 高温下材料的力学性能

许多零件在高温下长期工作，如高压蒸汽锅炉、汽轮机与燃气轮机叶片、航空发动机中的一些零件，对于制造这些零件的材料，仅考虑其常温力学性能，是无法满足使用性能要求的，因为金属材料的性能与温度密切相关。通常材料的强度随温度升高而降低，塑性随温度升高而增大；而且在高温条件下，材料力学性能还与所加载荷的持续时间有关。一般钢铁材料的最高工作温度约为550℃，镍基材料可在1200℃工作；陶瓷材料的工作温度可达1500~3000℃；高分子材料的工作温度较低，如聚乙烯、聚氯乙烯、尼龙等，长期使用温度在100℃以下，而酚醛塑料的使用温度可达130~150℃，聚四氟乙烯可长期在250℃下工作。

对于高温下工作的材料，不能简单地用应力-应变关系来评定力学性能，而应考虑温度、时间两个因素。如在450℃时，20钢可短时承受330MPa的应力；将所加应力降至230MPa，在300h后才发生断裂；将所加应力降至120MPa，在10000h后才发生断裂。

高温下的材料随应力作用时间延长而产生塑性变形的现象称为蠕变。材料的高温性能用蠕变强度和持久强度来表征。蠕变强度是指材料在一定温度、一定时间内产生一定蠕变变形量所能承受的最大应力值，如"$\sigma_{0.1/1000}^{600} = 88MPa$"表示在600℃、1000h内，产生0.1%的蠕变变形量所能承受的最大应力值为88MPa。持久强度是指材料在一定温度下、一定时间内所能承受的最大断裂应力，如"$\sigma_{100}^{800} = 186MPa$"表示在800℃、工作100h所能承受的最大应力为186MPa。在设计高温下工作的零件时，应按材料的蠕变强度和持久强度来选择材料和确定结构。

陶瓷材料的高温强度优于金属材料，高温抗蠕变能力强，且有很高的抗氧化性，适宜在高温下使用。

1.3 工程材料的理化性能

材料的品种繁多、性能各异，除根据材料的实际用途、工作条件和零件的损坏形式选取材料的某些性能作为选材和使用依据外，材料的理化性能（如密度、耐磨性、熔点、热膨胀性、导电性、导热性、磁性、光电性能、抗氧化性、耐蚀性及化学稳定性等）也是选用材料的重要依据。

1.3.1 材料的物理性能

（1）密度 密度是指材料单位体积的质量。金属材料的密度一般为 $(1.7~19) \times 10^3 kg/m^3$，将密度小于 $4.5 \times 10^3 kg/m^3$ 的金属称为轻金属，如锂、铍、镁、铝、钛及其合金；将密度大于 $4.5 \times 10^3 kg/m^3$ 的金属称为重金属，如铁、铜、铅、钨及其合金。大多数高分子材料的密度一般为 $1.0 \times 10^3 kg/m^3$ 左右。陶瓷材料的密度一般为 $(2.5~5.8) \times 10^3 kg/m^3$。

抗拉强度 R_m 与密度 ρ 的比值称为比强度；弹性模量 E 与密度 ρ 的比值称为比弹性模量，这两个比值反映了材料力学性能与密度的综合效能。对航空、交通等工业产品要选用比强度高、比弹性模量大的材料，如钛合金、铝合金、高分子材料及其复合材料等。

（2）耐磨性　耐磨性指材料表面在工作中承受磨损的能力。材料的耐磨性与材料的硬度、热稳定性、表面摩擦系数、表面粗糙度，以及工作时两摩擦表面的相对运动速度、载荷性质和润滑状况等多种因素相关。耐磨性是材料表面性质和工作条件的综合体现，许多零件往往是由于磨损失效而丧失了工作能力的。高分子材料的硬度比金属低，但耐磨性优于金属；有些高分子材料具有自润滑性能，其摩擦系数很小，如聚四氟乙烯、尼龙等。

（3）熔点　熔点是指材料的熔化温度。金属和合金的冶炼、铸造和焊接等都要利用这个性能。熔点低的金属称为易熔金属（如 Sn、Pb 等），这类材料主要用于生产熔丝、焊丝等。熔点高的金属称为难熔金属或耐热金属（如 W、Mo 等），这类材料主要用于生产耐高温零件如燃气轮机转子等。陶瓷材料的熔点一般都高于常规金属材料。

（4）热膨胀性　热膨胀性指材料受热后的体积膨胀，常用热膨胀系数表示。对精密仪器或机器的零件，尤其是高精度配合零件，热膨胀系数是一个尤为重要的性能参数。如发动机活塞与缸套的材料就要求两种材料的膨胀量尽可能接近，否则将影响其密封性。一般情况下，高分子材料的热膨胀系数最大，金属次之，而陶瓷材料较低。工程上有时也利用不同材料热膨胀系数的差异制造一些控制部件，如电热式仪表的双金属片等。

（5）导电性　导电性是指材料传导电流的能力，用电导率表示。材料的导电性与材料本质和环境温度有关。金属一般都具有良好的导电性，银的导电性最好，铜和铝次之，导线主要用价格低的铜或铝制成；合金的导电性一般比纯金属差，所以用镍-铬合金、铁-锰-铝合金等制作电阻丝；金属的电导率随温度升高而降低。

绝大多数高分子材料具有优良的电绝缘性能，可以作为电容器的介质材料，是电器工业中不可缺少的电绝缘材料，广泛应用于电线、电缆及仪表电器中；但有些高分子复合材料也具有良好的导电性，正如陶瓷材料一样，一般都是良好的绝缘体，但有些特殊成分的陶瓷却是具有一定导电性的半导体，其电导率随温度升高而增大。

（6）导热性　导热性是材料传导热的能力，用热导率表示。材料的热导率大，导热性好。金属中导热性以铜最好，银和铝次之；纯金属的导热性比合金好，而合金又比非金属好。高分子材料、陶瓷材料的导热性较差。

在材料加热和冷却过程中，由于表面与内部产生较大温差，极易产生内应力，甚至变形和开裂。导热性好的材料散热性也好，利用这个性能可制作热交换器、散热器等器件；相反，利用导热性较差的材料可制作保温部件，例如，陶瓷的导热性比金属差，是较好的绝热材料。

（7）磁性　磁性是材料可导磁的性能。磁性材料可分软磁材料和硬磁材料。软磁材料容易磁化，导磁性良好，但当外磁场去掉后，磁性基本消失，如硅钢片等；硬磁材料具有外磁场去掉后保持磁场、磁性不易消失的特点，如稀土钴等。许多金属都具有较好的磁性，如铁、镍、钴等，利用这些磁性材料，可制作磁心、磁头和磁带等电器元件。也有许多金属是无磁性的，如铝、铜等。非金属材料一般无磁性。

（8）光电性能　光电性能是指材料对光的辐射、吸收、透射、反射和折射的性能以及荧光性等。金属对光具有不透明性和高反射率，而陶瓷材料、高分子材料对光的反射率均较小。某些材料通过激活剂引发荧光性，可制作荧光灯、显示管等。玻璃纤维可作为光通信的传输介质。利用材料的光电性能制作一些光电元器件的前景十分广阔。

1.3.2　材料的化学性能

1. 抗氧化性

材料在加热时抵抗氧化作用的能力称为抗氧化性。金属及其合金的抗氧化性机理是金属材料在高温下迅速氧化后，可在金属表面形成一层连续而致密并与母体结合牢固的氧化薄膜，阻止金属材料进一步氧化。高分子材料的抗氧化性机理则不同。

例如，加入 Cr、Si 等合金元素，可提高钢的抗氧化性。合金钢 4Cr9Si2 中含有质量分数为 9% 的 Cr 和质量分数为 2% 的 Si，可在高温下使用，故用于制造内燃机排气阀及加热炉炉底板等。

2. 耐蚀性

耐蚀性是材料对环境介质（如水、大气）及各种电解液侵蚀的抵抗能力。

金属腐蚀包括化学腐蚀和电化学腐蚀，化学腐蚀是指金属发生化学反应而引起的腐蚀，电化学腐蚀是金属和电解质溶液构成原电池而引起的腐蚀。金属材料的耐蚀性还与其工作温度的高低有关，工作温度越高，氧化腐蚀越严重。有些金属氧化时，可在表面形成一层连续、致密并与基体结合牢固的氧化膜，从而阻止其进一步氧化，如铝、铬等都具有这种防护功能；但大多数金属材料在没有防护时均会发生不同程度的腐蚀。

陶瓷结构非常稳定，很难与环境中的氧发生作用。因此，陶瓷有较强的抵抗酸、碱、盐等腐蚀的能力，也能抵抗熔融的有色金属（如铝、铜等）的侵蚀。但在有些情况下，如高温熔盐和氧化渣等会使某些陶瓷材料受到腐蚀破坏。

高分子材料通常具有优良的化学稳定性和耐蚀性，可耐酸、碱和大气的腐蚀，如聚四氟乙烯即使在沸腾的王水中仍保持稳定。但有些塑料，如聚酯、聚酰胺类塑料在酸、碱的作用下会发生水解，使用时应注意。

3. 化学稳定性

化学稳定性是材料的耐蚀性和抗氧化性的总称，高温下的化学稳定性又称为热稳定性。在高温条件下工作的设备，如工业锅炉、汽轮机、火箭等设备上的许多零件均在高温下工作，应选用热稳定性能好的材料制造。

1.4　工程材料的工艺性能

材料的工艺性能是指在制作零件过程中采用某种加工方法制造零件的难易程度。材料工艺性能的好坏，会直接影响到制造零件的工艺方法、质量以及制造成本。不同类型的材料，其工艺性能大不一样。本节主要介绍金属材料的工艺性能，高分子材料和陶瓷材料的工艺性能留待讨论它们的成形时一并介绍。

金属材料的工艺性能包括铸造性能、可锻性、焊接性、热处理性能以及可加工性等。

（1）铸造性能　铸造性能是指金属在铸造成形过程中获得外形准确、内部健全铸件的能力。衡量铸造性能的指标有流动性、收缩性和偏析等。常用的金属材料如灰铸铁、锡青铜的铸造性能较好，可浇注薄壁、结构复杂的铸件。

1) 流动性。熔融材料的流动能力称为流动性，它主要受化学成分和浇注温度等的影响。流动性好的材料容易充满型腔，从而获得外形完整、尺寸精确和轮廓清晰的铸件。

2) 收缩性。铸件在凝固和冷却过程中，其体积和尺寸减小的现象称为收缩性。铸件收缩不仅影响尺寸，还会使铸件产生缩孔、缩松、内应力、变形和开裂等缺陷。因此用于铸造的材料其收缩性越小越好。

3) 偏析。铸件凝固后，其内部化学成分和组织的不均匀现象称为偏析。偏析严重的铸件各部分的力学性能会差别很大，从而降低产品的质量。

(2) 可锻性　可锻性是指材料在锻造过程中经受塑性变形而不开裂的性能。可锻性包括材料的塑性及变形抗力两个参数。塑性好或变形抗力小，锻压所需外力小，则可锻性好。钢的可锻性良好，而铸铁则不能进行压力加工。

(3) 焊接性　焊接性是指材料在限定的施工条件下焊接成按规定设计要求的构件，并满足预定服役要求的能力。材料的焊接性一般用焊接接头出现各种缺陷的倾向来衡量。焊接性好的材料可用一般的焊接方法和工艺，焊接时不易形成裂纹、气孔、夹渣等缺陷。碳含量低的低碳钢具有优良的焊接性，而碳含量高的高碳钢、铸铁和铝合金的焊接性就较差。

(4) 可加工性　可加工性是指在一定生产条件下，材料加工的难易程度。它与材料的种类、成分、硬度、韧性、导热性及内部组织状态等许多因素有关。可加工性好的材料易切削，刀具寿命长，易于断屑，加工出的表面也比较光洁。从材料种类看，铸铁、铜合金、铝合金及一般碳钢的可加工性较好。

(5) 热处理性能　热处理性能是指材料进行热处理的难易程度。热处理既可用于提高材料的力学性能及某些特殊性能以进一步充分发挥材料的潜力，也可用于改善材料的工艺性能，如改善可加工性、可锻性和焊接性等。

本 章 小 结

本章主要介绍了工程材料的种类（包括金属材料、非金属材料和复合材料），以及工程材料的力学性能及指标、理化性能、工艺性能。本章思维导图如图1-9所示。

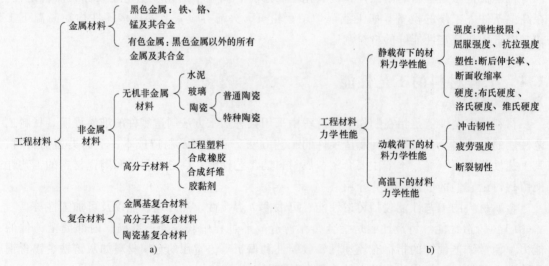

a)　　　　　　　　　　　　　　　　　　　　　　　　　b)

图1-9　本章思维导图

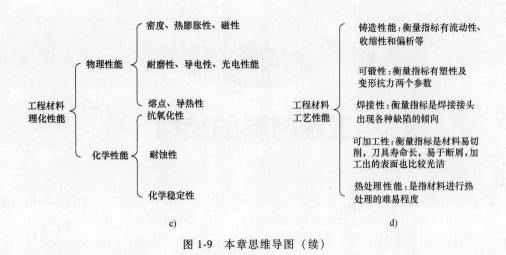

图 1-9 本章思维导图（续）

思 考 题

1. 比较布氏硬度、洛氏硬度和维氏硬度的优缺点，说明它们的使用对象和适用范围。不同种类的硬度值是否可以直接比较？

2. 陶瓷材料采用什么方法测试硬度？有何特点？

3. 何谓冷脆转化温度？冷脆转化在工程上有何意义？

4. 何谓断裂韧性？为什么在设计中考虑这个指标？

5. 材料疲劳断裂是如何形成的？提高零件疲劳寿命的方法有哪些？

6. 金属材料有哪些工艺性能？举例说明哪些金属材料具有优良的铸造性能，哪些金属材料具有优良的可锻性。

第 2 章

工程材料的结构

工程材料的性能主要取决于材料的化学成分和其内部的组织结构。由于固体物质的多样性，表现为固体物质内部质点及键合形式的不同，质点的聚集状态（晶体、非晶体）不同，显示出材料性能的复杂性。为了更加科学地研究、选用和使用材料，有必要深入研究工程材料的结构，即固体材料中质点的结合形式。本章重点介绍金属材料的晶体结构，同时对实际金属材料的结构特点（晶体缺陷）等基础知识进行了分析。本章学习的重点是三种典型金属晶体结构的特点，晶体缺陷的种类、主要形式及其对材料性能的影响，以及合金中的相结构。本章还介绍了高分子材料和陶瓷材料的结构。

2.1 固体材料中质点的结合形式

固体材料按构成其质点（原子、离子、原子团、分子等）的排列是否有序，分为晶体材料和非晶体材料。质点按一定规律排列在一起所构成的固体材料称为晶体，大多数固体材料属于晶体材料。按质点间作用方式（即结合键类型）的不同，晶体又分为金属晶体、离子晶体、共价晶体和分子晶体，分别对应金属键、离子键、共价键和分子键，如图 2-1 所示，质点无规则地堆积在一起所构成的固体材料称为非晶体；大多数陶瓷材料、高分子材料中存在质点呈无规则状态堆积的非晶体。材料中质点的结合类型、排列方式对其许多性能有直接影响。

1. 金属晶体中质点间的结合

构成金属晶体的基本质点是金属原子。由于原子间的相互作用，金属原子相互接近时外层电子便从各自原子中脱离出来，为整块金属晶体中的原子共用，形成"自由电子气"。金属正离子与自由电子间的静电作用，使金属原子相互结合，这种结合方式称为金属键，其特征在于无明显的方向性和饱和性。金属原子间依靠金属键结合形成金属晶体。除铋、锑、锗、镓等金属为非金属键结合外，绝大多数金属都是金属晶体。图 2-1a 所示为金属晶体结构及金属键示意图。

2. 离子晶体中质点间的结合

构成离子晶体材料的基本质点是离子。当正、负离子形成化合物时，通过外层电子的重新分布和正、负离子间的静电作用而相互结合，从而形成离子晶体，这种结合键称为离子键。大部分盐类、碱类和金属氧化物都属于离子晶体，部分陶瓷材料（MgO、Al_2O_3、ZrO_2 等）及钢中的一些非金属夹杂物均以这种键合形式结合成晶体。图 2-1b 所示为离子晶体结构及离子键示意图。

3. 共价晶体中质点间的结合

共价晶体中的基本质点是原子。当两个相同的原子或性质相差不大的原子相互接近时，它们之间不会有电子转移。此时原子间借共用电子对所产生的力而结合，形成共价晶体，这

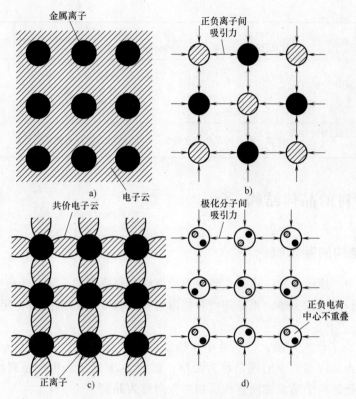

图 2-1 固体材料中质点间的作用方式

a）金属键 b）离子键 c）共价键 d）分子键

种结合方式称为共价键。锡、锗、铅等金属，以及金刚石、SiC、SiO₂、BN 等非金属材料都是共价晶体。图 2-1c 所示为共价晶体结构及共价键示意图。

4. 分子晶体中质点间的结合

分子晶体中的基本质点是惰性原子或分子。自由原子状态的惰性气体 He、Ne、Ar 等和分子状态的 H₂、N₂、O₂ 等在低温时都能结合成液态和固态，结合过程中，并没有电子转移或共用。这种在中性原子或分子之间所存在的结合力称为分子键，也称范德瓦耳斯力（van der Walls force）。由分子键结合形成的晶体称为分子晶体。图 2-1d 所示为分子晶体结构及分子键示意图。

实际晶体材料大多靠几种不同的键结合，并以其中一种结合键为主。表 2-1 是四大类工程材料的质点间结合键构成及其性能特点。

表 2-1 四大类工程材料的质点间结合键构成及其性能特点

工程材料种类	结合键	熔点	弹性模量	强度模量	塑性、韧性	导电性、导热性	耐热性	耐蚀性	其他性能
金属材料	金属键为主	较高	较高	较高	良好（铸铁等材料除外）	良好	较高	一般	密度大，不透明，有金属光泽
高分子材料	分子内共价键，分子间分子键	较低	低	较低	变化大	绝缘、导热差	较低	好	密度小，热膨胀系数大，抗蠕变性能低，易老化，减摩性好

（续）

工程材料种类	结合键	熔点	弹性模量	强度模量	塑性、韧性	导电性、导热性	耐热性	耐蚀性	其他性能
陶瓷材料	离子键或共价键为主	高	高	抗压强度与硬度高,抗拉强度低	差	绝缘,导热性差	高	好	耐磨性好,热硬性高,抗热振性差
复合材料	取决于组成物的结合键	将单一材料的某些优点结合在一起,充分发挥材料的综合性能							

2.2 金属材料的晶体结构

2.2.1 晶体结构的基本概念

在金属晶体中，原子是按一定的几何规律周期性规则排列的。为便于研究，把金属晶体结构中的原子设想为刚性小球，则晶体可看作由这些刚性小球在空间按一定规律堆砌而成，如图 2-2a 所示。

（1）晶格 为了研究方便，将刚性小球抽象成一个点，每个点称为结点，把这些结点用虚拟的直线相连接构成的空间网格称为晶格，如图 2-2b 所示。由一系列结点所组成的平面称为晶面，由任意两个结点之间连线所指的方向称为晶向。

（2）晶胞 金属晶体中原子的排列具有周期性的特点，因此，通常只从晶格中选取一个能够完全反映晶格特征、最小的几何单元来分析晶体中原子的排列规律，这个组成晶格的最小结构单元称为晶胞，如图 2-2c 所示。实际上整个晶格就是由许多大小、形状和位向相同的晶胞在三维空间重复堆积排列而成的。

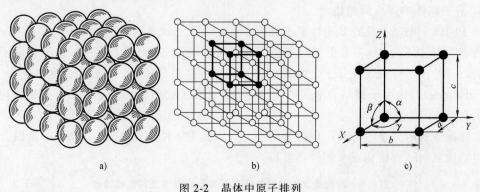

图 2-2 晶体中原子排列
a）原子排列模型 b）晶格 c）晶胞

（3）晶格常数 晶胞的大小和形状以晶胞的棱边长度 a、b、c 和棱边夹角 α、β、γ 来表示，如图 2-2c 所示。其中，棱边长度 a、b、c 称为晶格常数。

2.2.2 常见金属的晶体结构

根据晶胞所具有的对称性的高低，可以将晶体分成七大晶系，见表 2-2。法国物理学家布拉维根据阵点的定义，提出三维空间中十四种布拉维点阵，如图 2-3 所示，它们与七大晶系的关系见表 2-3。

表 2-2 晶体七大晶系

晶系	棱边长度及夹角关系	举例
三斜	$a \neq b \neq c, \alpha \neq \beta \neq \gamma \neq 90°$	K_2CrO_7
单斜	$a \neq b \neq c, \alpha = \gamma = 90° \neq \beta$	$\beta\text{-S}, CaSO_4 \cdot 2H_2O$
正交	$a \neq b \neq c, \alpha = \beta = \gamma = 90°$	$\alpha\text{-S}, Ga, Fe_3C$
六方	$a_2 = a_2 = a_3 \neq c, \alpha = \beta = 90°, \gamma = 120°$	$Zn, Ca, Mg, NiAs$
菱方	$a = b = c, \alpha = \beta = \gamma = 90°$	As, Sb, Bi
四方	$a = b \neq c, \alpha = \beta = \gamma = 90°$	$\beta\text{-Sn}, TiO_2$
立方	$a = b = c, \alpha = \beta = \gamma = 90°$	Fe, Cr, Cu, Ag, Au

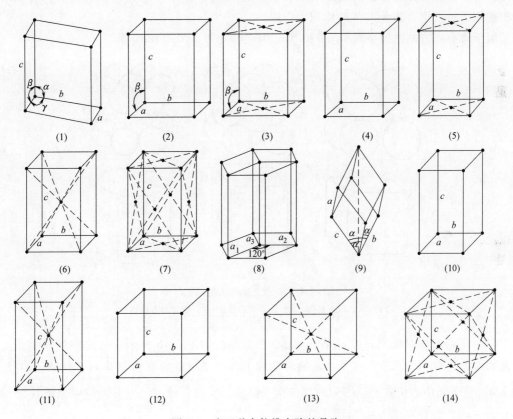

图 2-3 十四种布拉维点阵的晶胞

表 2-3 空间点阵与七大晶系的关系

序号	点阵类型	晶系	序号	点阵类型	晶系
（1）	简单三斜	三斜	（8）	简单六方	六方
（2）	简单单斜	单斜	（9）	菱形（三角）	菱方
（3）	底心单斜		（10）	简单四方	四方（正方）
（4）	简单正交	正交	（11）	体心四方	
（5）	底心正交		（12）	简单立方	立方
（6）	体心正交		（13）	体心立方	
（7）	面心正交		（14）	面心立方	

1. 三种常见晶格类型

金属晶体中的原子通过金属键结合，原子趋于紧密排列，构成少数几种高对称性的简单晶体结构。在金属元素中，约有 90% 以上的金属晶体结构是体心立方晶格、面心立方晶格和密排六方晶格三种晶格类型。

（1）体心立方晶格（BCC 晶格） 其晶胞呈立方体，晶格常数用边长 a 表示，如图 2-4a 所示。由图可见，在晶胞的每个角和中心各排列着一个原子，体对角线上原子紧密接触。根据几何关系，体心立方晶胞的原子半径 $r = \sqrt{3}\,a/4$。体心立方晶胞每个角上的原子为相邻的八个晶胞所共有，因此实际上体心立方晶胞包含的原子个数为 $1/8 \times 8 + 1 = 2$。

晶胞中原子排列的紧密程度用致密度来表示。它是晶胞中原子所占的体积与该晶胞体积之比。对于体心立方晶格，其致密度为 0.68。这表明，在体心立方晶格金属中，有 68% 的体积被原子所占据，其余 32% 的体积为空隙。

属于体心立方晶格的金属有 α-Fe、Cr、Mo、W、V、Nb、β-Ti 等。

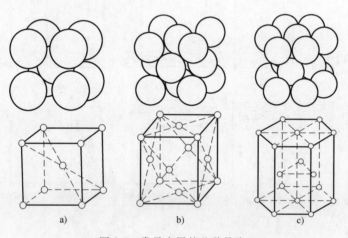

图 2-4 常见金属的几种晶胞

a）体心立方晶格 b）面心立方晶格 c）密排六方晶格

（2）面心立方晶格（FCC 晶格） 面心立方晶格如图 2-4b 所示。在晶胞的每个角及每个面的中心各有一个原子，在各个面的对角线上各原子彼此紧密接触排列，其原子半径 $r = \sqrt{2}\,a/4$。每个面中心位置的原子同时属于两个晶胞所共有，故面心立方晶胞中原子数为 $1/8 \times 8 + 1/2 \times 6 = 4$，其致密度为 0.74。

属于面心立方晶格的金属有 γ-Fe、Cu、Al、Ni、Au、Ag、Pt、β-Co 等。

（3）密排六方晶格（HCP 晶格） 密排六方晶格如图 2-4c 所示。其晶胞是六方柱体，由六个呈长方形的侧面和两个呈六边形的底面组成。其晶格常数用上下底面间距 c 和六边形的边长 a 表示；在紧密排列情况下 $c/a = 1.633$。在密排六方晶胞的每个角上和上下底面的中心都排列着一个原子，另外在晶胞中间还有三个原子。密排六方晶胞每个角上的原子为相邻的六个晶胞所共有，上、下底面中心的原子为两个晶胞所共有，晶胞内部三个原子为该晶胞独有，所以密排六方晶胞中原子个数为 $12 \times 1/6 + 2 \times 1/2 + 3 = 6$，其致密度为 0.74。

属于密排六方晶胞的金属有 Be、Mg、Zn、Cd、α-Co、α-Ti 等。

2. 金属晶体的特性

从上述有关晶体的刚性小球模型和致密度的概念可知，原子并不能填满整个晶体，原子之间总存在一些间隙，这些间隙的大小称为间隙半径。若晶体中的间隙半径大于或接近于其他原子的半径时，这种原子就可能存在于间隙中。

在晶体中，不同晶向、晶面上原子排列的疏密程度是不同的，原子间作用力强弱也不同，这就导致了金属的许多性能与晶向、晶面有关。这种晶体在不同方向上具有不同性能的性质称为晶体的各向异性。如单晶体铁，沿其体心立方晶胞的对角方向，原子排列紧密，其弹性模量为 $2.9×10^5$ MPa；沿体心立方晶胞的棱边方向，原子排列较松散，其弹性模量为 $1.35×10^5$ MPa。

有些金属的晶体结构在一定条件下会发生变化，即会从一种晶格类型转变为另一种晶格类型，这种现象称为同素异构转变。如在压力不变的条件下，在 912℃ 以下，铁为体心立方晶格；温度超过 912℃、低于 1394℃ 时，铁由体心立方晶格转变为面心立方晶格；温度超过 1394℃ 后，铁又由面心立方晶格转变为体心立方晶格。

2.2.3 实际金属的晶体结构

上述金属晶体结构是一种理想状态，整块晶体可看作由晶胞在三维方向上重复堆砌而成，其中没有任何缺陷（杂质、空位等），这种理想状态是不存在的。实际金属的晶体中总存在一些缺陷，缺陷最少的实际金属晶体就是单晶体。单晶体是指原子排列的位向或方式均相同的晶体。由于多种因素的影响，实际工程材料并非都是单晶体，绝大多数是由若干个小的单晶体组成的多晶体，如图 2-5 所示。这种多晶体由许多晶粒构成，这些晶粒可能就是单晶体，也可能由许多尺寸较小的单晶体构成，但相邻单晶体间的原子排列方向有所不同。即使在单晶体内，其晶体结构与理想的晶体结构也存在很大差异，这种偏差称为晶体缺陷。按照晶体缺陷的几何尺寸，可分为点缺陷、线缺陷和面缺陷。

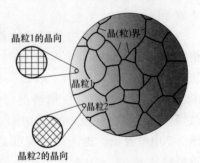

图 2-5 实际金属的多晶体组织

1. 点缺陷

在三维空间各个方向上尺寸范围约为一个或几个原子间距的缺陷称为点缺陷，包括空位、间隙原子、置换原子等。晶格中没有原子的结点称为空位（图 2-6a），在晶格结点以外位置上的原子称为间隙原子（图 2-6a）。

即使在很纯的金属中，也会存在一些杂质原子，当杂质原子尺寸很小时，容易挤入晶格间隙中，成为间隙原子。当杂质原子尺寸较大时，便会取代正常结点原子而形成置换原子。杂质原子的这两种存在方式并不改变晶体的晶格类型，呈固体溶解状态。

由图 2-6a 可知，在点缺陷附近，由于原子间作用力的平衡被破坏，使其周围的其他原子发生靠拢或远离的不规则排列，这种变化称为晶格畸变。晶格畸变将使材料的强度、硬度和电阻等力学性能或理化性能发生变化。

2. 线缺陷

线缺陷是指三维空间中两维方向的尺寸较小、另一维方向的尺寸相对较大的缺陷。属于

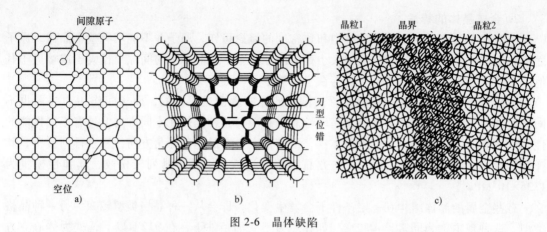

图 2-6　晶体缺陷

a）点缺陷（空位、间隙原子）　b）线缺陷（刃型位错）　c）面缺陷

这类缺陷的就是各种类型的位错。

晶格中某些区域存在一列或若干列原子发生了规律性的错排现象称为位错。其最基本的形式有刃型位错、螺型位错和混合位错。图 2-6b 所示为刃型位错示意图。由图 2-6b 可见，晶体的上半部分多出一个原子面（称为半原子面），它像刀刃一样切入晶体，其刃口即半原子面的边缘一列原子即为一条刃形位错线。位错线周围产生晶格畸变。晶格畸变大小约为几个原子间距。

单位体积的晶体中位错线的总长度称为位错密度，单位为 cm/cm^3（或 cm^{-2}）。在退火金属中，位错密度一般为 $10^6 cm^{-2}$；在大量冷变形或淬火的金属中，位错密度可达 $10^{12} cm^{-2}$。位错密度对材料强度的影响如图 2-7 所示。从图 2-7 中可看出，提高位错密度是金属强化的重要途径之一。

3. 面缺陷

面缺陷是指三维空间中两维方向上尺寸较大、另一维方向上尺寸很小的缺陷。最常见的面缺陷是晶体中的晶界（图 2-6c）和亚晶界。

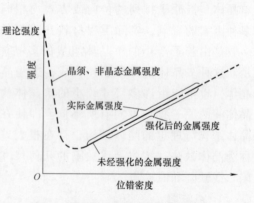

图 2-7　位错密度对材料强度的影响

多晶体中各晶粒的位向各不相同，晶粒间的过渡区称为晶界。晶界处原子排列混乱，晶格畸变程度较大。晶界宽度一般是几个原子直径的大小。每个晶粒内部的原子也不是呈完全理想的规则排列，而是存在很多尺寸很小（边长为 $10^{-4} \sim 10^{-6} cm$）、位向差也很小（小于 $2°$）的小晶块，这些小晶块称为亚晶粒（相当于单晶体），亚晶粒的交界为亚晶界。

实际晶体结构中的晶体缺陷随着温度和加工过程等各种条件的改变而不断变化。这些缺陷可以产生、发展、运动和交互作用，而且能合并和消失。晶体缺陷对晶体的许多性能有很大的影响，特别是对金属的塑性变形、固态相变，以及扩散等过程都起着重要的作用。

2.2.4　合金的晶体结构

合金是指由两种或两种以上的金属元素或金属元素与非金属元素组成的、具有金属特性的材料。组成合金的独立的、最基本的单元称为组元，组元可以是构成合金的元素或稳定的化合物。由两个组元组成的合金称为二元合金，由两个以上组元组成的合金称为多元合金。

通过熔合法可制得熔合合金，由粉末烧结法可制得烧结合金。熔合法是将各组元放在一起加热熔化混合后得到合金的方法，是制造合金材料的主要方法；粉末烧结法是将各组元或合金制成粉末后再经混合、压坯和烧结制得粉末烧结合金的方法。

相是指合金中具有相同化学成分、聚集状态和性能并以界面相互分开的结构体；合金中各组元相互作用可形成一种或几种相。组织是借助金相显微镜所观察到的金属及合金的内部颗粒物，这些颗粒物就是通常所说的晶粒，组织反映了晶粒的大小、形状、分布等情况。合金的性能由组成合金相的结构和各相构成的显微组织所决定。

根据构成合金的各元素之间相互作用的不同，合金相的结构大致可分为固溶体和金属间化合物两大类。

1. 固溶体

构成合金的一种组元晶格类型保持不变，其余组元以原子形式溶入其中所得到的固相称为固溶体。固溶体中，晶格类型保持不变的组元称为溶剂，其余组元称为溶质。

根据溶质原子在溶剂晶格中所占据的位置不同，固溶体可分为置换固溶体和间隙固溶体。溶质原子取代部分溶剂原子的晶格结点位置所形成的固溶体称为置换固溶体，溶质原子占据溶剂晶格中的间隙位置所形成的固溶体称为间隙固溶体，如图2-8所示。

当溶质原子与溶剂原子的晶体结构相似、半径尺寸相似、电负性相似时，一般形成置换固溶体，如 Mn、Cr、Si、Ni、Mo 等元素都能与铁形成置换固溶体。当溶质与溶剂的原

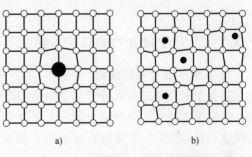

a)   b)

图 2-8 溶质原子引起的晶格畸变

a) 置换固溶体 b) 间隙固溶体

子直径相比较小时，可能形成间隙固溶体。一般过渡族元素（溶剂）与尺寸较小的 C、N、H、B、O 等易形成间隙固溶体。由于溶剂晶格的间隙有限，且随着溶入的溶质原子越多，晶格畸变越大，溶质原子的溶入受到的阻碍越大，所以间隙固溶体只能形成溶解度有限的固溶体。

按照溶质原子在溶剂中的溶解度，固溶体可分为有限固溶体和无限固溶体两种。按照溶质原子在固溶体中分布是否有规律，固溶体可分为无序固溶体和有序固溶体两种。

溶质原子溶入后引起固溶体的晶格发生畸变（图2-8），金属的强度、硬度升高，这种现象称为固溶强化，它是强化金属材料的重要途径之一。在上述两类固溶体中，间隙固溶体的强化效果大于置换固溶体的强化效果。实践证明，适当控制固溶体中的溶质含量，可以在显著提高金属材料强度、硬度的同时，仍保持较好的塑性和韧性。

2. 金属间化合物

合金中的组元以一定原子数量比形成一种与合金的任一组元晶格类型均不同的新相，这种新相称为金属间化合物，或称为中间相。它是合金组元之间发生相互作用而生成的，可用化学式 A_nB_m 表示，但它往往与普通化合物不同，一般不遵循化合价规律，并在一定程度上

具有金属的性质（如导电性），故称金属间化合物。

金属间化合物的种类有正常价化合物、电子化合物和间隙化合物。

金属间化合物一般具有较高熔点、高硬度和高脆性，大多具有复杂的晶体结构。如铁和碳形成的金属间化合物 Fe_3C 称为渗碳体，其晶体结构如图 2-9 所示。Fe_3C 每一个晶胞中含 16 个原子，Fe 原子与 C 原子的比例为 3 : 1。Fe_3C 中 Fe 原子间是纯金属键，Fe 与 C 之间可能同时存在金属键和离子键。金属间化合物一般不能作为合金的基本相，而是作为强化相弥散分布在固溶体基体上，以提高其强度、硬度及耐磨性。这种强化方式称为弥散强化，属于第二相强化，它是合金钢及有色金属合金中的重要强化方法。

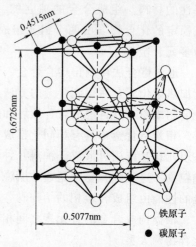

图 2-9　渗碳体的晶体结构

2.3　高分子材料的结构

2.3.1　高分子聚合物的结构、组成与形态

1. 高分子聚合物的结构

高分子聚合物是由低分子化合物连接而成的高分子链，可以用单体、链节、聚合度来描述。构成聚合物的低分子化合物称为单体，它是聚合物的合成原料。如聚乙烯（PE）是由乙烯（$CH_2 = CH_2$）单体聚合而成的，聚氯乙烯（PVC）的单体为氯乙烯（$CH_2 = CHCl$）。聚合物是长度达几百纳米以上、截面直径常小于 1nm 的高分子链，它由许多相同的结构单元连接而成，组成高分子链的结构单元称为链节。高分子链中结构单元的重复次数称为聚合度（n）。

例如，聚乙烯大分子链的结构式为

$$\cdots-CH_2-CH_2 \mid CH_2-CH_2 \mid CH_2-\cdots$$

可以简写为 $\text{\textbf{+}}CH_2-CH_2\text{\textbf{+}}_n$。它是由许多 $-CH_2-CH_2-$ 结构单元连接构成的，这个结构单元就是聚乙烯的链节。

同样，聚氯乙烯的结构式为

$$\cdots-CH_2-\underset{\overset{|}{Cl}}{CH}-CH_2-\underset{\overset{|}{Cl}}{CH}-CH_2-\underset{\overset{|}{Cl}}{CH}-\cdots$$

可简写为 $\text{\textbf{+}}CH_2-\underset{\overset{|}{Cl}}{CH}\text{\textbf{+}}_n$，即 $-CH_2-\underset{\overset{|}{Cl}}{CH}-$ 为聚氯乙烯的链节。

表 2-4 为几种高聚物的单体和链节。

表 2-4　几种高聚物的单体和链节

材料名称	原料(单体)	重复结构单元(链节)
聚乙烯	乙烯 $CH_2\!=\!CH_2$	$-CH_2-CH_2-$
聚四氟乙烯	四氟乙烯 $CF_2\!=\!CF_2$	$-CF_2-CF_2-$
顺丁橡胶	丁二烯 $CH_2\!=\!CH-CH\!=\!CH_2$	$-CH_2-CH\!=\!CH-CH_2-$
氯丁橡胶	氯丁二烯 $CH_2\!=\!C-CH\!=\!CH_2$ 　　　$\mid$ 　　　Cl	$-CH_2-C\!=\!CH-CH_2-$ 　　　　$\mid$ 　　　　Cl
腈纶(聚丙烯腈)	丙烯腈 $CH_2\!=\!CH$ 　　　$\mid$ 　　　CN	$-CH_2-CH-$ 　　　　$\mid$ 　　　　CN
涤纶(聚对苯二甲酸乙二醇酯)	乙二醇+对苯二甲酸	$-OCH_2CH_2O-\overset{O}{\underset{\parallel}{C}}-\langle\!\!\bigcirc\!\!\rangle-\overset{O}{\underset{\parallel}{C}}-$

2. 高分子链的化学组成

高分子链的结构首先取决于其化学组成。组成高分子的化学元素主要是碳、氢、氧,另外还有氮、氯、氟、硼、硅、硫等元素,其中碳是形成高分子链的最主要元素。

根据组成元素的不同,高分子链可分成三类:碳链高分子、杂链高分子和元素链高分子。碳链高分子的主链全部由碳原子以共价键连接,即—C—C—C—,如聚乙烯(PE)、聚丙烯(PP)、聚苯乙烯(PS)等。高分子主链除碳原子外,还有氧、氮、硫、磷等原子,它们也以共价键(如—C—C—O—C—C—、—C—C—N—N—、—C—C—S—C—C—等)连接,称为杂链高分子,如聚甲醛(POM)、聚酰胺(PA)、聚砜(PSF)等。由硅、氧、硼、硫、磷等元素组成的高分子主链(如—Si—O—、—Si—Si—等)称为元素链高分子。它们的结构还含有有机侧链取代基,如聚硅氧烷、氟硅橡胶等。其优点是具有无机物的热稳定性和有机物的弹塑性,缺点是强度较低。

除了结构单元之外,在高分子链的自由末端,通常含有与链的组成不同的端基。高分子链很长,端基含量很少,但却直接影响聚合物的性能,尤其是热稳定性。由于链的断裂可以从端基开始,所以封闭端基可以提高这类聚合物的热稳定性和化学稳定性。如聚甲醛 [$-\!(\!O-CH_2\!)_{\overline{n}}$],分子链末端的—OH端基被酯化后可以提高其热稳定性。聚碳酸酯(PC)分子链的羟端基和酰氯端基,能促使其本身在高温下降解,热稳定性较差。如果在聚合过程中加入单官能团的化合物,如苯酚类,就可以实现封端,从而提高其热稳定性,同时可以控制分子量。一些常用高聚物的化学结构见表 2-5。

表 2-5　一些常用高聚物的化学结构

高聚物	化学结构	高聚物	化学结构
聚丙烯(PP)	$\begin{array}{c}CH_3\\\mid\\\left[CH_2\!-\!CH\right]_n\end{array}$	聚偏二氯乙烯	$\begin{array}{c}Cl\\\mid\\\left[CH_2\!-\!C\right]_n\\\mid\\Cl\end{array}$
聚异丁烯(PIB)	$\begin{array}{c}CH_3\\\mid\\\left[CH_2\!-\!C\right]_n\\\mid\\CH_3\end{array}$	聚四氟乙烯(PTFE)	$\left[CF_2\!-\!CF_2\right]_n$
聚(ε-己内酰胺)(尼龙6)	$\left[\!\!\begin{array}{c}O\\\parallel\\C\end{array}\!(CH_2)_5\!\!\begin{array}{c}H\\\mid\\N\end{array}\!\right]_n$	聚丙烯腈(PAN)	$\begin{array}{c}\left[CH\!-\!CH_2\right]_n\\\mid\\CN\end{array}$
聚 α-甲基苯乙烯	$\begin{array}{c}CH_3\\\mid\\\left[CH_2\!-\!C\right]_n\\\mid\\C_6H_5\end{array}$	聚甲醛(POM)	$\left[O\!-\!CH_2\right]_n$
聚丙烯酸(PAA)	$\begin{array}{c}\\\begin{array}{c}O\\\parallel\\C\!-\!OH\end{array}\\\left[CH_2\!-\!C\right]_n\\\mid\\H\end{array}$	聚苯醚(PPO)	（苯环结构，含两个CH₃取代基及O连接）
聚甲基丙烯酸甲酯(PMMA)	$\begin{array}{c}O\\\parallel\\C\!-\!O\!-\!CH_3\\\mid\\\left[CH_2\!-\!C\right]_n\\\mid\\CH_3\end{array}$	聚对苯二甲酸乙二醇酯(PET)	$\left[\!\!\begin{array}{c}O\\\parallel\\C\end{array}\!\!-\!C_6H_4\!-\!\begin{array}{c}O\\\parallel\\C\end{array}\!-\!CH_2\!-\!CH_2\!-\!O\right]_n$
聚醋酸乙烯酯(PVAc)	$\begin{array}{c}O\\\parallel\\O\!-\!C\!-\!CH_3\\\mid\\\left[CH_2\!-\!CH\right]_n\end{array}$	聚碳酸酯(PC)	$\begin{array}{c}CH_3\\\mid\\\left[O\!-\!C_6H_4\!-\!C\!-\!C_6H_4\!-\!O\!-\!\begin{array}{c}O\\\parallel\\C\end{array}\right]_n\\\mid\\CH_3\end{array}$
聚乙烯基甲基醚(PVME)	$\begin{array}{c}\left[CH_2\!-\!CH\right]_n\\\mid\\O\\\mid\\CH_3\end{array}$	聚醚醚酮(PEEK)	（苯环-C(=O)-苯环-O-苯环-O结构）
聚丁二烯(PB)	$\begin{array}{c}H\\\mid\\\left[CH_2\!-\!C\!=\!CH\!-\!CH_2\right]_n\end{array}$	聚砜(PSF)	（双酚A-苯环-O-苯环-SO₂-苯环结构）
聚异戊二烯(PI)	$\begin{array}{c}\left[CH_2\!-\!C\!=\!CH\!-\!CH_2\right]_n\\\mid\\CH_3\end{array}$	聚对苯二甲酰对苯二胺	（苯环二甲酰-对苯二胺酰胺结构）
聚氯乙烯(PVC)	$\begin{array}{c}Cl\\\mid\\\left[CH_2\!-\!CH\right]_n\end{array}$	聚酰亚胺(PI)	（苯环酰亚胺-苯环-O-苯环结构）

（续）

高聚物	化学结构	高聚物	化学结构
聚二甲基硅氧烷	$\left[\begin{array}{c}CH_3\\|\\Si-O\\|\\CH_3\end{array}\right]_n$	聚四甲基对亚苯基硅氧烷（TMPS）	$\left[\begin{array}{c}CH_3\\|\\Si\\|\\CH_3\end{array}-\bigcirc-\begin{array}{c}CH_3\\|\\Si-O\\|\\CH_3\end{array}\right]_n$
		聚己二酰己二胺（尼龙66）	$\left[\begin{array}{c}H\\|\\N\end{array}-(CH_2)_6-\begin{array}{c}H\\|\\N\end{array}-\begin{array}{c}O\\\|\|\\C\end{array}-(CH_2)_4-\begin{array}{c}O\\\|\|\\C\end{array}\right]_n$

3. 高分子链的形态

高分子链可呈现不同的几何形态，主要有线型、支化型和体型（或网型）三类。

（1）线型高分子链　各链节以共价键连接成线型长链高分子，其直径小于 1nm，而长度达几百甚至几千纳米，像一根呈卷曲状或线团状的长线，如图 2-10a 所示。

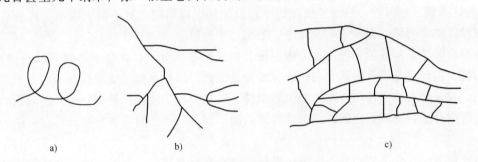

图 2-10　高分子链的结构形态

a）线型高分子链　b）支化型高分子链　c）体型高分子链

（2）支化型高分子链　在聚合物主链的两侧以共价键形式连接相当数量、长短不一的支链。当支链呈无规则分布时，整个分子呈枝状，如图 2-10b 所示；当支链呈有规则分布时，整个分子呈梳形、星形等类型。由于存在支链，高分子链之间不易形成规则排列，难以完全结晶，同时支链可形成三维缠结，使塑性变形难以进行，因而影响高分子材料的性能。如由乙烯形成的支化型聚合物——低密度聚乙烯（LDPE）分子链中，存在短支链和长支链，其熔点为 105℃；同样由乙烯形成的线型聚合物——高密度聚乙烯（HDPE）中，支化点极少，几乎全部是线型，其熔点为 135℃。它们的性能比较见表 2-6。

表 2-6　三种聚乙烯的性能比较

性能	低密度聚乙烯	高密度聚乙烯	交联聚乙烯
密度/（g/cm³）	0.91~0.94	0.95~0.97	0.95~1.40
结晶度	60%~70%	95%	—
熔点/℃	105	135	—
拉伸强度/MPa	5~7	20~37	10~21
最高使用温度/℃	80~100	120	135
用途	软塑料制品,薄膜材料	硬塑料制品,管材,棒材,单丝绳缆及工程塑料部件	海底电缆,电工器材

（3）体型（网型或交联型）高分子链　在线型或支化型高分子链之间通过化学键或链段连接成一个三维空间网状大分子结构，这种结构即为交联高分子或体型高分子，如图 2-10c 所示。酚醛树脂、环氧树脂、不饱和聚酯树脂、硫化橡胶、交联聚乙烯等均为交联高分子。天然橡胶的硫化示意图如图 2-11 所示，其交联点的分布是无规则的。

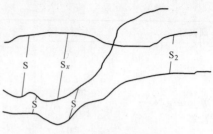

图 2-11　天然橡胶的硫化示意图

支化型聚合物的化学性质与线型聚合物相似，但其物理力学性能、加工流动性能等受支化的影响显著。短支链支化破坏分子结构规整性，降低晶态聚合物的结晶度。长支链支化严重影响聚合物的熔融流动性能。一般的无规则交联聚合物是不溶不熔的，只有当交联程度不太大时才能在溶剂中溶胀。

线型和支化型高分子链构成的聚合物统称为线型聚合物，其分子链间仅靠分子键结合，作用力弱，因而这类聚合物可以通过加热或冷却使其重复地软化（或熔化）和硬化（或固化），故这类聚合物又称为热塑性聚合物。它们加热可以熔融，易于加工成型；具有高弹性和热塑性，如聚丙烯、聚苯乙烯、涤纶、尼龙、生橡胶等。

体型高分子链构成的聚合物称为体型聚合物或交联高分子，其分子链间有共价键结合，作用力强，因而这类聚合物具有较高的强度和热固性，即加热加压成型后，不能再加热熔化或软化，故又称为热固性聚合物，如酚醛塑料、环氧树脂、硫化橡胶等。橡胶经硫化后形成轻度交联高分子，交联点之间链段仍然可以运动，但大分子之间不能滑移，具有可逆的高弹性能。

由此可见，高分子链的分子结构对聚合物性能有显著影响，也正是由于这种特殊的分子结构使高分子材料在工程中得到广泛应用。

4. 高分子聚合物的空间构型

高分子链的空间构型是指高分子链中由化学键所固定的原子或原子团在空间的排列方式。这种空间构型是稳定的，要改变构型，必须经过化学键的断裂和重组。

分子链的侧基为氢原子时，如聚乙烯分子链，因氢原子沿主链的排列方式只有一种，所以其排列顺序不影响分子链的空间构型，即

$$-\overset{\overset{H}{|}}{\underset{\underset{H}{|}}{C}}-\overset{\overset{H}{|}}{\underset{\underset{H}{|}}{C}}-\overset{\overset{H}{|}}{\underset{\underset{H}{|}}{C}}-\overset{\overset{H}{|}}{\underset{\underset{H}{|}}{C}}-\overset{\overset{H}{|}}{\underset{\underset{H}{|}}{C}}-\overset{\overset{H}{|}}{\underset{\underset{H}{|}}{C}}-\overset{\overset{H}{|}}{\underset{\underset{H}{|}}{C}}-\overset{\overset{H}{|}}{\underset{\underset{H}{|}}{C}}-$$

若分子链的侧基中有其他原子或原子团，则排列方式可能不止一种，以乙烯类聚合物为例，这类聚合物的分子通式可以写成

$$\left[-\overset{\overset{H}{|}}{\underset{\underset{H}{|}}{C}}-\overset{\overset{H}{|}}{\underset{\underset{R}{|}}{C^{*}}}-\right]_{n}$$

式中，R 表示其他原子或原子团，即为不对称取代基。若 R 为氯（Cl），则为聚氯乙烯；若 R 为苯环（ ⬡ ），则为聚苯乙烯。C^{*} 为带有不对称取代基的碳原子。取代基 R 沿主链

的排列位置不同，分子链可有不同的空间构型。化学成分相同而不对称取代基沿分子主链占据位置不同，因而具有不同链结构的现象称为立体异构（类似于金属中的同素异构）。图 2-12 所示为乙烯类聚合物中常见的三种空间构型。取代基 R 位于碳链平面同一侧，称为全同立构，如图 2-12a 所示；取代基 R 交替地排列在碳链平面两侧，称为间同立构，如图 2-12b 所示；取代基 R 无规律地排列在碳链平面两侧，称为无规立构，如图 2-12c 所示。

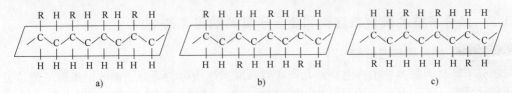

图 2-12　乙烯类聚合物的立体异构

a）全同立构　b）间同立构　c）无规立构

由此可见，聚合的分子链中如果有不对称的取代基，就可能有不同的空间构型。分子链的构型对聚合物的性能有显著影响。成分相同的聚合物，全同立构和间同立构者容易结晶，具有较好性能，其硬度、相对密度、软化温度及熔点都较高；而无规立构者不容易结晶，性能较差，易软化。例如，全同立构聚乙烯容易结晶，熔点为 165℃，可纺成丝，称丙纶丝；而无规立构聚丙烯的软化温度为 80℃，无实用价值。

5. 高分子链的构象及柔性

高分子主链很长，但通常不是直线，而以蜷曲方式在空间形成各种形态。高分子的蜷曲倾向与高分子链中许多单键内旋转有关。

高分子链由成千上万个原子经共价键连接而成，其中以单键连接的原子由于原子的热运动，两个原子在保持键角、键长不变的情况下可做相对旋转而不影响电子云的分布，单键做旋转，称为内旋转。图 2-13 所示为碳链大分子链的内旋转示意图。图中 C_1—C_2—C_3—C_4 为碳链中的一段，用 b_1、b_2、b_3 分别表示三个单键。在保持键角（109°28′）和键长（0.154nm）不变的情况下，当 C_1—C_2 形成的 b_1 键内旋转时，b_2 键将沿以 C_2 为顶点的圆锥面旋转。同样

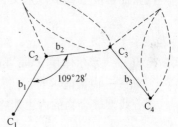

图 2-13　分子链的内旋转示意图

b_2 键内旋转时，b_3 键也可在以 C_3 为顶点的圆锥面上旋转。这样，三个键组成的键段就会出现许多空间位置形象。正是这种极高频率的单键内旋转随时改变着大分子链的构象，使线型大分子链在空间很容易呈蜷曲状或线团状。在拉力作用下，呈蜷曲状或线团状的线型大分子链可以伸展拉直，外力去除后，又缩回到原来的蜷曲状或线团状。这种能拉伸、回缩的性能称为分子链的柔性，这就是聚合物具有弹性的原因。

分子链的柔性与很多因素有关。原子间共价键的键长和键能影响其所构成的大分子链内旋转能力，如 C—O 键、C—N 键、Si—O 键内旋转比 C—C 键容易得多，当主链全部由单键组成时，以碳链柔性最差；当分子链上带有庞大的原子团侧基（如甲基—CH_3、苯环

）或支链时，内旋转困难，链的柔性很差，例如，聚苯乙烯分子链的柔性不如聚乙烯分子链，因此聚苯乙烯硬而脆，聚乙烯软而韧。同一种分子链，分子链越长，链节数越

多，参与内旋转的单键越多，柔性越好。温度升高时，分子热运动增加，内旋转更容易，柔性增加。

综上所述，分子链内旋转越容易，其柔性越好。分子链的柔性对聚合物性能影响很大，一般柔性分子链聚合物的强度、硬度和熔点较低，但弹性和韧性较好；刚性分子链聚合物则相反，其强度、硬度和熔点较高，而弹性和韧性较差。

2.3.2 高分子链的聚集态结构和高分子材料的聚集态

1. 高分子链的聚集态结构

高分子材料内部高分子链之间的几何排列和堆砌结构称为高分子链的聚集态结构，也称为超分子结构，它是在加工成形过程中形成的。高分子链之间以范德瓦耳斯力和（或）氢键结合，键的作用力低，但因分子链很长，故链间总作用力（各链节作用力与聚合度之积）大大超过链内共价键作用力。显然，高分子链的聚集态结构与高分子材料的性能有着直接关系。

高分子链间作用力的大小用内聚能或内聚能密度（CED）来表示。内聚能是指为了克服分子间作用力，1mol 的凝聚体在汽化时所需要的能量 ΔE，其计算公式为

$$\Delta E = \Delta H_v - RT \tag{2-1}$$

式中　ΔH_v——摩尔蒸发热（或 ΔH_s，摩尔升华热）（J/mol）；

　　　R——气体常数 [J/(mol·K)]；

　　　T——温度（K）。

内聚能密度（CED）定义为单位体积凝聚体汽化时所需要的能量，即

$$CED = \frac{\Delta E}{V_m} \tag{2-2}$$

式中　V_m——摩尔体积（cm^3）；

　　　ΔE——内聚能（J）。

部分线型聚合物的内聚能密度见表 2-7。

表 2-7　部分线型聚合物的内聚能密度

聚合物	CED/(J/cm^3)	聚合物	CED/(J/cm^3)
聚乙烯	259	聚甲基丙烯酸甲酯	347
聚异丁烯	272	聚醋酸乙烯酯	368
天然橡胶	280	聚氯乙烯	381
聚丁二烯	276	聚对苯二甲酸乙二酯	477
丁苯橡胶	276	尼龙 66	774
聚苯乙烯	305	聚丙烯腈	992

内聚能密度在 $300J/cm^3$ 以下的聚合物，分子链为柔性链，具有高弹性，可用作橡胶。但聚乙烯例外，它易于结晶而失去弹性，呈现出塑料特性。内聚能密度在 $400J/cm^3$ 以上的聚合物，由于高分子链上有强的极性基团或分子间能形成氢键，相互作用很强，因而有较高的强度和极好的耐热性，又因为易于结晶和取向，故可成为优良的纤维材料。如聚酰亚胺可以作为航天材料用的耐高温黏结剂。内聚能密度在 $300 \sim 400J/cm^3$ 之间的聚合物，分子作用居中，适用于作塑料。可以看出，高分子链间作用力的大小对聚合物凝聚态结构、性能和应

用有着重要的影响。

2. 高分子材料的聚集态

高分子材料的聚集态有晶态（分子链在空间规则排列）、部分晶态（分子链在空间部分规则排列）和非晶态（分子链在空间无规则排列，也称为玻璃态）三种。通常线型聚合物在一定条件下可以形成晶态或部分晶态，而体型聚合物为非晶态（或玻璃态）。图 2-14 所示为聚合物从液态冷却时比体积（每克聚合物的体积）与温度关系曲线。由图 2-14 可见，当温度高于 T_m（熔点）时聚合物为黏稠液体；当温度缓慢降低到 T_m 以下时，对于非晶态聚合物此时不发生结晶，但液体变得更黏，其比体积随温度降低而沿 $ABCD$ 变化，成为过冷液体，直至玻璃化温度 T_g 时，全部转变为非晶态（玻璃态），对于有结晶倾向的线型聚合物，如果冷却迅速，也会沿此途径成为非晶态。对于结晶倾向大的聚合物，缓慢冷却至 T_m 以下时发生

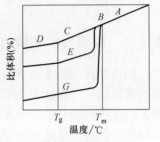

图 2-14　聚合物的比体积与
温度关系曲线

结晶，比体积有突变，其比体积随温度降低沿 ABG 变化。对于部分结晶的聚合物，在 T_m 以下发生部分结晶，随温度降低，比体积沿 ABE 变化，直至 T_g 时，部分非晶态过冷液体转变为非晶态。

在实际生产中获得完全晶态的聚合物是很困难的，大部分聚合物是部分晶态或完全非晶态的。通常用聚合物中结晶区域所占的百分数及结晶度来表示聚合物的结晶程度。聚合物的结晶度变化范围很宽，为 30% ~ 90%，特殊情况下可达 98%。高聚物三种聚集状态示意图如图 2-15 所示。由图 2-15 可见，聚合物结晶就是高分子链的规则排列，当足够能量的分子链紧密聚集在一起，使分子间的次价力能够克服热运动造成的无序排列时，就形成结晶态结构。

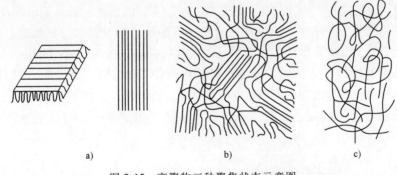

a)　　　　　　　　　b)　　　　　　　　　c)

图 2-15　高聚物三种聚集状态示意图
a）晶态　b）部分晶态　c）非晶态

聚合物的性能与聚集态有密切的关系。晶态聚合物由于分子链规则紧密排列，分子间吸引力大，分子链运动困难，故其熔点、相对密度、强度、刚度、耐热性和抗熔性等性能好；非晶态聚合物由于分子链无规则排列，分子链的活动能力大，故其弹性、延伸率和韧性等性能好；部分晶态聚合物性能介于上述两者之间，且随结晶度增加，熔点、相对密度、强度、刚度、耐热性和抗熔性均提高，而弹性、延伸率和韧性则降低。在实际生产中控制影响结晶的诸因素，可以得到不同聚集态的聚合物，以满足所需的性能要求。

2.4 陶瓷材料的结构

陶瓷材料是指以天然硅酸盐（黏土、石英、长石等）或人工合成化合物（氮化物、氧化物、碳化物等）为原料，经过制粉、配料、成型、高温烧结而成的无机非金属材料。

2.4.1 陶瓷材料的键合类型

陶瓷材料的质点间以离子键与共价键的混合键结合，所以陶瓷材料一般熔点和硬度高，具有耐蚀性好、塑性差等特性。如 Mg 的熔点为 650℃，而在 MgO 陶瓷中，离子键比例占 84%，共价键占 16%，因此熔点高达 2800℃。又如金刚石是典型的共价键，熔点达 3700℃，是目前自然界中最坚硬的固体。另外一般地，离子键为主的无机材料呈结晶态，而某些共价键为主的无机材料则易形成非晶态结构。

2.4.2 陶瓷材料的组织

与金属材料一样，陶瓷材料的性能取决于化学成分和组织结构。相对于金属材料，陶瓷材料的组成结构更加复杂，在室温下，陶瓷的典型组织由晶相、玻璃相和气相组成，如图 2-16 所示。各相的结构、数量、形状与分布，都对陶瓷的性能有直接影响。

图 2-16　陶瓷的显微组织

1. 晶相

晶相，又称晶体相，是一些化合物或以化合物为基体的固溶体，是决定陶瓷材料物理、化学和力学性能的主要组成物。陶瓷的晶相通常为一个以上，其结构、数量、形态和分布决定陶瓷的主要特点和应用。陶瓷材料中最常见的是含氧酸盐（如硅酸盐、钛酸盐、锆酸盐等）、氧化物（如 Al_2O_3、MgO 等）和非氧化物（如碳化物、氮化物等）三种结构。

（1）含氧酸盐结构　常见的含氧酸盐是硅酸盐，其结合键是离子键和共价键的混合，硅和氧的结合较为简单，由它们组成硅酸盐的骨架，构成硅酸盐的复合结合体。其结构特点是：无论何种硅酸盐，硅离子总是存在于四个氧离子组成的［SiO_4］四面体的中心，如图 2-17 所示。

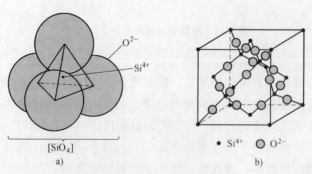

［SiO_4］

a)

• Si^{4+}　○ O^{2-}

b)

图 2-17　［SiO_4］四面体

[SiO₄] 四面体可以通过共用顶角（即氧离子）而相互联结，每个顶角最多只能为两个 [SiO₄] 四面体共用。由于联结方式不同，[SiO₄] 四面体可以构成岛状、环状、链状、层状、架状等，从而形成不同结构特征的硅酸盐晶体。

（2）氧化物结构　氧化物是大多数典型陶瓷的主要组成物和晶体相，它们以离子键结合为主，也有一部分的共价键。其结构特点是较大的氧离子紧密排列成晶体结构，较小的正离子填充在晶体结构的空隙内。根据正离子所占空隙的位置和数量的不同，氧化物形成了各种结构，见表2-8。

表 2-8　常见陶瓷的各种氧化物晶体结构

结构类型	晶体结构	陶瓷中主要化合物
AX 型	面心立方	碱土金属氧化物 MgO、BaO 等，碱金属卤化物，碱土金属硫化物
AX₂ 型	面心立方	CaF₂（萤石）、ThO₂、VO₂ 等
	简单四方	TiO₂（金红石）、SiO₂（高温方石英）等
A₂X₃ 型	菱形晶体	α-Al₂O₃（刚玉）
ABX₃	简单立方	CaTiO₃（钙钛矿）、BaTiO₃ 等
	菱形晶系	FeTiO₃（钛铁矿）、LiNbO₃ 等
AB₂X₄	面心立方	MgAl₂O₄（尖晶石）等 100 多种

（3）非氧化物　非氧化物是指不含氧的碳化物、氮化物、硼化物和硅化物等，是特种陶瓷的主要组成和晶相，主要由共价键结合，也有一部分的金属键和离子键。

2. 玻璃相

玻璃相是陶瓷烧结时，各组成物和杂质因物理化学反应后形成的液相冷却后依然为非晶态结构的部分，主要作用是将分散的晶体相黏结在一起，降低烧结温度，填充空隙，提高致密度，加快烧结过程，抑制晶体长大等。但是，玻璃相的强度比晶相低，抗热振性差，在较低的温度下即开始蠕变、软化，而且玻璃中的金属离子会降低陶瓷的绝缘性能，因此工业陶瓷中玻璃相数量要控制在 20%~40% 范围内。

3. 气相

气相是陶瓷材料中的气孔。如果气孔是表面开口的，会使陶瓷质量下降；如果气孔存在于陶瓷内部（闭孔），则不易被发现，这常常是产生裂纹的原因，会使陶瓷性能大幅下降，导致组织致密性下降、应力集中、脆性增加、介质损耗增大等。因此，应尽量降低气孔的大小和数量，使气孔均匀分布。普通陶瓷的气孔率为 5%~10%，特种陶瓷在 5% 以下，金属陶瓷要求在 0.5% 以下。

若要求陶瓷材料密度小，绝热性好时，则希望有一定量气相存在。

本 章 小 结

本章内容介绍了工程材料的结构，主要包括：固体材料中质点的四种结合形式；理想金属的晶体结构，实际金属的晶体结构，晶体缺陷种类及对金属力学性能的影响，三种典型金属的晶格类型；高分子材料的结构；陶瓷材料的键合类型及组织。本章思维导图如图 2-18 所示。

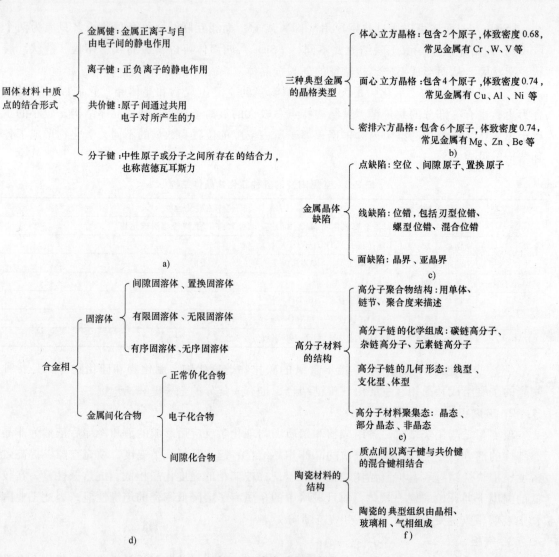

图 2-18 本章思维导图

思 考 题

1. 金属键、离子键、共价键和分子键结合的材料其性能分别有何特点?

2. 实际金属有哪些晶体缺陷? 其对金属性能有何影响?

3. 常见晶格类型有哪些? 说明其特征。分别简单举例说明各晶格类型包括哪些金属材料。

4. 相和组织的关系是什么? 合金相有几种? 其各自有何特点?

5. 何谓位错? 位错密度的大小对金属强度有何影响?

6. 单晶体具有各向异性,为什么多晶体一般不显示各向异性?

7. 何谓同素异构转变? 试以纯铁为例说明金属的同素异构转变。

8. 高分子材料聚集态有哪几种? 其各自有何特点?

第3章

工程材料的制备

由物质或原料转变为具有一定使用性能并可用于某种场合的材料，这种转变过程称为材料的制备过程。如大量使用的金属材料，其制备过程的第一步是从采掘矿石开始的，经选矿和预处理获得精矿石，再经冶金等工艺变为纯度较高的金属原料；这些原料再通过进一步精炼处理，降低杂质含量，并加入必要的其他金属或非金属后，得到符合成分要求的金属液体；将金属液体以适当的冷却方式进行冷却，获得块体金属锭坯、铸件毛坯或粉末，经过后续再加工，就得到各种工程材料或构件。由此可看出，工程材料的制备过程是一项复杂工程，涉及多个学科和多种专业技术。本章先对金属材料、聚合物材料和陶瓷材料的制备过程做一简单介绍；在此基础上，再重点介绍材料制备过程中对工程材料性能有显著影响的关键步骤，如金属材料的结晶、聚合物的合成和陶瓷材料的烧成。

3.1 工程材料的制备过程

3.1.1 金属材料的制备过程

铁是钢铁材料的基本组成元素。自然界中的铁以各种氧化物的形式存在，并且同其他元素的化合物混在一起。钢铁材料制备过程是先将铁矿石、焦炭和石灰石在高炉中冶炼获得高炉铁液，若调整高炉铁液的化学成分（主要是碳含量），即得铸铁所需的铁液；若将高炉铁液在炼钢炉中进一步冶炼获得成分符合要求的钢液，钢液凝固后经后续加工，即得到钢材或零件。图 3-1 所示为钢铁材料的制备过程。

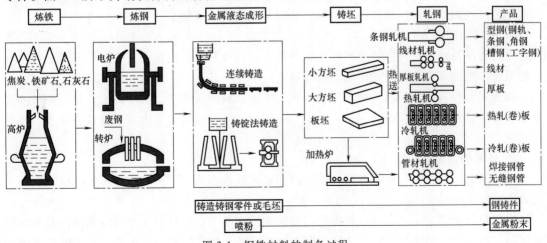

图 3-1　钢铁材料的制备过程

有色金属材料的制备工艺因所生产的有色金属种类不同而不同。下面简单介绍最常用的有色金属铜和铝的生产过程。采用火法冶炼工艺生产铜，其制备流程如下：

$$采掘铜矿石 \longrightarrow 选矿 \xrightarrow{\substack{焙烧\\或烧结}} 铜精矿 \xrightarrow{熔炼} 冰铜 \xrightarrow{吹炼} 粗铜 \xrightarrow{\substack{火法\\精炼}} 阳极铜 \xrightarrow{\substack{电解\\精炼}} 电解铜$$

铝的制备工艺包括从铝土矿中提取氧化铝、氧化铝电解制取金属原材料铝，以及用原铝加工制造各种铝材。我国主要用烧结法工艺流程制取氧化铝：将铝土矿与纯碱、石灰石混合后经高温焙烧得到可溶性的铝酸钠（$Na_2O \cdot Al_2O_3$），用稀碱液溶解后形成的铝酸钠溶液经脱硅、碳酸化分解得到氢氧化铝，再经焙烧即得氧化铝。在高温氧化铝熔盐槽中，用碳素作为电极，电解得到金属原铝。

3.1.2 高分子材料的制备过程

高分子材料是以聚合物为基体组分的材料。其制备的主要过程是聚合物的合成，聚合物由加聚反应或缩聚反应合成得到。

1. 加聚反应

加聚反应是指一种或几种单体相互加成而连接成聚合物的反应。该反应过程中没有副产物生成，因此生成的聚合物与其单体具有相同的成分。加聚反应是当前高分子合成工业的基础，约有80%的聚合物由加聚反应生产。高分子主链全部由碳原子以共价键相连接的碳链高分子，如聚乙烯、聚氯乙烯、聚苯乙烯、聚丙烯腈等大多由加聚反应制得。

加聚反应有均加聚、共加聚之分。单体为一种的加聚反应称为均加聚反应，如乙烯（$CH_2 = CH_2$）均加聚成聚乙烯（PE）；单体为两种或两种以上的加聚反应称为共加聚反应，如 ABS 塑料就是由丙烯腈、丁二烯和苯乙烯三种单体共加聚而成的。

2. 缩聚反应

缩聚反应是指一种或几种单体相互作用连接成聚合物，同时析出（缩去）新的低分子化合物（如水、氨、醇、卤化氢等）的反应。其单体是含有两种或两种以上的低分子化合物，缩聚物的成分与单体不同，反应也较复杂。它也有均缩聚、共缩聚之分。

3.1.3 无机非金属材料的制备过程

无机非金属材料的制备过程以陶瓷为例加以说明。陶瓷的制备是一个很复杂的过程，其基本工艺过程包括原料的制备、坯料的成型和制品的烧成或烧结。

1. 原料的制备

原料的制备是指将陶瓷的主要矿物原料黏土、石英和长石经拣选、粉碎后进行配料，然后经混合、磨细等工艺，得到所要求的粉料。

陶瓷用原料有天然原料和化工原料两类。天然原料杂质较多，但价格低；化工原料多为金属和非金属氧化物、碳酸盐等，其纯度和物理特性可控，大多由人工制备或合成，其价格较高。

2. 坯料的成型

坯料的成型是指将制备好的粉料加工成一定的形状和尺寸，并具有必要的机械强度和一定致密度的半成品。

根据粉料的类型不同，有三种相应的成型方法：对于在坯料中加水或塑化剂而形成的塑性泥料，可用手工或机加工方法成型，称为可塑成型，如传统陶瓷的生产；对于浆料型的坯料，可采用浇注到一定模型中的注浆成型法，如形状复杂、精度要求高的产品；对于特种陶瓷和金属陶瓷，一般是将粉状坯料加少量水或塑化剂，然后在金属模中加以较高压力而成型，称为压制成型。坯料成型后，为达到一定的强度而便于运输和后续加工，一般要进行人工或自然干燥。

3. 制品的烧成

将干燥后的坯料加热到高温，使其进行一系列的物理、化学变化而成瓷的过程，通常称为烧成或烧结。

经过烧成后，制品由松散的粉料变成了开口气孔率较低而致密度很高的坚固的陶瓷材料。

3.2 金属材料的结晶和组织

3.2.1 纯金属的结晶和组织

物质由液态到固态的转变过程称为凝固，液态物质凝固形成质点（原子、离子、分子等）呈规则排列的晶体，则这种凝固称为结晶。结晶属于凝固的一部分，最终获得晶体，而凝固的范围更广，最终获得的可能是晶体，也可能是非晶体。许多金属材料为晶体材料，因此，了解金属材料的结晶过程并掌握其基本规律，对控制和提高材料性能有重要意义。

1. 液态金属结构

液态金属结构对结晶过程，尤其是对结晶起始阶段有很大影响。实验研究表明：液态金属结构与固态金属相近，而与气态金属完全不同。液态金属原子并非完全呈混乱排列，而是存在呈规则排列的小尺寸原子集团（这种现象称为近程有序）。这些原子集团是不稳定的，瞬间出现又瞬间消失，此起彼伏，而且这些原子集团的尺寸大小与液态金属的温度高低有关：液态金属温度高，则原子集团尺寸小，原子集团数量少；液态金属温度低，则原子集团尺寸大，原子集团数量多。这些原子集团尺寸的大小和数量将影响结晶过程及金属的组织。图 3-2 所示为液态金属结构示意图。

2. 结晶过程

可用热分析法来研究液态金属的结晶过程。热分析法的过程为：先将固态金属熔化并测定熔点 T_m，然后以极缓慢的速度冷却并测定金属的冷却温度随时间变化的曲线——冷却曲线，如图 3-3 所示。

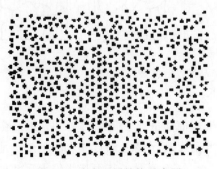

图 3-2 液态金属结构示意图

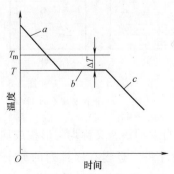

图 3-3 液态纯金属的冷却曲线

纯金属结晶过程冷却曲线由三条线段构成：两条斜线和一条水平线。斜直线 a 对应的是液态金属冷却降温过程，该直线段表明液态金属冷却降温时没有结构变化。由斜直线 a 进入水平线 b，预示液态金属开始结晶，因固相析出时释放的结晶潜热可抵消散热造成的降温，这样在冷却曲线上就出现一段水平线，该水平线所对应的温度就是实际结晶温度 T。由水平线 b 进入斜直线 c，预示液态金属结晶过程结束，因全部液体都转变成固相，无结晶潜热放出来抵消散热造成的降温。从图 3-3 中还可看出，纯金属液体是在理论结晶温度（即金属熔点 T_m）以下的某一温度 T 开始结晶的。实际结晶温度 T 低于理论结晶温度 T_m 的现象称为过冷，T_m 与 T 之差称为过冷度，用 ΔT 表示，即

$$\Delta T = T_m - T \tag{3-1}$$

过冷度与冷却速度有关，冷却速度越大，过冷度也越大。

液态金属结晶为什么必须在理论结晶温度 T_m 以下才能进行呢？这与液态金属自由能、结晶处的固相自由能大小有关。图 3-4 所示为纯金属液、固态自由能 G_L 和 G_S 与温度的关系。从图 3-4 中可看出，当温度等于理论结晶温度或熔点 T_m 时，固态和液态的自由能曲线相交，即在该温度，液态和固态的自由能相等，液态和固态可共存，处于平衡状态；温度在 T_m 以上，固态自由能较高，处于不稳定状态而熔化为液体；温度在 T_m 以下，液态自由能较高，处于不稳定状态而结晶为固态。因此，液态物质结晶必须使温度在 T_m 以下才能进行。

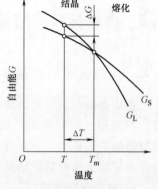

图 3-4 纯金属固、液态自由能（G）与温度（T）的关系

液态金属结晶时，总是先在液态金属中形成一些非常微小的晶体（即晶核），然后这些晶核不断长大，同时，液相中继续形成新的晶核并不断长大，直到液态金属都结晶为固态。因此，液态金属的结晶过程是一个晶核形成和长大的过程。液态金属的形核、长大过程示意图如图 3-5 所示。当液态金属缓慢冷却到结晶温度后，经过一定时间，开始出现第一批晶核。随着时间的推移，已形成的晶核不断长大，同时液相中还不断形成新的晶核并逐渐长大，直到液相完全消失为止。

（1）形核 过冷液态金属中晶核的形成有自发形核和非自发形核两种方式。自发形核是指靠液态金属自身形成晶核核心的形核方式；非自发形核是指靠液相中某些外来难熔质点或固体表面（如外来夹杂物或容器壁等）作为晶核核心的形核方式。

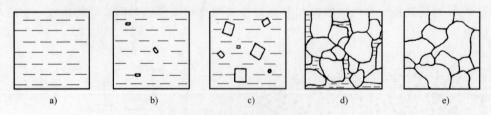

图 3-5 纯金属的结晶过程示意图

a）液态金属 b）形成晶核 c）晶核长大 d）部分结晶 e）完全结晶

1）自发形核，又称均匀形核或均质形核。根据前述液态金属结构可知，液态金属中有大量大小不一、近程有序排列的原子小集团，当温度高于结晶温度 T_m 时，它们是不稳定的；当液态金属冷却到结晶温度 T_m 以下并具有一定过冷度时，其中某些较大尺寸的原子集

团可达到某一临界尺寸而成为结晶核心，即晶核。要达到临界尺寸成为稳定的晶核，需要一定的过冷度。某些金属自发形核所需要的过冷度见表3-1。实际液态金属难以获得如此大的过冷度，因此，实际液态金属形核过程一般为非自发形核过程。

表 3-1　某些金属自发形核所需要的过冷度

金属	熔点 T_m/K	过冷度 ΔT/K	$\Delta T/T_m$
汞	234.3	58	0.287
锡	505.7	105	0.208
铅	600.7	80	0.133
铝	931.7	130	0.140
银	1233.7	227	0.184
金	1336	230	0.172
铜	1356	236	0.174
锰	1493	308	0.206
镍	1725	319	0.185
钴	1763	330	0.187
铁	1803	295	0.164
铂	2043	370	0.181

2）非自发形核，又称非均匀形核或异质形核。液态金属过冷后，形核的主要阻力是晶核要形成液-固相界面，界面能的存在使系统自由能升高。如果晶核依附于已存在的界面上形成，就有可能使界面能降低，从而使形核功降低。实际上，即使在纯金属的液态金属中，也不可避免地存在着夹杂等固相粒子，这些固相粒子表面可能作为晶核附着的基底而发生非自发形核，而金属结晶时所在的容器器壁或铸型型壁也会作为形核基底而引发非自发形核。

（2）晶体生长　晶核形成后，便开始长大，由于结晶条件或传热条件的不同，晶体主要以树枝状形式生长。当过冷度非常小时，晶核以规则的外形生长；当晶核生长至相互接触时，规则外形被破坏。而当过冷度增大时，晶核只在生长的初期可以具有规则外形（图3-6a），随即以树枝方式长大。长大首先在晶核的棱角处以较快生长速度形成枝晶的一次晶轴（图3-6b）。在一次晶轴长大的同时，其边棱上由于偶然形成的晶体缺陷等原因又会形成与一次晶轴相垂直的二次晶轴（图3-6c）。随后又出现三次晶轴、四次晶轴等，这样晶核长大成为一个树枝状的晶轴（图3-6d），直至相邻的树枝状晶轴相遇时，才停止生长。另外，每个树枝晶轴不断变粗并长出新的更高次的晶轴，以充满各树枝状晶轴之间的体积，直至把树

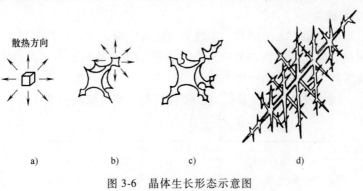

图 3-6　晶体生长形态示意图

a）晶核　b）一次晶轴　c）二次晶轴　d）树枝状晶体

枝状晶轴变成一个完整的内部无空隙的晶粒。如果在结晶过程中，由于金属结晶所造成的体积收缩没有充分的液体金属来补充，那么树枝状晶轴之间的体积将不能被填满而留下空隙，从而保留树枝状晶的形态。图 3-7 所示为金属结晶时形成的枝晶形态。

3. 铸锭组织

图 3-8 所示为液态金属浇入铸型中凝固所获得的铸锭组织。凝固时，由于表面和中心位置处的冷却条件不同，铸锭组织是不均匀的，其内部的宏观组织由三个典型的晶区组成，即细等轴晶区、柱状晶区和等轴晶区。

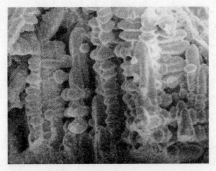

图 3-7　金属结晶时的枝晶生长形态（203×）

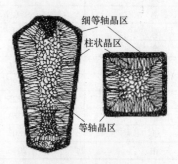

图 3-8　铸锭组织示意图

（1）细等轴晶区　铸锭的最外层是一层很薄的细小等轴晶粒区，各晶粒随机取向。这是因为金属液注入铸型时，铸型表层金属液的冷却速度大（即过冷度大），形成了大量晶核，同时模壁和杂质也起到了非自发形核的作用。

（2）柱状晶区　细等轴晶区内层是柱状晶区，其组织为粗大的柱状晶粒，与型壁表面垂直。其形成原因为：当细等轴晶区形成时，型壁温度升高，金属液冷却速度变慢；此外，结晶释放潜热使细等轴晶区前沿液体过冷度减小，形核率大大下降。此时，液体中只有与细等轴晶区相接触的某些小晶粒可沿垂直于型壁表面方向继续生长，并且晶粒的生长方向与散热方向一致，结果形成柱状晶。

（3）等轴晶区　铸锭的中心为一个粗大的、随机取向的等轴晶区。通常，当结晶进行到接近铸锭中心时，剩余液相温度比较均匀，几乎同时进入过冷状态。但是，由于中心区过冷度较小，形核率较低。由柱状晶体的多次晶轴受液流冲击而破碎形成小的晶块和一些难熔夹杂物，被带到中心区作为晶核长大，最终形成中心等轴晶区。

4. 晶粒大小与控制

金属结晶后形成的晶粒大小对其力学性能有很大影响，在一般情况下，晶粒越小，金属的强度、塑性和韧性越好。纯铁的晶粒大小与力学性能的关系见表 3-2。由表 3-2 中数据可知，细化晶粒能提高金属材料的强度和塑性。通常把通过细化晶粒来改善材料力学性能的方法称为细晶强化。增大过冷度、变质处理、搅拌和振动等可细化晶粒。

表 3-2　纯铁的晶粒大小与力学性能的关系

晶粒直径/μm	抗拉强度 R_m/MPa	伸长率 A
70	184	0.306
25	216	0.395
1.6	270	0.507

（1）增大过冷度 提高液态金属的冷却速度是增大过冷度、细化晶粒的有效方法之一。如在铸造生产中，用金属型代替砂型，增大金属型的厚度，降低金属型的预热温度等，均可提高铸件的冷却速度。此外，提高液态金属的冷却能力也是增大过冷度的有效方法。如在浇注时采用高温熔化、低温浇注的方法也能获得细的晶粒。随着超高速急冷（冷却速度达106K/s）技术的发展，已成功地研制出超细晶金属、非晶态金属等具有优良力学性能和特殊物理、化学性能的新材料。

（2）变质处理 它是有目的地向液态金属中加入某些变质剂，以细化晶粒和改善组织，达到提高材料性能的方法。变质剂的作用有两种情况：一种是改变晶核的生长条件，强烈地阻碍晶核的长大或改善组织形态，如在铝硅合金中加入钠盐，钠能在硅表面上富集，从而降低硅的长大速度，阻碍粗大硅晶体形成，细化了组织；另一种是变质剂本身和液态金属发生反应形成的化合物，作为非自发形核的晶核，增加晶核数，这一类变质剂称为孕育剂，相应的处理也称为孕育处理，如在铁液中加入硅铁、硅钙合金，能细化石墨颗粒。

（3）搅拌和振动 在液态金属结晶过程中，采取附加搅拌和振动，如机械搅拌、电磁搅拌、超声波振动等，破碎正在长大的树枝状晶体，破碎的枝晶又成为新的晶核，增加形核率，从而可以细化晶粒、改善材料的性能。

3.2.2 二元合金的结晶和组织

合金的结晶过程较为复杂，要用相图来分析合金的结晶过程。相图是表达温度、成分和相之间平衡关系的图形，所以又将相图称为平衡相图。

可通过实验建立合金相图，也可用计算机模拟建立合金相图，但仍要由实验加以验证。建立合金相图最常用的方法是热分析法，现以 Cu-Ni 合金为例说明用热分析法建立相图的过程。

① 配制合金：按表 3-3 分别配制不同成分的 Cu-Ni 合金。

表 3-3　Cu-Ni 二元合金成分

$w(Cu)$	100%	80%	60%	40%	20%	0
$w(Ni)$	0	20%	40%	60%	80%	100%

② 将表 3-3 中合金分别加热熔化，缓慢冷却，测出各合金的冷却曲线，如图 3-9a 所示。

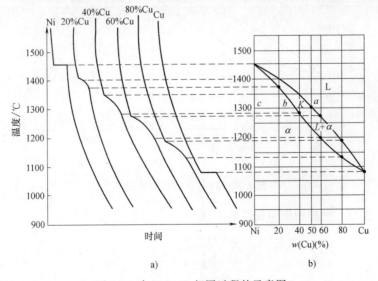

a)　　　　　　　　　b)

图 3-9　建立 Cu-Ni 相图过程的示意图

③ 确定各冷却曲线上的结晶开始温度和结晶终了温度。

④ 在温度-成分坐标系中，将各冷却曲线投影到相应成分垂线，如图 3-9b 所示。

⑤ 分别将所有结晶开始温度点连成曲线、结晶终了温度点连成曲线，即得 Cu-Ni 合金相图（图 3-9b）。

Cu-Ni 合金相图是一种最简单的基本相图，图中每个点表示一定成分的合金在一定温度时的稳定相状态。实际的二元相图虽然复杂，但任何复杂的相图都可以看成由一些简单的基本相图组合而成。

根据结晶过程中出现的不同类型的结晶反应，可以把二元合金的结晶相图分为下列几种基本类型。

1. 匀晶相图

两组元在液态和固态均能无限互溶时所构成的相图称为匀晶相图。具有这类相图的合金系有：Cu-Au、Au-Ag、Fe-Cr、Fe-Ni、Cu-Ni、W-Co 等。

下面以 Cu-Ni 合金相图为例，说明发生匀晶反应的结晶过程。如图 3-10a 所示，aa_2a_1c 线为液相线，该线以上合金处于液相；ac_2c_1c 为固相线，该线以下合金处于固相。L 为液相，是 Cu 和 Ni 形成的熔体；α 为固相，是 Cu 和 Ni 组成的无限固溶体。图 3-10a 中有两个单相区：液相线以上的 L 相区和固相线以下的 α 相区。图 3-10a 中还有一个双相区：液相线和固相线之间的 L+α 相区。

这里以 b 点成分的 Cu-Ni 合金（Ni 的质量分数为 b%）为例分析结晶过程，该合金的冷却曲线和结晶过程如图 3-10b 所示。在 1 点温度以上，合金为液相 L。缓慢冷却至 1 点到 2 点温度之间时，合金发生匀晶反应：L $\longrightarrow$ α，从液相中逐渐结晶出 α 固溶体，随着温度的下降，液相成分沿液相线变化，固相成分沿固相线变化。2 点温度以下，合金全部结晶为 α 固溶体。

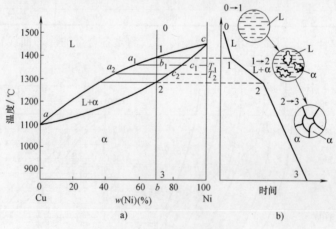

图 3-10 匀晶合金的结晶过程

当在 T_1 温度时，两相的质量比可表示为

$$\frac{Q_L}{Q_\alpha} = \frac{b_1c_1}{a_1b_1} \quad (3\text{-}2)$$

式中，Q_L 为 L 相的质量；Q_α 为 α 相的质量；b_1c_1、a_1b_1 为成分坐标上的线段长度。

式（3-2）与力学中的杠杆原理十分类似，称为杠杆定律，如图 3-11 所示。由杠杆定律不难得出

$$\frac{Q_{\mathrm{L}}}{Q_{\alpha}} = \frac{bc}{ab} \qquad (3\text{-}3)$$

或

$$Q_{\mathrm{L}} ab = Q_{\alpha} bc \qquad (3\text{-}4)$$

而且可以得到液相和固相在合金中所占的相对质量分数分别为

$$w(\mathrm{L}) = \frac{bc}{ac} \text{和} \; w(\alpha) = \frac{ab}{ac} \qquad (3\text{-}5)$$

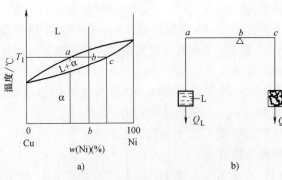

图 3-11　杠杆定律及其力学比喻

这里值得注意的是，杠杆定律只适用于相图中的两相区，并且只能在平衡状态下使用。

从合金结晶过程中可看出，随着温度的变化，固相的成分也在不断改变。只有在冷却速度无限缓慢的条件下，即达到相平衡时，最终才能得到与合金成分相同的均匀 α 固溶体；若冷却较快，原子扩散不能充分进行，不同温度下结晶出来的 α 固溶体的成分就会存在差异，即较高温度下结晶出来的 α 固溶体中高熔点组元 B 含量（相对于低熔点组元 A）较高，较低温度下结晶出来的 α 固溶体组元 B 含量较低。对于一个晶粒来说，先结晶的枝干 B 含量高，后结晶的枝干 B 含量低，这种晶粒的成分不均匀的现象称为晶内偏析，又称为枝晶偏析。

枝晶偏析的存在，会使合金的塑性、韧性显著下降，对压力加工性能也有损害，故应设法消除与改善。生产中常采用均匀化退火（或扩散退火）处理，即将铸态合金加热到低于固相线 100～200℃ 的高温长时间保温，使原子充分扩散，以获得成分均匀的固溶体。

2. 共晶相图

两组元在液态无限互溶，在固态有限溶解，并发生共晶反应时所构成的相图称为二元共晶相图。具有这类相图的合金系有 Sn-Pb、Pb-Sb、Cu-Ag、Al-Si、Pb-Bi、Sn-Cd 和 Zn-Sn 等。

这里以 Pb-Sn 合金相图为例说明发生共晶反应的结晶过程。如图 3-12 所示，adb 为液相线，$acdeb$ 为固相线。合金系有三种相：液相 L、Sn 溶于 Pb 中的有限固溶体 α 相、Pb 溶于 Sn 中的有限固溶体 β 相。相图中有三个单相区（L、α、β），三个双相区（L+α、L+β、α+β），以及一条三相共存线（L+α+β）。

d 点为共晶点，表示共晶成分的合金冷却到共晶温度时，共同结晶出 c 点成分的 α 相和 e 点成分的 β 相，发生共晶反应：

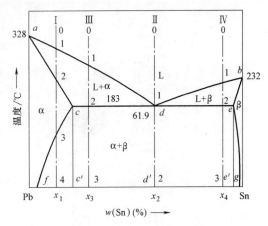

图 3-12　Pb-Sn 合金相图

$$\mathrm{L}_d \Longleftrightarrow \alpha_c + \beta_e$$

反应在恒温下进行，所生成的两相混合物叫共晶体。发生共晶反应时有三相共存，它们各自的成分是确定的。水平线 cde 为共晶反应线，成分在 ce 之间的合金平衡结晶时都会发生

共晶反应。

　　cf 线为 Sn 在 Pb 中的溶解度线，也称为 α 相的固溶线。随温度升高，固溶体的溶解度增大。Sn 含量大于 f 点的合金从高温冷却到室温时，从 α 相中析出 β 相以降低 α 相中 Sn 的质量分数，发生反应：$α \longrightarrow β_{II}$。从固态 α 相中析出的 β 相称为二次 β 相，常写作 $β_{II}$。eg 线为 Pb 在 Sn 中的溶解度线，也称为 β 相的固溶线，冷却过程中同样发生二次结晶，析出二次 α 相（$α_{II}$），发生反应：$β \longrightarrow α_{II}$。

　　下面选取图 3-12 中有代表性的三种合金成分 Ⅰ、Ⅱ、Ⅲ 说明其结晶过程。

　　（1）合金 Ⅰ　合金 Ⅰ 的结晶过程如图 3-13 所示。该合金在 1 点到 2 点之间为匀晶结晶过程，结晶终了为均一的 α 固溶体。继续冷却时，在 2 点到 3 点对应的温度范围内 α 相不发生变化。但冷至 3 点对应的温度以下时，α 相对 Sn 的溶解度减小，过剩的 Sn 组元以 β 固溶体的形式从 α 相中析出。此时，α 相的成分将随温度的降低沿 cf 线变化。室温下其显微组织由 $α+β_{II}$ 组成，它们的相对量可由杠杆定律给出：

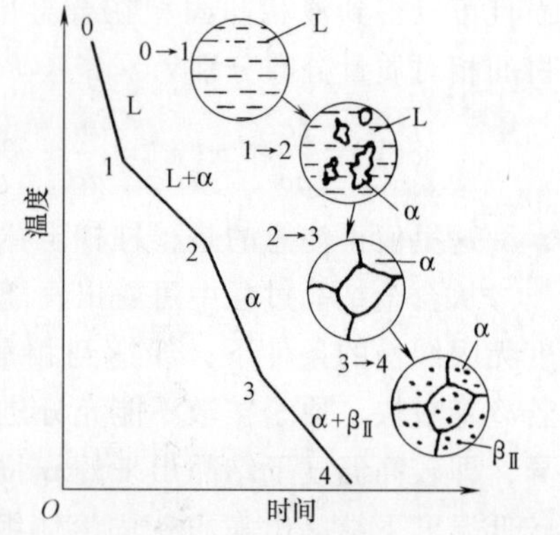

$$w(α)=\frac{x_1 g}{fg} \text{和} \; w(β)=\frac{fx_1}{fg} \qquad (3\text{-}6)$$

图 3-13　合金 Ⅰ 的结晶过程

　　通过计算可知，二次相的量很少，但对合金的性能有时却起到一定的强化效果。

　　（2）合金 Ⅱ　其结晶过程如图 3-14 所示。合金在共晶温度以上为液态，冷却至共晶温度时发生共晶反应。共晶组织中 $α_c$ 和 $β_e$ 的相对质量之比为 de/cd，所以共晶组织的成分是一定的。继续冷却时，共晶体中的 α 相沿 cf 线析出 $β_{II}$，β 相沿 eg 线析出 $α_{II}$。$α_{II}$ 和 $β_{II}$ 都相应地同 β 和 α 连在一起，加之二次相数量较少，故不改变共晶体的基本形貌，室温组织仍可视为（$α+β$）。图 3-15 所示为 Pb-Sn 合金的共晶组织。

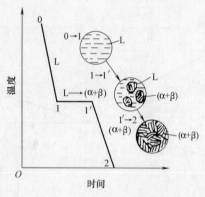

图 3-14　合金 Ⅱ 的结晶过程

图 3-15　Pb-Sn 合金的共晶组织

　　（3）合金 Ⅲ　其结晶过程如图 3-16 所示。合金 Ⅲ 是亚共晶合金，合金冷却到 1 点对应的温度后，由匀晶反应生成 α 固溶体，叫初生 α 固溶体。从 1 点到 2 点的冷却过程中，按照杠杆定律，初生 α 的成分沿图 3-12 中 ac 线变化，液相成分沿 ad 线变化；初生 α 逐渐增多，液相逐渐减少。当刚冷却到 2 点对应的温度时，合金由 c 点成分的初生 α 相和 d 点成分的液相组成。然后液相进行共晶反应，但初生 α 相不变化。经一定时间到 2′ 点共晶反应结束时，合金转变为 $\alpha_c + (\alpha_c + \beta_e)$。从共晶温度继续冷却，初生 α 中不断析出 β_{II}，成分由 c 点降至 f 点；此时共晶体形态、成分和总量保持不变。合金的室温组织为初生 $\alpha + \beta_{II} + (\alpha + \beta)$，如图 3-17 所示。

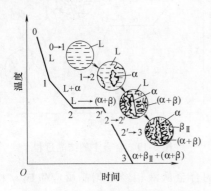

图 3-16 亚共晶合金的结晶过程

图 3-17 亚共晶合金的组织

合金的组成相为 α 和 β，它们的相对质量为

$$w(\alpha) = \frac{x_3 g}{fg} \text{和} w(\beta) = \frac{fx_3}{fg} \tag{3-7}$$

同样的方法，初生 α、β_{II} 和共晶体 $(\alpha + \beta)$ 的相对质量可两次应用杠杆定律求得

$$w(\alpha) = \frac{c'g}{fg} \cdot \frac{2d}{cd}, \ w(\beta_{II}) = \frac{fc'}{fg} \cdot \frac{2d}{cd} \text{和} w(\alpha + \beta) = \frac{2c}{cd} \tag{3-8}$$

合金 IV 为成分处于 de 之间的过共晶合金，其初生相为 β 固溶体，其他分析与亚共晶类似，可参照合金 III 分析其结晶过程。

3. 包晶相图

两组元在液态下无限互溶，在固态有限溶解，并发生包晶反应时的相图，称为包晶相图。包晶相图也是二元合金相图的一种基本类型，但工业上应用较少。具有这类相图的合金系有 Pt-Ag、Ag-Sn、Sn-Sb 等。

这里以 Pt-Ag 合金相图为例说明发生包晶反应的结晶过程。如图 3-18 所示，合金中存在三种相：液相 L，Ag 溶于 Pt 中的有限固溶体 α 相，Pt 溶于 Ag 中的有限固溶体 β 相。e 点为包晶点，e 点成分的合金冷却到包晶温度时发生 $\alpha_c + L_d \Longleftrightarrow \beta_e$ 包晶反应。发生包晶反应时三相共存，反应在恒温下进行。

成分为 I 的合金结晶过程如图 3-19 所示。合金冷却到 1 点对应的温度以下时结晶出 α 固溶体，L 相成分沿 ad 线变化，α 相成分沿 ac 线变化。合金钢冷却到 2 点对应的温度而尚未发生包晶反应前，由 d 点成分的 L 相与 c 点成分的 α 相组成。此两相在 e 点对应的温度发生包晶反应，β 相包围 α 相而形成。反应结束后，L 相与 α 相全部耗尽，形成 e 点成分的 β 固溶体。温度继续下降，从 β 中析出 α_{II}。最后室温组织为 $\beta + \alpha_{II}$。同样地，其组成相和组织组成物的成分和相对质量可根据杠杆定律来计算。

4. 共析相图

图 3-20 的下半部所示为共析反应，这种相图可以看成是双层相图，上层为匀晶相图，

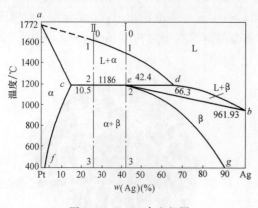

图 3-18　Pt-Ag 合金相图

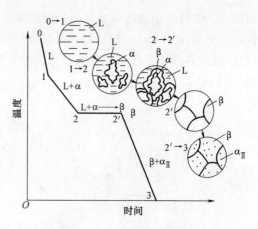

图 3-19　合金 I 的结晶过程

下层类似共晶相图，称为共析相图。d 点共析成分的合金从液相经过匀晶反应生成 γ 相后，继续冷却到 d 点对应的共析温度时，在此恒温下发生共析反应 $\gamma_d \Longleftrightarrow \alpha_c + \beta_e$，同时析出 c 点成分的 α 相和 e 点成分的 β 相。即由一种固相转变成完全不同的两种相互关联的固相，此两相混合物称为共析体。共析反应与共晶反应不同之处在于，它是由一个固溶体而不是液体在恒温下同时析出两种成分一定的固相，其共析体的组织形态也是两相交替分布，只是更细一些而已，这种组织在钢中普遍存在。

5. 具有稳定化合物的合金相图

在某些二元合金中，常形成一种或几种稳定化合物。这些化合物具有一定的化学成分、固定的熔点，且熔化前不分解，也不发生其他化学反应。例如 Mg-Si 合金，就能形成稳定化合物 Mg_2Si。其相图如图 3-21 所示，显然由于稳定化合物 Mg_2Si 的存在，可把相图分解为 $Mg-Mg_2Si$ 及 Mg_2Si-Si 两个二元相图去分析。

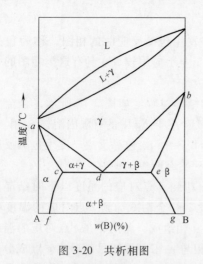

图 3-20　共析相图

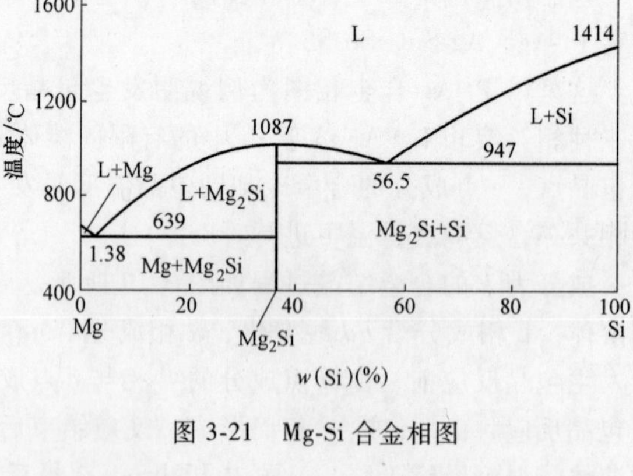

图 3-21　Mg-Si 合金相图

6. 其他二元合金相图

除了前面介绍的四个基本相图和具有稳定化合物的合金相图外，还有偏晶反应相图、熔晶反应相图、包析反应相图、合晶反应相图，它们的反应式见表 3-4。

表 3-4　二元合金相图的类型及反应式

恒温转变类型		反应式
分解型（共晶型）	共晶转变	$L \Longleftrightarrow \alpha + \beta$
	共析转变	$\gamma \Longleftrightarrow \alpha + \beta$
	偏晶转变	$L_1 \Longleftrightarrow L_2 + \alpha$
	熔晶转变	$\delta \Longleftrightarrow \gamma + L$
合成型（包晶型）	包晶转变	$L + \beta \Longleftrightarrow \alpha$
	包析转变	$\gamma + \beta \Longleftrightarrow \alpha$
	合晶转变	$L_1 + L_2 \Longleftrightarrow \alpha$

3.2.3　铁碳合金的结晶

现代工业中使用最广泛的钢铁材料都属于铁碳合金。合金钢和合金铸铁实际是加入合金元素的铁碳合金。钢铁的成分不同，则组织和性能不同，因而它们在实际工程上的应用也不同。为了认识铁碳合金的本质，以及铁碳合金的成分、组织和性能之间的关系，必须首先了解铁碳合金相图。

1. 铁碳合金中的基本相

铁和碳发生相互作用，形成固溶体和金属间化合物。属于固溶体的相有铁素体、奥氏体，属于金属间化合物的相有渗碳体，它们的力学性能见表 3-5。

表 3-5　奥氏体、铁素体和渗碳体的力学性能

基本组织	R_m/MPa	硬度 HBW	$A(\%)$	$a_K/(\text{J/cm}^2)$
奥氏体（A）	392	$160 \sim 200$	$40 \sim 50$	—
铁素体（F）	245	80	50	294
渗碳体（Fe_3C）	30	800	≈ 0	≈ 0

（1）铁素体（F 或者 α）　碳在 α-Fe 中形成的间隙固溶体称为铁素体，金相显微镜下为多边形晶粒，常用 F 表示。它仍保持 α-Fe 的体心立方晶格，体心立方晶格的间隙很小，因而溶碳能力较差，在 727℃ 时最大溶碳量为 0.0218%，在室温时溶碳量约为 0.0008%。铁素体的力学性能与纯铁几乎相同，强度、硬度不高，但具有良好的塑性和韧性，见表 3-5。

碳在 δ-Fe 中形成的间隙固溶体称为 δ 固溶体，也称为高温铁素体，一般以 δ 表示。它只存在于 $1394 \sim 1538$℃ 之间，在 1495℃ 时，碳在 δ-Fe 中的最大溶解度达到 0.09%。

（2）奥氏体（A 或者 γ）　碳在 γ-Fe 中形成的间隙固溶体称为奥氏体，常用 A 表示，金相显微镜下呈规则的多边形晶粒。它保持 γ-Fe 的面心立方晶格，面心立方晶格的有效间隙较大，因而奥氏体的溶碳能力较强。碳在奥氏体中的溶解度在 1148℃ 时最大为 2.11%，在 727℃ 时溶解度为 0.77%。由表 3-5 可知，奥氏体具有良好的塑性和较低变形抗力，适合压力加工。

（3）渗碳体（Fe_3C）　碳的质量分数超过固溶体溶解度后，多余的碳便会与铁形成金属间化合物 Fe_3C，其碳含量为 6.69%（质量分数）。它具有不同于铁和碳的复杂晶格结构。由表 3-5 可知，渗碳体硬度非常高，脆性很大，它只能作为强化相存在，它的形状、大小、数量及分布对钢性能的影响非常大。渗碳体为亚稳定相，在一定条件下会发生分解，生成石墨，即：$Fe_3C \longrightarrow 3Fe + C$（石墨）。

2. 铁碳平衡相图

在铁碳合金中，铁和碳可以形成 Fe_3C、Fe_2C、FeC 等一系列化合物，由于钢和铸铁中的碳含量一般不超过5%（质量分数），是在 $Fe-Fe_3C$（C 的质量分数为6.69%）的成分范围内，因此在研究铁碳合金时，只需考虑 $Fe-Fe_3C$ 部分。通常所讲的铁碳合金相图就是指的 $Fe-Fe_3C$ 相图，如图3-22所示。

图3-22中的各特征点的英文符号、温度、碳含量及其含义见表3-6。

相图中的 ABCD 线为液相线，AHJECF 线为固相线。相图中有五个基本相，相应有五个单相区，它们分别是：

ABCD 以上——液相区（L）

AHNA——δ 固溶体区（δ）

NJESGN——奥氏体区（A）

GPQ 以左——铁素体区（F）

DFK——渗碳体区（Fe_3C）

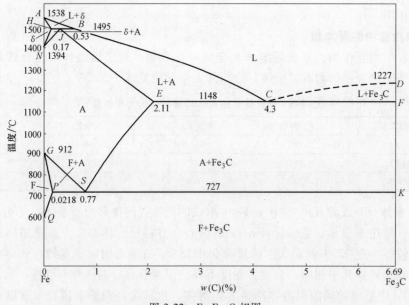

图3-22 $Fe-Fe_3C$ 相图

表3-6 $Fe-Fe_3C$ 相图中的特性点

符号	温度/℃	碳含量（质量分数，%）	含义
A	1538	0	纯铁的熔点
B	1495	0.53	包晶转变时液态合金的成分
C	1148	4.30	共晶点
D	1227	6.69	渗碳体的熔点
E	1148	2.11	碳在 γ-Fe 中的最大溶解度
F	1148	6.69	渗碳体的成分
G	912	0	α-Fe$\longleftrightarrow$$\gamma$-Fe 同素异构转变点（$A_3$）
H	1495	0.09	碳在 δ-Fe 中的最大溶解度
J	1495	0.17	包晶点
K	727	6.69	渗碳体的成分

（续）

符号	温度/℃	碳含量（质量分数，%）	含义
N	1394	0	γ-Fe$\longleftrightarrow\delta$-Fe 同素异构转变点（$A_4$）
P	727	0.0218	碳在 α-Fe 中的最大溶解度
S	727	0.77	共析点（A_1）
Q	600	0.0008	600℃时碳在 α-Fe 中的溶解度

相图中还有两相区，它们分别位于两相邻单相区之间。这些两相区是 L+δ、L+A、L+Fe$_3$C；δ+A、F+A、A+Fe$_3$C、F+Fe$_3$C。铁碳合金相图看上去比较复杂，但实际上是由包晶、共晶、共析三个基本相图所组成的，现分别说明如下：

包晶反应：*HJB* 线为包晶线，当碳含量在 0.09%～0.53%（质量分数）的铁碳合金冷却到此线时，在 1495℃恒温下发生包晶反应，其反应式为

$$L_{0.53\%} + \delta_{0.09\%} \xleftarrow{\quad 1495℃ \quad} A_{0.17\%}$$

反应产物为奥氏体。

共晶反应：*ECF* 线为共晶线，当碳含量在 2.11%～6.69%（质量分数）的铁碳合金冷却到此线时，在 1148℃恒温下发生共晶反应，其反应式为

$$L_{4.3\%} \xleftarrow{\quad 1148℃ \quad} A_{2.11\%} + Fe_3C$$

反应产物是奥氏体和渗碳体所组成的共晶混合物，称为（高温）莱氏体，惯用符号 Ld 表示。莱氏体冷却至共析温度以下，将转变为珠光体与渗碳体的混合物，称为低温莱氏体，记为 L'd。

共析反应：*PSK* 线为共析线。当碳含量在 0.77%～6.69%（质量分数）的铁碳合金冷却到此线时，在 727℃恒温下发生共析反应，其反应式为

$$A_{0.77\%} \xleftarrow{\quad 727℃ \quad} F_{0.0218\%} + Fe_3C$$

反应产物是铁素体和渗碳体所组成的共析混合物，称为珠光体，一般用字母 P 表示。

此外，在铁碳合金相图中还有三条重要的特性线，它们是 *ES* 线、*PQ* 线、*GS* 线。

ES 线也叫 A_{cm} 线，是碳在奥氏体中的固溶线。从 1148℃冷却至 727℃的过程中，将从奥氏体中析出渗碳体，通常把从奥氏体中析出的渗碳体称为二次渗碳体（Fe$_3$C$_{\text{II}}$）。

PQ 线是碳在铁素体中的固溶线，铁碳合金由 727℃冷却至室温时，将从铁素体中析出渗碳体，这种渗碳体称为三次渗碳体（Fe$_3$C$_{\text{III}}$）。对于工业纯铁及低碳钢，由于三次渗碳体沿晶界析出，使其塑性、韧性下降，因而必须重视三次渗碳体的存在与分布。在碳含量较高的铁碳合金中，三次渗碳体可忽略不计。

GS 线是冷却过程中，由奥氏体中开始析出铁素体的临界温度线，或者说是在加热时，铁素体完全溶入奥氏体的终了线，通常也称为 A_3 线。

3. 铁碳合金的平衡结晶过程

根据相图，各种铁碳合金按其碳含量及组织不同，分为工业纯铁、钢和铸铁三类。

1）工业纯铁：$w(C) \leq 0.0218\%$，其显微组织为铁素体。

2）钢：$0.0218\% < w(C) \leq 2.11\%$，其特点是高温固态组织为具有良好塑性的奥氏体，

宜于锻造。根据室温组织的不同，可分为亚共析钢、共析钢和过共析钢。

亚共析钢：$0.0218\% < w(C) < 0.77\%$，其平衡组织为铁素体和珠光体。

共析钢：$w(C) = 0.77\%$，其平衡组织为珠光体。

过共析钢：$0.77\% < w(C) \leqslant 2.11\%$，其平衡组织为珠光体和二次渗碳体。

3) 白口铸铁：$2.11\% < w(C) < 6.69\%$，其特点是铁液结晶时发生共晶反应，因而有较好的铸造性能。其断口呈白亮光泽，故称为白口铸铁。根据室温组织的不同，白口铸铁分为亚共晶白口铸铁、共晶白口铸铁和过共晶白口铸铁。

亚共晶白口铸铁：$2.11\% < w(C) < 4.3\%$，其平衡组织为珠光体、二次渗碳体和莱氏体。

共晶白口铸铁：$w(C) = 4.3\%$，平衡组织为莱氏体。

过共晶白口铸铁：$4.3\% < w(C) < 6.69\%$，平衡组织为莱氏体和渗碳体。

下面以钢为例，分析其平衡结晶过程和室温下的组织。

当钢的碳含量在 $0.09\% \sim 0.53\%$ 时，在液态结晶过程中均会出现包晶反应，其结晶过程在上节已做讨论。其余部分的液态结晶过程相当于匀晶转变。当钢冷却至 NJE 线以下时，均转变为单一奥氏体。继续冷却时，在 NJE 线与 GSE 线之间，奥氏体组织不发生变化。但冷却至 GSE 线以下时，根据钢的成分不同，有三种转变方式。

（1）共析钢　共析钢的结晶过程如图 3-23 所示。合金冷却至 1 点温度开始从 L 中结晶出奥氏体 A，结晶到 2 点温度完毕，继续冷却到 3 点温度时发生共析转变生成珠光体。珠光体中的渗碳体为共析渗碳体。当温度继续下降时，珠光体中 F 的溶解度逐渐减小并沿 PQ 线逐渐析出 Fe_3C，它常与共析渗碳体连在一起，不易分辨，且数量极少，可忽略不计。因此，共析钢室温组织为层片状珠光体 P，如图 3-24 所示。

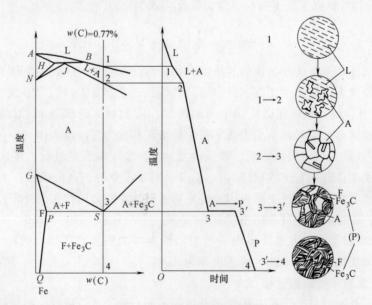

图 3-23　共析钢的结晶过程

珠光体中 F 和 Fe_3C 的质量分数可用杠杆定律求出：

$$w(F) = \frac{SK}{PK} = \frac{6.69-0.77}{6.69-0.0218} \times 100\% \approx 88.8\%$$

$$w(Fe_3C) = \frac{PS}{PK} = \frac{0.77-0.0218}{6.69-0.0218} \times 100\% \approx 11.4\%$$

（2）亚共析钢　亚共析钢的结晶过程如图3-25所示。合金冷却至1点温度，开始从中结晶出铁素体δ，结晶到2点温度发生包晶转变生成奥氏体，继续冷却到3点温度时全部转变为奥氏体。3点和4点之间奥氏体不变化，从4点温度开始从奥氏体中析出F。当继续冷却时，独立存在的F和P中的F

图3-24　共析钢的室温组织P（500×）

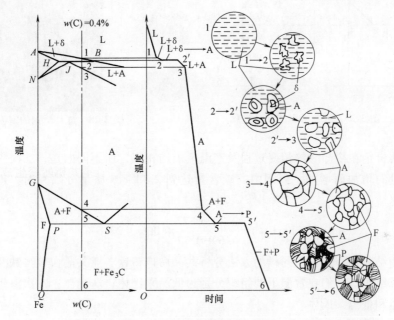

图3-25　亚共析钢的结晶过程

的碳含量沿PQ线下降，析出Fe_3C_{III}，Fe_3C_{III}量极少，一般可忽略不计，因此其室温组织为F+P，显微组织如图3-26所示。所有亚共析钢的室温组织都是F+P，不同点在于随着合金成分的变化，F+P的相对量不同，用杠杆定律计算可知，碳含量越高，P越多，F越少。

（3）过共析钢　过共析钢的结晶过程如图3-27所示。合金冷却至1点温度时，L中结晶出奥氏体，结晶到2点温度完毕。2点到3点之间奥氏体不变化，从3点温度开始沿奥氏体晶界析出Fe_3C_{II}，当温度逐渐下降时，Fe_3C_{II}量不断增加，并逐渐呈网状，4点温度时，网状较完整；同时随着Fe_3C_{II}的不断析出，奥氏体的成分沿ES线变化。在4点温度，奥氏体发生共析反应形成P，直至室温。因此常温下过共析钢的显微组织为$P+Fe_3C_{II}$，如图3-28所示。

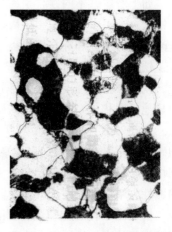

图3-26　亚共析钢的室温组织（400×）

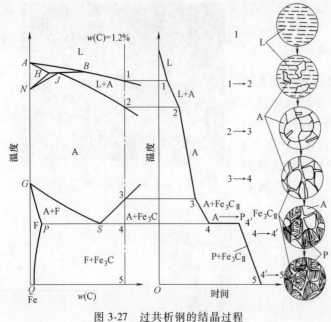

图 3-27　过共析钢的结晶过程　　　　　　图 3-28　过共析钢的室温组织（500×）

所有过共析钢在冷却时的相变过程及室温组织均相似，所不同的是，二次渗碳体的量随着钢中碳含量的增加而增加，当钢中的碳含量达到 2.11%（质量分数）时，Fe_3C_{II} 的量达到最大值：

$$w(Fe_3C_{II}) = \frac{2.11-0.77}{6.69-0.77} \times 100\% = 22.6\%$$

对于平衡结晶过程，可用同样的方法分析共晶白口铸铁、亚共晶白口铸铁及过共晶白口铸铁的结晶及组织。它们在常温下的组织分别为低温莱氏体；珠光体、二次渗碳体和低温莱氏体；渗碳体和低温莱氏体。

4. 铁碳合金的性能与成分、组织的关系

如上所述，不同碳含量的合金具有不同的组织，必然具有不同的性能，所以碳含量是决定铁碳合金力学性能的主要因素。随着碳含量的增加，不仅组织中渗碳体的相对量增多，而且渗碳体的形态和分布也发生了变化，并使基体由 F 变为 P 乃至 Fe_3C。

铁碳合金以铁素体为基体，以渗碳体为强化相。当渗碳体和铁素体构成层片状珠光体时，铁碳合金的强度、硬度得到提高，合金中珠光体量越多，其强度、硬度越高。当渗碳体明显地呈网状分布时，将使铁碳合金的塑性、韧性大大下降，脆性明显提高，强度也随之降低。图 3-29 所示为碳含量对铁碳合金的力学性能的影响。从图 3-29 中可看出，当铁碳合金中碳含量小于 0.9% 时，随着碳含量的增加，合金的强度、硬度几乎呈直线上升，而塑性、韧性不断降低。当铁碳合金中碳含量大于 0.9% 时，因出现明显的网状渗碳体，而导致合金的脆性大幅增加，强度开始下降，而硬度仍继续增加。

应当注意，$Fe\text{-}Fe_3C$ 合金相图具有一定的局限性。因为该相图只能反应铁碳二元合金中相的平衡状态，实际工业生产的钢铁材料在铁、碳以外还含有或者添加了其他元素，因此相图会发生一些变化；另外相图只是平衡状态的情况，就是在极其缓慢的冷却或者加热过程中

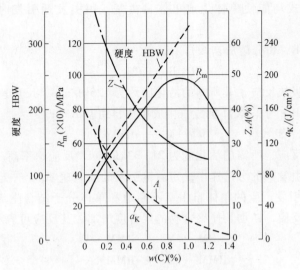

图 3-29 铁碳合金的力学性能与碳含量的关系

才能达到的状态，在实际钢铁生产和热、冷加工过程中，温度变化较快，完全用相图来分析会造成偏差。尽管如此，铁碳相图在实际生产中仍有很大的指导意义，它可作为钢铁选材成分和制订钢铁热加工工艺（铸、锻、轧、热处理）的依据。

3.3 高分子材料的合成及结构

按照高分子材料（聚合物）合成反应机理不同，可将聚合反应分成连锁聚合反应和逐步聚合反应两大类。

烯类聚合物或碳链聚合物大多通过单体的加聚反应进行合成，其反应多属于连锁聚合反应，也称链式聚合反应。其特征是整个反应过程可划分成相似的几步基元反应：链引发、链增长、链终止、链转移等。此类反应中，聚合物大分子的形成几乎是瞬时的，体系中始终由单体和聚合物大分子两部分组成，聚合物的分子量几乎与反应时间无关，而转化率则随反应时间的延长而增加。

多数缩聚反应和聚氨酯合成反应都属于逐步聚合反应。其特征是在低分子单体转变成聚合物的过程中，反应是逐步进行的。反应早期，大部分单体很快生成二聚体、三聚体等低聚物，这些低聚物再继续反应，分子量不断增大。所以随反应时间的延长，分子量增大，而转化率在反应前期就达到很高的值。

下面就根据反应机理对聚合反应进行介绍。

3.3.1 连锁聚合反应

1. 连锁聚合的基元反应

连锁聚合反应主要包括链引发、链增长、链终止和链转移等基元反应。根据活性中心的不同，连锁聚合反应又分为自由基聚合反应、离子型聚合反应和配位聚合反应等。自由基聚合与离子型聚合的基元反应相近，下面以自由基聚合反应为例，说明其反应机理。

（1）链引发　形成单体自由基活性中心的过程，称为链引发反应。用引发剂、加热、光照、高能辐射等方式均能使单体生成单体自由基。用引发剂引发时，链引发包含两个反应：

一是引发剂分子 R∶R 分解成初级自由基 R·：

$$R∶R \longrightarrow 2R·$$

引发剂的分解为吸热反应，其所需的活化能约为 125kJ/mol，反应速率小。

二是初级自由基 R· 与单体 M 加成，生成单体自由基 RM·：

$$R· +M \longrightarrow RM·$$

加成反应为放热反应，所需的活化能为 21~33kJ/mol，反应速率高。

由此可以看出，引发剂的分解速率决定着链引发的反应速率。

（2）链增长 链引发产生的单体自由基不断地和单体分子结合生成链自由基，如此反复的过程称为链增长反应，链增长使聚合物的聚合度增加。其反应可表示为

$$RM· +M \longrightarrow RMM·$$
$$RMM· +M \longrightarrow RMMM·$$
$$\cdots\cdots$$
$$RM_{n-1}M· +M \longrightarrow RM_nM·$$

链增长是放热反应，所需的活化能约为 84kJ/mol。链增长所需的活化能为 21~33kJ/mol，增长速率很高，单体自由基在瞬间可结合上千甚至上万个单体，生成聚合物链自由基。在反应体系中几乎只有单体和聚合物，而链自由基浓度极小。

（3）链终止 链自由基失去活性形成稳定聚合物分子的反应为链终止反应。

具有未成对电子的链自由基非常活泼，当两个链自由基相遇时，极易反应而失去活性，形成稳定分子，这一过程称为双基终止。

双基终止形式有两种：双基结合终止和双基歧化终止。链自由基以共价键相结合，形成饱和高分子的终止反应称为双基结合终止，即

$$RM_xM· + ·MM_yR \longrightarrow RM_{x+y+2}R$$

此时所生成的高分子两端都有引发剂碎片。链自由基夺取另一链自由基相邻碳原子上的氢原子而互相终止的反应称为双基歧化终止，即

$$RM_nM· + ·H \longrightarrow R(M)_nMH$$

此时生成的高分子中只有一个引发剂碎片。

链自由基的两种双基终止方式都有可能发生。如苯乙烯在 60℃ 以下聚合时，主要是双基结合；甲基丙烯酸甲酯在 60℃ 以上聚合时，双基歧化终止占优势。终止所需的活化能很低，只有 8.4~21.1kJ/mol，或接近于零，因此链终止速率常数极高。

（4）链转移 链自由基除了进行链增长反应外，还可能发生向体系中其他分子转移的反应，即从其他分子上夺取一个原子（氢、氯）而终止，失去原子的分子成为自由基，再引发单体继续新的链增长。此时，体系中自由基数目没有减少，只要转移后的自由基活性与单体自由基差别不大，则对聚合反应速率无明显影响，从动力学角度讲，没有发生链终止。

1）向单体转移。链自由基将独电子转移到单体分子上，产生的单体自由基开始新的链增长。发生链转移可能性的大小与单体结构有关。如向苯乙烯单体的转移较为困难，而向氯乙烯单体转移比较容易。生成的氯乙烯单体自由基可继续进行链增长。但由于链转移的活化能比链增长大，所以才有可能得到高分子量（平均聚合度为 600~1500）的聚氯乙烯。

2）向溶剂或链转移剂转移。为了避免产物分子量过高，特地加入十二烷基硫醇等链转移剂以调节产物的分子量。链转移剂就是指有较强链转移能力的化合物，如四氯化碳、硫醇等，链转移剂能限制链自由基的增长，达到调节聚合物分子量的目的。

3）向引发剂转移。向引发剂链转移，也称为引发剂的诱导分解。其结果是自由基浓度不变，聚合物分子量降低，引发剂效率下降。

4）向高分子转移。链自由基也有可能从高分子上夺取原子而终止，产生的新链自由基又进行链增长，形成支链高分子。

5）阻聚作用。阻聚剂是能与链自由基反应使聚合反应停止的物质。少量阻聚剂使链自由基会失去活性，不再与单体反应，从而能阻止聚合反应的进行。

2. 几种连锁聚合反应的特点

（1）自由基聚合反应的特点

1）自由基聚合反应可明显区分出引发、增长、终止、转移等基元反应，其中链引发所需的激活能最大，反应速率最小，是控制总聚合速率的关键。

2）在几个基元反应中，只有链增长反应才使聚合度增加。一个大分子的形成所需时间极短，反应体系中基本上由单体和大分子组成。在聚合全过程中，聚合物的聚合度无大的变化。

3）聚合过程中，单体浓度逐步降低，聚合物转化率逐步增大。

4）仅用少量（质量分数为 $0.01\% \sim 0.1\%$）阻聚剂即可使自由基聚合反应终止。

（2）离子型聚合反应的特点　离子型聚合反应实际包括阳离子聚合反应、阴离子聚合反应和配位离子聚合反应三类。

阳离子聚合反应、阴离子聚合反应的反应机制与自由基聚合反应相似，其基元反应也有链引发、链增长、链终止、链转移等。

1）阴离子聚合。阴离子聚合常以碱作为催化剂。碱性越强，越易引发阴离子聚合反应；取代基吸电子性越强的单体，越易进行阴离子聚合反应。阴离子聚合的链增长反应可能以离子对方式、以自由离子方式或以离子对和自由离子两种同时存在的方式等进行，这比自由基聚合要复杂。

阴离子聚合中一个重要的特征是在适当的条件下可以不发生链转移或链终止反应。因此，链增长反应中的活性链直到单体完全耗尽仍可保持活性，当重新加入单体时，又可开始聚合，聚合物分子量继续增加。

阴离子聚合中，由于活性链离子间相同电荷的静电排斥作用，不能发生类似自由基聚合那样的偶合或歧化终止反应；活性链离子对中反离子常为金属阳离子，碳-金属键的解离度大，也不可能发生阴阳离子的化合反应；如果发生向单体链转移反应，则要脱 H—，这要求很高的能量，通常也不易发生；因此，只要没有外界引入的杂质，链终止反应是很难发生的。有时阴离子发生链转移或异构化反应，使活性链活性消失而终止。

反离子、溶剂和反应温度对阴离子聚合反应速率、聚合物分子量和结构规整性有关键性的影响。阴离子聚合中显然应选用非质子性溶剂（如苯、二氧六环、四氢呋喃、二甲基甲酰胺等），而不能选用质子性溶剂（如水、醇等），否则溶剂将与阴离子反应而使聚合反应无法进行。

2）阳离子聚合。与阴离子聚合相反，能进行阳离子聚合的单体多数是带有强供电取代基的烯类单体，如异丁烯、乙烯基醚等，还有显著共轭效应的单体，如苯乙烯、α-甲基苯乙烯、丁二烯、异戊二烯等。此外还含氧、氮原子的不饱和化合物和环状化合物，如甲醛、四氢呋喃、环戊二烯、3,3-双氯甲基丁氧环等。

常用的催化剂有三类：含氢酸，如 $HClO_4$、H_2SO_4；路易斯（Lewis）酸，如 BF3、$FeCl_3$、$BiCl_3$ 等；有机金属化合物，如 $Al(CH_3)_3$ 等。

阳离子聚合的特点之一是容易发生重排反应。因为碳阳离子的稳定性次序是伯碳阳离子<仲碳阳离子<叔碳阳离子；而聚合过程中活性链离子总是倾向生成热力学稳定的阳离子结构，所以容易发生复杂的分子内重排反应。而这种异构化重排作用常是通过电子或键的移位或个别原子的转移进行的。发生异构化的程度与温度有关。

与阴离子聚合反应一样，阳离子聚合也不发生双分子终止反应，而是单分子终止。形成聚合物的主要方式是靠链转移反应。所以聚合物分子量取决于向单体的链转移常数。当然此种转移反应并非真正的链终止。但是，活性链离子对中的碳阳离子与反离子化合物可发生真正的链终止反应。

3）配位离子聚合。配位离子聚合反应首先由烯烃类单体的碳-碳双键与催化剂活性中心的过渡元素原子（如 Ti、V、Cr、Mo、Ni 等）的空 d 轨道进行配位，然后进一步发生移位，使单体插入金属-碳键之间，重复此过程就增长成高分子链。其反应机理这里不做介绍。

3. 连锁共聚合反应

聚合反应有均聚合反应和共聚合反应之分。均聚合反应得到的是均聚物，共聚合反应得到的是共聚物。

两种单体参加的共聚反应称为二元共聚；两种以上单体共聚则称为多元共聚。由于单体单元排列方式的不同，可构成不同类型的共聚物。大致有以下几种类型：①无规共聚物（两种单体 M_1、M_2 在聚合物中呈无规则排列：$\cdots M_1 M_2 M_2 M_1 M_2 M_1 M_2 M_1 M_2 M_2 \cdots$）；②交替共聚物（两种单体 M_1、M_2 在聚合物中呈交替排列：$\cdots M_1 M_2 M_1 M_2 M_1 M_2 M_1 M_2 \cdots$）；③嵌段共聚物（两种单体 M_1、M_2 在聚合物中成段出现：$\cdots M_1 M_1 M_1 M_1 M_2 M_2 M_2 M_2 M_1 M_1 M_1 \cdots$）；④接枝共聚物（以一种单体单元 M_1 构成主链，另一种单体单元 M_2 构成支链）。这四种共聚物，前两种由两种单体共聚反应制得，后两种需用特殊的方法制取。

共聚合的反应机理与前面介绍的均聚合的反应机理基本相同，也有链引发、链增长、链终止和链转移等，但反应要复杂得多。这里不做进一步介绍。

3.3.2 逐步聚合反应

逐步聚合反应包括缩聚反应和逐步加聚反应。缩聚反应是由多次重复的缩合反应形成聚合物的过程；逐步加聚反应是单体分子通过反复加成，使分子间形成共价键而生成聚合物的反应。

与连锁聚合反应相比，逐步聚合反应没有链引发、链增长、链终止等基元反应，所需的反应活化能较高，形成大分子的速率慢，以小时计；反应热效应小，聚合临界温度低，在一般温度下为可逆反应，平衡不仅依赖温度，也与副产物有关。逐步聚合反应没有特定的反应活性中心，每个单体分子的官能团都有相同的反应能力。在反应初期相互形成中间体（如二聚体、三聚体和其他低聚物）；随着反应时间的延长，中间体形成更大分子量的中间产物；增长过程中，每一步产物都能独立存在，在任何时候都可以终止反应，在任何时候又能使其继续以同样的活性进行反应。显然这是连锁反应的链增长过程所没有的特征。

下面仅对缩聚反应加以说明。

缩聚反应在高分子合成反应中占有重要地位。酚醛树脂、不饱和聚酯树脂、氨基树脂，以及尼龙（聚酰胺）、涤纶（聚酯）等聚合物都是通过缩聚反应合成的；一些性能要求特殊而严格的聚合物，如聚碳酸酯、聚砜、聚苯醚、聚酰亚胺、聚苯并咪唑、吡龙等工程塑料或耐热聚合物，也是通过缩聚反应制得的。

缩聚反应的反应通式可表示为

$$na-R_1-a+nb-R_2-b \Longleftrightarrow a\text{-}R_1-R_2\text{-}_n b+(2n-1)ab$$

式中　　a、b——缩聚反应的官能团；

$\qquad$ ab——缩聚反应的小分子产物；

$-R_1-R_2-$ ——聚合物链中的重复单元结构。

当两种不同的官能团 a、b 为同一单体中的官能团时，聚合反应过程为

$$na-R-b \Longleftrightarrow a\text{-}R\text{-}_n b+(n-1)ab$$

双官能团单体的缩聚反应，除生成线型缩聚物外，常有成环反应的可能。因此，在选取单体时必须克服成环的可能性。实际上所有多官能团单体的缩聚反应，都有类似问题。

在缩聚反应中，成环、成线反应是竞争反应，它与环的大小、官能团的距离、分子链的挠曲性、温度，以及反应物的浓度等都有关系。环的数量大小与环状物稳定性的顺序为：3、4、8~11<7、12<5<6。3 节环、4 节环由于键角的弯曲，环张力最大，稳定性最差；5 节环、6 节环键角变形很小，甚至没有，所以最稳定。在缩聚反应中应尽量消除成环反应。环化反应多是单分子反应，而线型缩聚则是双分子反应。所以随着单体浓度的增加，对成环反应不利。浓度因素比热力学因素对线型缩聚的影响要大。

按生成聚合物分子结构的不同，缩聚反应可分为线型缩聚反应和体型缩聚反应两类。如果参加缩聚反应的单体都只含两个官能团得到线型分子聚合物，则此反应称为线型缩聚反应，如二元醇与二元酸生成聚酯的反应。如果参加缩聚反应单体至少有一种含两个以上的官能团，则称为体型缩聚反应，产物为体型结构的聚合物，如丙三醇与邻苯二甲酸酐的反应。

按参加缩聚反应的单体种类分，缩聚反应可分为均缩聚、混缩聚和共缩聚三类。只有一种单体进行的缩聚反应称为均缩聚。两种单体参加的缩聚反应称为混缩聚或杂缩聚，例如二元胺和二元羧酸所进行的生成聚酰胺的反应。若在均缩聚中再加入第二种单体或在混缩聚中加入第三种单体，这时的缩聚反应即称为共缩聚。

在缩聚反应中官能团存在等活性，即官能团的反应活性与此官能团所在链的链长无关。等活性概念也是高分子化学反应的一个基本观点。

1. 线型缩聚物

缩聚物作为材料，其性能与分子量有关。在缩聚反应中必须对产物分子量即聚合度做有效的控制。而控制反应程度即可控制聚合度。然而在进一步加工时，端基官能团可再进行反应，使反应程度提高，分子量增大，影响产品性能。所以用反应程度控制分子量并非有效的办法。有效的办法是使端基官能团丧失反应能力或条件。这种方法主要是通过非等当量比配料，使某一原料过量，或加入少量单官能团化合物，进行端基封端。

2. 体型缩聚物

由两个以上官能单体形成支化或交联等非线型结构产物的缩聚反应称为体型缩聚反应。

体型缩聚的特点是当反应进行到一定时间后出现凝胶。所谓凝胶就是不溶不熔的交联聚合物。出现凝胶时的反应程度称为凝胶点。

为了便于热固性聚合物的加工，对于体型缩聚反应，要在凝胶点之前终止反应。凝胶点是工艺控制中的重要参数。

热固性聚合物的生成过程，根据反应程度与凝胶点的关系，可分为甲、乙、丙三个阶段。反应程度在凝胶点以前就终止的反应产物称为甲阶聚合物；反应程度接近凝胶点而终止反应的产物称为乙阶聚合物；反应程度大于凝胶点的产物称为丙阶聚合物。所谓体型缩聚的预聚体通常是指甲阶或乙阶聚合物。丙阶聚合物是不溶不熔的交联聚合物。

凝胶点是体型缩聚的重要参数，可由试验测定或理论计算确定。

3.4 无机非金属材料的制备

无机非金属材料的制备过程以陶瓷为例加以说明。陶瓷的制备过程是一个很复杂的过程，其基本工艺过程包括原料的制备、坯料的成型和制品的烧成或烧结。下面主要介绍制品的烧成。

3.4.1 陶瓷烧成过程

陶瓷材料的烧成是使陶瓷坯料在高温作用下致密化、完成预期的物理化学反应和形成所要求性能的全过程。有时，人们将坯件成瓷后，开口气孔率较高、致密度较低时，称之为烧成，如传统陶瓷中的日用陶瓷等都是烧成，其温度通常为 $1250 \sim 1450℃$；烧结则是指瓷化后的制品开口气孔率极低而致密度很高的瓷化过程，如特种陶瓷都是烧结而成。在此，为叙述方便，均称为烧成。

陶瓷材料的烧成过程包括由室温至最高烧成温度的升温阶段、高温下的保温阶段和从最高烧成温度至室温的冷却阶段。

1. 升温阶段

升温阶段发生水分和有机黏合剂的挥发、结晶水和结构水的排除、碳酸盐的分解，以及可能的晶相转变等过程。除晶相转变外，其他过程都伴有大量的气体排出。这时升温不能太快，否则会造成结构疏松、变形和开裂。通常机械吸附水在 $200℃$ 以前逐步挥发掉，有机黏合剂在 $200 \sim 350℃$ 挥发完，结晶水和结构水的排除及碳酸盐的分解与具体材料有关。如高岭土（$Al_2O_3 \cdot 2SiO_2 \cdot 2H_2O$）在 $400 \sim 600℃$、膨润土 $[Al_2Si_4O_{10}(OH)_2 \cdot nH_2O]$ 在 $500 \sim 700℃$、滑石（$3MgO \cdot 4SiO_2 \cdot H_2O$）在 $700 \sim 900℃$ 脱水，而 $CaCO_3$ 在 $650 \sim 930℃$、$MgCO_3$ 在 $350 \sim 850℃$、$BaCO_3$ 在 $1450℃$、$SrCO_3$ 在 $1200 \sim 1250℃$ 时分解。脱水和释气过程中，质量都明显减小，可用失重试验测定其反应温区。同时，脱水和释气又是一个吸热过程，可用差热分析进行验证。

在晶相转变时往往有结晶潜热和体积变化，如在发生相变的温度下适当保温，可使相变均匀、和缓，减免应变、应力造成的开裂，此阶段升温速度不宜过快。

2. 保温阶段

保温阶段是陶瓷烧成的主要阶段，在这一阶段各组分进行充分的物理变化和化学反应，以获得要求的致密度、结构和性能的陶瓷体。因此，必须严格控制烧成制度，尤其是严格控制最高烧成温度和保温时间。

任何瓷料都有一个最佳的烧成温度范围，实际终烧温度应保证在此范围内。各种瓷料的烧成温度范围不同，一般黏土类陶瓷的烧成温度范围比较宽，为 $40 \sim 100℃$，大多数功能陶瓷只有 $10 \sim 20℃$，个别的只有 $5 \sim 10℃$。在这个范围内烧成，坯体致密度高、不吸水、晶粒细密，力学性能和电性能好。超出该温度范围，瓷体气孔率增大，力学性能和电性能都降低。

3. 冷却阶段

从烧成温度冷却至常温的过程称为冷却阶段。瓷体的冷却过程与金属的凝固过程十分相似，也伴随有液相凝固、析出晶相、相变等物理和化学变化发生。因此，冷却方式、冷却速度对瓷体最终的相组成、结构和性能均有很大的影响。冷却阶段有淬火急冷、随炉快冷、随炉慢冷或缓冷和分段保温冷却等多种方式。慢冷等相当于延长不同温度下的保温时间，因此，晶体生长能力强、玻璃相有强烈析晶倾向的瓷料，晶粒可能生长成粗大的晶体，玻璃相会析晶，往往导致瓷体结构和致密性差，对于这种瓷料，应快速冷却。快冷应注意必须避免瓷体开裂和炸裂。析晶倾向非常强的瓷料，或希望保持高温相的瓷料，可采用快冷或淬火快冷的方法。

3.4.2　陶瓷烧成机理简介

通过烧成工艺这一过程，可形成具有一定结构和性能的致密陶瓷体。烧成是一个很复杂的物理和化学变化过程。陶瓷烧成机理可归纳为黏性流动、蒸发与凝聚、体积扩散、表面扩散、晶界扩散、塑性流动等，但用任一种机理全面地解释一种具体的烧成过程都是很困难的，往往存在多种不同的机理。在此，对常见的固相烧结和液相烧结机理做介绍。

1. 固相烧结

陶瓷的固相烧结是把粉末坯体加热到低于粉末熔点的适当温度，保温后转变成坚固、致密聚集体的过程。固相烧结可以分成两个主要阶段，如图 3-30 所示。初期阶段，粉体中的晶粒生长和重排，使原来松散颗粒的黏结作用增加，颗粒的堆积趋向紧密，气孔体积减小。第二个阶段，物质从颗粒间的接触部分向气孔迁移，颗粒中心靠近和颗粒间接触面积增加，

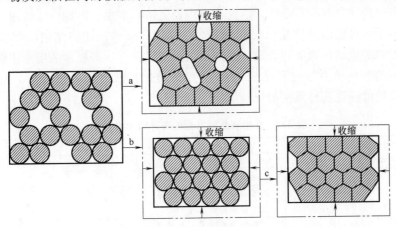

图 3-30　固态烧结过程示意图

a—疏松堆积的颗粒系统中颗粒中心靠近　b—晶粒重排　c—紧密堆积的颗粒系统中颗粒中心靠近

将气孔排除。这两种宏观现象中无论哪一个都不足以获得无孔隙多晶固体，只有共同作用才能实现。

固相烧结驱动力是烧结中表面积减小而导致的表面自由能降低，但烧结一般不能自动进行，因为它本身具有的能量难以克服能垒，必须加热到一定的温度。烧结的难易程度常用晶界能和表面能的比值来衡量，比值越小越容易烧结。例如，Al_2O_3 粉末的晶界能约为 0.4J/mol，表面能约为 1J/mol，比值较小，因此相对 Si_3N_4、SiC、AlN 等比值较大的陶瓷容易烧结。

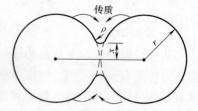

图 3-31 蒸发-凝聚烧结的起始阶段

固相烧结的等径球体烧结模型（图 3-31）认为，随烧结的进行，球体的接触点形成颈部并逐渐扩大，最后烧结成一个整体。由于烧结时传质机理不同，颈部增长方式不同，造成了不同的结果。可能的传质机理包括蒸发-凝聚、黏滞流动、表面扩散、晶界或晶格扩散，以及塑性变形等，具体传质机理的方式与陶瓷体系、烧结阶段等具体情况有关。

对于高温蒸气压大的体系，如 PbO、BeO 和氧化铁，颗粒表面各处曲率的不同导致不同的蒸气压，会出现蒸发-凝聚的传质方式。

对大多数蒸气压低的陶瓷，物质的传递可能更容易通过固态产生（表 3-7）。颗粒尺寸几乎和烧结速率成反比关系，同时烧结速率也受到扩散系数的明显影响，实践中可以通过调整杂质和温度来控制烧结速率。

表 3-7　陶瓷固态烧结时的物质传输

编号	传输途径	来源	物质传输所到位置
1	表面扩散	表面	颈部
2	晶格扩散	表面	颈部
3	气相传质	表面	颈部
4	晶界扩散	晶界	颈部
5	晶格扩散	晶界	颈部
6	晶格扩散	位错	颈部

2. 液相烧结

由于粉料中经常含有少量杂质，因此许多陶瓷烧结时多少会出现一些液相。粉料即使十分纯净，高温下也可能出现"接触"熔融现象。所以，纯粹固相烧结的实例是不容易实现的。有液相参加的烧结称为液相烧结。生产上，为了促进烧结，也常采用液相烧结工艺。液相烧结时发生的各种动力学过程见表 3-8。液相传质比扩散传质要快得多，因此烧结速率高，可以在较低的温度获得致密的烧结体。

表 3-8　液相烧结时发生的各种动力学过程

动力学过程		描述
熔化		初始液相形成
浸润	展开	自由固相表面被液相浸润
	渗透	固相表面之间被液相浸润
固相溶解		固相在液相中溶解
液相扩散进入固相		液相组分扩散进入固相
化学反应		固、液、气之间的反应
重排		毛细管力引起的颗粒向更高堆积密度的滑移

（续）

动力学过程	描述
溶解-沉淀	固相的溶解和溶质的再沉淀导致物质的迁移
气孔闭合	连续气孔通道孤立
气孔排除	气孔和空穴从内部气孔扩散到坯体表面
晶粒生长和粗化	气孔生长,晶粒数目减少
奥斯特瓦德熟化	晶粒粗化
气孔生长和粗化	气孔生长,气孔数目减少
晶粒/液相流动	晶粒和液相向宏观气孔的流动
鼓胀	坯体中气体压力引起的局部鼓胀
固化	冷却时液相的固化
结晶化	冷却时液相的结晶

在液相含量较大的烧结中，玻璃态黏性流动是烧结致密化的主要传质过程，颗粒尺寸、黏度的降低可以有效地提高烧结速率，而提高表面张力的程度是相对有限的。

在液相含量较小或黏度很高的烧结中，整个流动相当于具有屈服点的玻璃态塑性流动，同样被颗粒尺寸、黏度和表面张力所控制。如果固相在液相内具有一定的溶解度，主要烧结过程将是固体的溶解和再沉淀，以此使晶粒长大并致密化。一般要具备液相足够多，液相对固体粉末能润湿，固相在液相中有足够的溶解度等条件。当液相润湿固相时，固体粉末间的空隙成为毛细管，其中液体产生的巨大压力可以促使固体粉末结合在一起。

3.4.3 陶瓷烧成后的组织影响因素

陶瓷烧成后的组织由晶相、玻璃相和气孔构成。组织形态、大小、相对量和分布除与陶瓷坯体的化学组成、初始粒径、料坯初始密度、气孔尺寸分布有关外，还与烧成时的加热条件（加热温度、保温时间）和冷却条件（冷却速度）有关。陶瓷与合金一样，也可建立相图；烧成的组织种类和相对量及其与烧成工艺参数的关系，可以通过陶瓷材料的相图来判断，但陶瓷材料的相图比合金相图复杂得多，其相关内容在此不做介绍。

本 章 小 结

本章主要介绍了金属结晶的基本规律，杠杆定律及其应用，五种基本二元合金相图，二元合金相图与合金性能的关系，铁碳二元合金相图分析，聚合物的连锁聚合反应和逐步聚合反应机理，陶瓷材料的固相烧结和液相烧结机理。本章思维导图如图 3-32 所示。

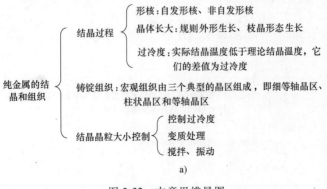

a)

图 3-32 本章思维导图

五种基本相图 ⎰ 匀晶相图：两组元在液态和固态均能无限互溶时所构成的相图

共晶相图：两组元在液态无限互溶，在固态有限溶解，并发生共晶反应时所构成的相图

包晶相图：两组元在液态无限互溶，在固态有限溶解，并发生包晶反应时所构成的相图

共析相图：两组元在液态无限互溶，在固态有限溶解，并发生共析反应时所构成的相图

具有稳定化合物的合金相图

b)

铁碳合金的结晶

基本相 ⎰ 铁素体(F 或 α)

奥氏体(A 或 γ)

渗碳体(Fe₃C)

铁碳平衡相图：含有三个基本相图(包晶、共晶、共析)

铁碳合金按碳的质量分数及组织不同分类 ⎰ 工业纯铁：$w(C) \leqslant 0.0218\%$

钢：$0.0218\% < w(C) \leqslant 2.11\%$

白口铸铁：$2.11\% < w(C) < 6.69\%$

c)

高分子聚合物的合成及结构

连锁聚合反应：主要包括链引发、链增长、链终止、链转移等基元反应，主要是加聚反应

逐步聚合反应：包括缩聚反应和逐步加聚反应

d)

陶瓷材料的制备

原料的制备

坯料的成型

制品的烧成，包括升温阶段、保温阶段和冷却阶段

e)

陶瓷烧成机理

固相烧结：粉末坯体加热到粉末熔点的适当温度，保温后转变成坚固、致密聚集体的过程

液相烧结：有液相参加的烧结

f)

图 3-32　本章思维导图（续）

思 考 题

1. 金属铸锭通常由哪几个晶区组成？各晶区是如何形成的？
2. 金属结晶形核方式有哪几种？其各自有何特点？
3. 纯金属结晶与合金结晶有什么不同？
4. 什么是金属的过冷度？为什么金属结晶时一定要有过冷度？过冷度与形核率和长大速度有何关系？
5. 何谓变质处理和孕育处理？
6. 何谓共晶反应和共析反应？试比较两者的异同点。
7. 在 Fe-Fe_3C 相图中有哪些基本的相？说明它们的结构和性能特点。
8. 说明碳含量对铁碳合金的力学性能有什么影响？
9. 为什么金属结晶时常以枝晶方式长大？
10. 晶粒大小对金属的力学性能有何影响？金属结晶过程中控制晶粒大小的方法有哪些？

第4章

工程材料的改性

工业上大批量生产的工程材料，其性能有一定的局限性，通常不能满足某些具有较高使用性能要求的场合。如大批量生产的钢材，其强度通常小于 800MPa、硬度小于 300HBW，耐酸碱腐蚀性能差，无法满足高强度、高硬度和优良的耐磨性、耐蚀性等要求；高分子材料存在强度低、易老化等缺陷；陶瓷材料具有脆性大、抗拉强度低等不足。为此，人们研究出了各种各样的材料改性方法。有些改性方法主要是为了提高材料的强度、硬度、耐蚀性等，即提高材料的使用性能；有些改性方法是为了提高材料加工成零件时的可加工性、变形或成形性能等，即提高材料的工艺性能。因此，改善工程材料的性能（改性）主要包括提高材料的使用性能和提高材料的工艺性能。

本章主要介绍金属材料、聚合物材料和陶瓷材料的改性机理及其典型的改性工艺。

4.1 金属材料的改性

有许多方法可改善金属材料的性能，如热处理、合金化、细晶强化和冷变形等均可提高金属材料的强度，产生强化效果。强化的根本原因在于它们都使材料中的缺陷密度增加。

热处理是指材料在固态下，通过加热、保温和冷却的手段，以获得预期组织和性能的一种金属热加工工艺，其工艺过程如图 4-1 所示。通过合适的热处理可以显著提高金属材料的力学性能，延长机械零件的使用寿命。如航空工业中应用广泛的 2A12 硬铝，经淬火和时效处理后抗拉强度从 196MPa 提高到 392~490MPa。热处理工艺不但可以强化金属材料、充分挖掘材料性能潜力、降低结构重量、节省材料和能源，而且能够提高机械产品质量、大幅度延长机械零件的使用寿命。如 3Cr2W8V 热模具钢制备的锻模经过合适的热处理之后平均寿命从 1500 次提高到 4500 次。此外，热处理还可以消除材料经铸造、锻造、焊接等热加工工艺造成的各种缺陷、细化晶粒、消除偏析、降低内应力，使组织和

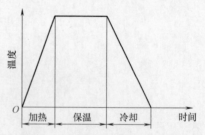

图 4-1　热处理的工艺过程示意图

性能更加均匀。在生产过程中，工件经切削加工等成形工艺而得到最终形状和尺寸后，再进行的赋予工件所需使用性能的热处理称为最终热处理。热加工后，为随后的冷拔、冲压和切削加工或最终热处理做好组织准备的热处理，称为预备热处理。热处理是改善金属材料性能常用的主要手段，但不是所有金属材料均能实现热处理改性的目的。原则上只有在加热或冷却时发生溶解度显著变化或者存在固态相变的合金才能进行热处理。

纯金属的力学性能较低，在纯金属中加入其他金属或非金属元素（即合金化），可得到强度、硬度和韧性均较高，且具有耐蚀、耐热等特殊性能的金属材料。作为工程材料应用的金属材料几乎全部为合金化后的合金。作为目前国内外金属材料的研究热点，高熵合金就是典型的通过合金化设计制备的特殊金属。超高强度钢和高强度铝合金则是合金化和热处理综合改性的结果。

对液态金属，可通过增大凝固时的过冷度或增加异质形核核心，形成细小的凝固组织，获得强度、硬度和塑韧性均较高的金属材料，这就是细晶强化。其强化原因在于增加了金属材料中的面缺陷。纳米晶体材料（平均晶粒尺寸<100nm）和超细晶体材料（100nm<平均晶粒尺寸<1μm）就是典型的细晶强化金属。

另外，对金属材料进行冷塑性变形，增加其位错密度，使强度、硬度提高，这就是冷变形强化，冷变形强化的金属材料塑性、韧性下降。

本节重点介绍金属材料的热处理改性和合金化改性。

4.1.1 钢的热处理改性

1. 热处理发展概况

人们从使用金属材料起，就开始使用热处理，在从石器时代发展到铜器时代和铁器时代的过程中，热处理的作用逐渐为人们所认识。其发展过程大体上经历了三个阶段。

（1）民间技艺阶段　根据现有文物考证，我国西汉时代就出现了经淬火处理的钢制宝剑，山东苍山汉墓出土的环首钢刀、陕西扶风汉墓钢剑都在刃部观察到了马氏体淬火组织。史书记载，在战国时期就出现了淬火处理，用于块炼铁材料。古书中有"炼钢赤刀，用之切玉如泥也"，可见当时热处理技术发展的水平。但是中国几千年的封建社会造成了贫穷落后的局面，在明朝以后热处理技术就逐渐落后于西方。虽然我们的祖先很有聪明才智，掌握了很多热处理技术，但是把热处理发展成一门科学还是近百年的事。在这方面，西方和俄国的学者走在了前面，中华人民共和国成立以后，我国的科学家们也做出了很大的贡献。

（2）技术科学阶段（实验科学）——金相学　此阶段从1665年到1895年，主要表现为实验技术的发展阶段。

1665年：显示了Ag-Pt组织、钢刀片的组织。

1772年：首次用显微镜检查了钢的断口。

1808年：首次显示了陨铁的组织，后称魏氏组织。

1831年：应用显微镜研究了钢的组织和大马士革剑。

1864年：发现了索氏体。

1868年：俄国学者Чернов开始对钢的临界点进行测定。

1871年：英国学者T. A. Blytb的著作《金相学作为独立的科学》在伦敦出版。

1895年：发现了马氏体。

1899年：英国学者Roberts-Austen制作了第一张Fe-C相图。

（3）建立了一定的理论体系——热处理科学　此阶段进行了"S"曲线的研究，马氏体结构的确定及研究，K-S关系的发现，对马氏体的结构有了新的认识等，建立了完整的热处理理论体系。

钢的热处理种类分为整体热处理和表面热处理两大类。常用的整体热处理有退火、正火、淬火和回火；表面热处理可分为表面淬火与化学热处理两类。

2. 钢在加热和冷却时的转变

下面讨论共析钢在热处理过程中组织和相的变化。

热处理通常由加热、保温和冷却三个阶段组成。加热、保温是为热处理改性提供组织准备；冷却是通过改变冷却速度，控制组织中的成分变化和相变化，获得相应组织，从而获得所需性能。

（1）钢加热时的临界温度 钢热处理的第一步就是加热，其目标就是获得化学成分均匀、晶粒细小的奥氏体，为冷却做组织准备。为达到这一目标，如何确定钢的加热温度呢？对碳钢而言，加热温度由 Fe-Fe₃C 相图确定。

Fe-Fe_3C 相图中的 *PSK*、*GS* 和 *ES* 是钢的平衡临界温度线，当加热温度（或冷却温度）高于（或低于）这些临界温度线时，钢将发生相结构和组织变化。*PSK*、*GS* 和 *ES* 分别用 A_1、A_3 和 A_{cm} 表示。实际加热（或冷却）过程通常在非平衡条件下进行，相变临界温度会有所提高（或降低）。为区别于平衡临界温度，加热时的临界温度分别用 Ac_1、Ac_3 和 Ac_{cm} 表示（"c"是"加热"的法语单词"chauffaga"的第一个字母）；冷却时的相变临界温度分别用 Ar_1、Ar_3 和 Ar_{cm} 表示（"r"是"冷却"的法语单词"refroidissement"的第一个字母）。图 4-2 所示为这些临界温度在 Fe-Fe_3C 相图上的位置示意图。

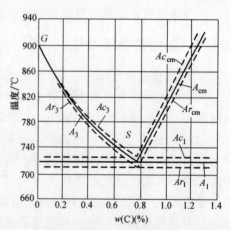

图 4-2　Fe-Fe_3C 相图上碳钢的
实际临界温度示意图

对于亚共析钢，其加热温度要高于 Ac_3（注意：Ac_3 随亚共析钢中碳含量的增加而降低）；因此，亚共析钢获得单相奥氏体的加热温度为 $Ac_3 + 20 \sim 40℃$。对共析钢，其加热温度要高于 Ac_1，而 Ac_1 为一定值。因此，共析钢获得单相奥氏体的加热温度为 $Ac_1 + 20 \sim 40℃$。对过共析钢，获得单相奥氏体的加热温度应高于临界温度 A_{cm}（A_{cm} 随过共析钢中碳含量的增加而升高）；因此，过共析钢获得单相奥氏体的加热温度为 $A_{cm} + 20 \sim 40℃$。

（2）钢在加热时的转变 大多数热处理过程，首先必须把钢加热到奥氏体（A）状态，然后以合适的方式冷却以获得所需组织和性能。通常把钢加热获得奥氏体的转变过程称为"奥氏体化"。加热时形成的奥氏体的化学成分、均匀化程度及晶粒大小直接影响冷却后钢的组织和性能。因此，弄清钢的加热转变过程，即奥氏体的形成过程是非常重要的。

1）奥氏体的形成过程。以共析钢为例说明奥氏体的形成过程。从珠光体向奥氏体转变的转变方程为：

	F	+	Fe_3C	$\longrightarrow$	A
碳的质量分数（%）	0.0218		6.69		0.77
晶格类型	体心立方		复杂斜方		面心立方

可见，珠光体向奥氏体转变包括铁原子的点阵改组、碳原子的扩散和渗碳体的溶解。

实验证明：珠光体向奥氏体的转变包括奥氏体晶核的形成、晶核的长大、残留渗碳体溶解和奥氏体成分均匀化等四个阶段，图4-3所示为整个过程转变示意图。奥氏体晶核通常优先在铁素体和渗碳体的相界面上形成。此外，在珠光体团的边界，过冷度较大时在铁素体内的亚晶界上也都可以成为奥氏体的形核部位。形核后晶核向铁素体和渗碳体两侧逐渐长大。与渗碳体相比，奥氏体晶格形状、碳含量更接近铁素体，因此奥氏体晶核向铁素体长大速度大于向渗碳体侧长大速度。在珠光体向奥氏体转变的过程中，铁素体和渗碳体并不是同时消失，而总是铁素体首先消失，将有一部分渗碳体残留下来。这部分渗碳体在铁素体消失后，随着保温时间的延长或温度的升高，通过碳原子的扩散不断溶入奥氏体中。一旦渗碳体全部溶入奥氏体中，这一阶段便告结束。珠光体转变为奥氏体时，在残留渗碳体刚刚完全溶入奥氏体的情况下，C 在奥氏体中的分布是不均匀的。原来为渗碳体的区域碳含量较高，而原来是铁素体的区域碳含量较低。这种碳浓度的不均匀性随加热速度增大而越加严重。因此，只有继续加热或保温，借助于 C 原子的扩散才能使整个奥氏体中碳的分布趋于均匀。

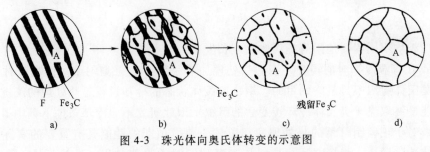

图 4-3　珠光体向奥氏体转变的示意图

a）A 形核　b）A 长大　c）残留 Fe_3C 溶解　d）A 均匀化

亚共析钢和过共析钢的奥氏体形成过程和共析钢基本相同。但亚共析钢加热到 Ac_1 以上时，存在自由铁素体，这部分铁素体只有在加热到 Ac_3 以上时才能全部转变为奥氏体。同样过共析钢加热到 Ac_{cm} 以上时才能得到单一的奥氏体。

2）影响奥氏体形成速度和晶粒大小的因素。加热温度、碳含量、原始组织、合金元素等都会影响到奥氏体形成速度。温度升高，奥氏体形成速度加快。在各种影响因素中，温度的作用最为强烈，因此控制奥氏体的形成温度十分重要。钢中碳含量越高，奥氏体的形成速度越快。碳含量增加，原始组织中碳化物数量增多，增加了铁素体与渗碳体的相界面，增加了奥氏体的形核部位，同时碳的扩散距离相对减小。如果钢的化学成分相同，原始组织中碳化物的分散度越大，相界面越多，形核率便越大；珠光体片间距离越小，奥氏体中碳浓度梯度越大，扩散速度便越快；碳化物分散度越大，使得碳原子扩散距离缩短，奥氏体晶体长大速度增加。合金元素通过对碳扩散速度、改变碳化物稳定性、临界点、原始组织的影响而影响到奥氏体的形成速度。

加热后奥氏体晶粒的大小直接影响冷却后钢的组织和性能，奥氏体的晶粒越细，冷却转变后的组织也越细，其强度、韧性和塑性越好。奥氏体晶体大小用晶粒度表示，按GB/T 6394—2017，结构钢的奥氏体晶粒度分为 8 级（图 4-4），1 级最粗，8 级最细，一般认为 1~4 级为粗晶粒，5~8 级为细晶粒。原始组织、加热的工艺条件和钢的化学成分均影响奥氏体晶粒的大小。原始珠光体组织越细，形成的奥氏体晶粒越小；提高加热温度或延长保温时间，奥氏体晶粒将不断长大；钢中除 Mn、P 等促进奥氏体晶粒长大之外的合金元素

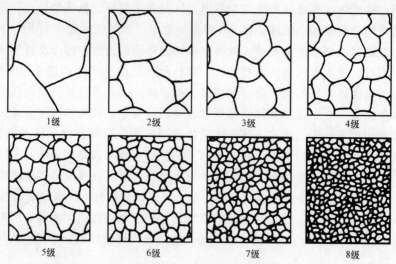

图 4-4 晶粒标准等级示意图

及未溶第二相均不同程度地阻碍奥氏体晶粒长大。

（3）钢在等温冷却时的转变 钢的热处理加热是为了获得均匀细小的奥氏体晶粒，但获得高温奥氏体组织不是最终的目的。钢从奥氏体状态的冷却过程是热处理的关键工艺，因为钢的性能最终取决于奥氏体冷却转变后的组织。因此研究不同冷却条件下钢中奥氏体组织转变规律，对于正确制订钢的热处理冷却工艺、获得预期的性能具有重要的实际意义。另外，钢在铸造、锻造、焊接之后也要经历高温到室温的冷却过程，虽然不是一个热处理工序，但实质上也是一个冷却转变过程，正确控制这些过程，有助于减小或防止热加工缺陷。

加热后形成的奥氏体，冷却至 Ar_1 以下时，并不立即转变成其他组织，这种存在于临界温度以下的奥氏体称为过冷奥氏体。过冷奥氏体是不稳定的，随时间的延长或温度的降低，将向其他组织转变。

过冷奥氏体的转变有两种方式：等温转变和连续降温转变，如图 4-5 所示。等温转变是指过冷奥氏体在临界温度以下某一温度等温时发生的转变；连续降温转变是指过冷奥氏体在临界温度以下连续降温冷却过程中发生的转变。为了了解过冷奥氏体在冷却过程中的转变（又称为相变）规律，通常用过冷奥氏体等温转变曲线或连续冷却转变曲线来说明冷却条件和组织转变之间的关系。

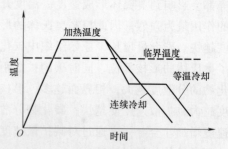

图 4-5 过冷奥氏体的两种冷却方式

1）过冷奥氏体等温转变曲线 该曲线是描述过冷奥氏体转变组织与等温温度、等温时间之间的关系。可用金相法建立过冷奥氏体等温转变曲线（见图 4-6 的上半部分）：将一系列共析碳钢薄片试样加热奥氏体化后，分别投入 A_1 以下不同温度的等温槽中等温不同时间；通过金相组织观察，测定过冷奥氏体转变量，以确定不同温度等温下的转变开始时间和转变终了时间；将所得结果标注在温度-时间坐标图中，并将所有转变开始点相连、所有转变终了点相连，即得过冷奥氏体等温转变曲线（见图 4-6 的下半部分）。

过冷奥氏体等温转变曲线有三条水平线，上方一条水平线为奥氏体和珠光体平衡温度

A_1 线，下面两条水平线为奥氏体向马氏体开始转变温度 Ms 线和转变终了温度 Mf 线。在 A_1 线之上为奥氏体稳定存在区域。奥氏体等温转变曲线左边一条曲线为转变开始线，右边一条线为转变终了线，在 A_1 线以下和转变开始线以左为过冷奥氏体区。由纵坐标到转变开始线之间的水平距离表示过冷奥氏体等温转变前所需的时间，称为孕育期。转变终了线右边的区域为转变产物区，两条曲线之间的区域为转变过渡区，即转变产物和过冷奥氏体共存区。转变产物以奥氏体等温转变曲线拐弯处（鼻尖）温度（约为 550℃）为界，以上为珠光体类组织，以下是贝氏体类组织。Ms（230℃）与 Mf（−50℃）之间的区域为马氏体转变区，转变产物为马氏体。

曲线形状表明，过冷奥氏体等温转变的孕育期随等温温度变化而变化，奥氏体等温转变曲线鼻尖处的孕育期最短，过冷奥氏体最不稳定，提高或降低等温温度都会使孕育期延长，过冷奥氏体稳定性增加。

2）过冷奥氏体等温转变形成的组织。根据转变温度和产物不同，共析钢等温转变曲线自上而下可以分为三个区：A_1 ~ 550℃

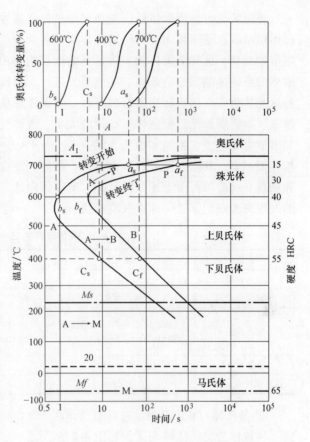

图 4-6　共析碳钢 C 曲线建立方法示意图和转变产物

之间为珠光体转变区，550℃ ~ Ms 之间为贝氏体转变区，Ms ~ Mf 之间为马氏体转变区。珠光体转变是在较小过冷度的高温阶段发生的，属于扩散型相变；马氏体转变是在很大过冷度的低温阶段发生的，属于非扩散型相变；贝氏体转变是中温区间的转变，属于半扩散型相变。

① 珠光体组织。过冷奥氏体在 A_1 ~ 550℃ 之间等温转变形成的产物。这一区域称为珠光体转变区，该区的三种典型组织如图 4-7 所示。

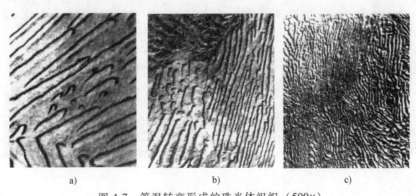

a)　　　　　　　　　b)　　　　　　　　　c)

图 4-7　等温转变形成的珠光体组织（500×）

a）珠光体　b）索氏体　c）托氏体

等温转变时，渗碳体晶核先在过冷奥氏体晶界或缺陷密集区形成，然后由晶核周围的奥氏体供给碳原子而长大；同时渗碳体周围碳含量低的奥氏体转变为铁素体；但碳在铁素体中溶解度很低，这样铁素体长大时过剩的碳被挤到相邻的奥氏体中，使其碳含量升高，又为生成新的渗碳体晶核创造条件。如此反复进行，奥氏体就逐渐转变成渗碳体和铁素体片层相间的珠光体组织。随着转变温度的下降，渗碳体形核和长大加快，因此形成的珠光体变得越来越细，为区别起见，根据片层间距的大小，将珠光体类组织分为珠光体、索氏体和托氏体，其形成温度范围、组织和性能见表 4-1。表 4-1 中数据表明，珠光体组织的层片间距越小，相界面越多，其塑性变形的抗力越大，强度、硬度越高；同时由于渗碳体片变薄，使其塑性和韧性有所改善。由上述分析可知，奥氏体向珠光体的转变是通过铁、碳原子的扩散和晶格的改组来实现的，是一种扩散型相变。

表 4-1　共析碳钢的三种珠光体型组织

组织	珠光体	索氏体(细珠光体)	托氏体(极细珠光体)
表示符号	P	S	T
形成温度范围	$A_1 \sim 650℃$	$650 \sim 600℃$	$600 \sim 550℃$
层片间距	约 0.3μm，层片可在普通金相显微镜(500×)下分辨	0.1~0.3μm，层片在高倍显微镜(1000×以上)下分辨	约 0.1μm，层片在电子显微镜(2000×)下才能分辨
硬度 HBW	170~230	230~320	330~400
抗拉强度 R_m/MPa	约 1000	约 1200	约 1400

② 贝氏体（B）组织。过冷奥氏体在 550℃ ～ Ms 之间等温转变形成的产物称为贝氏体。这一区域称为贝氏体转变区，如图 4-6 所示。

贝氏体是由铁素体与铁素体上分布的碳化物所构成的组织。奥氏体向贝氏体转变时，铁原子基本不扩散而碳原子只进行一定程度的扩散，因而又称为半扩散型转变。

在 550~350℃ 范围内，铁素体晶核先在奥氏体晶界上碳含量较低的区域形成，然后向晶粒内沿一定方向成排长大成一束大致平行的碳含量微过饱和的铁素体板条；此时碳仍具有一定的扩散能力，铁素体长大时碳能扩散到铁素体外围，并在板条的边界上分布着沿板条长轴方向排列的碳化物短棒或小片，形成羽毛状的组织，称为上贝氏体（$B_上$），如图 4-8 所示。

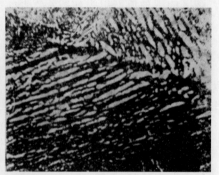

a)　　　　　　　　　　　　　　　b)

图 4-8　上贝氏体显微组织
a) 540×　b) 1300×

在 350℃ ~ Ms 范围内，铁素体晶核首先在奥氏体晶界或晶内某些缺陷较多的地方形成，然后沿奥氏体的一定晶向呈片状长大，因温度较低，碳原子的扩散能力更小，只能在铁素体内沿一定的晶面以细碳化物粒子的形式析出，并与铁素体叶片的长轴成 55°~60°角，这种组织称为下贝氏体（$B_下$），在光学显微镜下呈暗黑色针片，如图 4-9 所示。

 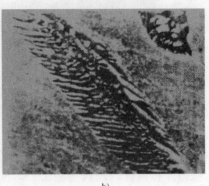

a)　　　　　　　　　b)

图 4-9　下贝氏体显微组织

a) 540×　b) 1300×

贝氏体的力学性能完全取决于其显微结构和形态。上贝氏体的铁素体片较宽，塑性变形抗力较低。同时渗碳体分布在铁素体之间，容易引起脆断，基本上无工业应用价值。下贝氏体的铁素体片细小，碳的过饱和度大，位错密度高，且碳化物沉淀并弥散分布在铁素体内，因此硬度高、韧性好，具有较好的综合力学性能。共析钢下贝氏体硬度为 45~55HRC，生产中常采用等温淬火的方法获得下贝氏体组织。

③ 马氏体组织。钢加热形成的奥氏体或过冷奥氏体快速冷却到 Ms 温度以下所转变的组织称为马氏体（M）。所对应的马氏体形成温度范围称为马氏体转变区。由于马氏体形成温度低，碳来不及扩散而全部保留在 α-Fe 中，因此，马氏体实质上是碳在 α-Fe 中形成的过饱和固溶体，晶体结构仍属于体心结构，只是因碳的溶入使原 α-Fe 体心立方结构变成体心正方结构，即 C 轴伸长。马氏体转变属于非扩散型转变。

Ms（字母"s"指"start"）、Mf（字母"f"指"finish"）分别表示马氏体转变的开始温度和终了温度。共析钢成分的过冷奥氏体快速冷却至 Ms（230℃）则开始发生马氏体转变，直至 Mf（-50℃）转变结束，如果仅冷却到室温，将有一部分奥氏体未转变而被保留下来，将这部分残存下来的奥氏体称为残留奥氏体。马氏体转变量主要取决于 Mf。奥氏体碳含量越高，Mf 点越低，转变后残留奥氏体量也就越多。

马氏体有板条状和片状两种显微组织形态，分别如图 4-10 和图 4-11 所示。这与钢的碳含量有关：碳的质量分数小于 0.2% 时，马氏体呈板条状，如图 4-10a 所示；碳的质量分数大于 1% 时，马氏体呈片状或针状，如图 4-11 所示；碳的质量分数介于 0.2%~1.0% 的马氏体，则是由板条状马氏体和片状马氏体混合组成的，且随着奥氏体中碳含量的增加，板条状马氏体数量不断减少，而片状马氏体逐渐增多。

板条状马氏体和片状马氏体的性能见表 4-2。马氏体具有高硬度和高强度。马氏体的硬度主要取决于马氏体的碳含量，随着碳含量增加，马氏体的硬度也增加；当淬火钢中碳含量增加到一定量（≈0.6%）时硬度增加趋于平缓，这是由于奥氏体中碳含量增加，使淬火后

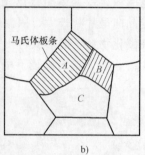

a)   b)

图 4-10 板条状马氏体的组织形态

a) 板条状马氏体（碳的质量分数为 0.2%）组织（1000×）

b) 板条状马氏体组织示意图

残留奥氏体量增加所致。

  马氏体的塑性和韧性均与碳含量有关。高碳马氏体晶格畸变较大，淬火应力也较大，且存在许多显微裂纹，所以塑性和韧性都很差。低碳板条状马氏体中碳的过饱和度较小，淬火内应力较低，一般不存在显微裂纹；同时板条状马氏体中的高密度位错分布不均匀，其中存在低密度区，为位错运动提供了活动余地；所以板条状马氏体具有较好的塑性和韧性。在生产上，常采用低碳钢

a)   b)

图 4-11 片状马氏体的组织形态

a) 片状马氏体（碳的质量分数为 1.0%）组织（1500×）

b) 片状马氏体组织示意图

淬火工艺获得性能优良的低碳马氏体，这样不仅降低了成本，而且得到了良好的综合力学性能。

表 4-2 两种马氏体的性能

马氏体类型	R_m/MPa	$R_{p0.2}$/MPa	硬度 HRC	$A(\%)$	a_K/(J/cm^2)
板条状马氏体（碳的质量分数为 0.2%）	1500	1300	50	9	60
片状马氏体（碳的质量分数为 0.1%）	2300	2000	66	1	10

  （4）钢在连续冷却时的转变 等温转变曲线反映过冷奥氏体在等温条件下的转变规律，可以用于指导等温热处理工艺。但是钢的正火、退火、淬火等热处理，以及钢在铸、锻、焊后的冷却都是从高温连续冷却到低温。连续冷却过程实际上是过冷奥氏体通过了由高温到低温的整个区间，冷却速度不同，到达各个温度区间的时间及在各区间停留的时间也不同。由于过冷奥氏体在不同温度区间分解产物不同，因此连续冷却转变得到的往往是不均匀的混合组织。

  过冷奥氏体连续冷却曲线是分析连续冷却过程中奥氏体转变过程及转变产物组织和性能的依据，也是制订钢的热处理工艺重要参考资料。图 4-12 中虚线是共析碳钢的连续冷却转变曲线。图中 Ps 线和 Pf 线分别表示过冷奥氏体向 P 转变的开始线和终了线。K 线表示奥氏体向 P 转变中止线。凡连续冷却曲线碰到 K 线，过冷奥氏体就不再继续发生 P 转变，而一

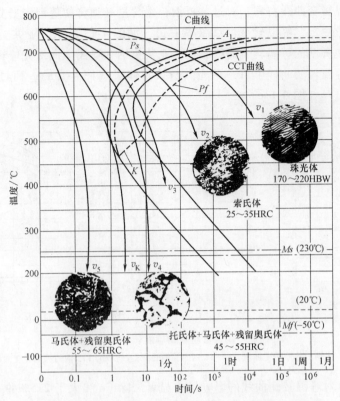

图 4-12 共析碳钢连续冷却转变曲线与等温转变曲线的比较

直保持到 Ms 温度以下，转变为马氏体。

连续冷却转变时，过冷奥氏体的转变过程和转变产物取决于冷却速度，与连续冷却转变曲线相切的冷却曲线 v_K 叫作淬火临界冷却速度，它表示钢在淬火时过冷奥氏体全部发生马氏体转变所需的最小冷却速度。

从图 4-12 中可看出，共析钢的连续冷却转变曲线位于等温转变曲线右下方。这两种转变的不同之处在于：在连续冷却转变曲线中，珠光体转变所需的孕育期要比相应过冷度下的等温转变略长，而且是在一定温度范围中发生的；共析碳钢和过共析碳钢连续冷却时一般不会得到贝氏体组织。

过冷奥氏体转变曲线是制订热处理工艺规范的重要依据之一。通过等温转变曲线可以确定退火、正火及其他热处理工艺参数。如图 4-12 所示，图中冷却速度 v_1、v_2、v_3 分别相当于退火、正火、淬火的冷却速度。钢以 v_1 速度冷却到室温时转变为珠光体；以 v_2 速度冷却下来的组织是索氏体；以 v_3 速度冷却下来的组织为托氏体，以 v_5 速度冷却获得马氏体+残留奥氏体。

钢中碳含量、合金元素种类与含量及加热工艺参数对过冷奥氏体转变有很大影响。

随奥氏体的碳含量增加，其过冷奥氏体稳定性增加，等温转变曲线的位置右移。应当指出，过共析钢正常淬火热处理的加热温度为 $Ac_1+30\sim50℃$，所以，虽然过共析钢的碳含量较高，但奥氏体中的碳含量并不高，而未溶渗碳体量增多，可以作为珠光体转变的核心，促进奥氏体分解，因而等温转变曲线左移。因此，在正常热处理的加热条件下，对亚共析钢，碳含量增加将使等温转变曲线右移；对过共析钢，碳含量增加将使等温转变曲线左移；而共析钢的过冷奥氏体最稳定，等温转变曲线最靠右边，如图 4-13 所示。亚共析钢、过共析钢的等温转变曲线和共析钢的等温转变曲线相比，亚共析钢在奥氏体向珠光体转变之前，有先共析铁素体析出，等温转变曲线上有一条先共析铁素体线（图 4-13a），而过共析钢存在一条二次渗碳体的析出线（图 4-13c）。

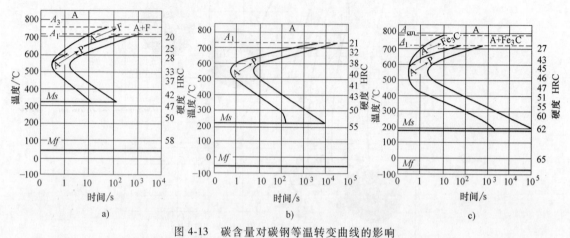

图 4-13 碳含量对碳钢等温转变曲线的影响

a）45 钢的等温转变曲线   b）T8 钢的等温转变曲线   c）T12 钢的等温转变曲线

钢中合金元素对等温转变曲线的影响极为显著。除 Co 和大于 2.5% 的 Al 外，所有溶入奥氏体的合金元素均使等温转变曲线右移，增加过冷奥氏体的稳定性。当铬、锰、钨、钒、钛等易与碳形成碳化物的元素含量较多时，还将改变等温转变曲线的形状。而硅、镍、铜等不与碳形成碳化物的元素和锰元素只使等温转变曲线右移，而不改变其形状。但要注意，合金元素如果未完全溶入奥氏体，而以化合物（如碳化物）形式存在时，在奥氏体转变过程中将起晶核作用，使过冷奥氏体的稳定性下降，等温转变曲线左移。

加热温度越高或保温时间越长，奥氏体的成分越均匀，晶粒也越粗大，晶界面积越小。这有利于提高奥氏体的稳定性，使等温转变曲线右移。

（5）连续冷却转变曲线和等温转变曲线比较   连续冷却转变过程可以看成是无数个温度相差很小的等温转变过程，转变产物是不同温度下等温转变组织的混合。但由于冷却速度对连续冷却转变的影响，使某一温度范围内的转变得不到充分地发展，因此连续冷却转变有着不同于等温转变的特点。

如前所述，共析钢和过共析钢中连续冷却时不出现贝氏体转变，而某些合金钢中连续冷却时不出现珠光体转变。

连续冷却转变曲线中珠光体开始转变线和转变终了线均在等温转变曲线的右下方，如图 4-12 所示，在合金钢中也是如此。说明和等温转变相比，连续冷却转变的转变温度低，孕育期长。

3. 钢的普通热处理工艺

根据热处理在零件整个生产工艺过程中位置和作用的不同，热处理可分为预备热处理和最终热处理。预备热处理主要改善工艺性能，而最终热处理用来获得所需的使用性能。

在机械零件加工工艺过程中，退火和正火是一种先行工艺，具有承上启下的作用。大部分零件及工、模具的毛坯经退火或正火后，可以消除铸件、锻件及焊接件的内应力及成分和组织的不均匀性，而且能够调整和改善钢的力学性能和工艺性能，为下道工序做组织性能准备。对一些受力不大、性能要求不高的机械零件，退火和正火可以作为最终热处理。对于铸件，退火和正火通常就是最终热处理。

钢的淬火和回火是热处理工艺中最重要也是用途最广泛的工艺。淬火可以显著提高钢的强度和硬度。为了消除淬火钢的残余内应力，得到不同强度、硬度和韧性配合的性能，需要配以不同温度的回火。所以淬火和回火是不可分割、紧密衔接在一起的两种热处理工艺。淬火、回火是零件及工、模具的最终热处理，是赋予钢件最终性能的关键性工序，也是钢件热处理强化的重要手段之一。

退火与正火的冷却速度较慢，对钢的强化作用较小，除少数性能要求不高的零件外，一般不作为获得最终使用性能的热处理，而是用于改善其工艺性能，故称为预备热处理。退火与正火可消除残余内应力，防止工件变形、开裂，改善组织，细化晶粒，调整硬度，改善可加工性。它们主要用于各种铸件、锻件、热轧型材及焊接构件。

（1）退火　退火是将钢加热至适当温度，保温一定时间，然后缓慢冷却的热处理工艺。主要目的是使钢的化学成分与组织均匀化，细化晶粒，调整硬度，消除内应力和加工硬化，改善钢的成形及可加工性，并为淬火做好组织准备。根据目的和要求不同，工业上退火可以分为完全退火、等温退火、球化退火、去应力退火和均匀化退火。

1）完全退火：是将亚共析钢加热至 Ac_3 以上 $30 \sim 50℃$，经保温后随炉冷却，以获得接近平衡组织的热处理工艺。

2）等温退火：是将钢加热至 Ac_3 以上 $30 \sim 50℃$，保温后较快地冷却到 Ar_1 以下某一温度等温，使奥氏体在恒温下转变成铁素体和珠光体，然后出炉空冷的热处理工艺。由于转变在恒温下进行，所以组织均匀，而且可大大缩短退火时间。

3）球化退火：又称为不完全退火，是将过共析钢加热至 Ac_1 以上 $20 \sim 40℃$，保温适当时间后缓慢冷却，以获得球状珠光体组织（铁素体基体上均匀分布着球粒状渗碳体）的热处理工艺。经热轧、锻造空冷后的过共析钢组织为片层状珠光体+网状二次渗碳体，其硬度高，塑性、韧性差，脆性大，不仅可加工性差，而且淬火时易产生变形和开裂。因此，必须进行球化退火，使网状二次渗碳体和珠光体中的片状渗碳体球化，降低硬度，改善可加工性。共析钢及接近共析成分的亚共析钢也常采用球化退火。

4）去应力退火：是将工件加热至 Ac_1 以下 $100 \sim 200℃$，保温后缓冷的热处理工艺。其目的主要是消除构件中的残余内应力。图 4-14a、b 所示为各种碳钢的退火工艺规范示意图。

5）均匀化退火：是将钢加热到略低于固相线温度（Ac_3 或 Ac_{cm} 以上 $150 \sim 300℃$），长时间保温（$10 \sim 15h$），然后随炉冷却，以使钢的化学成分和组织均匀化。均匀化退火能耗高，易使晶粒粗大。为细化晶粒，均匀化退火后应进行完全退火或正火。这种工艺主要用于质量要求高的合金钢铸锭、铸件或锻坯。在钢铁厂，对铸锭一般不进行单独的均匀化退火，而是将它与开坯轧制前的加热相结合。措施是提高铸锭的均热温度，加长保温时间，在达到均匀化效果后立即进行热加工。

（2）正火　正火是将工件加热至 Ac_3 或 Ac_{cm} 以上 $30 \sim 50℃$，保温一段时间后，从炉中取出，在空气中或喷水、喷雾或吹风冷却的金属热处理工艺。其目的是使晶粒细化和碳化物分布均匀化。

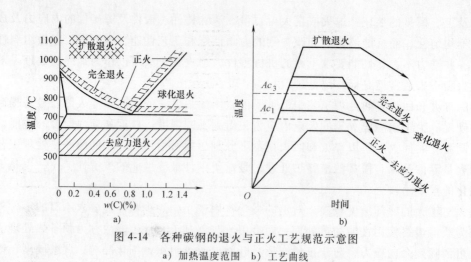

图 4-14　各种碳钢的退火与正火工艺规范示意图
a）加热温度范围　b）工艺曲线

正火与退火的主要区别是正火的冷却速度稍快，因而正火组织要比退火组织更细一些，其力学性能也有所提高。另外，正火炉外冷却不占用设备，生产率较高，因此生产中应尽可能采用正火来代替退火。

正火的主要应用范围有：①用于低碳钢，正火后硬度略高于退火，韧性也较好，可作为切削加工的预处理；②用于中碳钢，可代替调质处理作为最后热处理，也可作为用感应加热方法进行表面淬火前的预备处理；③用于工具钢、轴承钢、渗碳钢等，可以消除或抑制网状碳化物的形成，从而得到球化退火所需的良好组织；④用于铸钢件，可以细化铸态组织，改善可加工性；⑤用于大型锻件，可作为最后热处理，从而避免淬火时较大的开裂倾向；⑥用于球墨铸铁，使硬度、强度、耐磨性得到提高，如用于制造汽车、拖拉机、柴油机的曲轴、连杆等重要零件；⑦过共析钢球化退火前进行一次正火，可消除网状二次渗碳体，以保证球化退火时渗碳体全部球粒化。

正火后的组织：亚共析钢为 F+S，共析钢为 S，过共析钢为 S+二次渗碳体。

图 4-14a、b 所示为各种碳钢的正火工艺规范。

（3）淬火　钢的淬火是将钢加热到临界温度 Ac_3（亚共析钢）或 Ac_1（过共析钢）以上某一温度，保温一段时间，使之全部或部分奥氏体化，然后以大于临界冷却速度的冷却速度快冷到 Ms 以下（或 Ms 附近等温）进行马氏体（或贝氏体）转变的热处理工艺。通常也将铝合金、铜合金、钛合金、钢化玻璃等材料的固溶处理或带有快速冷却过程的热处理工艺称为淬火。

1）淬火加热条件。淬火加热温度：碳钢的淬火加热温度可根据铁碳相图确定，如图 4-2 所示。亚共析钢的淬火加热温度为 Ac_3+30～50℃，淬火后组织为细小、均匀的马氏体；温度过高，则马氏体组织粗大，使钢的力学性能尤其是塑、韧性下降；加热温度低于 Ac_3，则淬火组织中将出现一部分铁素体，使淬火钢的硬度下降。过共析钢的淬火加热温度为 Ac_1+30～50℃，淬火后组织为细小、均匀的马氏体+未溶粒状渗碳体；未溶粒状渗碳体的存在，有利于提高淬火钢的耐磨性；如果加热温度高于 Ac_{cm}，不仅使淬火后的马氏体粗大，而且淬火组织中残留奥氏体量大大增加，反而导致钢的硬度、强度，以及塑性、韧性下降。

加热保温时间：淬火保温时间由设备加热方式、零件尺寸、钢的成分、装炉量和设备功率等多种因素确定。对整体淬火而言，保温的目的是使工件内部温度均匀趋于一致。对各类淬火，其保温时间最终取决于在要求淬火的区域获得良好的淬火加热组织，一般由经验公式或者试验来确定。

2）淬火冷却介质。为了得到马氏体组织，冷却速度必须大于淬火临界冷却速度 v_K，但快速、冷却又会产生很大的内应力，引起工件变形与开裂。因此，理想的淬火冷却介质应在等温转变曲线"鼻子"附近快速冷却，而在淬火冷却温度到 650℃ 之间以及 Ms 点以下以较慢的速度冷却。实际生产中，通过调整介质成分，某些淬火介质与理想淬火冷却介质的要求相近。

常用的淬火冷却介质有水、水溶液、矿物油、熔盐、熔碱等。

水是冷却能力较强的淬火冷却介质。水的来源广、价格低、成分稳定、不易变质。水的缺点是在等温转变曲线的"鼻子"区（500~600℃），水处于蒸气膜阶段，冷却不够快，会形成"软点"；而在马氏体转变温度区（300~-100℃），水处于沸腾阶段，冷却太快，易使马氏体转变速度过快而产生很大的内应力，致使工件变形甚至开裂。当水温升高，水中含有较多气体或水中混入不溶杂质（如油、肥皂、泥浆等），均会显著降低其冷却能力。因此水适用于截面尺寸不大、形状简单的碳素钢工件的淬火冷却。

盐水和碱水在水中加入适量的食盐和碱，使高温工件浸入该冷却介质后，在蒸气膜阶段析出盐和碱的晶体并立即爆裂，将蒸气膜破坏，工件表面的氧化皮也被炸碎，这样可以提高介质在高温区的冷却能力。其缺点是介质的腐蚀性大。一般情况下，盐水的浓度为 10%，氢氧化钠水溶液的浓度为 10%~15%。可用作碳钢及低合金结构钢工件的淬火冷却介质，使用温度不应超过 60℃，淬火后应及时清洗并进行防锈处理。盐浴和碱浴淬火冷却介质一般用在分级淬火和等温淬火中。

油冷却介质一般采用矿物质油（矿物油），如机油、变压器油和柴油等。其优点是在 300~200℃ 范围内冷却能力低，有利于减小开裂和变形，缺点是在 650~550℃ 范围内冷却能力远低于水，因此不适用于碳钢，通常只用作合金钢的淬火冷却介质。

3）淬火方法。为保证淬火时既能得到马氏体组织，又能减小变形、避免开裂，一方面可选用合适的淬火冷却介质，另一方面可通过采用不同的淬火方法加以解决。工业上常用的淬火方法有以下几种。

① 单液淬火：是将奥氏体化的钢件仅在水或油等一种介质中连续冷却，如图 4-15 中曲线 1。这种淬火方法操作简单，易于实现机械化、自动化，但受水和油冷却特性的限制。

② 双液淬火：是将奥氏体化的钢件先放入一种冷却能力强的介质中，冷却至稍高于马氏体转变温度时取出，立即放入另一种冷却能力较弱的介质中冷却，如图 4-15 中曲线 2。工业上常用的双液淬火是水淬油冷。其关键是掌握好工件在水中的停留时间。

③ 分级淬火：是将奥氏体化的钢件迅速放入温度稍高于 Ms 点的恒温盐浴或碱浴中，保温一定时间，待钢件表面与心部温度均匀一致后取出空冷，以获得马氏体组织的淬火工艺，如图 4-15 中曲线 3。这种淬火方法能有效地减小变形和开裂

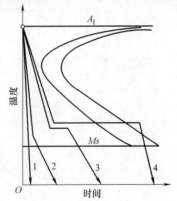

图 4-15 不同淬火方法示意图
1—单液淬火 2—双介质淬火
3—马氏体分级淬火
4—贝氏体等温淬火

倾向，但由于盐浴或碱浴的冷却能力较弱，故只适用于尺寸较小、淬透性较好的工件。例如，手用丝锥材料为 T12 钢，水淬时常在端部产生纵向裂纹，在刀槽处有弧形裂纹；分级淬火时，不再发生开裂，可加工性比水淬更好，寿命提高，避免了小丝锥在使用中折断。

④ 等温淬火：钢件加热保温后，迅速放入温度稍高于 Ms 点的盐浴或碱浴中，保温足够时间，使奥氏体转变成下贝氏体后取出空冷，如图 4-15 中曲线 4。等温淬火可大大降低钢件的内应力，下贝氏体又具有较高的强度、硬度和塑、韧性，综合性能优于马氏体。等温淬火适用于尺寸较小、形状复杂，要求变形小，且对强度、韧性要求都较高的工件，如弹簧、工模具等。等温淬火后一般不必回火。

4）淬透性与淬硬性。

① 淬透性表示钢在一定条件下淬火时获得淬透层深度的能力，是钢接受淬火的能力。其大小用淬透层深度（钢的表面至内部马氏体组织占 50%处的距离）表示。淬硬层越深，淬透性就越好。如果淬硬层深度达到心部，则表明该工件全部淬透。

所有钢的淬透性都是用规定的方法测定的。淬透性是钢材料本身固有的属性，主要取决于钢的临界冷却速度 v_K，临界冷却速度越小，过冷奥氏体越稳定，钢的淬透性也就越大。淬透性与工艺因素如淬火钢件的尺寸大小、冷却介质种类等无关，但工艺因素对淬硬层深度大小有影响。部分常用钢的临界淬透直径大小见表 4-3。

表 4-3 部分常用钢的临界淬透直径大小　　　　　（单位：mm）

钢牌号	$D_{0水}$ (20℃)	$D_{0油}$ (矿物油)	钢牌号	$D_{0水}$ (20℃)	$D_{0油}$ (矿物油)
20Mn2	26	12	40CrMnB	84	60
20Mn2B	51	36	40CrMnMoVB	—	94
20MnTiB	38	21	40CrNi	80	58
20MnVB	61	43	40CrNiMo	87	66
20Cr	26	12	65	43	26
20CrMnB	66	45	65Mn	45	27
20CrMoB	51	36	55Si2Mn	32	16
20CrNi	41	25	50CrV	61	43
20CrMnMoVB	68	48	50CrMn	66	45
20SiMnVB	75	54	50CrMnV	—	84
12CrNi3		78	T9	26	12
12Cr2Ni4		84	GCr9	32	20
45	16	8	GCr9SiMn	58	39
40Cr	36	20	GCr15	41	25
40CrMn	51	36	GCr15SiMn	71	51
40CrV	45	27	9Mn2V	57	38
40Mn2	41	25	5SiMnMoV	31	15
35SiMn	41	25	5Si2MnMoV	81	59
30CrMnSi	61	43	9SiCr	51	36
30CrMnTi	51	36	Cr2	51	36
18CrMnTi	41	25	CrMn	31	15
30CrMo	45	27	CrW	28	17
40Cr2MoV	61	43	9CrV	35	18
40MnB	61	43	9CrWMn		80
40MoVB	71	51	CrWMn	57	38

碳含量、合金元素种类与含量是影响淬透性的主要因素。除 Co 和大于 2.5% 的 Al 以外，大多数合金元素如 Mn、Mo、Cr、Si、Ni 等溶入奥氏体都使等温转变曲线右移，降低临界冷却速度，因而使钢的淬透性显著提高。此外，提高奥氏体化温度，将使奥氏体晶粒长大，成分均匀，奥氏体稳定，使钢的临界冷却速度减小，改善钢的淬透性。在实际生产中，工件淬火后的淬硬层深度除取决于淬透性外，还与零件尺寸及冷却介质有关。

② 淬硬性指钢在淬火时的硬化能力，用淬成马氏体可能得到的最高硬度表示。淬硬性主要取决于马氏体中的碳含量，碳含量越高，则钢的淬硬性越高，其他合金元素的影响比较小。

5）钢的淬火缺陷。工件的原始尺寸或形状在淬火冷却时发生人们所不希望的变化，称为淬火畸变。淬火畸变与淬火裂纹是由内应力引起的。淬火畸变是不可避免的现象，只有超过规定公差或无法矫正时才构成废品，通过适当选择材料，改进结构设计，合理选择淬火、回火方法及规范等可有效地减小与控制淬火畸变，可采用冷热校直、热点校直和加热回火等加以修正。裂纹是不可补救的淬火缺陷，只能采取积极的预防措施，如减小和控制淬火应力方向分布，同时控制原材料的质量和正确的结构设计等。

零件加热过程中，若不进行表面防护，将发生氧化脱碳等缺陷，其后果是表面淬硬性降低，达不到技术要求，或在零件表面形成网状裂纹，并严重降低零件外观质量，加大零件表面粗糙度值，甚至超差，所以精加工零件淬火加热需要在保护气氛下或盐浴炉内进行，小批量可采用防氧化表面涂层加以防护。过热导致淬火后形成粗大的马氏体组织，将导致淬火裂纹形成或严重降低淬火工件的冲击韧度，极易发生沿晶断裂，因此应当正确选择淬火加热温度，适当缩短保温时间，并严格控制炉温加以防止。出现的过热组织若有足够的加工余量，则可以重新退火，细化晶粒后再次淬火返修。过烧常发生在淬火高速钢中，其特点是产生了鱼骨状共晶莱氏体，过烧后使淬火钢严重变脆形成废品。

淬火回火后硬度不足一般是由于淬火加热不足，表面脱碳，在高碳合金钢中淬火残留奥氏体过多，或回火不足造成的。在含 Cr 轴承钢油淬时还经常发现表面淬火后硬度低于内层现象，这是逆淬现象，主要是由于工件在淬火冷却时如果淬入了蒸气膜期较长、特征温度低的油中，由于表面受蒸气膜的保护，孕育期比中心长，从而比心部更容易出现逆淬现象。

淬火零件出现的硬度不均匀叫软点，与硬度不足的主要区别是在零件表面上硬度有明显的忽高忽低现象，这种缺陷是由于原始组织过于粗大不均匀（如有严重的组织偏析，存在大块状碳化物或大块自由铁素体），淬火冷却介质被污染，零件表面有氧化皮或零件在淬火液中未能适当地运动，致使局部地区形成蒸气膜阻碍了冷却等因素，通过金相分析并研究工艺执行情况，可以进一步判明究竟是什么原因造成了废品。

对淬火工艺要求严格的零件，不仅要求淬火后满足硬度要求，往往还要求淬火组织符合规定等级，如淬火马氏体组织、残留奥氏体数量、未熔铁素体数量、碳化物的分布及形态等所做的规定，当超过了这些规定时，尽管硬度检查通过，组织检查仍不合格，常见的组织缺陷如粗大淬火马氏体（过热）渗碳钢及工具钢淬火后的网状碳化物及大块碳化物，调质钢中的大块自由铁素体（有组织遗传性的粗大马氏体），以及工具钢淬火后的残留奥氏体等。

（4）回火 将淬火后的钢件加热至 A_1 以下某一温度，保温一定时间，然后冷至室温的热处理工艺称为回火。钢件淬火后必须进行回火，其主要目的是降低或消除淬火应力，减小变形，防止开裂；通过采用不同温度的回火来调整硬度，减小脆性，获得所需的塑性和韧性；使淬火组织稳定化，避免工件在使用过程中发生尺寸和形状的改变。

1）回火时的组织转变。随回火温度的升高，淬火钢的组织发生以下几个阶段的变化。

① 马氏体的分解。在100~200℃回火时，马氏体开始分解；马氏体中的碳以ε碳化物（$Fe_{2.4}C$）的形式析出，使过饱和程度略有减小，这种组织称为回火马氏体；因碳化物极细小，且与母体保持共格，故硬度下降不明显。

② 残留奥氏体的转变。在200~300℃回火时，马氏体继续分解，同时残留奥氏体转变成下贝氏体；此阶段的组织大部分仍然是回火马氏体，硬度有所下降。

③ 回火托氏体的形成。在300~400℃回火时，马氏体分解结束，过饱和固溶体转变为铁素体；同时非稳定的ε碳化物也逐渐转变为稳定的渗碳体，从而形成以铁素体为基体、其上分布着细颗粒状渗碳体的混合物，这种组织称为回火托氏体，此阶段硬度继续下降。

④ 渗碳体的聚集长大。回火温度在400℃以上时，渗碳体逐渐聚集长大，形成较大的粒状渗碳体，这种组织称为回火索氏体，与回火托氏体相比，其渗碳体颗粒较粗大。随回火温度进一步升高，渗碳体迅速粗化，而且铁素体开始发生再结晶，变成等轴多边形。图4-16所示为钢的淬火组织及其内应力随回火温度的变化曲线。

2）回火工艺种类及应用。按回火温度范围将回火分为低温回火、中温回火及高温回火。

① 低温回火（100~250℃）：回火后的组织为回火马氏体，基本上保持了淬火后的高硬度（一般为58~64HRC）和高耐磨性，主要目的是降低淬火应力。低温回火一般用于有耐磨性要求的零件，如刃具、工模具、滚动轴承、渗碳零件等。

② 中温回火（250~500℃）：回火后的组织为回火托氏体，其硬度一般为35~45HRC，具有较高的弹性极限和屈服强度。因而中温回火主要用于有较高弹性、韧性要求的零件，如各种弹性元件。

③ 高温回火（500~650℃）：回火后的组织为回火索氏体，这种组织既有较高的强度，又具有一定的塑性、韧性，其综合力学性能优良。工业上通常将淬火与高温回火相结合的热处理称为调质处理，它广泛应用于各种重要的构件，如连杆、齿轮、螺栓及轴类等，硬度一般为25~35HRC。

图4-17所示为淬火后碳钢的硬度与回火温度之间的关系曲线。

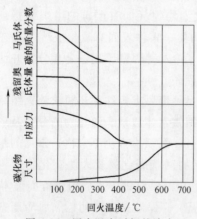

图4-16　回火温度对钢的淬火
组织和内应力的影响

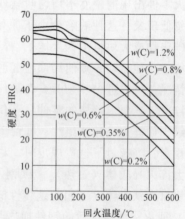

图4-17　淬火后碳钢的硬度与
回火温度的关系

3）回火脆性。正常情况下，随回火温度的升高，淬火钢件的硬度、强度逐渐下降，而塑性、韧性不断提高，其实并非完全如此，而是在 300℃ 左右和 400~550℃ 两个温度范围内回火时，冲击韧度会显著下降，这种现象称为回火脆性，如图 4-18 所示。前者称为不可逆回火脆性或第一类回火脆性，后者称为可逆回火脆性或第二类回火脆性。

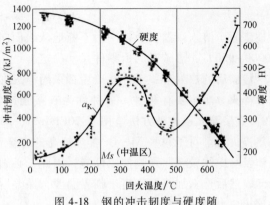

图 4-18 钢的冲击韧度与硬度随
回火温度的变化示意图

第一类回火脆性是由从马氏体中析出薄片状碳化物所引起的。无论碳钢还是合金钢在这一温度区间回火，都会产生这类脆性，且无法消除。为避免第一类回火脆性的产生，一般不在此温度范围回火。

第二类回火脆性通常是由回火冷却时的冷却速度较慢而引起的，它主要出现在含 Cr、Ni、Mn 等元素的合金钢中。当出现第二类回火脆性时，可重新加热至 600℃ 以上，保温后以较快速度冷却，就能予以消除，故又称可逆回火脆性。在合金钢中加入适量的 W、Mo 能有效地防止第二类回火脆性。

4. 钢的表面热处理

齿轮、轴类等零件在交变应力及冲击载荷作用下工作，其表面承受的应力比心部高得多；这些零件表面相互接触并做相对运动，因而还不断地承受摩擦，因此要求这些零件表面具有高的强度、硬度、耐磨性和疲劳极限，而心部又要具有足够的塑性和韧性。表面热处理可赋予零件这样的性能，是强化零件表面的重要方法。生产中常用的是表面化学热处理和表面淬火热处理。

（1）钢的化学热处理　化学热处理是将工件置于一定活性介质中加热、保温，使一种或几种元素渗入工件表层，以改变表面化学成分、组织和性能的热处理。它包括三个基本过程：分解（化学介质分解出需要的活性原子）、吸收（活性原子进入工件表面）和扩散（表层活性原子向内表层扩散形成一定厚度的扩散层）。根据渗入元素的不同，化学热处理有渗碳、渗氮、碳氮共渗、渗硼、渗铝、渗铬等，它能有效改善钢件表面的耐磨性、耐蚀性、抗氧化性，提高疲劳强度。

1）渗碳。渗碳是向钢的表层渗入碳原子，增加表层碳含量并获得一定渗碳层深度的热处理工艺。它使低碳钢件（碳的质量分数小于 0.3%）表面获得高碳含量（碳的质量分数为 1.0% 左右），热处理后表层具有高耐磨性和高疲劳强度，心部具有良好的塑性和韧性，综合力学性能优良，可满足磨损严重和冲击载荷较大场合的要求。因此，渗碳广泛用于齿轮、活塞销等。

根据渗碳介质的工作状态，渗碳可分为气体渗碳、固体渗碳和液体渗碳三种。常用的是气体渗碳，其生产效率高，劳动条件较好，渗碳质量容易控制，并易实现机械化和自动化，应用极为广泛。

渗碳工艺：气体渗碳是将工件装入密封的加热炉中，加热至渗碳温度，并滴入煤油、丙酮、醋酸乙酯、甲苯等渗碳剂，高温下渗碳剂裂解并通过下列反应生成活性碳原子：

$$2CO \longrightarrow CO_2 + [C]$$
$$CH_4 \longrightarrow 2H_2 + [C]$$
$$CO + H_2 \longrightarrow H_2O + [C]$$

活性碳原子溶入高温奥氏体中，不断地从表面向内部扩散而形成渗碳层。钢的渗碳温度一般为 900~950℃，渗碳时间由零件尺寸确定。

渗碳后的热处理：零件渗碳后都采用淬火加低温回火的热处理工艺。根据所用钢材的不同，淬火方法主要有两种。一种称为直接预冷淬火，即零件渗碳后从渗碳温度降至 820~850℃ 直接淬火；这种方法适用于 20CrMnTi、20CrMnMo 等低合金渗碳钢。另一种称为重新加热淬火法。对于一些 Ni、Cr 含量较高的合金渗碳钢，渗碳直接淬火后渗层组织中残留奥氏体及马氏体较粗，影响使用性能，因此，必须采用重新加热淬火法，即渗碳后先在空气中冷却，然后重新加热至略高于临界温度，保温后淬火。低温回火的温度为 150~200℃，以消除淬火应力和提高韧性。

渗碳并热处理后的组织与性能：表层组织为高碳回火马氏体+碳化物+残留奥氏体，其硬度达 58~64HRC，耐磨性好，疲劳强度高；心部为低碳回火马氏体（或含铁素体、托氏体），其硬度为 137~183HBW（未淬透）或 30~45HRC（淬透），具有良好的塑性和韧性。

2）渗氮。渗氮是将工件加热至 Ac_1 以下某一温度（一般为 500~570℃），使活性氮原子渗入工件表层，获得渗氮层的工艺。渗氮层坚硬且稳定，硬度非常高，可达 800~1200HV（相当于 62~75HRC），耐磨性极好；而且渗氮温度低，零件变形很小。因而渗氮广泛用于要求耐磨且变形小的零件，如精密齿轮、精密机床主轴等。

气体渗氮：将工件置于井式炉中加热至 550~570℃，并通入氨气，氨气受热分解生成活性氮原子，渗入工件表面。渗氮保温时间一般为 20~50h，渗氮层厚度为 0.2~0.6mm。

离子氮化：将工件置于离子渗氮炉内，抽真空到 1.33Pa 后通入氨气，炉压升至 70Pa 时接通电源，在阴极（工件）和阳极间施加 400~700V 的直流电压时，炉内气体放电，使电离后的氮离子高速轰击工件表面，并渗入工件表层形成渗氮层。其优点是渗氮时间短，仅为气体渗氮的 1/3 左右，且渗氮层质量好。

渗氮前的热处理：工件渗氮后，表面即具有很高的硬度及耐磨性，不必再进行热处理。但由于渗氮层很薄，且较脆，因此要求心部具有良好的综合力学性能，为此渗氮前应进行调质处理，以获得回火索氏体组织。

渗氮用钢：为了有利于渗氮过程中在工件表面形成颗粒细小、分布均匀、硬度极高且非常稳定的氮化物，渗氮用钢通常是含有 Al、Cr、Mo 等元素的合金钢，最典型的渗氮钢是 38CrMoAl，渗氮后硬度可达 1000HV 以上。

（2）表面淬火热处理　表面淬火就是通过快速加热使钢件表层迅速达到淬火温度，不等热量传至内部就立即淬火冷却，从而使表面层获得马氏体组织，心部仍为原始组织的热处理工艺。表面淬火后零件表面具有较高的硬度和耐磨性，而心部仍具有一定的塑性、韧性。根据加热方法不同，表面淬火方法有火焰淬火、感应淬火和激光淬火等，常用的是感应淬火。

感应淬火原理如图 4-19 所示。将工件置于空心铜管绕成

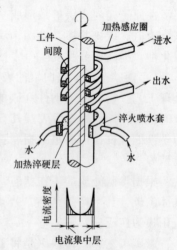

图 4-19　感应加热表面淬火原理

的感应绕组内，绕组通入交流电后，在工件内部产生感应电流，但感应电流在工件截面上的分布是不均匀的，表面的电流密度最大，而中心几乎为零，这种现象称为趋肤效应；而钢件本身具有电阻，电流产生的热效应便迅速将工件表面加热至 $800 \sim 1000℃$，而心部温度几乎没有变化；此时淬火冷却，就能使工件表面形成淬硬层。

感应加热时，工件截面上感应电流的分布状态与电流频率有关。电流频率越高，趋肤效应越强，感应电流集中的表层就越薄，这样加热层深度与淬硬层深度也就越薄。因此，可通过调节电流频率来获得不同的淬硬层深度。常用感应加热类型及应用范围见表4-4。

表4-4　常用感应加热类型及应用范围

感应加热类型	常用频率	淬硬层深度/mm	应用范围
高频感应加热	$200 \sim 1000kHz$	$0.5 \sim 2.5$	中、小模数齿轮及中小、尺寸轴类零件
中频感应加热	$2500 \sim 8000Hz$	$2 \sim 10$	较大尺寸的轴和大、中模数齿轮
工频感应加热	$50Hz$	$10 \sim 20$	较大直径零件穿透加热，大直径零件如轧辊、火车车轮的表面淬火
超音频感应加热	$30 \sim 36kHz$	淬硬层沿工件轮廓分布	中、小模数齿轮

感应加热速度极快，只需几秒或十几秒，淬火表层马氏体细小，性能好，工件表面不易氧化脱碳，变形也小，而且淬硬层深度易控制，质量稳定，操作简单，特别适合大批量生产；但零件形状不宜过于复杂。

为了保证心部具有良好的力学性能，表面淬火前应进行调质或正火处理。表面淬火后应进行低温回火，减少淬火应力，降低脆性。

激光淬火：激光淬火是一种新型的表面强化方法。它利用激光来扫描工件表面，使工件表面迅速加热至钢的临界点以上，当激光束离开工件表面时，由工件自身大量吸热使表面迅速冷却而淬火，因此不需要冷却介质。激光淬火后零件变形极小，表面质量很高，特别适用于拐角、沟槽、盲孔底部及深孔内壁的热处理。

表面淬火用钢碳的质量分数以 $0.40\% \sim 0.50\%$ 为宜，过高会降低心部塑性和韧性，过低则会降低表面硬度及耐磨性。

（3）气相沉积　气相沉积主要有化学气相沉积和物理气相沉积。

1）化学气相沉积（CVD）：将工件置于真空反应室中加热至 $900 \sim 1100℃$，如果要涂覆 TiC 层，则将 $TiCl_4$ 与 CH_4 一起通入反应室内，这时就会发生化学反应生成 TiC，并沉积在工件表面形成 $6 \sim 8\mu m$ 厚的覆盖层。工件经化学气相沉积镀覆后，再经淬火、回火处理，表面硬度可达 $2000 \sim 4000HV$。

2）物理气相沉积（PVD）：物理气相沉积是通过蒸发、电离或溅射等过程产生金属粒子（或并与气体反应形成化合物）沉积在工件表面。其方法有真空镀、真空溅射和离子镀，目前应用较广的是离子镀。离子镀是借助于惰性气体的辉光放电，使镀材（如金属 Ti）汽化蒸发离子化，离子经电场加速，以较高能量轰击工件表面，此时如果通入 CO_2、N_2 等气体，便可在工件表面获得 TiC、TiN 覆盖层，硬度达 $2000HV$。离子镀的重要特点是沉积温度只有 $500℃$ 左右，且覆盖层附着力强，适用于高速钢工具、热锻模等。

（4）离子注入　离子注入是根据工件的性能要求选择适当种类的原子，使其在真空电场中离子化，并在高压作用下加速注入工件表层的技术。离子注入使金属材料表层合金化，显著提高其表面硬度、耐磨性及耐蚀性等。

离子注入产生表面硬化，主要是利用 N、C、B 等非金属元素注入钢铁、有色金属及各种合金中，当注入离子的数量大于 $10^{17}/cm^2$ 时，将产生明显的硬化作用，一般可提高 10%~100%，甚至更高。由于离子注入提高了硬度，因此耐磨性增加。另外，离子注入还能改变金属表面的摩擦系数。例如，钢中注入 $2.8×10^{16}/cm^2$ 的 Sn^+ 时，摩擦系数从 0.3 降至 0.1 左右。GCr15 轴承钢注入 N^+ 后，磨损率减少 50%，38CrMoAl 渗氮钢注入 N、C、B 后磨损率减少达 90%。钢中注入某些合金元素后，将大大提高耐蚀性。例如，在含硫的氧化性环境中工作的燃煤设备，由于氧和硫的综合腐蚀作用导致锅炉管件等零件过早腐蚀而发生事故。但当离子注入 Ce、Y、Hf、Th、Zr、Nb、Ti 或其他能稳定氧化物的活性元素后，能大大提高钢的耐蚀性。

5. 形变热处理

形变热处理是将塑性变形（锻、轧等）同热处理有机结合在一起，获得形变强化和相变强化综合效果的工艺方法。它是形变强化和相变强化相结合的一种综合强化工艺，包括金属材料的线性形变和固态相变两种过程，并将两者有机地结合起来，利用金属材料在形变过程中组织结构的改变，影响相变过程和相变产物，以得到所期望的组织与性能。

形变热处理在塑性变形过程中细化了奥氏体晶粒，从而使热处理后的组织为细小马氏体。奥氏体在塑性变形时形成大量的位错，并成为马氏体转变的核心，促使马氏体转变量增多并细化，同时又产生了大量新的位错，使位错的强化效果更显著。形变热处理中高密度位错为碳化物析出的高弥散度提供有利条件，产生碳化物弥散强化作用。因此，形变热处理可以获得比普通热处理更优异的强韧化效果，且能大大简化生产流程，节省能源，具有较高的经济效益。

形变热处理有相变前形变、相变中形变和相变后形变三种基本类型。其中，根据形变温度的高低，相变前形变热处理可分为高温形变热处理和低温形变热处理。

4.1.2　有色金属的热处理改性

有色金属及其合金最常用的热处理是退火、固溶处理（淬火）和时效。形变热处理也得到了较多的应用，化学热处理应用较少。有色金属的退火包括均匀化退火、去应力退火、再结晶退火、光亮退火。均匀化退火和去应力退火在 4.1.1 节已经讲述。

再结晶退火是将经冷形变后的金属加热到再结晶温度以上，保持适当时间，使形变晶粒重新结晶为均匀的等轴晶粒，以消除形变强化和残余应力的退火工艺。光亮退火是将金属材料或工件在保护气氛或真空中进行退火，以防止氧化，保持表面光亮的退火工艺，多用于铜及铜合金。

固溶处理指将合金加热到高温单相区恒温保持，使过剩相充分溶解到固溶体中后快速冷却，以得到过饱和固溶体的热处理工艺。固溶处理之后常伴随着时效。

合金元素经固溶处理后获得过饱和固溶体，在随后的室温放置或低温加热保温时，第二相从过饱和固溶体中析出，引起强度、硬度及物理和化学性能的显著变化，这一过程被称为时效。时效可分为自然时效和人工时效两种。自然时效是将铸件置于露天场地半年以上，使其缓缓地发生形变，从而使残余应力消除或减少；人工时效是将铸件加热到一定温度下进行去应力退火，它比自然时效节省时间，残余应力去除较为彻底。

1. 铝合金的热处理

根据铝合金的成分和生产工艺特点，可将其分为变形铝合金与铸造铝合金，图4-20所示为铝合金的基本相图及其分类示意图。通常变形铝合金化学成分范围在共晶温度时的饱和溶解度 D 点的左边，这组合金的化学成分不高，合金有较好的塑性，适于压力加工。铸造铝合金的化学成分范围在共晶温度的饱和溶解度 D 点的右边，保证铸造铝合金中有较多的共晶体，在液态具有较好的流动性。铸造铝合金塑性低，不适合压力加工。

（1）变形铝合金的热处理　变形铝合金又分为热处理不强化铝合金和热处理强化铝合金，如图4-20所示。变形铝合金的热处理包括退火、固溶处理、时效、稳定化处理、回归处理。

退火包括高温退火、低温退火、完全退火和再结晶退火。高温退火和低温退火适用于热处理不强化铝合金，而完全退火和再结晶退火

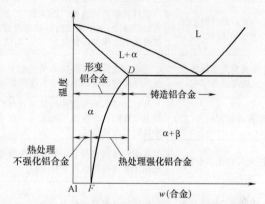

图 4-20　铝合金的基本相图及其分类示意图

用于热处理强化铝合金。高温退火的目的是降低硬度，提高塑性，达到充分软化，以便进行变形程度较大的深冲压加工，一般在制作半成品板材时进行，如铝板坯的热处理或高温压延。低温退火是为保持一定程度的加工硬化效果，提高塑性，消除应力，稳定尺寸，在最终冷变形后进行。完全退火用于消除原材料淬火、时效状态的硬度，或退火不良未达到完全软化而用它制造形状复杂的零件时，也可消除内应力和冷作硬化，适用于变形量很大的冷压加工，一般加热到强化相溶解温度，保温、慢冷到一定温度后空冷。中间退火可消除加工硬化，提高塑性，以便进行冷变形的下一工序，也用于无淬火、时效强化后的半成品及零件的软化，部分消除内应力。

固溶处理后强度有提高，但塑性也相当高，可进行铆接、弯边等冷塑性变形。不过对自然时效的零件只能在短时间保持良好的塑性，超过一定时间，硬度、强度急剧增加。

稳定化处理，即回火，目的是消除切削加工应力与稳定尺寸，用于精密零件的切削工序间，有时需要进行多次。

回归处理目的是对自然时效的铝合金恢复塑性，以便继续加工或适应修理时变形的需要。

（2）铸造铝合金的热处理　铸造铝合金的热处理包括退火、时效、回火等。铸造铝合金的热处理见表4-5。

表 4-5　铸造铝合金的热处理 （GB/T 25745—2010）

热处理类型及代号	目的	适用合金	备注
不预先淬火的人工时效（T1）	改善铸件的可加工性；提高某些合金（如ZL105）零件的硬度和强度（约30%）；用来处理承受载荷不大的硬模铸造零件	ZL104 ZL105 ZL401	用湿砂型或金属型铸造时，可获得部分淬火效果，即固溶体有着不同程度的过饱和度。时效温度为 150～180℃，保温 1～24h
退火（T2）	消除铸件的铸造应力和机械加工引起的冷作硬化，提高塑性；用于要求使用过程中尺寸很稳定的零件	ZL101 ZL102	一般铸件在铸造后或粗加工后常进行此处理。退火温度为 280～300℃，保温 2～4h

（续）

热处理类型及代号	目的	适用合金	备注
淬火,自然时效（T4）	提高零件的强度并保持高的塑性,提高100℃以下工作零件的耐蚀性;用于受动载荷冲击作用的零件	ZL101 ZL201 ZL203 ZL201	这种处理也称为固溶化处理,对其有自然时效特性的合金,T4 也表示淬火并自然时效
淬火后短时间不完全人工时效（T5）	获得足够高的强度（比 T4 高）并保持较高的屈服强度;用于承受高静载荷及在不是很高温度下工作的零件	ZL101 ZL105 ZL201 ZL203	在低温或瞬时保温条件下进行人工时效,时效温度为 150~170℃
淬火后完全时效至最高硬度（T6）	使合金获得最高强度而塑性稍有降低;用于承受高静载荷而不受冲击作用的零件	ZL101 ZL104 ZL204A	在较高温度和长时间保温条件下进行人工时效,时效温度为 175~185℃
淬火后稳定回火（T7）	获得足够强度和较高的稳定性,防止零件高温工作时力学性能下降和尺寸变化;适用于高温工作的零件	ZL101 ZL105 ZL207	最好在接近零件工作温度（超过 T5 和 T6 的回火温度）的温度下进行回火。回火温度为 190~230℃,保温 4~9h
淬火后软化回火（T8）	获得较高的塑性,但强度特性有所降低,适用于要求高塑性的零件	ZL101	回火温度比 T7 更高,一般为 230~270℃,保温时间 4~9h
冷处理或循环处理（先冷后热）（T9）	使零件几何尺寸进一步稳定,适用于仪表的壳体等精密零件	ZL101 ZL102	机械加工后冷处理是在 -50℃、-70℃ 或 -195℃ 保持 3~6h;循环处理是冷却至 -70~-196℃,然后加热到 350℃,可根据具体要求多次循环

2. 铜合金的热处理

铜合金的热处理包括再结晶退火、去应力退火（低温退火）、致密化退火、淬火、淬火时效、淬火回火和回火。

再结晶退火适用于除铍青铜外的所有铜合金,目的是消除应力及冷作硬化,恢复组织,降低硬度,提高塑性;也可以消除铸造应力,均匀组织、成分,改善可加工性。再结晶退火可作为黄铜压力加工件的中间热处理,青铜件的毛坯或中间热处理。

去应力退火（低温退火）用于消除内应力,提高黄铜件（特别是薄冲压件）抗腐蚀破裂（季裂）的能力,适用于黄铜如 H62、H68、HPb59-1 等,一般作为机加工或冲压后的热处理工序,加热温度为 260~300℃。

致密化退火用于消除铸件的显微疏松,提高其致密性,适用于锡青铜、硅青铜。

淬火用于获得过饱和固溶体并保持良好的塑性,适用于铍青铜。

淬火时效用于更好地提高硬度、强度、弹性极限和屈服极限,适用于铍青铜。

淬火回火用于提高青铜铸件和零件的硬度、强度和屈服强度。

回火用于消除应力,恢复和提高弹性极限,一般作为弹性元件成品的热处理工序;或者用于稳定尺寸,可作为成品热处理工序。

3. 镁合金的热处理

镁合金的热处理方式与铝合金基本相同,但镁合金中原子扩散速度慢,淬火加热后通常在静止或流动空气中冷却即可达到固溶处理的目的。另外,绝大多数镁合金对自然时效不敏感,淬火后在室温下放置仍能保持淬火状态下的原有性能。但镁合金氧化倾向比铝合金强烈。当氧化反应产生的热量不能及时散发时,容易引起燃烧,因此,热处理加热炉内应保持一定的中性气氛。镁合金常用的热处理类型如下:

（1）T1 T1 是指铸造或加工变形后不再单独进行固溶处理而直接人工时效。这种处理工艺简单,也能获得较好的时效强化效果,特别是对 Mg-Zn 系合金,因晶粒容易长大,重新加热淬火往往由于晶粒粗大，时效后的综合性能反而不如 T1 状态。

（2）T2　T2 是指为了消除铸件残余应力及变形合金的冷作硬化而进行的退火处理。例如，Mg-Al-Zn 系铸件合金 ZM5 的退火规范为 350℃ 加热 2～3h，空冷，冷却速度对性能无影响。对某些处理强化效果不显著的合金（如 ZM3），T2 则为最终热处理退火。

（3）T4　T4 是指淬火处理，可用于提高合金的抗拉强度和伸长率。ZM5 合金常用此规范。

为了获得最大的过饱和固溶度，淬火加热温度通常只比固相线低 5～10℃。镁合金原子扩散能力弱，为保证强化相充分固溶，需要较长的加热时间，特别是砂型厚壁铸件。对薄壁铸件或金属型铸件，加热时间可适当缩短，变形合金则更短。这是因为强化相溶解速度除与本身尺寸有关外，晶粒度也有明显影响。例如，ZM5 金属型铸件，淬火加热规范为 415℃ 8～16h，薄壁（<10mm）砂型铸件加热时间延长到 12～24h；而厚壁（>20mm）铸件为防止过烧应采用分段加热，即 360℃ 3h+420℃ 21～29h。淬火加热后一般为空冷。

（4）T6　T6 是指淬火+人工时效。其目的是提高合金的屈服强度，但塑性相对有所降低。T6 主要应用于 Mg-Al-Zn 系及 Mg-RE-Zr 系合金。高锌的 Mg-Zn-Zr 系合金，为充分发挥时效强化效果，也可选用 T6 处理。

（5）T61　T61 是指热水中淬火+人工时效。一般 T6 为空冷，T61 采用热水淬火，可提高时效强化效果，特别是对冷却速度敏感性较差的 Mg-RE-Zr 合金。

（6）氢化处理　除上述热处理方法外，国内外还发展了一种氢化处理，以提高 Mg-Zn-RE-Zr 系合金的力学性能，效果显著。

4. 钛合金的热处理

钛合金热处理的特点如下：

1）马氏体相变不会引起合金的显著强化。这与钢的马氏体相变不同。钛合金的热处理强化只能依赖淬火形成亚稳定相（包括马氏体相）的时效分解。

2）应避免形成 ω 相。形成 ω 相会使合金变脆，正确选择时效工艺（如采用高一些的时效温度），即可使 ω 相分解为平衡的 α+β 相。

3）同素异构转变难以细化晶粒。

4）导热性差。导热性差可导致钛合金，尤其是 α+β 钛合金的淬透性差，淬火热应力大，淬火时零件易翘曲。由于导热性差，钛合金变形时易引起局部温度过高，使局部温度有可能超过 β 相变点而形成魏氏组织。

5）化学性质活泼。热处理时，钛合金易与氧和水蒸气反应，在工件表面形成具有一定深度的富氧层或氧化皮，使合金性能变坏。钛合金热处理时容易吸氧，引起氢脆。

6）β 相变点差异大。即便是同一成分，但冶炼炉次不同的合金，其相转变温度有时差别很大。这是制订工件加热温度时要特别注意的。

7）在 β 相区加热时 β 晶粒长大倾向大。β 晶粒粗化可使塑性急剧下降，故应严格控制加热温度与时间，并慎用在 β 相区温度加热的热处理。

以上特点在钛合金热处理工艺的制订与实施过程中，必须予以充分注意。

钛合金主要的热处理类型包括退火和淬火时效。在实际生产中通常采用的退火方式有去应力退火、简单退火、等温退火、双重退火、再结晶退火和真空退火。

淬火时效是钛合金热处理强化的主要途径，故称为强化热处理，主要用于 α+β 钛合金

及亚稳态 β 钛合金。有的近 α 钛合金有时也可采用强化热处理，但因其组织中 β 相数量较少，则马氏体分解弥散强化效果低于 α+β 钛合金及亚稳态 β 钛合金。

4.1.3 金属材料的合金化改性

合金元素加入纯金属中可提高其强度，并能获得各种特殊的性能。其强化机制主要有固溶强化、第二相强化和细晶强化。

1. 固溶强化

前面介绍的固溶强化是金属材料的主要强化方法之一。固溶强化的强化效果首先与溶质原子引起的晶格畸变程度有关：当形成置换固溶体时，溶质原子与溶剂原子的尺寸差别越大，晶格畸变就越大，位错运动的阻力也就越大，强化效果便越好；一般间隙固溶体的晶格畸变比置换固溶体要大，因而强化效果更显著，如工业纯铁中加入质量分数为 1% 的 Mn 形成置换固溶体，抗拉强度由 250MPa 提高到 280MPa，质量分数为 0.45% 的 C 溶入铁中形成间隙固溶体，抗拉强度由 250MPa 提高到 600MPa。其次，还与溶质原子的含量有关：当溶质原子的含量增加时，固溶强化效果不断提高，例如，Cu+2%Al 合金的 R_{eL}=240MPa，Cu+6%Al 合金的 R_{eL}=350MPa，Cu+8%Al 合金的 R_{eL}=450MPa。

固溶强化后的合金在提高强度、硬度的同时，仍能保持相当好的塑性和韧性。例如，在铜中加入 19%（质量分数）的镍，可使强度 R_{eL} 由 220MPa 提高至 300~400MPa，硬度由 44HBW 提高至 70HBW，而伸长率仍然达 50% 左右。若将铜通过冷变形强化获得同样的强化效果，其塑性、韧性将变得很差。

2. 第二相强化

由于第二相的存在而使金属的强度、硬度升高的现象，称为第二相强化。

第二相强化的原因：一是由于第二相与基体金属的晶体结构完全不同，从而在第二相与基体金属之间形成畸变程度较大的相界面，增加了位错运动的阻力；二是第二相的存在也增加了位错运动的阻力。显然，相界面的晶格畸变程度越大或第二相的弥散度越大，第二相的强度、硬度越高，对位错运动的阻碍作用便越大，强化效果也越显著。

但是，第二相在使金属强化的同时，会在第二相前产生较大的应力集中，而且第二相一般硬而脆，塑性几乎为零，塑性变形全部集中于基体金属，因而使金属的塑性、韧性下降。

第二相的强化效果除与其本身的性能有关外，还与其形状、分布及大小密切相关。当第二相以颗粒状弥散分布时，能大大增加位错运动的阻力，而且因为它们几乎不影响基体金属的连续性，塑性变形时，第二相颗粒可随基体金属的变形而"流动"，不会造成明显的应力集中，故塑性、韧性下降不明显。当第二相呈片状分布时，虽然对位错运动仍有较大的阻碍作用，但片状的第二相使基体金属的连续性受到较大破坏，应力集中倾向也增大。因此，与粒状第二相相比，其强化效果下降，塑性、韧性较低。当第二相呈连续网状分布时，彻底破坏了基体金属的连续性，在塑性变形过程中，脆性的网状第二相几乎不能塑性变形，位错只能在基体金属的晶粒内部运动，无法越过网状第二相而在该处堆积，产生严重的应力集中，最后导致断裂。此时不仅塑性、韧性大幅度下降，而且强度也显著降低，但硬度仍然提高。

3. 细晶强化

由于晶粒细化而使金属强度、硬度和塑性、韧性都提高的现象，称为细晶强化。

增加过冷度或变质处理可以使晶粒细化，除此以外，在钢中加入 Ti、V、Nb 等合金元素也能起到细化晶粒的作用。因为这些合金元素在钢中能形成微细的碳化物（TiC、VC、NbC），这类碳化物硬度及熔点高，且稳定性极高，在加热温度下，很难溶入奥氏体，它们均匀地分布在奥氏体基体上，能有效地阻止奥氏体晶粒的长大。

在钢中加入某些合金元素（如 S、Pb、Ca 等）不仅会影响强度、硬度及塑性等力学指标，还能有效地改善钢的可加工性。

硫在钢中与锰和铁可形成（Mn、Fe）S 夹杂物，它能中断基体的连续性，促使形成卷曲半径小而短的切屑，减少切屑与刀具的接触面积；它还能起减摩作用，降低切屑与刀具之间的摩擦系数，并使切屑不黏附在切削刃上。因此，硫能降低切削力与切削热，减少刀具磨损，提高刀具寿命，改善排屑性能。中碳钢的可加工性通常随硫含量提高而不断改善，硫化物的形状呈圆形且均匀分布时，钢的可加工性更好。但钢中硫含量增加引起热脆，并造成带状组织，呈现各向异性。因此，一般易切削钢中硫含量不大于 0.30%（质量分数），同时应适当提高锰含量，以减小硫的不利影响。

铅在钢中孤立地呈细小颗粒（约 $3\mu m$）均匀分布时，能改善可加工性。铅含量一般控制在 0.15%~0.25%（质量分数）的范围内，过多会引起严重的铅偏析，而且在 300℃ 以上由于铅的熔化而使易切削钢的力学性能恶化。

此外，加入微量的钙（质量分数为 0.001%~0.005%）能改善钢的高速可加工性。因为钙在钢中形成的高熔点钙铝硅酸盐附在刀具上，构成薄而具有减摩作用的保护膜，从而显著地延长高速切削刀具的寿命。

某些合金元素的加入，还可起到提高钢的耐蚀性、耐高温性和耐磨性等作用，有关内容将在第 5 章讨论。

4.1.4　金属材料的表面改性

机械零件在使用过程中，除了对力学性能和工艺性能有一定要求外，还要求其表面具有一定的耐磨性、耐蚀性和美观度。表面改性处理是指改变零件的表面质量或表面状态，使其达到耐磨、耐蚀、美观及精度要求的工艺，包括转化膜处理、电镀等。

1. 转化膜处理

转化膜处理是将工件浸入某些溶液中，在一定条件下使其表面产生一层致密保护膜，达到既耐蚀又美观的效果。常用的转化膜处理有发蓝或发黑处理和磷化处理。

钢发蓝或发黑处理，是将钢件在空气-水蒸气或化学药物中加热到适当温度，使其表面形成一层蓝色或黑色氧化膜，以改善钢件的耐蚀性和外观。氧化膜是一层极薄的 Fe_3O_4 薄膜，致密而牢固，对钢件的尺寸精度无影响。发蓝处理工艺常用于精密仪器、光学仪器、工具和武器等表面。

钢的磷化处理是将工件浸入磷酸盐为主的溶液中，使其表面沉积，形成不溶于水的结晶型磷酸盐转化膜。常用的磷化处理溶液为磷酸锰铁盐和磷酸锌溶液。磷化膜厚度远大于氧化膜厚度，其耐蚀能力也强于发蓝处理，是其 2~10 倍，在加工或使用过程中还可起到润滑作用。磷化处理所需设备要求不高，成本低，可作为钢铁材料零件的润滑层和防护层，也可用于各种武器产品。

2. 电镀

电镀是利用电解的原理使金属零件表面镀上一层金属薄层，起到保护和装饰的作用。电镀不受工件大小和批量的限制，适应性很强。除了导电体以外，电镀也可用于经过特殊处理的塑胶。

电镀前先对工件进行预处理，去除表面的杂质和锈蚀并冲洗干净。电镀时，镀层金属或其他不溶性材料做阳极，待镀的工件做阴极，镀层金属的阳离子在待镀工件表面被还原形成镀层。为排除其他阳离子的干扰，且使镀层均匀、牢固，需用含镀层金属阳离子的溶液做电镀液，以保持镀层金属阳离子的浓度不变。电镀后，被电镀物件的美观性与电流密度大小有关系，在可操作电流密度范围内，电流密度越小，被电镀的物件便会越美观；反之则会出现一些不平整的形状。

电镀层比热浸层均匀，一般都较薄，从几微米到几十微米不等。通过电镀，可以提高金属的耐蚀性和硬度，防止磨耗，提高导电性、润滑性、耐热性和表面美观度，还可以修复磨损和加工失误的工件。

4.2 高分子材料的改性

高分子材料（聚合物）尽管有许多优良的性能，但仍有某些不足或缺点，难以满足对高分子材料性能的更高需求。例如，聚苯乙烯性脆，聚酰胺吸湿性大，聚碳酸酯易于应力开裂，有机硅树脂强度低，有些聚合物的化学稳定性差而且易老化。因此必须对高分子材料进行改性，以赋予高分子材料某些新的功能或提高原来的性能，改善其加工工艺性能和降低生产成本等。

与传统的聚合物增韧、改性方法相比，纳米材料粒子改性不但能全面改善聚合物的综合性能，还能赋予其一些奇特的性能，为聚合物的增强、增韧、改性开拓了新的途径。它是一种很有潜力的聚合物改性方法。这里主要介绍聚合物的化学改性、物理改性和纳米材料粒子改性。

4.2.1 化学改性

化学改性又称结构改性，它主要包括共聚改性和交联改性。

1. 共聚改性

共聚改性是指由两种或两种以上的单体通过共聚反应而获得共聚物的方法。与由同种单体通过均聚反应获得的均聚物相比，由于大分子链的结构发生变化，引入了新的结构单元，从而改变了高聚物的性能。

例如，聚偏氯乙烯不能耐光和热，容易放出氯化氢而使颜色变深，如果用偏氯乙烯和丙烯酸甲酯共聚，则可大大增加其稳定性。又如聚苯乙烯脆性大、耐热性差，如果将苯乙烯与丙烯腈共聚，则可明显提高其冲击韧性和耐热性能。这种方法能将原来均聚物所固有的优良性能，有效地综合到同一共聚物中来。

2. 交联改性

交联改性是指使高聚物线型或支链型大分子间彼此交联起来形成空间网状结构的方法。交联可以是一般的化学交联，也可以通过放射性同位素或高能电子射线辐照进行交联。由于它使高聚物的结构发生了根本改变，因而导致其性能发生相应的变化。例如在聚乙烯树脂中加入有机过氧化物（常用氧化二异丙苯）作为交联剂，然后在压力和 $175 \sim 200℃$ 下成型，过氧化物会发生分解，产生高度活泼的游离基，在聚乙烯碳链上形成活性点，而链间发生碳—碳交联转变成体型结构，使聚乙烯具有较高的耐热性、抗蠕变性和耐应力开裂能力。如果用 10MeV 高能量电子束射线均匀地照射聚乙烯，也可使其变成交联聚乙烯，其耐温、耐应力开裂能力及耐老化性能都大为提高。

热固性塑料不能反复加热熔融，为克服这一缺点，将热固性塑料和热塑性塑料的特性综合起来，从而得到离子聚合物。例如，乙烯与丙烯酸的共聚物，大分子链上带有羧基，具有酸性，如果用氯化镁处理这种共聚物，则二价的镁离子会与不同大分子上的羧基相结合而形成交联。这种通过金属离子键进行交联的高聚物称为离子聚合物。当加热至较高温度时，由于大分子键之间的羧基与镁离子断开而失去交联作用，此时离子聚合物便重新成为线型结构的热塑性塑料。冷却后，离子键又会使大分子形成交联结构而固化，这一过程可以多次反复地进行。

4.2.2　物理改性

1. 掺混改性

掺混改性又称共混改性，它是指在高聚物中掺入低分子化合物或不同种类的高聚物，以改善其性能。例如，在聚氯乙烯中加入适量的邻苯二甲酸二辛酯就能起到增塑作用。在聚苯乙烯中掺入天然橡胶，可以制成耐冲击的改性聚苯乙烯。

高聚物的共混与金属合金不完全相同，合金中各种金属能完全溶成一相，而高分子共混物中，只有少数的高分子化合物之间能够互溶，大多数却不能互溶。故高分子共混物多为非均相体系，即一种高分子混杂在另一种高分子化合物之中。当天然橡胶与聚苯乙烯共混，彼此并不完全相溶，而是由橡胶颗粒分散在聚苯乙烯中形成两相。由于聚苯乙烯中有橡胶微粒存在，共混物的冲击韧度显著提高。

塑料与塑料也可以进行共混改性。例如，聚砜中掺混入 5%～20% 的聚四氟乙烯，可得到耐磨性很好的改性聚砜。又如，在聚碳酸酯中加入 3%～5% 的聚乙烯共混，可得到改性聚碳酸酯，其耐水性、耐应力开裂能力和冲击韧度均有明显提高。此外，用聚四氟乙烯共混改性的聚碳酸酯，不仅保留了聚碳酸酯的尺寸稳定、强度高、可注射成型的特点，而且具有优异的耐磨性。

2. 填充、增强改性

为了满足各种应用领域对性能的要求，常常需要加入各种填充材料，以弥补树脂本身性能的不足，从而改善高聚物的性能，这称为填充改性。用作填充材料的种类很多，例如，聚四氟乙烯中填充玻璃纤维、石墨、青铜粉、二硫化铜等，可以降低塑料的冷流变性和膨胀系数，提高耐磨性和导热性。

增强改性是指在高聚物中填充各种增强材料，以提高其机械强度，改善力学性能。例如，聚对苯二甲酸丁二醇酯可用玻璃纤维增强，从而大大提高其机械强度、使用温度和使用寿命，140℃下作为结构材料可长期使用。

3. 复合改性

高聚物可以和各种材料，如金属、木材、水泥、橡胶以及各种纤维等复合。这种以热塑性或热固性塑料为基体材料，与其他材料复合从而改善性能的方法称为塑料的复合改性。

由于塑料基复合材料具有强度与比模量高，减摩、耐磨、抗疲劳与断裂韧性好，化学稳定性优良，耐热、耐烧蚀，电、光、磁性能良好等特点，因此得到广泛应用。其缺点是层间剪切强度低、韧性差、易老化、耐热性和表面硬度不够高，有时质量不太容易控制，有待进一步提高。

4.2.3 纳米材料粒子改性

纳米材料晶界原子的复杂性使纳米材料表现出一系列奇特的小尺寸效应、表面效应，因而具有较高的物理化学反应活性。将纳米粒子添加到聚合物中，两者能达到分子水平的混合，并易发生物理化学作用，使聚合物复合材料的综合性能得到全面改善。

在制备聚合物纳米复合材料时，纳米粒子由于比表面积大、表面能高，粒子间极易团聚，一旦团聚，通常的机械搅拌手段很难再将其分开、分散，这样纳米粒子本身的性能不但得不到发挥，还会影响复合材料的综合性能。要解决这一问题，一般在使用前要对纳米粒子进行表面改性，以改善粒子的分散性、耐久性。

纳米粒子的表面改性根据表面改性剂与粒子表面之间有无化学反应，可分为物理吸附、包覆改性和表面化学改性。改性后可增加纳米粒子与聚合物之间的反应活性，增强两者之间的界面黏结，有利于复合材料性能的大幅度提高。

纳米材料由于其特殊的结构和性能，不但可以使聚合物的强度、刚性、韧性得到明显的改善，起到补强增韧作用，还可以使聚合物具有许多奇异的功能，如高阻隔性、高导电性及优良的光学性能等。纳米 SiO_2 添加的新型橡胶材料随 SiO_2 尺寸的不同对光具有不同程度的敏感性；将纳米 SiO_2 添加到纤维中，可以制成红外屏蔽纤维、抗紫外线辐射纤维、高介电绝缘纤维等功能纤维。

用纳米材料填充增强复合材料时，纳米材料的粒径、用量及表面处理方法都会对复合材料的性能产生影响。一般来说，用普通的微米级填料填充复合材料时，随填料用量的增加，复合材料的拉伸强度、冲击强度及断裂伸长率增长缓慢，甚至呈下降趋势；而使用纳米级填料，却可使复合材料的这些力学性能得到明显改善。其原因主要是：随填料尺寸的减小（只要填料在基体中分散均匀），填料就完全能够在树脂中起到填充补强、增加界面黏结、减少自由体积的作用，且能以很少的含量在相当大的范围内起作用，全面改善材料的力学性能，还不影响其加工性能。

如用纳米 SiO_2 填充环氧树脂复合材料，即可实现环氧树脂的增强增韧。当填料的质量分数为3%时，复合材料的拉伸强度与未加填料时相比提高了44%，冲击强度提高了878%，拉伸弹性模量提高了370%，而且其他性能也得到了一定程度的提高。

4.3 陶瓷材料的改性

4.3.1 陶瓷增韧

陶瓷材料具有高熔点、高硬度、高耐磨性、耐氧化等优点，可用作结构材料、刀具材料及功能材料。其中，常见的先进陶瓷材料如氧化铝、氧化锆、氧化硅、碳化硅、氮化硅等，被广泛地应用于航空航天、汽车、生物医学、电子和机械设备等行业。目前，陶瓷材料的脆性是制约其发展的主要因素之一，因此增韧成为陶瓷材料研究领域的核心问题。从断裂力学的观点看，增强陶瓷材料韧性的关键在于：提高陶瓷材料抵抗裂纹扩展的能力；减缓裂纹尖端的应力集中效应。此外，采用先进的制备加工技术也可以增强陶瓷材料的韧性。目前陶瓷材料中增韧的机理大致有以下六种。

（1）晶须或纤维增韧　在陶瓷基体上若分散着许多晶须或纤维状第二相，这些第二相呈无序分布，当裂纹扩展到第二相时，第二相将使裂纹转向，如图4-21所示，从而提高了陶瓷材料的断裂韧性，这就是所谓裂纹转向增韧机理。

晶须或纤维具有高的强度，基体相和纤维（或晶须）间界面有相当的结合强度。若在应力场作用下，裂纹尖端附近的界面结合力减弱，将产生纤维或晶须的拔脱现象（图4-22）。这时在裂纹尖端的纤维或晶须形状如座座桥梁，

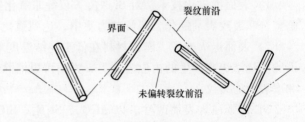

图4-21　纤维状第二相对陶瓷中裂纹扩展的影响

故也称桥接现象。因此降低了裂纹尖端的应力集中，增加了裂纹扩展阻力，提高了材料的断裂韧性。

（2）颗粒弥散强化增韧　基体中引入第二相颗粒，利用基体和第二相颗粒之间热膨胀系数和弹性模量的差异，在试样制备的冷却过程中，在颗粒和基体周围可产生残余压应力，使裂纹偏转，如图4-23所示。由图4-23可看出，基体中压缩环形应力轴垂直于裂纹面，裂纹扩展至颗粒附近发生偏转。当裂纹进一步靠近颗粒，则将被吸收到颗粒界面处。

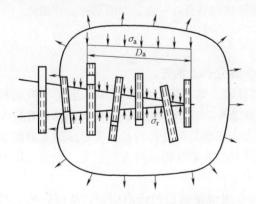

图4-22　陶瓷中纤维或晶须的拔脱现象

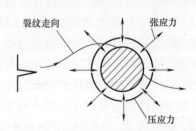

图4-23　颗粒弥散强化增韧原理示意图

（3）氧化锆相变增韧　当部分稳定 ZrO_2 陶瓷烧结致密后，四方相 ZrO_2 颗粒弥散分布在陶瓷基体中，ZrO_2 受到基体的抑制而处于压应力状态，基体沿颗粒连线方向也处于压应力状态。材料受力产生裂纹后，由于裂纹尖端附近的应力集中，存在拉应力场，因此减轻了对 ZrO_2 颗粒的束缚，出现应力诱发四方相向单斜相的转变，发生体积膨胀，会消耗能量并产生压应力，阻碍了裂纹的扩展，明显提高了材料的韧性。

（4）显微结构增韧

1）晶粒的超细化与纳米化　这是陶瓷强韧化的根本途径之一。陶瓷材料的实际强度大大低于理论强度的根本原因在于陶瓷材料在制备过程中无法避免材料中的气孔与各种缺陷（如裂纹等）。超细化和纳米化则是减小陶瓷烧结体中气孔与裂纹的尺寸、数量及不均匀性

的最有效途径。

2）晶粒形状自补强增韧　控制工艺因素，可使陶瓷晶粒在原位形成较大长径比的形貌，起到类似于晶须补强的作用。

（5）表面强化和增韧　陶瓷材料的脆性是由于结构敏感性产生应力集中，断裂常始于表面或接近表面的缺陷处，因此消除表面缺陷是十分重要的。下面介绍几种表面强化和增韧方法。

1）表面微氧化技术。对 Si_3N_4、SiC 等非氧化物陶瓷，通过表面微氧化技术可使表面缺陷愈合和裂纹尖端钝化，缓解应力集中，达到强化目的（但不能氧化过度）。

2）表面退火处理。陶瓷材料在低于烧结温度下长时间退火，然后缓慢冷却，一方面可消除因烧结快冷产生的内应力，另一方面可以消除加工引起的表面应力，同时可以弥合表面和次表面的裂纹。

3）离子注入表面改性。以 Al_2O_3、Si_3N_4、SiC、ZrO_2 等为对象，在高真空下，将欲注入的物质离子化，然后在数十千伏至数百千伏的电场下将其引入陶瓷材料表面，以改变表面的化学组成。

实验表明，离子注入虽是表面层的数百纳米的范围，但对陶瓷的力学、化学性质及表面结构均有明显影响，因此它是陶瓷表面强化与增韧极有发展前途的方法之一。

4）其他方法。激光表面处理、机械化学抛光等也是消除表面缺陷、改善表面状态、提高韧性的重要手段。

（6）复合增韧　当温度超过 800℃ 时，ZrO_2 中已不再发生相变，因此 ZrO_2 相变增韧只能应用于较低的温度范围。微裂纹增韧虽可增加材料的断裂韧性，但对材料强度未必有利，强与韧两者难以兼得。因此可以把两者或两者以上的增韧机理复合在一起，即所谓的复合增韧。

4.3.2　表面残余应力与强化

陶瓷和玻璃中表面强化方法主要有淬火、化学强化和上釉等。

（1）淬火　经淬火处理的玻璃一般称为钢化玻璃。该工艺是将玻璃加热至高于玻璃转变温度但低于软化点，然后喷射空气或油浴使表面急冷。在冷却初期，表面比内部具有较大的热收缩，使表面产生张应力，而内部产生压应力；在随后的冷却阶段，开始熔融态内部出现强烈凝固收缩，这时刚硬的外部收缩较小，导致最终在表层形成残余压应力。残余压应力可抵消部分拉应力外载，从而提高玻璃的承载能力。

（2）化学强化　化学强化通过改变表面的化学组成使表层的体积增大，从而导致表层的压应力状态。工业上大多是通过扩散法和电驱动离子迁移法，用大的离子置换小的离子。从迁移率的角度考虑，Li、Na、K 及 Ag 离子具有实用性。

（3）上釉　釉或者搪瓷釉的膨胀系数与坯体的膨胀系数之间有差别时，会在制品表面产生残余压应力。传统上釉的主要作用是美观和防止液体渗漏，近年利用釉来强化陶瓷受到了广泛的重视。

本 章 小 结

本章主要介绍了金属材料、高分子材料和陶瓷材料的改性机理及其典型的改性工艺。本章思维导图如图 4-24 所示。

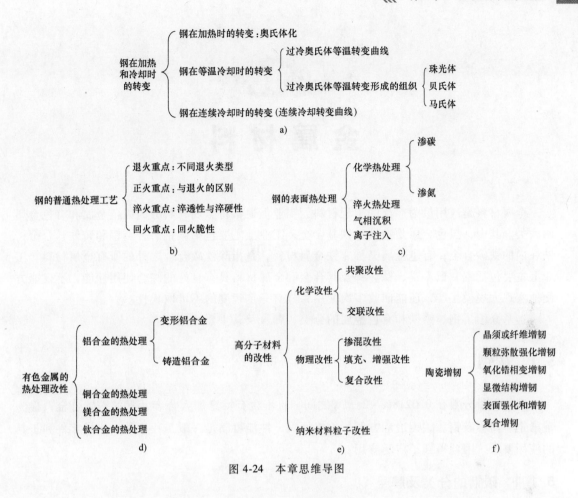

图 4-24 本章思维导图

思 考 题

1. 简述共析钢在加热时奥氏体的形成过程，以及影响奥氏体晶粒大小的因素。

2. 比较共析钢过冷奥氏体的连续冷却转变曲线和等温转变曲线的异同点，分析影响曲线形状和位置的因素。连续冷却转变曲线和等温转变曲线对钢的热处理有何现实指导意义？

3. 比较马氏体、索氏体和托氏体在形成条件、微观形态和性能上的主要区别。

4. 确定下列钢件的退火方法，并指出退火的目的及退火后的组织。

1）经冷轧后的 15 钢钢板。

2）ZG270-500 的铸造齿轮毛坯。

3）改善 T12 钢的可加工性。

4）20 钢焊接件。

5. 过共析钢的淬火温度是否为 Ac_{cm} 以上 30℃？为什么？

6. 比较 T8 和 T12 的淬透性与淬硬性。

7. 比较渗碳处理与渗氮处理的异同点。渗氮前为何一般要进行调质处理？

8. 纳米结构金属一般具有较高的硬度与强度，简述其强化机理。

9. 钢经淬火后，为什么一般要及时进行回火？回火后钢的力学性能为什么主要取决于回火温度而不是冷却速度？

第5章

金 属 材 料

　　金属材料是应用最为广泛的工程材料，工业上通常将金属材料分为黑色金属和有色金属两大类。其中，黑色金属是指铁和铁基合金，工业上主要包括碳钢、合金钢和铸铁、合金铸铁在内的铁碳合金；有色金属又称非铁金属材料，是指除铁碳合金之外的所有金属材料，工业上主要包括铝、铜、镁、钛、锌及其合金。金属材料具有良好的综合使用性能，不仅能方便地实现大规模生产，还能回收多次使用，具有一定程度的不可取代性。

　　本章介绍了钢、铸铁和有色金属的分类、牌号及其主要性能等。

5.1　碳钢

　　碳的质量分数在 0.0218%~2.11% 之间，且不含有特意加入合金元素的铁碳合金，称为碳素钢，简称碳钢。碳钢冶炼方便，价格便宜，性能可满足一般工程构件、机械零件和工具的使用要求，因此得到了广泛应用。

5.1.1　碳钢的分类及牌号

1. 碳钢的分类

　　碳钢的分类方法很多，以碳的质量分数可分为高碳钢（碳的质量分数>0.6%）、中碳钢（碳的质量分数 = 0.25%~0.6%）和低碳钢（碳的质量分数<0.25%）；以冶炼方法可分为平炉钢和转炉钢；以冶炼质量可分为普通碳素钢（磷、硫含量较高）、优质碳素钢（磷、硫含量较低）和高级优质钢（磷、硫含量更低）和特级优质钢。一般应用最多的是按用途进行分类，即：

$$
碳钢
\begin{cases}
碳素结构钢
\begin{cases}
普通碳素结构钢 \\
优质碳素结构钢
\end{cases} \\
工模具钢 \\
铸钢
\end{cases}
$$

2. 碳钢的牌号

　　（1）碳素结构钢的牌号　碳素结构钢牌号由代表屈服强度的字母（Q）、屈服强度数值（3位数字，单位为 MPa）、质量等级符号（A、B、C、D）、脱氧方法符号（F 表示沸腾，Z 表示镇静，TZ 表示特殊镇静，注意"Z"和"TZ"符号可以省略）组成。如 Q235AF 表示屈服强度为 235MPa，质量等级为 A 的沸腾钢。

（2）优质碳素结构钢的牌号 优质碳素结构钢牌号开头的两位数字表示钢中碳的名义质量分数，以碳的质量分数的万分数表示。例如，碳的质量分数为 0.45% 的钢，钢牌号为 45。如果钢中锰含量较高，应将锰元素标出，如 50Mn。

（3）工模具钢 工模具钢牌号由代表工模具钢的字母 T、碳的名义质量分数（以碳的质量分数的千分数表示）、质量等级符号（不标则为普通等级；A 表示高级优质）组成。如 T8A 表示碳的质量分数为 8‰，即 0.8% 的高级优质工模具钢。T10 表示碳的质量分数为 1% 的工模具钢。

（4）铸钢 铸钢牌号有两种表示方法。

方法一是由代表铸钢的字母 ZG、屈服强度最低值（3 位数字，单位为 MPa）、抗拉强度最低值（3 位数字，单位为 MPa）组成。如 ZG200-400 表示屈服强度为 200MPa、抗拉强度为 400MPa 的铸钢。

方法二，以化学成分为主要验收依据的铸造碳钢，这类铸钢在 ZG 后面接一组数字，是以万分数表示的碳的名义质量分数，如 ZG25。

碳的质量分数小于 0.1% 的铸钢，其第一位数字为 "0" 牌号中名义碳的质量分数用上限表示；碳的质量分数大于等于 0.1% 的铸钢，牌号中名义碳的质量分数用平均碳含量表示。在名义碳的质量分数后面排列各主要合金元素符号，在元素符号后用阿拉伯数字表示合金元素名义含量（以百分之几计）。合金元素平均含量小于 1.50% 时，牌号中只标明元素符号，一般不标明含量；合金元素平均含量为 1.50% ~ 2.49%、2.50% ~ 3.49%、3.50% ~ 4.49%、4.50% ~ 5.49%…时，在合金元素符号后面相应写成 2、3、4、5…。当主要合金化元素多于三种时，可以在牌号中只标注前两种或前三种元素的名义含量值；各元素符号的标注顺序按它们的平均含量的递减顺序排列。若两种或多种元素平均含量相同，则按元素符号的英文字母顺序排列。铸钢中常规的锰、硅、磷、硫等元素一般在牌号中不标明。在特殊情况下，当同一牌号分几个品种时，可在牌号后面用 "-" 隔开，用阿拉伯数字标注品种序号。

5.1.2 碳钢中的常存元素

碳钢中除铁和碳两种元素外，还含有少量硅、锰、硫、磷等元素，它们的存在对钢的质量有很大的影响。

（1）锰 钢中锰的含量（质量分数）一般为 0.25% ~ 0.80%，锰主要来自炼钢脱氧剂。脱氧后残留在钢中的锰可溶于铁素体和渗碳体中，提高钢的强度和硬度。锰还能与硫形成 MnS，减轻硫对钢的危害，所以锰是钢中的有益元素。

（2）硅 硅是炼钢后期以硅铁作为脱氧剂进行脱氧反应后残留在钢中的元素。在碳素镇静钢中，硅的质量分数一般控制在 0.17% ~ 0.37%。钢中的硅能溶于铁素体，可提高钢的强度和硬度，但由于其含量小，故其强化作用不大。硅是钢中的有益元素。

（3）硫 硫是主要由生铁带入钢中的有害元素。在钢中硫与铁生成化合物 FeS。FeS 与 Fe 形成共晶体（Fe+FeS），其熔点仅为 985℃。当钢材加热到 1000 ~ 1200℃ 进行轧制或锻造时，沿晶界分布的 Fe+FeS 共晶体熔化，导致坯料开裂，这种现象称为热脆。钢中的硫含量一般不得超过 0.05%（质量分数）。钢中的锰能从 FeS 中夺走硫而形成 MnS。MnS 的熔点高（1620℃），在钢材轧制时不熔化，能有效地避免钢的热脆性。

S 虽是有害元素，但当钢中 S 含量较多时，可形成较多的 MnS，在切削加工时，MnS 对断屑有利，可改善钢的可加工性。

（4）磷　磷也是由生铁带入的有害元素。磷部分溶解在铁素体中形成固溶体，部分在结晶时形成脆性很大的化合物（Fe_3P），使钢在室温下（一般为100℃以下）的塑性和韧性急剧下降，这种现象称为冷脆。磷在结晶时还容易偏析，在局部发生冷脆。一般钢中磷含量限制在0.04%（质量分数）以下。

钢中含有适量的磷，能提高钢在大气中的耐蚀性。

虽然S和P是有害元素，但适量的S和P可以提高钢的可加工性。所以在制造表面粗糙度要求较小而强度不是很高的零件时，可以将P和S元素的质量分数分别提高到0.08%~0.38%和0.05%~0.15%，这种钢称为易切削钢。

5.1.3　常用碳钢的性能及应用

1. 碳素结构钢

根据GB/T 700—2006《碳素结构钢》，常见碳素结构钢的牌号、化学成分和力学性能见表5-1和表5-2。

表5-1　碳素结构钢的牌号及化学成分（摘自 GB/T 700—2006）

| 牌号 | 质量等级 | 化学成分(质量分数,%),不大于 | | | | | 脱氧方法 |
		C	Si	Mn	P	S	
Q195	—	0.12	0.30	0.50	0.035	0.040	F、Z
Q215	A	0.15	0.35	1.20	0.045	0.050	F、Z
	B					0.045	
Q235	A	0.22	0.35	1.40	0.045	0.050	F、Z
	B	0.20				0.045	
	C	0.17			0.040	0.040	Z
	D				0.035	0.035	TZ
Q275	A	0.24	0.35	1.50	0.045	0.050	F、Z
	B	0.21			0.045	0.045	Z
	C	0.22			0.040	0.040	Z
	D	0.20			0.035	0.035	TZ

表5-2　碳素结构钢的力学性能（摘自 GB/T 700—2006）

牌号	等级	拉伸试验													冲击试验（V型缺口）	
		屈服强度 R_{eL}/ MPa,不小于						抗拉强度 R_m/MPa	断后伸长率 A(%),不小于						温度/℃	冲击吸收能量（纵向）K/J,不小于
		钢材厚度（或直径）/ mm							钢材厚度（或直径）/ mm							
		≤16	>16~40	>40~60	>60~100	>100~150	>150		≤40	>40~60	>60~100	>100~150	>150			
Q195	—	195	185	—	—	—	—	315~390	33	—	—	—	—		—	—
Q215	A	215	205	195	185	175	165	335~450	31	30	29	27	26		—	—
	B														+20	27

（续）

牌号	等级	拉伸试验												冲击试验（V型缺口）	
		屈服强度 R_{eL} / MPa，不小于						抗拉强度 R_m/MPa	断后伸长率 A（%），不小于					温度/℃	冲击吸收能量（纵向）K/J，不小于
		钢材厚度（或直径）/ mm							钢材厚度（或直径）/ mm						
		≤16	>16~40	>40~60	>60~100	>100~150	>150		≤40	>40~60	>60~100	>100~150	>150		
Q235	A	235	225	215	215	195	185	370~500	26	25	24	22	21	—	—
	B													+20	27
	C													0	
	D													−20	
Q275	A	275	265	255	245	225	215	410~540	22	21	20	18	17	—	—
	B													+20	27
	C													0	
	D													−20	

这类钢牌号中体现了其力学性能，常见的碳素结构钢中：Q195、Q215、Q235A、Q235B等塑性较好，有一定的强度，通常轧制成钢筋、钢板和钢管等，可用于桥梁、建筑物等构件，也可用作普通螺钉、螺母、铆钉等；Q235C、Q235D可用于重要的焊接件；Q235、Q275强度较高，可轧制成型钢、钢板用作构件。

需指出的是，该类钢一般是在热轧状态下使用，不再进行热处理；但对某些零件也可以进行退火、调质、渗碳等处理，以提高其使用性能。

2. 优质碳素结构钢

优质碳素结构钢中所含硫、磷及非金属杂物量较少，常用来制造重要的机械零件，使用前一般都要经过热处理来改变力学性能。

优质碳素结构钢的牌号、化学成分及力学性能见表5-3。

优质碳素结构钢主要用来制造各种机器零件。08钢塑性好，可制造冲压零件；10、20钢冲压性与焊接性良好，可用作冲压件及焊接件，经过热处理（如渗碳）也可以制造轴、销等零件；30、40、45、50钢经热处理后，可获得良好的力学性能，用来制造齿轮、轴类、套筒等零件；60、65钢主要用来制造弹簧。优质碳素结构钢使用前一般都要进行热处理。

3. 工模具钢

工模具钢都是高碳钢，都是优质钢或高级优质钢，主要用来制造各种刃具、量具、模具等。由于大多数工模具都要求高硬度和高耐磨性，故工模具钢中碳的质量分数均在0.70%以上。刃具模具用非合金钢的牌号、化学成分及力学性能见表5-4。

工模具钢常被用来制造各种刃具、量具、模具等。T7、T8硬度高、韧性较好，可制造冲头、錾子、锤子等工具；T9、T10、T11硬度高、韧性适中，可制造钻头、刨刀、丝锥、手锯条等刃具及冷作模具；T12、T13硬度高，韧性较低，可制作锉刀、刮刀等刃具及量规、样套等量具。工模具钢使用前都要进行热处理。

4. 铸钢

铸钢中碳的质量分数一般在0.20%~0.60%之间。若碳的质量分数过高，则塑性变差，铸造时易产生裂纹。一般工程用铸造碳钢件的牌号、成分和力学性能见表5-5。

表 5-3　优质碳素结构钢的牌号、化学成分及力学性能（摘自 GB/T 699—2015）

牌号	化学成分（质量分数，%）								试样毛坯尺寸/mm	推荐的热处理制度 加热温度/℃			力学性能					交货硬度 HBW	
	C	Si	Mn	P	S	Cr	Ni	Cu		正火	淬火	回火	抗拉强度 R_m/MPa	下屈服强度 R_{eL}/MPa	断后伸长率 A（%）	断面收缩率 Z（%）	冲击吸收能量 KU_2	未热处理钢	退火钢
				≤		≤									≥			≤	
08	0.05~0.11	0.17~0.37	0.35~0.65	0.035	0.035	0.10	0.30	0.25	25	930	—	—	325	195	33	60	—	131	—
10	0.07~0.13	0.17~0.37	0.35~0.65	0.035	0.035	0.15	0.30	0.25	25	930	—	—	335	205	31	55	—	137	—
15	0.12~0.18	0.17~0.37	0.35~0.65	0.035	0.035	0.25	0.30	0.25	25	920	—	—	375	225	27	55	—	143	—
20	0.17~0.23	0.17~0.37	0.35~0.65	0.035	0.035	0.25	0.30	0.25	25	910	—	—	410	245	25	55	—	156	—
25	0.22~0.29	0.17~0.37	0.50~0.80	0.035	0.035	0.25	0.30	0.25	25	900	870	600	450	275	23	50	71	170	—
30	0.27~0.34	0.17~0.37	0.50~0.80	0.035	0.035	0.25	0.30	0.25	25	880	860	600	490	295	21	50	63	179	—
35	0.32~0.39	0.17~0.37	0.50~0.80	0.035	0.035	0.25	0.30	0.25	25	870	850	600	530	315	20	45	55	197	—
40	0.37~0.44	0.17~0.37	0.50~0.80	0.035	0.035	0.25	0.30	0.25	25	860	840	600	570	335	19	40	47	217	187
45	0.42~0.50	0.17~0.37	0.50~0.80	0.035	0.035	0.25	0.30	0.25	25	850	840	600	600	355	16	40	39	229	197
50	0.47~0.55	0.17~0.37	0.50~0.80	0.035	0.035	0.25	0.30	0.25	25	830	830	600	630	375	14	40	31	241	207
55	0.52~0.60	0.17~0.37	0.50~0.80	0.035	0.035	0.25	0.30	0.25	25	810	—	—	645	380	13	35	—	255	217
60	0.57~0.65	0.17~0.37	0.50~0.80	0.035	0.035	0.25	0.30	0.25	25	810	—	—	675	400	12	35	—	255	229
65	0.62~0.70	0.17~0.37	0.50~0.80	0.035	0.035	0.25	0.30	0.25	25	810	—	—	695	410	10	30	—	255	229
70	0.67~0.75	0.17~0.37	0.50~0.80	0.035	0.035	0.25	0.30	0.25	25	790	—	—	715	420	9	30	—	269	229
75	0.72~0.82	0.17~0.37	0.50~0.80	0.035	0.035	0.25	0.30	0.25	试样①	—	820	480	1080	880	7	30	—	285	241
80	0.77~0.85	0.17~0.37	0.50~0.80	0.035	0.035	0.25	0.30	0.25	试样①	—	820	480	1080	930	6	30	—	285	241
85	0.82~0.90	0.17~0.37	0.70~1.00	0.035	0.035	0.25	0.30	0.25	试样①	—	820	480	1130	980	6	30	—	302	255
15Mn	0.12~0.18	0.17~0.37	0.70~1.00	0.035	0.035	0.25	0.30	0.25	25	920	—	—	410	245	26	55	—	163	—
20Mn	0.17~0.23	0.17~0.37	0.70~1.00	0.035	0.035	0.25	0.30	0.25	25	910	—	—	450	275	24	50	—	197	—
25Mn	0.22~0.29	0.17~0.37	0.35~0.65	0.035	0.035	0.25	0.30	0.25	25	900	870	600	490	295	22	50	63	207	—
30Mn	0.27~0.34	0.17~0.37	0.70~1.00	0.035	0.035	0.25	0.30	0.25	25	880	860	600	540	315	20	45	63	217	187
35Mn	0.32~0.39	0.17~0.37	0.70~1.00	0.035	0.035	0.25	0.30	0.25	25	870	850	600	560	335	18	45	55	229	197
40Mn	0.37~0.44	0.17~0.37	0.70~1.00	0.035	0.035	0.25	0.30	0.25	25	860	840	600	590	355	17	45	47	229	207
45Mn	0.42~0.50	0.17~0.37	0.70~1.00	0.035	0.035	0.25	0.30	0.25	25	850	840	600	620	375	15	40	39	241	217
50Mn	0.48~0.56	0.17~0.37	0.70~1.00	0.035	0.035	0.25	0.30	0.25	25	830	830	600	645	390	13	40	31	255	217
60Mn	0.57~0.65	0.17~0.37	0.70~1.00	0.035	0.035	0.25	0.30	0.25	25	810	—	—	690	410	11	35	—	269	229
65Mn	0.62~0.70	0.17~0.37	0.90~1.20	0.035	0.035	0.25	0.30	0.25	25	830	—	—	735	430	9	30	—	285	229
70Mn	0.67~0.75	0.17~0.37	0.90~1.20	0.035	0.035	0.25	0.30	0.25	25	790	—	—	785	450	8	30	—	285	229

① 留有加工余量的试样，其性能为淬火+回火状态下的性能。

表 5-4　非合金工模具钢的牌号、化学成分及力学性能（摘自 GB/T 1299—2014）

牌号	化学成分（质量分数，%）			硬度		
				退火状态	淬火	
	C	Mn	Si	硬度 HBW，不大于	温度和介质	硬度 HRC，不小于
T7	0.65~0.74	≤0.40	≤0.35	187	800~820℃，水	62
T8	0.75~0.84	≤0.40	≤0.35	187	780~800℃，水	62
T8Mn	0.80~0.90	0.40~0.60	≤0.35	187	780~800℃，水	62
T9	0.85~0.94	≤0.40	≤0.35	192	760~780℃，水	62
T10	0.95~1.04	≤0.40	≤0.35	197	760~780℃，水	62
T11	1.05~1.14	≤0.40	≤0.35	207	760~780℃，水	62
T12	1.15~1.24	≤0.40	≤0.35	207	760~780℃，水	62
T13	1.25~1.35	≤0.40	≤0.35	217	760~780℃，水	62

表 5-5　一般工程用铸造碳钢件的牌号、成分和力学性能（摘自 GB/T 11352—2009）

牌号	主要化学成分（质量分数，%），不大于				室温力学性能，不小于					
	C	Si	Mn	S、P	$R_{eL}(R_{p0.2})$ /MPa	R_m/MPa	$A(\%)$	$Z(\%)$	KV_2/J	KU_2/J
ZG200-400	0.20	0.60	0.80	0.035	200	400	25	40	30	47
ZG230-450	0.30	0.60	0.90	0.035	230	450	22	32	25	35
ZG270-500	0.40	0.60	0.90	0.035	270	500	18	25	22	27
ZG310-570	0.50	0.60	0.90	0.035	310	570	15	21	15	24
ZG340-640	0.60	0.60	0.90	0.035	340	640	10	18	10	16

铸钢主要用来制造重型机械、矿山机械、冶金机械、机车车辆上的某些形状复杂、用锻造方法难以生产而力学性能要求又比较高的零件及构件，它的铸造性能比铸铁差，主要表现在流动性差、凝固时的收缩率大、易产生偏析等方面。

5.2　合金钢

现代科学技术和工业的发展对材料提出了更高的要求，如更高的强度，耐高温、高压、低温，耐腐蚀、耐磨，以及其他特殊物理、化学性能的要求，而碳钢无法满足这些要求。

碳钢存在以下不足：

1）淬透性低。一般情况下，碳钢水淬的最大淬透直径只有 15~20mm，因此在制造大尺寸和形状复杂的零件时，不能保证性能的均匀性和几何形状不变。

2）碳钢的强度和屈强比较低。Q235 钢的 R_{eL} 为 235MPa，而低合金结构钢 16Mn 的 R_{eL} 则为 360MPa 以上；屈强比低说明强度的有效利用率低，导致工程结构和设备笨重；40 钢的屈强比为 0.43，而合金钢 35CrNi3Mo 的屈强比可达 0.74。

3）碳钢的回火稳定性差。

4）综合性能差。为了保证较高的强度需采用较低的回火温度，这样碳钢的韧性就偏低；为了保证较好的韧性，采用高的回火温度时，强度又偏低。

5）特殊性能差。碳钢在抗氧化、耐蚀、耐热、耐低温、耐磨损，以及特殊电磁性等方面往往较差，不能满足特殊使用性能的需求。

为了弥补碳钢存在的不足，特意在碳钢中加入一些合金元素，即形成合金钢。合金钢就是在碳钢的基础上，为了改善钢的性能，在冶炼时有目的地加入一种或数种合金元素的钢。这类钢中除含有硅、锰、硫、磷外，还根据钢种的要求向钢中加入一定数量的合金元素，如铬、镍、钼、钴、钨、钒、硼、铝、钛及稀土等合金元素。

5.2.1 合金钢的分类及牌号

1. 合金钢的分类

合金钢的分类也有多种，按合金元素的含量，合金钢可分为低合金钢（合金元素的质量分数<5%）、中合金钢（合金元素的质量分数 = 5% ~ 10%）、高合金钢（合金元素的质量分数 > 10%）。按钢中所含主要合金元素的种类，合金钢可分为铬钢、铬镍钢、锰钢、硅锰钢等；按小试样正火或铸造状态的显微组织，合金钢可分为珠光体钢、马氏体钢、铁素体钢、奥氏体钢和莱氏体钢等。若按用途，合金钢可分为合金结构钢、合金工具钢和特殊性能用钢三大类，即：

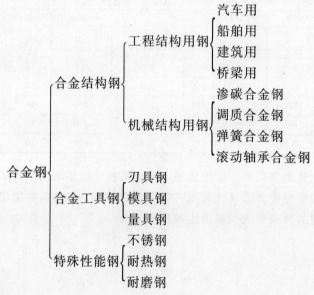

2. 合金钢的牌号

（1）合金结构钢　合金结构钢的牌号为：

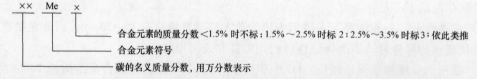

合金元素的质量分数<1.5% 时不标；1.5% ~ 2.5% 时标 2；2.5% ~ 3.5% 时标 3；依此类推
合金元素符号
碳的名义质量分数，用万分数表示

如 40Cr 为结构钢，其碳的名义质量分数为 0.4%，主要合金元素 Cr 的质量分数在 1.5% 以下。需指出的是，专用钢用其用途的汉语拼音首字母表示。

1）滚动轴承钢。在钢牌号前标以"滚"字汉语拼音首字母"G"。如 GCr15 表示碳的名义质量分数为 1.0%、铬的名义质量分数为 1.5%（这是一个特例，铬的名义质量分数以千分数表示）的滚动轴承钢。

2）易切削钢。在钢牌号前标以"易"字汉语拼音首字母"Y"。如 Y40Mn 表示碳的名义质量分数为 0.4%、锰的质量分数小于 1.5% 的易切削钢。

对于高级优质钢，则在钢牌号末尾加"A"，如 20Cr2Ni4A 等。

（2）合金工具钢　合金工具钢牌号为：

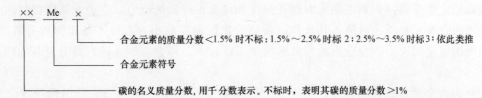

合金元素的质量分数＜1.5% 时不标；1.5%～2.5% 时标 2；2.5%～3.5% 时标 3；依此类推

合金元素符号

碳的名义质量分数，用千分数表示。不标时，表明其碳的质量分数＞1%

如 5CrMnMo 为工具钢，其碳的名义质量分数为 0.5%，主要合金元素 Cr、Mn、Mo 的质量分数均在 1.5% 以下；CrWMn 钢也为工具钢，其碳的质量分数大于 1.0%，含有 Cr、Mn、W 的质量分数均小于 1.5%。

须指出高合金工具钢中的高速钢，碳的质量分数小于 1% 时不标。如 W18Cr4V，表示其碳的质量分数为 0.6%~0.7%，W、Cr、V 元素的质量分数分别为 18%、4% 和小于 1.5% 的高速钢。

（3）特殊性能钢　特殊性能钢的牌号类似于合金工具钢，但少数特殊用途钢的牌号方法有例外，如珠光体型耐热钢如 12CrMoV、15CrMo，其牌号标记方法就与结构钢相同，但这种情况较少。

5.2.2　合金元素在钢中的作用

1. 提高钢的力学性能

合金元素能提高钢的力学性能，这是因为合金元素在钢中能产生以下作用。

（1）固溶强化铁素体　大多数合金元素都能或多或少地溶于铁素体，使铁素体产生晶格畸变和固溶强化，使铁素体的强度、硬度升高，塑性和韧性下降。有些合金元素，如 Mn、Cr、Ni 等，只要配比得当，可使钢的强度和韧性同步提高，获得良好的综合性能。

（2）形成第二相强化　比 Fe 与 C 有更大亲和力的合金元素，如 Ti、Zr、V、Nb、W、Mo、Cr、Mn 等，除固溶于铁素体外，还可形成合金渗碳体 $[(Fe，Mn)_3C、(Fe，Cr)_7C_3$ 等]和碳化物（如 WC、MoC、VC、TiC 等），随着钢中碳化物数量的增加，可阻碍固溶体晶体的滑移，使钢的强度和硬度提高，塑性和韧性下降。

（3）细晶强化　与 C 亲和力较强的强碳化物形成元素，如 Ti、Zr、V、Nb 等，以及强氮化物形成元素 Al，在钢中可形成稳定的碳化物和氮化物，阻碍奥氏体晶粒粗化，细化铁素体晶粒，从而同步提高钢的强度和韧性。

2. 提高钢的淬透性

大多数合金元素（除 Co 外）溶入奥氏体后都能使钢的过冷奥氏体稳定性增加，使等温转变曲线右移，降低了钢的马氏体临界冷却速度，提高了钢的淬透性。这样，一方面可增加大截面零件的淬透深度，从而获得较高的、沿截面均匀的力学性能；另一方面可采用冷却能力较弱的淬火冷却介质（如油等）进行淬火，有利于减小工件变形与开裂倾向。

需注意以下两点：

1）在某些合金钢中由于含有大量提高淬透性的合金元素，过冷奥氏体非常稳定，甚至空冷后也能形成马氏体组织，这类钢称为马氏体钢。

2）大多数合金元素（除 Co、Al 外）溶入奥氏体后，过冷奥氏体的稳定性提高，使马

氏体转变温度 Ms 降低。Ms 越低，淬火后钢中残留奥氏体的数量越多。

3. 提高钢的回火稳定性

回火稳定性是指淬火钢在回火时保持强度和硬度不降低的能力。合金元素能提高回火稳定性是因为合金元素淬火时溶入马氏体，使原子扩散速度减小，阻碍了马氏体的分解所致。所以相同的温度回火后，合金钢的强度和硬度下降较少，即合金钢比碳钢具有更高的回火稳定性。

此外，合金元素在钢回火时，会产生"二次硬化"现象，即钢回火时出现硬度二次回升的现象（图 5-1）。这是因为当回火温度升高到 500~600℃ 时，会从马氏体中析出细小弥散的特殊碳化物（如 Mo_2C、W_2C 和 VC 等），分布在马氏体基体上，使钢的硬度有所提高；同时淬火后残留奥氏体在回火过程中会部分转变成马氏体，也使钢回火后硬度提高，这两种现象称为"二次硬化"。高的回火稳定性和二次硬化使钢在高温下（500~600℃）仍保持高硬度，这种性能称为热硬性。热硬性对工具钢意义重大。

但需注意的是，有的合金元素（如 Co、Ni、Mn、Si）易使钢产生第二类回火脆性，即淬火钢在 455~650℃ 回火时出现的回火脆性。这种脆性会对钢的力学性能产生不利影响，需加入适量的 Mo 和 W 以降低这种回火脆性。

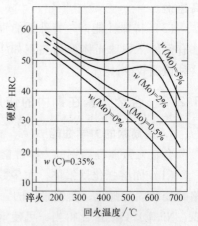

图 5-1　合金元素对钢回火后硬度的影响

4. 使钢具有特殊性能

当钢中加入一定量的某种合金元素时，可使钢的组织发生突变，甚至变成了全奥氏体或全铁素体的单相组织，即形成所谓的奥氏体型钢或铁素体型钢，使之具有某种特殊性能，形成特殊性能钢，如不锈钢、耐磨钢、耐热钢等。

当 Mn、Ni、Co 等合金元素增至一定量时，可形成全奥氏体单相组织，称之为奥氏体型钢，如 ZGMn10013、ZG120Mn13、26Cr18Mn12Si2N、12Cr18Ni9 等。而当 Cr、V、Mo 等合金元素增至一定量时，则会形成全单相铁素体组织，称之为铁素体型钢，如 06Cr13Al、10Cr17 等。

此外，合金元素可使铁-碳平衡相图中的特殊成分点如 S、E 发生左移，从而使合金钢中组织发生变化，如 W18Cr4V，虽然其碳的质量分数为 0.6%~0.7%，应属于亚共析钢组织，但由于 S、E 点的左移，使其室温组织已成为莱氏体组织，即属于莱氏体钢；再如 3Cr2W8V，其碳的质量分数为 0.3%，已属于共析钢。

5.2.3　合金结构钢

合金结构钢是合金钢中用途最广、用量最大，主要用于制造重要工程结构和机器零件的一类钢种。用于制造各种机械零件及各种工程结构（如屋梁、桥梁、高压电线塔、钻井架、车辆构架、起重机械构架等）的钢都可以称为结构钢。

1. 工程用合金结构钢

工程用合金结构钢是一种可以焊接的低碳、低合金结构钢。

（1）成分特点

1）低碳。由于韧性、焊接性和冷成形性能的要求高，其碳的质量分数不超过 0.20%。

2）加入以锰为主的合金元素。我国的低合金结构钢基本上不用贵重的 Ni、Cr 等元素，而以资源丰富的 Mn 为主要合金元素，锰除了产生较强的固溶强化效果外，它还能大大降低奥氏体分解温度，细化铁素体晶粒，并使珠光体片变细，消除晶界上的粗大片状碳化物，提高钢的强度和韧性。

3）加入铌、钛或钒等辅加元素。少量的铌、钛或钒在钢中形成细碳化物或碳氮化物，阻碍钢热轧时奥氏体晶粒的长大，有利于获得细小的铁素体晶粒；另外，热轧时部分固溶在奥氏体内，而冷却时弥散析出，可起到一定的析出强化作用，从而提高钢的强度和韧性。

此外，加入少量铜（质量分数≤0.4%）和磷（质量分数为 0.1%左右）等，可提高钢的耐蚀性。加入少量稀土元素，可以脱硫、去气，使钢材净化，改善钢的韧性和工艺性能。

（2）性能要求

1）高强度。一般低合金结构钢的屈服强度在 300MPa 以上，强度高才能减小结构自重，节约钢材，降低成本。因此，在保证塑性和韧性的条件下，应尽量提高其强度。

2）高韧性。为了避免发生脆断，同时使冷弯、焊接等工艺容易进行，要求伸长率为 15%~20%，室温冲击韧度大于 600~800kJ/m^2。对于大型焊接构件，因不可避免地存在各种缺陷（如焊接冷、热裂纹），还要求有较高的断裂韧性。

3）良好的焊接性和冷成形性。大型结构大都采用焊接制造，焊前往往要进行冷成形，而焊后又很难进行热处理，因此要求这类钢具有很好的焊接性和冷成形性。

4）低的冷脆转变温度。许多构件在低温下工作，为了避免低温脆断，低合金结构钢应具有较低的韧-脆转变温度（即良好的低温韧性），以保证构件在较低的使用温度下仍处在韧性状态。

5）良好的耐蚀性。许多构件在潮湿大气或海洋性气候条件下工作，而且用低合金结构钢制造的构件的壁厚比碳钢构件小，所以要求有良好的抗大气、海水或土壤腐蚀的能力。

（3）常用钢种　具有代表性的工程用低合金结构热轧钢见表 5-6。

表 5-6　常见工程用低合金结构热轧钢的牌号、化学成分及力学性能

| 牌号 | | 化学成分(质量分数,%) | | | | | | | | | | | | | |
钢级	质量等级	C 公称厚度或直径/mm ≤40 (不大于)	C >40 (不大于)	Si	Mn	P	S	Nb	V	Ti	Cr	Ni	Cu	Mo	N	B
						不大于										
Q355	B	0.24	0.24	0.55	1.60	0.035	0.035	—	—	—	0.30	0.30	0.40	—	0.012	
	C	0.20	0.22			0.030	0.030									
	D	0.20	0.22			0.025	0.025								—	
Q390	B	0.20		0.55	1.70	0.035	0.035	0.05	0.13	0.05	0.30	0.50	0.40	1.10	0.015	—
	C					0.030	0.030									
	D					0.025	0.025									
Q420	B	0.20		0.55	1.70	0.035	0.035	0.05	0.13	0.05	0.30	0.80	0.40	0.20	0.015	—
	C					0.030	0.030									
Q460	C	0.20		0.55	1.80	0.030	0.030	0.05	0.13	0.05	0.40	0.80	0.20	0.20	0.015	0.004

（续）

上屈服强度 R_{eH}/MPa 不小于									抗拉强度 R_m/MPa			
公称厚度或直径/mm												
≤16	>16~40	>40~63	>63~80	>80~100	>100~150	>150~200	>200~250	>250~400	≤100	>100~150	>150~250	>250~400
355	345	335	325	315	295	285	275	— 265	470~630	450~600	450~600	— 450~600
390	380	360	340	340	320	—	—		490~650	470~620	—	—
420	410	390	370	370	350	—	—		520~680	500~650	—	—
460	450	430	410	410	390	—	—		550~720	530~700	—	—

断后伸长率 A（%） 不小于						
公称厚度或直径/mm						
试样方向	≤40	>40~63	>63~100	>100~150	>150~250	>250~400
纵向	22	21	20	18	17	17
横向	20	19	18	18	17	17
纵向	21	20	20	19	—	—
横向	20	19	19	18	—	—
纵向	20	19	19	19	—	—
纵向	18	17	17	17	—	—

（4）热处理工艺与方法　这类钢一般在热轧空冷状态下使用，不需要进行专门的热处理。在有特殊需要时，如为了改善焊接区性能，可进行一次正火处理。使用状态下的显微组织一般为铁素体加索氏体。

在较低强度级别的钢中，以 Q355 最具代表性。该钢使用状态的组织为细晶粒的铁素体+珠光体，强度比普通碳素结构钢 Q235 高 20%~30%，耐大气腐蚀性能高 20%~38%。用它来制造工程结构时，重量可减轻 20%~30%，且低温性能较好；Q420 是中等级别强度钢中使用最多的钢种。钢中加入 V、N 后，生成钒的氮化物，可细化晶粒，又有析出强化的作用，强度有较大提高，而且韧性、焊接性及低温韧性也较好，被广泛用于制造桥梁、锅炉、船舶等大型结构；强度级别超过 500MPa 后，铁素体+珠光体组织难以满足要求，于是发展了低碳贝氏体钢。加入 Cr、Mo、Mn、B 等元素，阻碍奥氏体转变，使等温转变曲线的珠光体转变区右移，而贝氏体转变区变化不大，有利于空冷条件下得到贝氏体组织，从而获得更高的强度、塑性，焊接性也较好，多用于高压锅炉、高压容器等。

（5）用途　这类钢主要用于制造桥梁、船舶、车辆、锅炉、高压容器、输油输气管道、大型钢结构等，用它来代替碳素结构钢，可大大减轻结构重量，节省钢材，保证使用可靠、耐久。

2. 合金渗碳钢

（1）成分特点　合金渗碳钢中碳的质量分数一般为 0.10%~0.25%，以保证心部具有足够的塑性和韧性；加入 Cr、Ni、Mn、B 等元素，主要是为了提高钢的淬透性，保证淬火后零件心部的强度和韧性；另外，加入少量的 Ti、V、W、Mo 等元素后能形成稳定的碳化物，不仅可以阻止奥氏体晶粒的长大，还能增加渗碳层的硬度，提高耐磨性。

在钢中加入微量的硼（其质量分数为 0.0005%~0.0035%），就能显著提高钢的淬透性。随着钢中碳含量的增加，硼对淬透性的影响也随之减弱。因此微量硼在低碳钢中比在中碳钢中效果大。当碳的质量分数大于 0.90% 时，硼基本上已不起作用。附加合金元素为少量的钼、钨、钒、钛等碳化物形成元素，以阻止高温渗碳时晶粒长大，起到细化晶粒的作用。

（2）性能要求 工作表面应具有很高的硬度（可达 60~65HRC）和高的耐磨性，而心部应具有良好的塑性和足够高的强度。

（3）常用的钢种及牌号 渗碳钢按淬透性的高低可分为低淬透性渗碳钢、中淬透性渗碳钢和高淬透性渗碳钢。它们在水中的临界淬透直径分别为 20~35mm、25~60mm 及 100mm 以上。应用最广泛的 20CrMnTi 钢被大量地用于制造承受高速中载、要求抗冲击和耐磨损的汽车、拖拉机重要零件。为了节约铬，我国通常采用 20Mn2B 或 20MnVB 来代替 20CrMnTi。

常用合金渗碳钢的牌号、热处理工艺、力学性能及用途见表 5-7。

表 5-7 常用合金渗碳钢的牌号、热处理工艺、力学性能及用途

类别	牌号	热处理工艺		力学性能				用途
		第一次淬火	第二次淬火	R_{eL}/MPa ≥	R_m/MPa ≥	$A(\%)$ ≥	KV_2/J ≥	
低淬透性	15	890℃,空气	770~880℃,水	500	300	15	—	小轴、活塞销等
	20Cr	880℃,水、油	780~820℃,水、油	835	540	10	47	齿轮、小轴、活塞销等
	20MnV	—	880℃,水、油	785	590	10	55	同上,也可用于锅炉、高压容器、管道等
中淬透性	20CrMnMo	—	850℃,油	1175	885	10	55	汽车、拖拉机变速器齿轮等
	20CrMnTi	880℃,油	870℃,油	1080	835	10	55	汽车、拖拉机变速器齿轮等
	20MnTiB		860℃,油	1100	930	10	55	代替 20CrMnTi
高淬透性	18Cr2Ni4W	950℃,空气	850℃,空气	1175	835	10	78	重型汽车、坦克、飞机的齿轮和轴等
	12Cr2Ni4	860℃,油	780℃,油	1080	835	10	71	重型汽车、坦克、飞机的齿轮和轴等
	20Cr2Ni2	880℃,油	780℃,油	1175	1080	10	63	重型汽车、坦克、飞机的齿轮和轴等

注：1. 淬火后的回火温度均为 200℃（列出 9 种钢的数据以便进行比较）。

　　2. 力学性能试验用试样尺寸：15 钢直径为 25mm，合金钢直径为 15mm。

（4）热处理方法及其组织 合金渗碳钢的热处理是渗碳后淬火+低温回火。其淬火方法如图 5-2 所示。

直接淬火工艺简单，但因淬火温度高、淬火组织粗大和残留奥氏体较多，工件耐磨性较低、变形较大，一般用于耐磨性和承载能力要求不高的场合。

预冷后直接淬火是将渗碳后的工件由渗碳温度冷却到 Ac_3~Ac_1 之间后淬火，它可克服直接淬火组织粗大和残留奥氏体较多的缺

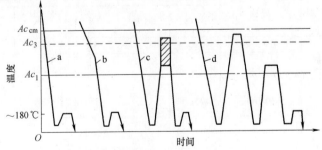

图 5-2 渗碳后的热处理方法

a—直接淬火 b—预冷后直接淬火 c——次淬火 d—二次淬火

点。工件耐磨性较高、变形较小，一般用于合金渗碳钢零件，其耐磨性和承载能力较强。

一次淬火是将渗碳后的工件缓冷至室温后再重新加热到临界温度以上的淬火工艺。要求心部强韧性较高的工件，重新加热温度为 $Ac_3+30\sim50℃$；要求表层耐磨性能较高的工件，重新加热温度为 $Ac_1+30\sim50℃$。

二次淬火是将渗碳后的工件缓冷至室温后进行两次重新加热淬火的工艺。第一次加热温度为 $Ac_3+30\sim50℃$，目的是细化心部组织和消除表层的网状碳化物；第二次加热温度为 $Ac_1+30\sim50℃$，目的是细化表层组织，获得细小马氏体及均匀分布的颗粒状碳化物。它主要用于要求心部具有高强韧性，表层具有高耐磨性能的重要工件。

热处理后渗碳层组织为高碳回火马氏体和特殊碳化物，硬度为 60~62HRC，心部组织和硬度由淬火钢的淬透性和尺寸而定。近年来，生产中采用渗碳钢直接进行淬火和低温回火，以获得低碳马氏体组织，用来制造某些要求综合力学性能较高的零件（如传递动力的轴、重要的螺栓等）。在某些场合下它还可以代替中碳钢的调质处理。

（5）用途　合金渗碳钢主要用于制造汽车、拖拉机中的变速器齿轮，内燃机上的凸轮轴、活塞销等机器零件。这类零件在工作中遭受强烈的摩擦磨损，同时又承受较大的交变载荷，特别是冲击载荷。

3. 合金调质钢

（1）成分特点　合金调质钢是指经调质（淬火+高温回火）处理后使用的钢。一般要求合金调质钢中碳的质量分数为 0.25%~0.50%。碳含量过低，不易淬硬，回火后强度不够；碳含量过高，则韧性不够。主加合金元素 Cr、Mn、Ni、Si、B 等，其主要作用是提高钢的淬透性，并在钢中形成合金铁素体，提高钢的强度。辅加合金元素 Ti、V、Mo、W 等，主要作用是在钢中形成稳定的合金碳化物，阻止奥氏体晶粒长大及细化晶粒，并防止回火脆性。

（2）钢种及牌号　按淬透性高低，合金调质钢分为低淬透性调质钢、中淬透性调质钢和高淬透性调质钢三类。它们在油中的临界淬透直径分别为 20~40mm、40~60mm 和 60~100mm。典型的钢种 40Cr 广泛用于制造一般尺寸的重要零件；35CrMo 用于制造截面较大的零件，如曲轴、连杆等；40CrNiMn 用于制造大截面、重载荷的重要零件，如汽轮机主轴、叶轮、航空发动机轴等。常用合金调质钢的牌号、热处理工艺、力学性能及用途见表 5-8。

表 5-8　常用合金调质钢的牌号、热处理工艺、力学性能及用途

类别	牌号	热处理工艺		力学性能				用途
		淬火	回火	R_{eL}/MPa ≥	R_m/MPa ≥	A(%) ≥	KV_2/J ≥	
低淬透性	45	840℃，水	600℃，空气	600	355	16	39	主轴、曲轴、齿轮等
	20Cr	850℃，油	520℃，水、油	980	785	9	47	重要调质件，如轴、连杆、螺栓、重要齿轮等
	40MnB	850℃，油	500℃，水、油	980	785	10	47	性能接近或优于40Cr，用作调质零件
中淬透性	40CrNi	820℃，油	500℃，水、油	980	785	10	55	大截面齿轮与轴等
	35CrMo	850℃，油	550℃，水、油	980	835	12	63	代替40CrNi，用于大截面齿轮与轴等
	30CrMoSi	860℃，油	520℃，水、油	1080	885	10	39	高速砂轮轴、齿轮、轴套等

（续）

类别	牌号	热处理工艺		力学性能				用途
		淬火	回火	R_{eL}/MPa ≥	R_m/MPa ≥	$A(\%)$ ≥	KV_2/J ≥	
高淬透性	40Cr2NiMo	850℃，油	850℃，空气	980	835	12	78	高强度零件，如航空发动机轴及零件
	40CrMnMo	850℃，油	780℃，油	980	835	12	78	相当于 40Cr2NiMo 的调质钢
	38CrMoAl	940℃，油	780℃，油	980	835	14	71	渗氮零件，如高压阀门、缸套等

（3）热处理特点　合金调质钢的最终热处理为淬火后高温回火，回火温度一般为 500~600℃。热处理后的组织为回火索氏体，具有高的综合力学性能。如果零件除了要求较高的强度、韧性和塑性配合外，还在其某些部位（如轴类零件的轴颈和花键部分）要求良好的耐磨性时，则可在调质处理后再进行表面淬火处理。对耐磨性有更高要求的还可以进行化学热处理。为提高疲劳强度，带有缺口的零件调质后，在缺口附近采用喷丸或滚压强化。

（4）用途及性能要求　合金调质钢主要用于制造在重载荷作用下，同时又受冲击载荷作用的零件，如拖拉机、汽车、机床等机器上的用于传递动力的轴、连杠、齿轮、螺栓等。调质件大多承受多种工作载荷，受力情况比较复杂，所以调质件应具有良好的综合力学性能，既具有高的强度，同时又具有良好的塑性和韧性。

4. 合金弹簧钢

（1）成分特点　合金弹簧钢中碳的质量分数较高，一般为 0.45%~0.70%，以保证高的弹性极限和疲劳极限；加入 Si、Mn、Cr 等合金元素后，在使钢的淬透性提高的同时，钢的弹性极限及屈强比也得到提高；加入 W、Mo、V 等元素则可提高钢的回火稳定性。

（2）用途与性能要求　弹簧是利用弹性变形吸收能量来缓和振动和冲击的，或依靠弹性储能起到驱动作用。合金弹簧钢是一种专用结构钢，主要用于制造各种弹簧和弹性元件。因此，弹簧应具有高的弹性极限，尤其是高的屈强比，以保证弹簧有足够高的弹性变形能力和较大的承载能力；具有高的疲劳强度，以防止在振动和交变应力作用下产生疲劳断裂；具有足够的塑性和韧性，以避免受冲击时发生脆性断裂。

此外，合金弹簧钢还要求有较好的淬透性，不易脱碳和过热，容易绕卷成形等。一些特殊合金弹簧钢还要求具有耐热性、耐蚀性等。

（3）常用弹簧钢的牌号　合金弹簧钢大致分两类。一类是以 Si、Mn 为主要合金元素的弹簧钢，典型钢种有 65Mn 和 60Si2Mn 等。这类钢的价格便宜，淬透性明显优于碳素弹簧钢，主要用于汽车、拖拉机上的板簧和螺旋弹簧；另一类是含 Cr、V、W 等元素的合金弹簧钢，典型钢种是 50CrV，用于制造在 350~400℃ 温度下承受重载的较大弹簧，如阀门弹簧、高速柴油机的油门弹簧等。

常用合金弹簧钢的牌号、热处理工艺、力学性能见表 5-9。

（4）热处理特点　根据弹簧尺寸的不同，成形与热处理方法也有所不同。

线径或板厚大于 10mm 的螺旋弹簧或板弹簧，往往在热态下成形。板弹簧多数是将热成形和热处理结合进行的，即利用热成形后的余热进行淬火，然后进行中温回火。而螺旋弹簧则大多是在热成形结束后，再进行淬火和中温回火处理。

表 5-9 常用合金弹簧钢的牌号、热处理工艺、力学性能（GB/T 1222—2016）

牌号	热处理工艺		力学性能			
	淬火	回火	R_m/MPa ≥	R_{eL}/MPa ≥	A(%) ≥	Z(%) ≥
55SiMnVB	860℃,油	460℃	1375	1225	5	30
60Si2Mn	870℃,油	440℃	1570	1375	5	20
60Si2Cr	870℃,油	420℃	1765	1570	6	20
50CrV	850℃,油	500℃	1275	1130	10	40
30W4Cr2V	1075℃,油	600℃	1470	1325	7	40

对于线径或板厚小于 10mm 的弹簧，常用冷拉弹簧钢丝或冷轧弹簧钢带在冷态下制成。冷拉弹簧钢丝一般以热处理状态交货。按制造工艺不同，可分为索氏体化处理冷拉钢丝、油淬回火钢丝及退火状态供应合金弹簧钢丝三种类型。

5. 滚动轴承钢

（1）成分特点 轴承钢应用最广的是高碳铬钢，其中碳的质量分数为 0.95%~1.15%，铬的质量分数为 0.40%~1.65%。加入合金元素铬是为了提高淬透性，提高钢的硬度、接触疲劳强度和耐磨性。制造大型轴承时，为了进一步提高淬透性，还可以加入硅、锰等元素。

（2）用途与性能要求 滚动轴承钢主要用来制造滚动轴承的滚动体（滚珠、滚柱、滚针）、内外套圈等，属于专用结构钢。从成分上看，它属于工具钢，所以也用于制造精密量具、冲模、机床丝杠等耐磨件。

滚动轴承在工作时承受很大的交变载荷和极大的接触应力，受到严重的摩擦磨损，并受到冲击载荷的作用。因此，轴承钢必须具有高而均匀的硬度和耐磨性、高的接触疲劳强度、足够的韧性和淬透性。此外，还要求在大气和润滑介质中有一定的耐蚀能力和良好的尺寸稳定性。

（3）钢种和牌号 滚动轴承钢的牌号由"G（表示"滚"字）+Cr（铬）+数字"组成，数字表示铬的质量分数（用千分数表示），碳含量不标出。

我国以铬轴承钢应用最广，最典型的是 GCr15，除制造轴承外也常用来制造冲模、量具、丝锥等。表 5-10 中列出了常用滚动轴承钢的牌号、化学成分及硬度。

表 5-10 常用滚动轴承钢的牌号、化学成分及硬度（GB/T 18254—2016）

牌号	化学成分(质量分数,%)					球化退火硬度 HBW	软化退火硬度 HBW
	C	Si	Mn	Cr	Mo		
G8Cr15	0.75~0.85	0.15~0.35	0.20~0.40	1.30~1.65	≤0.10	179~207	
GCr15	0.95~1.05	0.15~0.35	0.25~0.45	1.40~1.65	≤0.10	179~207	
GCr15SiMn	0.95~1.05	0.45~0.75	0.95~1.25	1.40~1.65	≤0.10	179~217	≤245
GCr15SiMo	0.95~1.05	0.65~0.85	0.20~0.40	1.40~1.70	0.30~0.40	179~217	
GCr18Mo	0.95~1.05	0.20~0.40	0.25~0.40	1.65~1.95	0.15~0.25	179~207	

（4）热处理及组织性能 滚动轴承钢的预备热处理是球化退火，目的是获得细的球状珠光体组织，以利于切削加工，并为零件的最终热处理做准备；最终热处理为淬火和低温回火，组织为极细的回火马氏体、均匀分布的粒状碳化物，以及少量残留奥氏体，硬度为 61~65HRC。

6. 易切削结构钢

易切削结构钢是在钢中加入一种或几种元素，利用其本身或与其他元素形成一种对切削加工有利的夹杂物，从而改善钢材的可加工性。目前常用元素是硫、磷、铅及微量的钙等。易切削钢可进行最终热处理，但一般不进行预备热处理，以免损害其可加工性。它的冶金工艺要求比普通钢严格，成本较高，故只有对大批量生产的零件，在必须改善钢材的可加工性时采用，才能获得良好的经济效益。

常用易切削结构钢的牌号、化学成分及力学性能见表5-11。一般来说，螺钉、螺母等标准件，一般采用低碳易切削结构钢制作。若可加工性要求较高时，可选用硫含量较高的Y15；若要求焊接性较好，则宜选用硫含量较低的Y12；若要求强度较高，则选用Y20或Y30，若要求强度更高，则可选Y40Mn。

5.2.4 合金工模具钢

合金工模具钢按用途分为刃具钢、模具钢和量具钢，但实际应用界限并非绝对，如某些低合金刃具钢也可制作冷模具或量具。

1. 合金刃具钢

（1）用途与性能要求 合金刃具钢主要用于制造各种金属切削刀具，如车刀、铣刀、钻头等。其性能要求如下。

1）高硬度：金属切削刀具的硬度一般都在60HRC以上。刀具的硬度主要取决于钢的碳含量，因此刃具钢的碳含量较高，为0.6%~1.5%（质量分数）。

2）高耐磨性：刀具的硬度取决于钢的碳含量，因此刃具钢耐磨性的好坏直接影响刀具的寿命，耐磨性好可以保证刀具的刃部锋利，经久耐用。影响耐磨性的主要因素是碳化物的硬度、数量、大小及分布情况。实验证明，一定量的硬而细小的碳化物，均匀分布在强而韧的金属基体中，可获得较高的耐磨性。

3）高热硬性：刀具在切削时，由于产生"切削热"而使刃部受热，当刃部受热时，刀具仍能保持高硬度的能力称为热硬性，热硬性的高低与钢的回火稳定性有关，一般在刃具钢中加入提高回火稳定性的合金元素可提高钢的热硬性。

4）足够的塑性和韧性：以防刀具受冲击振动时折断和崩刃。

（2）钢种及牌号

1）低合金刃具钢。我国常用低合金刃具钢见表5-12。典型钢种为9SiCr，含有提高回火稳定性的Si，经230~250℃回火后，硬度不低于60HRC，使用温度可达250~300℃，广泛用于制造各种低速切削的刃具，如板牙、丝锥等，也常用作冲模。

2）高合金刃具钢。表5-12中列出了我国常用的高合金刃具钢。其中最重要的有两种：一种是钨系W18Cr4V钢，另一种是钨-钼系W6Mo5Cr4V2钢。两种钢的组织性能相似，但W6Mo5Cr4V2钢的耐磨性、热塑性和韧性较好，而W18Cr4V钢的热硬性较好，热处理时的脱碳和过热倾向性较小。

（3）成分特点 由表5-12可以看出，合金刃具钢分两类，一类主要用于低速切削，为低合金刃具钢；另一类用于高速切削，为高速工具钢。

1）低合金刃具钢。这类钢的最高工作温度不超过300℃，其成分的主要特点是碳的质量分数为0.85%~1.50%，目的是保证合金具有高硬度和高耐磨性；另外就是加入Cr、Mn、Si、W、V等合金元素，其中Cr、Mn、Si主要是提高钢的淬透性，Si还能提高钢的回火稳定性，W、V能提高硬度和耐磨性，并防止加热时过热，保持细小的晶粒。

表 5-11 易切削结构钢的牌号、化学成分及力学性能（GB/T 8731—2008）

系列	牌号	化学成分（质量分数，%）								力学性能			
		C	Si	Mn	P	S	Pb	Sn	Ca	R_m/MPa	A(%) 不小于	Z(%) 不小于	硬度 HBW 不大于
硫系	Y08	≤0.09	≤0.15	0.75~1.05	0.04~0.09	0.26~0.35	—	—	—	360~570	25	40	163
	Y12	0.08~0.16	0.15~0.35	0.70~1.00	0.08~0.15	0.10~0.20	—	—	—	390~540	22	36	170
	Y15	0.10~0.25	0.15~0.35	0.80~1.20	0.05~0.10	0.23~0.33	—	—	—	390~540	22	36	170
	Y20	0.17~0.25	0.15~0.35	0.70~1.00	≤0.06	0.08~0.15	—	—	—	450~600	20	30	175
	Y30	0.27~0.35	0.15~0.35	0.70~1.00	≤0.06	0.08~0.15	—	—	—	510~655	15	25	187
	Y35	0.32~0.40	0.15~0.35	0.70~1.00	≤0.06	0.08~0.15	—	—	—	510~655	14	22	187
	Y45	0.42~0.50	≤0.40	0.70~1.10	≤0.06	0.15~0.25	—	—	—	560~800	12	20	229
	Y08MnS	≤0.09	≤0.07	1.00~1.50	0.04~0.09	0.32~0.48	—	—	—	350~500	25	40	165
	Y15Mn	0.14~0.20	≤0.15	1.00~1.50	0.04~0.09	0.08~0.13	—	—	—	390~540	22	36	170
	Y35Mn	0.32~0.40	≤0.10	0.90~1.35	≤0.04	0.18~0.30	—	—	—	530~790	16	22	229
	Y40Mn	0.37~0.45	0.15~0.35	1.20~1.55	≤0.05	0.20~0.30	—	—	—	590~850	14	20	229
	Y45Mn	0.40~0.48	≤0.40	1.35~1.65	≤0.04	0.16~0.24	—	—	—	610~900	12	20	241
	Y45MnS	0.40~0.48	≤0.40	1.35~1.65	≤0.04	0.24~0.33	—	—	—	610~900	12	20	241
铅系	Y08Pb	≤0.09	≤0.15	0.75~1.05	0.04~0.09	0.26~0.09	0.15~0.35	—	—	360~570	25	40	165
	Y12Pb	≤0.15	≤0.15	0.85~1.15	0.04~0.09	0.26~0.33	0.15~0.35	—	—	360~570	22	36	170
	Y15Pb	0.10~0.18	≤0.15	0.80~1.20	0.05~0.10	0.23~0.33	0.15~0.35	—	—	390~540	22	36	170
	Y45MnSPb	0.40~0.48	≤0.40	1.35~1.65	≤0.04	0.24~0.33	0.15~0.35	—	—	610~900	12	20	241
锡系	Y08Sn	≤0.09	≤0.15	0.75~1.20	0.04~0.09	0.25~0.40	—	0.09~0.25	—	350~500	25	40	165
	Y15Sn	0.13~0.18	≤0.15	0.40~0.70	0.03~0.07	≤0.05	—	0.09~0.25	—	390~540	22	36	165
	Y45Sn	0.40~0.48	≤0.40	0.60~1.00	0.03~0.07	≤0.05	—	0.09~0.25	—	600~745	12	26	241
	Y45MnSn	0.40~0.48	≤0.40	1.20~1.70	≤0.06	0.20~0.35	—	0.09~0.25	—	610~850	12	26	241
钙系	Y45Ca	0.42~0.50	0.20~0.40	0.60~0.90	≤0.04	0.04~0.08	—	—	0.002~0.006	600~745	12	26	241

表 5-12　常用合金刃具钢的牌号、化学成分、热处理工艺及用途

类别	牌号	化学成分（质量分数，%）							热处理工艺					用途
		C	Mn	Si	Cr	W	V	Mo	淬火			回火		
									淬火加热温度/℃	冷却介质	硬度HRC	回火温度/℃	硬度HRC	
低合金刃具钢	9Mn2V	0.85~0.95	1.70~2.00	≤0.40	—	—	0.10~0.25	—	780~810	油	≥62	150~200	60~62	小型模具、量具、刃具等
	9CrSi	0.85~0.95	0.30~0.60	1.20~1.60	0.95~1.25	—	—	—	860~880	油	≥62	180~200	60~62	丝锥、板牙、冲模等
	Cr2	0.95~1.10	≤0.40	≤0.40	1.30~1.65	—	—	—	830~860	油	≥62	150~170	61~63	车刀、量具、冷轧辊等
	CrW5	1.25~1.50	≤0.30	≤0.30	0.40~0.70	4.50~5.50	—	—	800~820	油	≥65	150~160	64~65	慢速切削刀具等
	CrMn	1.30~1.50	0.45~0.75	≤0.35	1.30~1.60	—	—	—	840~860	油	≥62	130~140	62~65	各种量规与块规
	CrWMn	0.90~1.05	0.80~1.10	≤0.40	0.90~1.20	1.20~1.60	—	—	820~840	油	≥62	140~160	62~65	高精度、复杂形状的冲模
高速工具钢	W18Cr4V	0.73~0.83	0.10~0.40	0.20~0.40	3.80~4.50	17.20~18.70	1.00~1.20	—	1260~1280	油	≥63	550~570	63~66	一般高速切削刀具
	9W18Cr4V	0.90~1.00	≤0.40	≤0.40	3.80~4.40	17.50~19.00	1.00~1.40	—	1260~1280	油	≥63	570~580	67~68	切削硬、韧材料的刀具
	W6Mo5Cr4V2	0.80~0.90	0.15~0.40	0.20~0.45	3.80~4.40	5.50~6.75	1.75~2.20	4.50~5.50	1220~1240	油	≥63	550~570	63~66	要求硬度与韧性均好的刀具
	W6Mo5Cr4V3	1.15~1.25	0.15~0.40	0.20~0.45	3.80~4.50	5.90~6.70	2.70~3.20	4.70~5.20	1220~1240	油	≥63	550~570	>65	要求耐磨、耐热的复杂刀具

2）高速工具钢。高速工具钢具有很高的热硬性，高速切削中刃部温度达 600℃ 时，其硬度无明显下降。其成分特点是高碳，其碳的质量分数在 0.70% 以上，最高可达 1.50% 左右，它一方面要保证能与 W、Cr、V 等形成足够数量的碳化物，另一方面还要有一定数量的碳溶于奥氏体中，以保证马氏体的高硬度；另外就是加入 Cr、W、Mo、V 等合金元素，其中，加入 Cr 能提高淬透性，加入 W、Mo 保证高的热硬性。

在退火状态下 W、Mo 以 M_6C 型碳化物形式存在，这类碳化物在淬火加热时较难溶解。加热时，一部分（Fe，W）$_6$C 等碳化物溶于奥氏体中，淬火后合金元素 W 或 Mo 存在于马氏体中，在随后的 560℃ 回火时，形成 W_2C 或 Mo_2C 弥散分布，造成二次硬化。这种碳化物在 500~600℃ 温度范围内非常稳定，不易聚集长大，从而使钢具有良好的热硬性；一部分未溶的碳化物能起阻止奥氏体晶粒长大及提高耐磨性的作用。V 能形成 VC（或 V_4C_3），非常稳定，极难溶解，硬度极高（大大超过 W_2C 的硬度）且颗粒细小，分布均匀，大大提高了钢的硬度和耐磨性，同时能阻止奥氏体晶粒长大，细化晶粒。

（4）加工及热处理特点　低合金刃具钢的加工过程是：球化退火→机加工→淬火+低温回火。淬火温度应根据工件形状、尺寸及性能要求严格控制，一般都要预热；回火温度为 160~200℃（见表 5-12）。热处理后的组织为回火马氏体、碳化物和少量残留奥氏体。

高速工具钢的加工、热处理要点如下。

1）锻造：高速工具钢属于莱氏体钢，铸态组织中含有大量呈鱼骨状（图 5-3a）分布的粗大共晶碳化物（M_6C），大大降低了材料的力学性能，特别是韧性。这些碳化物不能用热处理来消除，只能依靠锻打来击碎，并使其均匀分布。因此高速工具钢的锻造具有成形和改善碳化物的双重作用，是非常重要的加工工序。为了得到小块均匀的碳化物，需要多次镦拔。高速工具钢的塑性、导热性较差，锻后必须缓冷，以免开裂。

2）热处理：高速工具钢锻后进行球化退火，以便于机加工，并为淬火做好组织准备。球化退火后的组织为索氏体基体和在其中均匀分布的细小粒状碳化物。高速工具钢的导热性很差，淬火温度又高，所以淬火加热时，必须进行一次预热（800~850℃）或两次预热（500~600℃、800~850℃）。高速工具钢中含有大量 W、Mo、Cr、V 的难熔碳化物，它们只有在 1200℃ 以上才能大量地溶于奥氏体中，以保证钢淬火、回火后获得很高的热硬性，因此其淬火加热温度非常高，一般为 1220~1280℃。淬火后的组织为淬火马氏体、碳化物和大量残留奥氏体，如图 5-3b 所示。

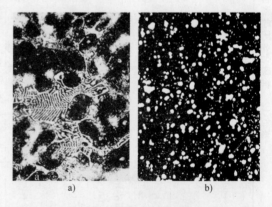

图 5-3　高速工具钢的组织
a）铸态组织　b）淬火、回火后的组织

为了提高高速工具钢的寿命，有时经上述处理后还进行表面处理，如氮碳共渗、蒸汽处理等。经氮碳共渗处理的钢，不仅提高了硬度，还可降低刀具与工件间的摩擦系数和咬合性，刀具寿命可提高 0.5~2 倍。"蒸汽处理"是将钢加热至 340~370℃，通入蒸汽，并加热至 550℃ 保温 1h 左右，使表面形成一层硬而多孔的四氧化三铁薄膜，其可防止切削黏着，从而提高刀具的耐磨性，使用寿命可提高 20% 左右。

高速工具钢通常在二次硬化峰值温度或稍高一些的温度（550~570℃）回火三次。在此温度范围内回火时，W、Mo 及 V 的碳化物从马氏体中析出，弥散分布，使钢的硬度明显上升；同时残留奥氏体转变为马氏体，也使硬度提高，由此造成二次硬化现象，保证了钢的硬度和热硬性（图 5-4）。进行多次回火是为了逐步减少残留奥氏体量。W18Cr4V 钢淬火后残留奥氏体的相对体积分数约有 30%，经一次回火后剩 15%~18%，二次回火降到 3%~5%，第三次回火后仅剩 1%~2%。

高速工具钢淬火、回火后的组织为回火马氏体、细粒状碳化物及少量残留奥氏体（图 5-3b）。

近年来，高速工具钢的等温淬火获得了广泛的应用。等温淬火后的组织为下贝氏体、残留奥氏体和剩余碳化物。等温淬火可减少变形和提高韧性，适用于形状复杂的大型刃具和冲击韧性要求高的刃具。

图 5-5 所示为热处理后工具钢（T12）、低合金刃具钢（9SiCr）、高速工具钢（W18Cr4V）的硬度与温度的关系。由图可见，工具钢的热硬性差，随着使用温度提高迅速软化。W18Cr4V 在 600℃ 还保持 60HRC 的高硬度。9SiCr 要保持同样的硬度，工作温度不能超过 350℃。

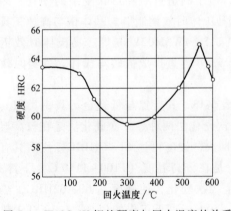

图 5-4 W18Cr4V 钢的硬度与回火温度的关系

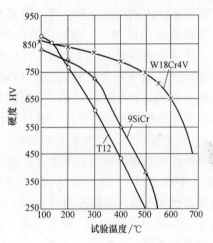

图 5-5 T12、9SiCr、W18Cr4V 的硬度与温度的关系

2. 合金工模具钢

合金工模具钢按其用途分为冷作模具钢和热作模具钢两大类。

（1）冷作模具钢

1）用途与性能要求。冷作模具钢用于制造各种冷冲模、冷镦模、冷挤压模和拉丝模等，工作温度不超过 300℃。

冷作模具工作时承受很大的压力、弯曲力、冲击载荷和摩擦，主要失效形式是磨损，也常出现崩刃、断裂和变形等失效现象。因此，冷作模具钢应具有高硬度，一般为 58~62HRC；高耐磨性；足够的韧性和疲劳抗力；热处理变形小。

2）成分特点。冷作模具钢中碳的质量分数多在 1.0% 以上，个别甚至达到 2.0%，以保证高的硬度和高耐磨性；加入 Cr、Mo、W、V 等合金元素形成难熔碳化物，提高耐磨性，尤其是 Cr。典型钢种是 Cr12 型钢，铬的质量分数高达 12%。铬与碳形成 M_7C_3 型碳化物，能极大地提高钢的耐磨性，铬还能显著提高钢的淬透性。

3）钢种和牌号。常用冷作模具钢的牌号、化学成分、热处理工艺及用途见表 5-13。

表 5-13　常用冷作模具钢的牌号、化学成分、热处理工艺及用途（GB/T 1299—2014）

| 牌号 | 化学成分（质量分数，%） | | | | | | | 热处理工艺 | | 用途 |
	C	Si	Mn	Cr	W	Mo	V	淬火温度及介质	硬度 HRC ≥	
Cr8	1.60~1.90	0.2~0.6	0.20~0.60	7.50~8.50	—	—	—	920~980℃，油	63	—
Cr12	2.00~2.30	≤0.40	≤0.40	11.50~13.00				950~1000℃，油	60	冲模、量规、拉丝模等
Cr12MoV	1.45~1.70	≤0.40	≤0.40	11.00~12.50		0.40~0.60	0.15~0.30	950~1000℃，油	58	截面较大、形状复杂的冷作模
9CrWMn	0.85~0.95	≤0.40	0.90~1.20	0.50~0.80	0.50~0.80			800~830℃，油	62	要求变形小、耐磨的量规、磨床主轴等
CrWMn	0.90~1.05	≤0.40	0.80~1.10	0.90~1.20	1.20~1.60			800~830℃，油	62	形状复杂的高精度模具、要求高的刀具等

大部分要求不高的冷作模具可用低合金刃具钢制造，如 9Mn2V、9SiCr、CrWMn 等。大型作冷模具用 Cr12 型钢，这种钢热处理变形很小，适于制造重载和形状复杂的模具。冷挤压模工作时受力很大，条件苛刻，可选用基体钢或马氏体时效钢制造。基体钢与高速工具钢经正常淬火后的基体大致相同，如 6Cr4MO3Ni2WV、7Cr4W3MO2VNb 等。马氏体时效钢为超低碳（碳的质量分数<0.03%）、超高强度钢，靠高 Ni 含量形成低碳马氏体，并经时效析出金属间化合物，使钢的强度显著提高。

4）热处理特点。冷作模具钢的热处理工艺见表 5-13，其特点与低合金刃具钢类似。高碳高铬冷作模具钢的热处理方案有一次硬化法和二次硬化法两种。一次硬化法是在较高温度（950~1000℃）下淬火，然后低温（150~180℃）回火，硬度可达 61~64HRC，使钢具有较好的耐磨性和韧性，适用于重载模具；二次硬化法是在较高温度（1100~1150℃）下淬火，然后于 510~520℃多次（一般为三次）回火，产生二次硬化，使硬度达 60~62HRC，热硬性和耐磨性都较高（但韧性较差），适用于在 400~450℃温度下工作的模具。Cr12 型钢热处理后组织为回火马氏体、碳化物和残留奥氏体。

（2）热作模具钢

1）用途与性能要求。热作模具钢用于制造各种热锻模、热压模、热挤压模和压铸型等，工作时型腔表面温度可达 600℃以上。

热作模具工作时，除承受较大的各种机械应力外，还使模腔受到炽热金属和冷却介质的交替作用产生的热应力，易使模腔龟裂，即热疲劳现象。因此，这种钢必须具有以下性能。

① 具有较高的强度和韧性，并有足够的耐磨性和硬度（40~50HRC）。

② 具有良好的耐热疲劳性。

③ 具有良好的导热性及回火稳定性，以利于始终保持模具的良好韧性和高强度。

④ 热作模具一般体积大，为保证模具的整体性能均匀一致，还要求有足够的淬透性。

2）成分特点。热作模具钢中碳的质量分数一般为 0.30%~0.60%，以保证高强度、高硬度（35~52HRC）和较高的热疲劳抗力；加入较多的提高淬透性的元素 Cr、Ni、Mn、Si

等，Cr 是提高淬透性的主要元素，同时和 Ni 一起提高钢的回火稳定性。Ni 在强化铁素体的同时还增加钢的韧性，并与 Cr、Mo 一起提高钢的淬透性和耐热疲劳性能；加入产生二次硬化的 Mo、W、V 等元素，Mo 还能防止第二类回火脆性，提高高温强度和回火稳定性。

3）钢种与牌号。常用热作模具钢的牌号、化学成分、热处理工艺及用途见表 5-14。

表 5-14　常用热作模具钢的牌号、化学成分、热处理工艺及用途（GB/T 1299—2014）

牌号	化学成分（质量分数，%）							热处理工艺	用途
	C	Si	Mn	Cr	W	Mo	V	淬火温度及介质	
5CrMnMo	0.50~0.60	0.25~0.60	1.20~1.60	0.60~0.90	—	0.15~0.30	—	820~850℃，油	中小型锤锻模、小型铸模
5CrNiMo	0.50~0.60	≤0.40	0.50~0.80	0.50~0.80	—	0.15~0.30	—	830~860℃，油	各种大中型锤锻模
3Cr2W8V	0.30~0.40	≤0.40	≤0.40	2.20~2.70	7.50~9.00	—	0.20~0.50	1075~1125℃，油	各种压铸型、挤压模、锤锻模
4Cr5W2VSi	0.32~0.42	0.80~1.20	≤0.40	4.50~5.50	1.64~2.40	—	0.60~1.00	1030~1050℃，油或空气	高速锤用模具、热挤压模和压铸模

热锻模钢对韧性要求高而热硬性要求不太高，典型钢种有 5CrMnMo、5CrNiMo 及 5CrMnSiMoV 等。大型锻压模或压铸型采用含碳量较低、合金元素更多而热强性更好的模具钢，如 3Cr2W8V、4Cr5W2VSi、4Cr5MoSiV 等钢种。

4）热处理。各种热作模具钢的热处理工艺见表 5-14。热作模具钢中热锻模钢的热处理和调质钢相似，淬火后高温（550℃左右）回火，以获得回火索氏体-回火托氏体组织。热压模钢淬火后在略高于二次硬化峰值的温度（600℃左右）回火，组织为回火马氏体、粒状碳化物和少量残留奥氏体，与高速工具钢类似。为了保证热硬性，回火要进行多次。

3. 合金量具用钢

合金量具用钢主要用来制造各种在机械加工过程中控制加工精度的测量工具，如卡尺、千分尺和量块等。

由于量具在使用过程中要求测量精度高，不能因磨损或尺寸不稳定而影响测量精度，所以合金量具钢应具有很高的硬度（大于 56HRC）、良好的耐磨性及高的尺寸稳定性。此外，合金量具钢还需要有良好的磨削加工性，使量具能达到小的表面粗糙度值。形状复杂的量具还要求淬火变形小。

量具没有专门的钢种，工模具钢、合金工模具钢和滚动轴承钢都可以制造量具。但精度要求高的量具，一般选用耐磨性和硬度较高的微变形合金工具钢，如 CrMn 和 CrWMn 等。GCr15 钢具有很高的耐磨性和较好的尺寸稳定性，也常用于制造高精度量块、螺旋塞头、千分尺等。对于在腐蚀介质中工作的量具，则可选用不锈钢如 95Cr18 和 40Cr13 等来制造。

合金量具钢的热处理为球化退火后再进行淬火和低温回火。淬火多采用油冷，淬火后要在 150~167℃温度范围内进行长时间保温回火和深冷处理，以提高尺寸的稳定性。

5.2.5　特殊性能用钢

特殊性能用钢是指具有某些特殊的物理、化学、力学性能，因而能在特殊的环境、工作条件下使用的钢。工程中常用的特殊性能用钢主要有不锈钢、耐热钢和耐磨钢三大类。

1. 不锈钢

不锈钢通常是不锈钢和耐酸钢的总称。能够抵御空气、蒸汽及弱腐蚀性介质腐蚀的钢称为不锈钢；在强腐蚀介质中能够抵抗腐蚀的钢称为耐酸钢。一般不锈钢不一定耐酸，而耐酸钢均具有良好的耐蚀性。

（1）金属材料腐蚀的概念　腐蚀是指在外部介质的作用下金属逐渐破坏的过程。腐蚀通常分为两大类：一类是化学腐蚀，是金属材料同介质发生化学反应而破坏的过程，腐蚀过程中不产生电流，最典型的例子是钢的高温氧化、脱碳，在石油、燃气中的腐蚀等；另一类是电化学腐蚀，是金属材料在电解质溶液中发生原电池作用而破坏的过程，腐蚀过程中有电流产生，如金属材料在大气条件下的锈蚀，在各种电解液中的腐蚀等。

金属材料腐蚀大多数是电化学腐蚀，按照原电池过程的基本原理，为了提高金属材料的耐蚀能力，可以采用以下三种方法：①减少原电池形成的可能性，使金属材料具有均匀的单相组织，并尽可能提高金属材料的电极电位；②尽可能减小两极之间的电极电位差，并提高阳极的电极电位；③减小甚至阻断腐蚀电流，使金属"钝化"，即在表面形成致密的、稳定的保护膜，将介质与金属材料隔离。

（2）不锈钢的用途及性能要求　不锈钢在石油、化工、原子能、宇航、海洋开发、国防工业和一些尖端科学技术，以及日常生活中都得到了广泛应用，主要用来制造在各种腐蚀介质中工作并具有较高腐蚀抗力的零件或结构。对不锈钢的性能要求最主要的是耐蚀性。此外，制作工具的不锈钢还要求高硬度、高耐磨性；制作重要结构零件时，要求高强度；某些不锈钢则要求有较好的可加工性。

（3）成分特点分析

1）C含量（质量分数）。耐蚀性要求越高，C含量应越低。这是因为C能与Cr形成碳化物在晶界析出，使晶界周围严重贫Cr，当Cr贫化到质量分数在12%以下时，晶界区域电极电位急剧下降，耐蚀性大大降低。大多数不锈钢中C的质量分数为0.1%～0.2%。但用于制造刀具和滚动轴承等的不锈钢，C的质量分数应较高（可达0.85%～0.95%），但此时必须相应地提高Cr的质量分数。

2）Cr含量质量分数。Cr能提高钢基体的电极电位。随Cr的质量分数的增加，钢的电极电位有突变式的提高（图5-6）。这是因为Cr是铁素体形成元素，当其质量分数超过12.7%时，可使钢形成单一的铁素体组织。Cr在氧化性介质（如水蒸气、大气、海水、氧化性酸等）中极易钝化，生成致密的氧化膜，使钢的耐蚀性大大提高。

3）Ni含量。加入Ni可获得单相奥氏体组织，显著提高钢的耐蚀性；或形成奥氏体-铁素体组织，通过热处理提高钢的强度。

4）加入Mo、Cu、Ti、Nb、Mn、N等。

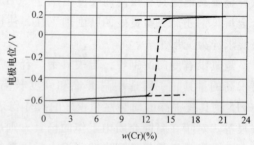

图5-6　大气下 w（Cr）对Fe-Cr
合金电极电位的影响

Cr在非氧化性酸（如盐酸、稀硫酸）和碱溶液中的钝化能力差，加入Mo、Cu等元素，可提高钢在非氧化性酸中的耐蚀能力，加入Ti、Nb等能优先同碳形成稳定碳化物，使Cr保留在基体中，避免晶界贫铬，从而减轻钢的晶界腐蚀倾向；加入Mn、N等，以部分代替镍，获得奥氏体组织，并能提高铬不锈钢在有机酸中的耐蚀性。

（4）常用不锈钢钢种　不锈钢按正火状态的组织可分为马氏体型不锈钢、铁素体型不锈钢、奥氏体型不锈钢和双相不锈钢。

马氏体型不锈钢的典型牌号有 12Cr13、20Cr13、30Cr13、40Cr13 等；铁素体型不锈钢的典型牌号有 10Cr17、10Cr17Mo 等；奥氏体型不锈钢的典型牌号有 12Cr18Ni9、06Cr18Ni11Ti。奥氏体-铁素体型不锈钢的典型牌号有 12Cr21Ni5Ti、14Cr18Ni11Si4AlTi 等。

（5）不锈钢常用的热处理工艺　马氏体型不锈钢的热处理和结构钢相同。用作结构零件时进行调质处理，例如 12Cr13、20Cr13；用作弹簧元件时进行淬火和中温回火处理；用作医疗器械、量具时进行淬火和低温回火处理。

铁素体型不锈钢在退火或正火状态下使用，不能利用马氏体相变来强化，强度较低、塑性很好，主要用作耐蚀性要求很高而强度要求不高的构件，如化工设备、容器和管道、食品工厂设备等。

奥氏体型不锈钢常用的热处理工艺如下。

1）固溶处理。将钢加热至 1050~1150℃ 使碳化物充分溶解，然后水冷，获得单相奥氏体组织，提高耐蚀性。

2）稳定化处理。用于含钛或铌的钢，一般是在固溶处理后进行。将钢加热到 850~880℃，使钢中 Cr 的碳化物完全溶解，而 Ti 等的碳化物不完全溶解。然后缓慢冷却，让溶于奥氏体的 C 与 Ti 以碳化钛形式充分析出。这样，C 将不再同 Cr 形成碳化物，因而有效地消除了晶界贫 Cr 的可能性，避免了晶间腐蚀的产生。

3）消除应力退火。将钢加热到 300~350℃ 消除冷加工应力；加热到 850℃ 以上，消除焊接残余应力。

2. 耐热钢

耐热钢是指在高温下具有高的化学热稳定性和热强性的特殊钢。

（1）用途及性能要求　在加热炉、锅炉、燃气轮机等高温装置中，许多零件要求在高温下具有良好的抗高温氧化性能和高温强度，即热强性，以及必要的韧性、优良的可加工性。

抗氧化性是指金属在高温下的抗氧化能力，是零件在高温下持久工作的基础。金属的氧化取决于金属与氧的化学反应能力，而氧化速度或抗氧化能力，在很大程度上取决于金属氧化膜的结构和性能，即氧化膜的化学稳定性、结构的致密性和完整性、与基体的结合能力，以及本身的强度等。

热强性是指钢在高温下的强度。在高温下钢的强度较低，主要是扩散加快和晶界强度下降的结果。当高温下的金属受一定应力作用时，发生变形量随时间而逐渐增大的过程，这种过程称为蠕变。显然，在高温下长期工作的零件应该具有高的蠕变强度或持久强度。提高钢的高温强度最重要的办法是合金化。

（2）常用耐热钢　常用耐热钢的钢种有 12Cr18Ni9Si3、26Cr18Mn12Si2N 等；常用热强钢按其正火组织可分为珠光体型耐热钢、马氏体型耐热钢和奥氏体型耐热钢。

（3）成分特点　耐热钢中不可缺少的合金元素是 Cr、Si 或 Al，特别是 Cr。它们的加入能提高钢的抗氧化性，Cr 还有利于提高钢的热强性。Mo、W、V、Ti 等元素加入钢中，能形成细小弥散的碳化物，起弥散强化的作用，提高室温和高温强度。碳是扩大 γ 相区的元素，对钢有强化作用。但 C 的质量分数较高时，由于碳化物在高温下易聚集，会导致钢的高温强度显著下降；同时，C 也使钢的塑性、抗氧化性、焊接性降低，所以，耐热钢中 C 的质量分数一般都不高。

（4）耐热钢的加工与热处理特点　耐热钢常以铸件的形式使用，主要热处理是固溶处理，以获得均匀的奥氏体组织。珠光体型耐热钢一般在正火-回火状态下使用，组织为细珠光体或索氏体加部分铁素体。马氏体型耐热钢含有大量的 Cr，抗氧化性及热强性高，淬透性也很好；最高工作温度与珠光体型耐热钢相近，但热强性高得多；多用于制造 600℃ 以下受力较大的零件，如汽轮机叶片等；它们大多在调质状态下使用。奥氏体型耐热钢热化学稳定性和热强性都比珠光体型和马氏体型耐热钢强，工作温度可达 750~800℃；常用于制造一些比较重要的零件，如燃气轮机轮盘和叶片等；这类钢一般进行固溶处理或固溶加时效处理。

3. 耐磨钢

（1）用途及性能要求　耐磨钢主要用于运转过程中承受严重磨损和强烈冲击的零件，如车辆履带、挖掘机铲斗、破碎机颚板和铁轨分道叉等。对耐磨钢的主要要求是要有很好的耐磨性和韧性。

（2）成分特点

1）高 C 含量。主要目的的保证钢的耐磨性和强度，但 C 含量过高时淬火后韧性下降，且易在高温时析出碳化物。因此，其碳的质量分数不能超过 1.4%。

2）高 Mn 含量。Mn 是扩大奥氏体相区的元素，它和 C 配合，保证完全获得奥氏体组织，提高钢的加工硬化率及良好的韧性。Mn 和 C 的质量分数比值为 10~12（Mn 的质量分数为 11%~14%）。

3）一定量的 Si。Si 可改善钢液的流动性，并起固溶强化的作用。但其质量分数太高时，容易导致晶界出现碳化物，引起开裂。故其质量分数为 0.3%~0.8%。

（3）典型钢种　高锰钢是目前最主要的耐磨钢，除高锰钢外，20 世纪 70 年代初由我国发明的 Mn-B 系空冷贝氏体钢是一种很有发展前途的耐磨钢。

Mn-B 系空冷贝氏体钢是一种热加工后空冷所得组织为贝氏体或贝氏体-马氏体复相组织的钢类。由于免除了传统的淬火或淬火回火工序，从而大大降低了成本，节约了能源，减少了环境污染，避免了淬火过程中产生的变形、开裂、氧化和脱碳等缺陷，而且产品能够整体硬化，强韧性好，综合力学性能优良。因此，该钢种得到了广泛的应用。如贝氏体耐磨钢球，高硬度高耐磨低合金贝氏体铸钢，工程锻造用耐磨件，耐磨传输管材等。当然 Mn-B 系贝氏体钢的应用不限于耐磨方面，它已经系列化，包括中碳贝氏体钢、中低碳贝氏体钢和低碳贝氏体钢等。它们是适合我国国情并具有明显的性能和价格优势的优秀钢种。

（4）热处理特点　高锰钢都采用水韧处理，即将钢加热到 1000~1100℃ 保温，使碳化物全部溶解，然后在水中快冷，在室温下获得均匀单一的奥氏体组织。此时钢的硬度很低（约为 210HBW），而韧性很高。

当工件在工作中受到强烈冲击或强大压力而变形时，水韧处理后的高锰钢表面层产生强烈的加工硬化，并且还发生马氏体转变，使硬度显著提高，心部则仍保持原来的高韧性状态。因此高锰钢的机械加工很困难，而且在工件受力不大时，高锰钢的耐磨性也发挥不出来。

5.3　铸铁

铸铁是人类社会使用最早的金属材料之一，也是当今社会工程上最常用的金属材料之一。铸铁具有许多优良的加工工艺性能和使用性能，其生产设备和工艺简单，价格便宜，所以应用非常广泛。据统计，在农用机械、汽车、拖拉机、机床等设备上，铸铁件占总重量的40%~90%。例如，由于铸铁具有很高的耐磨性、减摩性、消振性及较低的缺口敏感性等性能，机床的床身、主轴箱、尾座，内燃机的气缸体、活塞环，以及凸轮轴、曲轴等都是铸铁制造的。铸铁很脆，无韧性，不能锻造和轧制，更不适合各种压力加工。

铸铁是碳的质量分数大于2.11%的铁碳合金，同时铸铁中还含有较多的硅、锰、硫、磷等元素。像钢一样，为了提高和改善铸铁的物理、化学和力学性能，还可以加入一定量的合金元素。

5.3.1　铸铁的石墨化

1. 铸铁的石墨化过程

在铁碳合金中，碳可以三种形式存在：一是溶于 α-Fe 或 γ-Fe 中形成固溶体 F 或 A；二是形成化合物态的渗碳体 Fe_3C；三是游离态石墨 G。

石墨具有特殊的简单六方晶格（图 5-7），其底面原子呈六方网格排列，原子之间为共价键结合，间距小（1.42Å，$1Å = 10^{-10}$m），结合力很强；底面层之间为分子键结合，面间距较大（3.04Å，$1Å = 10^{-10}$m），结合力较弱，所以石墨强度、硬度和塑性都很差。

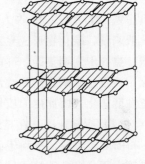

渗碳体具有复杂的斜方结构，是一种亚稳相。在一定条件下，渗碳体能分解为铁和石墨（$Fe_3C \longrightarrow 3Fe + C$），石墨为稳定相。

图 5-7　石墨的晶体结构

铁碳合金可以有亚稳平衡的 Fe-Fe_3C 相图和稳定平衡的 Fe-G 相图，即铁碳合金相图应该是双重相图，如图 5-8 所示。图 5-8 中，实线表示 Fe-Fe_3C 相图，虚线表示 Fe-G 相图。铁碳合金究竟按哪种相图变化，取决于加热、冷却条件或获得的平衡性质（亚稳平衡还是稳定平衡）。

铸铁中碳原子析出并形成石墨的过程称为石墨化。石墨既可以从液体和奥氏体中析出，也可以通过渗碳体分解来获得。

按照 Fe-G 相图，可将铸铁的石墨化过程分为三个阶段。

第一阶段石墨化：铸铁液体结晶出一次石墨（过共晶铸铁）和在 1154℃（$E'C'F'$ 线）通过共晶反应形成共晶石墨，其反应式为 $L_{C'} \longrightarrow A_{E'} + G_{共晶}$。

第二阶段石墨化：在 1154~738℃温度范围

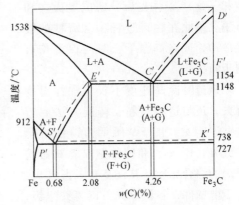

图 5-8　铁碳合金双重相图

内，奥氏体沿 $E'S'$ 线析出二次石墨。

第三阶段石墨化：在 738℃（$P'S'K'$ 线）通过共析反应析出共析石墨，其反应式为 $A_{E'} \longrightarrow F_{P'} + G_{共析}$。

一般地，铸铁在高温冷却的过程中，由于具有较高的原子扩散能力，故其第一和第二阶段的石墨化是较容易进行的，即通常都能按照 Fe-G 相图结晶，凝固后得到（A+G）组织。而随后在较低温度下的第三阶段石墨化，则常因铸铁的成分及冷却速度等条件不同，而被全部或部分的抑制。按三个阶段石墨化进行程度不同，可获得三种不同基体的组织，见表 5-15。

表 5-15　铸铁经不同程度石墨化后得到的组织

名称	石墨化程度			C 的存在形式
	第一阶段	第二阶段	第三阶段	
石墨化铸铁	充分进行	充分进行	充分进行	G
	充分进行	充分进行	部分进行	
	充分进行	充分进行	不进行	
麻口铸铁	部分进行	部分进行	不进行	Fe_3C+G
白口铸铁	不进行	不进行	不进行	Fe_3C

2. 石墨化的影响因素

（1）化学成分　按对石墨化的作用，C、Si、Al、Cu、Ni、Co 等为促进石墨化的元素，Cr、W、Mo、V、Mn 等为阻碍石墨化的元素。另外，杂质元素硫也是阻碍石墨化的元素。一般来说，碳化物形成元素阻碍石墨化，非碳化物形成元素促进石墨化，其中以碳和硅最强烈。生产中，调整碳、硅的质量分数是控制铸铁组织和性能的基本措施。碳不仅促进石墨化，而且还影响石墨的数量、大小及分布。硫强烈促进铸铁的白口化，并使其力学性能和铸造性能恶化，因此硫的质量分数一般都控制在 0.15% 以下。

（2）冷却速度　在高温慢冷的条件下，由于碳原子能充分扩散，铸铁的结晶通常按 Fe-G 相图方式转变，有利于碳的石墨化。渗碳体中碳的质量分数为 6.69%，比石墨（100%）更接近于合金中碳的质量分数（2.5%~4%），因此，析出渗碳体所需的碳原子扩散量较少。所以，当冷却较快时，由液体中析出的是渗碳体。在低温下，碳原子扩散能力较差，铸铁的石墨化过程往往也难以进行。铸铁加热到 550℃ 以上，共析渗碳体开始分解为石墨和铁素体。加热温度越高，分解越强烈；保温时间越长，分解越充分。在共析温度以上，二次渗碳体和一次渗碳体先后分解成奥氏体和石墨。因此在生产过程中，铸铁的缓慢冷却，或在高温下长时间保温均有利于石墨化。

铸造时冷却速度不仅与浇注温度有关，还与造型材料、铸造方法和铸件壁厚有关。图 5-9 所示为铸铁的化学成分（C+Si）和铸件壁厚 δ 对铸铁组织的综合影响。从图 5-9 中可看出：对于薄壁件，容易形成白口铸铁组织，应增加铸铁的 C、Si 含量；相反，厚

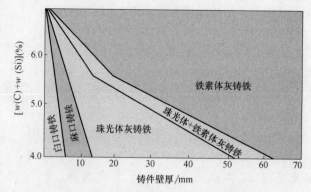

图 5-9　铸铁的化学成分（C+Si）和铸件壁厚 δ 对铸铁组织的综合影响

大的铸件，为避免得到过多的石墨，应适当减少铸铁的 C、Si 含量。因此应按照铸铁的壁厚选定铸铁的化学成分和牌号。

3. 铸铁的分类

依据 C 在钢中的存在形式分类，铸铁可分为以下三类：

（1）石墨化铸铁　C 主要以 G 形式存在，断口一般呈灰色，工业上的铸铁如灰铸铁、球墨铸铁、可锻铸铁、蠕墨铸铁均属于该类铸铁，目前已在工业上广泛应用。

（2）麻口铸铁　C 大部分以 Fe_3C 的形式存在，而少部分以游离的 G 存在的铸铁，有一定数量的莱氏体组织，其断口呈灰白相间的麻点状，故称之为麻口铸铁，该类铸铁的脆性较大，工业上极少使用。

（3）白口铸铁　C 主要以 Fe_3C 的形式存在，断口呈白色，完全按照 Fe-Fe_3C 平衡相图结晶得到的铸铁。该类铸铁中有大量的莱氏体组织，硬而脆，加工困难，主要用于炼钢原料。

依据石墨在钢中的存在形态分类，常见的石墨有 20 多种，一般可归纳为四种：片状、球状、团絮状和虫状，即将铸铁依次分为灰铸铁、球墨铸铁、可锻铸铁和蠕墨铸铁四大类。

石墨的形态直接影响其力学性能。图 5-10a、b、c 所示三种铸铁的抗拉强度分别为 150MPa、350MPa 和 420MPa。冲击韧性最高的是球墨铸铁（图 5-10c），其次为可锻铸铁（图 5-10b），最低的是灰铸铁（图 5-10a）。

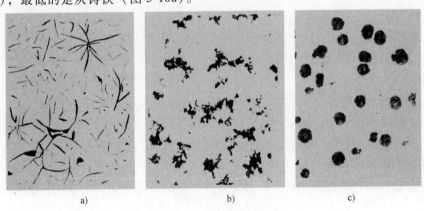

a)　　　　　　　　　　b)　　　　　　　　　　c)

图 5-10　铸铁中的石墨形态

a）片状石墨（灰铸铁）　b）团絮状石墨（可锻铸铁）　c）球状石墨（球墨铸铁）

4. 铸铁的性能特点

各种铸铁的力学性能见表 5-16。

表 5-16　各种铸铁的力学性能

材料种类	组织	抗拉强度 R_m/MPa	屈服强度 $R_{p0.2}$/MPa	抗弯强度 R_{bb}/MPa	伸长率 $A(\%)$	冲击韧度 a_K/(kJ/m^2)	硬度 HBW
铁素体灰铸铁	F+G片	100~150	—	260~330	<0.5	10~110	143~229
珠光体灰铸铁	P+G片	200~250	—	400~470	<0.5	10~110	170~240
孕育铸铁	P+G细片	300~400		540~680	<0.5	10~110	207~296
铁素体可锻铸铁	F+ G团	300~370	190~280		6~12	150~290	120~163

（续）

材料种类	组织	抗拉强度 R_m/MPa	屈服强度 $R_{p0.2}$/MPa	抗弯强度 R_{bb}/MPa	伸长率 A(%)	冲击韧度 a_K/(kJ/m²)	硬度 HBW
珠光体可锻铸铁	P+$G_{团}$	450~700	280~560	—	2~5	50~200	152~270
铁素体球墨铸铁	F+$G_{球}$	400~500	250~350	—	5~20	>200	147~241
珠光体球墨铸铁	P+$G_{球}$	600~800	420~560	—	>2	>150	229~321
白口铸铁	P+Fe_3C+Ld	230~480	—	—	—	—	375~530
铁素体蠕墨铸铁	F+$G_{虫}$	>286	>204	—	>3	—	>120
珠光体蠕墨铸铁	P+$G_{虫}$	>393	>286	—	>1	—	>180
45 钢	F+P	610	360	—	15	800	<229

灰铸铁的抗拉强度和塑性都很低，这是石墨对基体的严重割裂所造成的。石墨的强度、韧性极低，相当于钢基体上的裂纹或空洞，它会减小基体的有效截面，并引起应力集中。石墨越多、越大，对基体的割裂作用越严重，其抗拉强度越低。石墨形态对应力集中十分敏感，片状石墨可引起严重的应力集中，团絮状和球状石墨引起的应力集中较轻。弹性力学分析表明：

$$\sigma_{max} = \sigma\left(1+2\sqrt{\frac{a}{\rho}}\right) \tag{5-1}$$

式中　σ_{max}——裂纹尖端处的最大应力；

　　　σ——外加拉应力；

　　　a——裂纹长度的一半；

　　　ρ——裂纹尖端的曲率半径。

可见，ρ 越小，a 越大，则裂纹尖端处的 σ_{max} 就越大。受压应力时，因石墨片不会引起大的局部压应力，则铸铁的压缩强度不受影响。

变质处理后，由于石墨片细化，石墨对基体的割裂作用减轻，铸铁的强度提高，但塑性无明显改善。

另外，由于石墨的存在，使铸铁具备某些特殊性能，主要有：因石墨的存在，造成脆性切削，铸铁的可加工性优异；铸铁的铸造性能良好，铸件凝固时形成石墨产生的膨胀，减少了铸件体积的收缩，降低了铸件中的内应力；石墨有良好的润滑作用，并能储存润滑油，使铸件具有很好的耐磨性能；石墨对振动的传递起削弱作用，使铸铁具有很好的抗振性能；大量石墨的割裂作用，使铸铁对缺口不敏感。

5.3.2　灰铸铁

灰铸铁是价格便宜、应用最广的铸铁材料。在各类铸铁件的总量中，灰铸铁件约占80%以上。灰铸铁主要用来制造各种机器的底座、机架、工作台、机身、齿轮箱箱体、阀体及内燃机的气缸体、气缸盖等。

1. 灰铸铁的成分、组织与性能

灰铸铁的化学成分（质量分数）范围为：C（2.5%~4.0%）；Si（1.0%~3.0%）；Mn

（0.25%~1.0%）；S（≤0.15%）；P（≤0.3%）。具有上述化学成分范围的铸铁熔体缓慢冷却结晶时，将发生石墨化，析出片状石墨。因其断口的外貌呈浅灰色，故称为灰铸铁。

灰铸铁是第一阶段和第二阶段石墨化都能充分进行时形成的铸铁，它的组织由片状石墨和钢的基体组成，其片状石墨形态或直或弯且不连续。根据第三阶段石墨化进程的不同可以获得铁素体、铁素体+珠光体、珠光体三种不同基体组织的灰铸铁，它们的显微组织如图 5-11 所示。

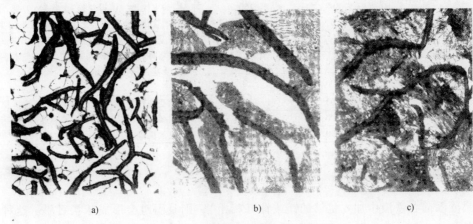

a)　　　　　　　　　　b)　　　　　　　　　　c)

图 5-11　不同基体灰铸铁的显微组织
a) F+G　b) F+P+G　c) P+G

灰铸铁的组织特点是钢基体上分布着片状石墨。因片状石墨对基体的割裂作用大，引起的应力集中也大，因此灰铸铁的抗拉强度、塑性、韧性都很差。但是，因层状结构具有润滑作用，而且低强度的石墨磨损后留下的空隙有利于储油，从而使灰铸铁的耐磨性好。同样，石墨的存在使灰铸铁有较好的消振性。另外，灰铸铁的成分接近于相图中的共晶成分点，对应灰铸铁的熔点较低，材料在铸造时流动性好，分散缩孔少，可用于制造复杂形状的零件；而石墨的润滑效应有利于材料的切削加工。

2. 灰铸铁的孕育处理及热处理

为了改善灰铸铁的组织和力学性能，在生产中常采用孕育处理，即在浇注前向铁液中加入少量孕育剂（如硅铁、硅钙合金等），改变铁液的结晶条件，从而在结晶后的灰铸铁中出现了细小均匀分布的片状石墨和细小的珠光体组织。经孕育处理后的灰铸铁称为孕育铸铁。孕育铸铁的强度有较大的提高，塑性和韧性也有改善；并且由于孕育剂的加入，使冷却速度对结晶过程的影响减小，铸件的结晶几乎是在整个体积内同时进行的，结晶后铸件在各个部位获得均匀一致的组织。因而孕育铸铁可用于制造力学性能要求较高、截面尺寸变化较大的大型铸件。

灰铸铁的热处理只能改变其基体组织，不能改变石墨的形态和分布。因此，通过热处理不能显著改善灰铸铁的力学性能，主要用来消除铸件的内应力和稳定尺寸，消除白口组织和提高铸铁的表面硬度及耐磨性。

3. 灰铸铁的牌号、力学性能及用途

灰铸铁的牌号由"HT+数字"组成。其中"HT"是"灰铁"二字的汉语拼音首字母，数字表示直径为 30mm 单件铸铁棒的最低抗拉强度值。如 HT200 表示最低抗拉强度为

200MPa 的灰铸铁。灰铸铁的牌号、力学性能及用途见表 5-17。

表 5-17　灰铸铁的牌号、力学性能及用途（GB/T 9439—2010）

牌号	铸铁类别	铸件壁厚/mm	铸件最小抗拉强度 R_m/MPa	适用范围及举例
HT100	铁素体灰铸铁	5～40	100	低载荷和不重要零件，如盖板、外罩、手轮、支架、重锤等
HT150	（珠光体+铁素体）灰铸铁	5～300	150	承受中等应力（抗弯应力小于100MPa）的零件，如支柱、底座、齿轮箱、工作台、刀架、端盖、阀体、管路附件及一般无工作条件要求的零件
HT200	珠光体灰铸铁	5～300	200	承受较大应力（抗弯应力小于300MPa）和较重要零件，如气缸体、齿轮、机座、飞轮、床身、缸套、活塞、制动轮、联轴器、齿轮箱、轴承座、液压缸等
HT225		5～300	225	
HT250		5～300	250	
HT275	孕育铸铁	5～300	275	承受高弯曲应力（小于500MPa）及抗拉应力的重要零件，如齿轮、凸轮、车床卡盘、剪床和压力机的机身、床身、高压液压缸、滑阀壳体等
HT300		5～300	300	
HT350		5～300	350	

5.3.3　球墨铸铁

如果凝固前在铁液中加入足够的镁或铈（稀土），则凝固时会形成球状石墨。这种加入的物质称为球化剂，常用的球化剂为稀土-镁球化剂。同时加入一定量的硅铁起孕育作用。而球化处理后得到的具有球状石墨的铸铁称为球墨铸铁。

球墨铸铁具有很高的强度，又有良好的塑性和韧性，其综合力学性能接近于钢。因其铸造性能好，成本低廉，生产方便，在工业中得到了广泛的应用。

1. 球墨铸铁的成分、组织与性能

球墨铸铁的化学成分（质量分数）范围为：C（3.6%～3.9%）；Si（2.2%～2.8%）；Mn（0.6%～0.8%）；S（≤0.07%）；P（≤0.1%）。

球墨铸铁的显微组织由球形石墨和金属基体两部分组成。随着成分和冷却速度的不同，球墨铸铁在铸态下的金属基体也可分为铁素体、铁素体+珠光体、珠光体三种，它们的显微组织如图 5-12 所示。

 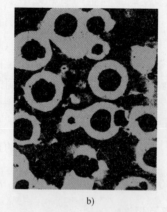 

a)　　　　　　　　　　b)　　　　　　　　　　c)

图 5-12　不同基体球墨铸铁的显微组织

a) F+G$_球$　b) F+P+G$_球$　c) P+G$_球$

　　球墨铸铁具有较高的抗拉强度和弯曲疲劳极限，也具有相当良好的塑性、韧性及耐磨性，是力学性能最好的铸铁。球形石墨对金属基体截面削弱作用较小，使得基体比较连续，且在拉伸时引起应力集中的效应明显减弱，从而使基体强度利用率从灰铸铁的30%～50%提高到70%～90%；另外，球墨铸铁也具有良好的耐磨、消振、减磨、易切削，以及好的铸造性能和对缺口不敏感等性能。

2. 球化处理与热处理

　　球墨铸铁的球化处理必须伴随着孕育处理，通常是在铁液中同时加入一定量的球化剂和孕育剂。国外使用的球化剂主要是金属镁，实践证明，铁液中镁的质量分数为0.04%～0.08%时，石墨就能完全球化。我国普遍使用稀土-镁球化剂。镁是强烈阻碍石墨化的元素，为了避免白口，并使石墨球细小、均匀分布，一定要加入孕育剂。常用的孕育剂是硅铁和硅钙合金。

　　球墨铸铁中金属基体是决定其力学性能的主要因素，所以像钢一样，球墨铸铁可通过合金化和热处理强化的办法进一步提高其力学性能。球墨铸铁的热处理方法主要有退火、正火、调质、等温淬火和表面热处理。其中，退火包括去应力退火和高温及低温石墨化退火，其方法和作用与灰铸铁类似。不同的热处理可使球墨铸铁获得不同的基体组织，生产中常见的球墨铸铁的基体组织有铁素体、珠光体+铁素体、珠光体和贝氏体。

3. 球墨铸铁的牌号及用途

　　球墨铸铁的牌号由"QT"和后面的两组数字组成。其中"QT"为"球铁"二字的汉语拼音首字母，后面的两组数字分别代表该铸铁的最小抗拉强度（MPa）和伸长率（%）。球墨铸铁的牌号、力学性能及主要用途见表5-18。

表5-18　球墨铸铁的牌号、力学性能及主要用途（GB/T 1348—2019）

牌号	铸件壁厚 t/mm	力学性能			基体组织类型	用途举例
		R_m/MPa	$R_{p0.2}$/MPa	A（%）		
		不小于				
QT350-22L	$t \leqslant 30$	350	220	22	铁素体	
	$30 < t \leqslant 60$	330	210	18		
	$60 < t \leqslant 200$	320	200	15		
QT350-22R	$t \leqslant 30$	350	220	22	铁素体	
	$30 < t \leqslant 60$	330	220	18		
	$60 < t \leqslant 200$	320	210	15		
QT350-22	$t \leqslant 30$	350	220	22	铁素体	承受冲击、振动的零件，如汽车、拖拉机轮毂、差速器壳、拨叉、农机具零件、中低压阀门、上下水及输气管道、压缩机高低压气缸、电机机壳、齿轮箱、飞轮壳等
	$30 < t \leqslant 60$	330	220	18		
	$60 < t \leqslant 200$	320	210	15		
QT400-18L	$t \leqslant 30$	400	240	18	铁素体	
	$30 < t \leqslant 60$	380	230	15		
	$60 < t \leqslant 200$	360	220	12		
QT400-18R	$t \leqslant 30$	400	250	18	铁素体	
	$30 < t \leqslant 60$	390	250	15		
	$60 < t \leqslant 200$	370	240	12		
QT400-18	$t \leqslant 30$	400	250	18	铁素体	
	$30 < t \leqslant 60$	390	250	15		
	$60 < t \leqslant 200$	370	240	12		

（续）

牌号	铸件壁厚 t/mm	力学性能			基体组织类型	用途举例
		R_m /MPa	$R_{p0.2}$ /MPa	A (%)		
		不小于				
QT400-15	$t \leq 30$	400	250	15	铁素体	承受冲击、振动的零件，如汽车、拖拉机轮毂、差速器壳、拨叉、农具零件、中低压阀门、上下水及输气管道、压缩机高低压气缸、电机机壳、齿轮箱、飞轮壳等
	$30 < t \leq 60$	390	250	14		
	$60 < t \leq 200$	370	240	11		
QT450-10	$t \leq 30$	450	310	10	铁素体	
	$30 < t \leq 60$					
	$60 < t \leq 200$					
QT500-7	$t \leq 30$	500	320	7	铁素体+珠光体	
	$30 < t \leq 60$	450	300	7		
	$60 < t \leq 200$	420	290	5		
QT550-5	$t \leq 30$	550	350	5	铁素体+珠光体	机器座架、传动轴飞轮、电动机架、内燃机的机油泵齿轮、铁路机车车轴瓦等
	$30 < t \leq 60$	520	330	4		
	$60 < t \leq 200$	500	320	3		
QT600-3	$t \leq 30$	600	370	3	珠光体+铁素体	
	$30 < t \leq 60$	600	360	2		
	$60 < t \leq 200$	550	340	1		
QT700-2	$t \leq 30$	700	420	2	珠光体	载荷大、受力复杂的零件，如汽车、拖拉机的曲轴、连杆、凸轮轴，部分磨床、铣床、车床的主轴、机床蜗杆、蜗轮、轧钢机轧辊，大齿轮，气缸体，桥式起重机大小滚轮等
	$30 < t \leq 60$	700	400	2		
	$60 < t \leq 200$	650	380	1		
QT800-2	$t \leq 30$	800	480	2	珠光体	
	$30 < t \leq 60$					
	$60 < t \leq 200$					
QT900-2	$t \leq 30$	900	600	2	贝氏体或回火马氏体	高强度齿轮，如汽车后桥弧齿锥齿轮、大减速器齿轮、内燃机曲轴、凸轮轴等
	$30 < t \leq 60$					
	$60 < t \leq 200$					

球墨铸铁具有优异的力学性能，它可以代替部分碳钢、合金钢和可锻铸铁，用于制造受力复杂，要求强度、韧性和耐磨性高的机器零件。如具有高的韧性和塑性的铁素体球墨铸铁常用来制造受压阀门、机器底座、减速器壳等；具有高强度和耐磨性的珠光体球墨铸铁常用于制造汽车、拖拉机的曲轴、连杆、凸轮轴及机床主轴、蜗轮、蜗杆、轧钢机轧辊、缸套、活塞等重要零件。

5.3.4　可锻铸铁

可锻铸铁是由白口铸铁经过可锻化（石墨化）退火而获得的具有团絮状石墨的一种高强铸铁。由于石墨形状的改善，它比灰铸铁有更好的韧性、塑性及强度。为表明其韧性、塑性特征，故称可锻铸铁。这里"可锻"并非指可以锻造。

1. 可锻铸铁的成分与组织

化学成分是决定白口化、退火周期、铸造性能和力学性能的根本因素。为了保证白口化和力学性能，C 的质量分数应较低；为了缩短退火周期，Mn 的质量分数不宜过高；特别要严格控制严重阻碍渗碳体分解的强碳化物形成元素，如 Cr 等。可锻铸铁的化学成分（质量分数）范围为：C（2.2% ~ 2.7%）；Si（1.0% ~ 1.8%）；Mn（0.5% ~ 0.7%）；S（≤0.2%）；P（≤0.18%）。为缩短石墨化退火周期，往往向铸铁中加入 B、Al、Bi 等孕育剂（可缩短一半多时间）。

按退火方法不同，可锻铸铁有黑心可锻铸铁和白心可锻铸铁两类。黑心可锻铸铁依靠石墨化退火获得；白心可锻铸铁利用氧化脱碳退火获得。后者已很少生产，我国主要生产黑心可锻铸铁。黑心可锻铸铁有铁素体和珠光体两种基体，如图 5-13 所示。

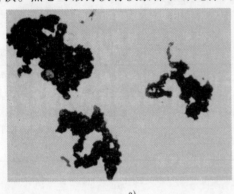
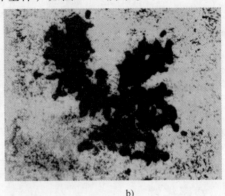

a)　　　　　　　　　　　　　　　b)

图 5-13　可锻铸铁的显微组织

a）珠光体可锻铸铁　b）铁素体可锻铸铁

2. 可锻铸铁的生产

可锻铸铁的生产分为两个步骤，即首先铸造纯白口铸铁（不允许有石墨出现，否则在随后的退火中，碳在已有的石墨上沉淀，得不到团絮状石墨），然后进行长时间石墨化退火处理。黑心可锻铸铁的退火工艺曲线如图 5-14 所示。将白口铸铁加热到 900 ~ 950℃，长时间保温，使共晶渗碳体分解为团絮状石墨，完成第一阶段的石墨化过程。随后以较快的速度（100℃/h）冷却通过共析转变温度区，得到珠光体基体的可锻铸铁。若第一阶段石墨化保温后慢冷，使奥氏体中的碳充分析出，完成第二阶段石墨化，并在冷却至 720 ~ 760℃后继续保温，使共析渗碳体充分分解，完成第三阶段石墨化，在 650 ~ 700℃出炉冷却至室温，可得到铁素体基体的可锻铸铁。

可锻铸铁的主要特点是退火时间长、能源消耗大。探求快速退火新工艺，发展可锻铸铁新品种，是我国可锻铸铁的主要发展方向。

3. 可锻铸铁的牌号、力学性能与用途

黑心可锻铸铁以"KTH"表示，珠光体可锻铸铁以"KTZ"表示。其后的两组数字表示最低抗拉强度和伸长率。

由于可锻铸铁中的石墨以团絮状的形式存在，对基体的割裂作用小，引起

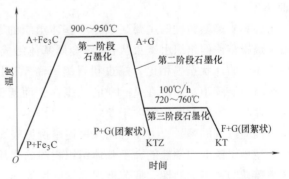

图 5-14　黑心可锻铸铁的石墨化退火工艺曲线

的应力集中小，因此，可锻铸铁比具有相同基体的灰铸铁具有更高的强度和塑性。在实际生产中，可锻铸铁因具有较高的塑性和韧性，且铸造性能好，常用于制造如汽车和拖拉机的后

桥壳、转向机构、农具及管接头等形状复杂、承受冲击、振动和扭转载荷的零件；珠光体可锻铸铁的强度和耐磨性较好，可用于制造曲轴、连杆、凸轮、活塞、摇臂等对强度和耐磨性要求较高的零件。

我国常用可锻铸铁的牌号、力学性能和用途见表 5-19。

表 5-19　我国常用可锻铸铁的牌号、力学性能和用途（GB/T 9440—2010）

分类	牌号	试样直径 /mm	抗拉强度 R_m/MPa	伸长率 A （%）	硬度 HBW	应用举例
黑心 可锻铸铁	KTH300-6	12 或 15	300	6	≤150	弯头、三通等管件
	KTH330-8	12 或 15	330	8	≤150	螺钉、扳手等，犁刀、犁柱、车轮壳等
	KTH350-10	12 或 15	350	10	≤150	汽车、拖拉机前后轮壳，减速器壳、转向节壳、制动器等
	KTH370-12	12 或 15	370	12	≤150	
珠光体 可锻铸铁	KTZ450-6	12 或 15	450	6	150～200	曲轴、凸轮轴、连杆、齿轮、活塞环、轴套、万向联轴器头、棘轮、扳手、传动链条
	KTZ500-5	12 或 15	500	5	165～215	
	KTZ600-3	12 或 15	600	3	195～245	
	KTZ700-2	12 或 15	700	2	240～290	

5.3.5　蠕墨铸铁

蠕墨铸铁是近几十年来迅速发展起来的新型铸铁材料，它是在一定成分的铁液中加入适量的使石墨形成蠕虫状组织的蠕化剂（镁钛合金、稀土镁钛合金、稀土镁钙合金等）和孕育剂（硅铁），凝固结晶后使铸铁中的石墨形态介于片状与球状之间，具有这种石墨组织的铸铁称为蠕墨铸铁。

蠕墨铸铁的化学成分与球墨铸铁相似，即要求高碳、高硅、低磷并含有一定量的镁和稀土元素，一般成分（质量分数）范围为：C（3.5%～3.9%）；Si（2.1%～2.8%）；Mn（0.4%～0.8%）；S（≤0.1%）；P（≤0.1%）。蠕墨铸铁是在上述成分的铁液中，加入适量的蠕化剂进行蠕化处理和孕育剂进行孕育处理后获得的。蠕墨铸铁的显微组织如图 5-15 所示。

蠕墨铸铁的牌号由"蠕铁"的汉语拼音字首"RuT"和数字组成，数字表示最小抗拉强度，例如 RuT340。

各牌号蠕墨铸铁的主要区别在于基体组织的不同。蠕墨铸铁的组织由蠕虫状石墨+金属基体组成。与长而薄的片状石墨相比，蠕虫状石墨短而厚，长厚比值明显减小，一般在 2～10 的范围内，而灰铸铁中片状石墨的长厚比常大于 50。

图 5-15　蠕墨铸铁的显微组织（250×）

蠕墨铸铁的牌号、力学性能及用途举例见表 5-20。

蠕墨铸铁的力学性能介于基体组织相同的优质灰铸铁和球墨铸铁之间。当成分一定时，蠕墨铸铁的强度、韧性、疲劳极限和耐磨性等都优于灰铸铁，对缺口敏感性也较小；但蠕墨铸铁的塑性和韧性比球墨铸铁低，强度接近球墨铸铁。蠕墨铸铁抗热疲劳性能、铸造性能、减振能力及导热性能都优于球墨铸铁，接近于灰铸铁。因此，蠕墨铸铁主要用来制造大功率柴油机缸盖、气缸套、机座、电机壳、机床床身、钢锭模、液压阀等零件。

表 5-20 蠕墨铸铁的牌号、力学性能及用途举例

牌号	力学性能				用途举例
	R_m/MPa	$R_{p0.2}$/MPa	$A(\%)$	硬度 HBW	
	不小于				
RuT300	300	210	2.0	140~210	增压器废气进气壳体、汽车底盘零件等
RuT350	350	245	1.5	160~220	排气管、变速器箱体、气缸等,液压件、纺织机零件、钢锭模具等
RuT400	400	280	1.0	180~240	重型机床件,大型齿轮箱体、盖、座、飞轮、起重机卷筒等
RuT450	450	315	1.0	200~250	活塞环、气缸套、制动盘、钢珠研磨盘等
RuT500	500	350	0.5	220~260	

特别需要指出以下两点:

1) 灰铸铁不同于灰口铸铁。灰铸铁只是灰口铸铁中的一种,灰口铸铁包括灰铸铁、球墨铸铁、蠕墨铸铁和可锻铸铁等,麻口铸铁的断口也呈麻点状灰色。

2) 可锻铸铁远未达到可锻的程度,实际上并不可锻。

5.3.6 特殊性能铸铁

除了一般力学性能外,工业上常常还要求铸铁具有良好的耐磨性、耐蚀性或耐热性等特殊性能。为此,可在铸铁中加入某些合金元素,得到一些具有各种特殊性能的合金铸铁。

1. 耐磨铸铁

在磨粒磨损条件下工作的铸铁应具有高而均匀的硬度。白口铸铁就属这类耐磨铸铁。但白口铸铁脆性较大,不能承受冲击载荷,因此在生产中常采用激冷的办法来获得冷硬铸铁。即用金属型铸造铸件的耐磨表面,其他部位采用砂型铸造。同时调整铁液的化学成分,利用高碳、低硅,保证白口层的深度,而心部为灰铸铁组织,具有一定的强度。用激冷方法制造的耐磨铸铁,已广泛应用于轧辊和车轮等的铸造生产。

在润滑条件下受黏着磨损的铸件,要求在软的基体上牢固地嵌有硬的第二相。这样,当软基体磨损后形成沟槽时,可保持油膜。珠光体组织就满足这种要求,即其基体为软的铁素体,渗碳体为硬的第二相,同时石墨片起储油和润滑作用。

为了进一步改善珠光体灰铸铁的耐磨性,常将铸铁中磷的质量分数提高到 0.4%~0.6%。此时生成的磷共晶硬度高,且呈断续网状分布在珠光体基体上,因此有利于耐磨。在此基础上,还可加入 Cr、Mo、W、Cu 等合金元素,改善组织,提高基体强度和韧性,从而使铸铁的耐磨性能得到更大程度的提高,如高铬耐磨铸铁、奥氏体-贝氏体球墨铸铁等都是近十几年来发展起来的新型合金铸铁。

常用的耐磨合金铸铁有中锰稀土耐磨球墨铸铁、中磷稀土耐磨铸铁和高磷耐磨铸铁等。

中锰稀土球墨铸铁硬度较高,耐磨性好,可代替 65Mn 制造农机具的易损零件,如犁铧、耙片、翻土板、球磨机衬套等。

高磷耐磨铸铁中磷的质量分数为 0.40%~0.65%,能形成坚硬的磷化物共晶体,从而提高耐磨性,常用来制造机床导轨、工作台和柴油机气缸套等。

2. 耐热铸铁

在高温下工作的铸铁,如炉底板、换热器、坩埚、热处理炉内的运输链条等,必须使用

耐热铸铁。

灰铸铁在高温下表面要氧化和烧损，同时氧化气体沿石墨片边界和裂纹内渗，造成内部氧化，并且渗碳体会在高温下分解成石墨。所有这些都将导致灰铸铁热稳定性的下降。加入 Al、Si、Cr 等元素，一方面在铸件表面形成致密的氧化膜，阻碍继续氧化；另一方面提高铸铁的临界温度，使基体变为单相铁素体，不发生石墨化过程，从而改善铸铁的耐热性。

球墨铸铁中，石墨为孤立分布，互不相连，不形成气体渗入通道，故其耐热性更好。

3. 耐蚀铸铁

耐蚀铸铁不仅具有一定的力学性能，而且在腐蚀介质中工作时具有耐腐蚀的能力。因此其广泛用于制造化工管道、阀门、泵、反应器及存储器等。

通常采用以下方法来提高铸铁的耐蚀性：在铸铁中加入 Si、Al、Cr 等合金元素，能在铸铁表面形成一层连续致密的保护膜；加入 Cr、Si、Mo、Cu、Ni、P 等合金元素，可提高铁素体的电极电位；另外，通过合金化还可以获得单相金属基体组织，减少了铸铁中的腐蚀微电池。

在 GB/T 8491—2009 中规定：耐蚀铸铁的牌号由 HTSSi+合金元素及其含量来表示，共有 HTSSi11Cu2CrRE、HTSSi15RE、HTSSi15Cr4MoRE 和 HTSSi15Cr4RE 四种牌号。在多种耐蚀铸铁中，应用最广泛的有高硅铸铁（HTSSi15RE）。高硅铸铁的 $w(C) < 1.4\%$，组织为含硅铁素体+石墨+渗碳体，具有优良的耐酸性（但不耐热的盐酸），常用于制造酸泵、蒸馏塔等；高铬铸铁（HTSSi15Cr4RE）具有耐酸、耐热、耐磨的特点，可用于制造化工机械零件（离心泵、冷凝器等）。

4. 高强度合金铸铁

目前用得较多的是稀土镁铜钼和稀土镁钼合金球墨铸铁。它们是在稀土镁球墨铸铁的基础上加入少量的铜、钼合金元素。钼可细化晶粒，提高强度和韧性。铜能促进石墨化，可在获得珠光体球墨铸铁的同时减少白口倾向，铜还能溶入铁素体使之强化。

高强度合金铸铁还可进行正火及等温淬火等热处理工艺，以获得优良的综合力学性能。如稀土镁铜钼合金铸铁经正火加回火处理，可制造高速柴油机曲轴、连杆等；还能代替 38CrSi 合金钢制造机车柴油机主轴承盖。稀土镁钼合金铸铁经等温淬火处理，可代替 18CrMnTi 合金钢，用来制造拖拉机减速器齿轮。

5.4 有色金属

有色金属是指黑色金属以外的金属。有色金属具有许多独特的物理性能和化学性能。如铝、镁、钛及其合金密度小、比强度高，广泛应用于航空、航天等领域；金、银、铜及其合金导电性、导热性优异，是电器行业、仪表行业中不可或缺的材料。此外，钨、钼、铌及其合金是高温零件和真空器件的理想材料。总之，有色金属已成为现代工业中应用最广的材料之一。我国有色金属资源丰富，其中钨、钼、锑、汞、铅、锌和稀土金属的储量均位居世界前列，因此，合理开发和有效利用有色金属具有重要的现实意义和战略意义。

本节主要讨论目前应用最广的铝、铜、钛、镁及其合金和轴承合金，包括其牌号、化学成分等内容。

5.4.1　铝及铝合金

1. 纯铝及其牌号

铝的化学性质活泼，在大气中能与氧结合，形成一层致密的氧化膜，可有效地阻止铝继续被氧化，具有良好的耐蚀性。但在碱、盐以及大多数酸性溶液中，铝极易被腐蚀。

纯铝是银白色轻金属，熔点为 660℃，密度为 2.7g/cm³（仅为铁的 1/3），具有良好的导电性和导热性。纯铝为面心立方结构，无同素异构转变，其强度和硬度均较低，难以用作结构材料，其唯一的强化手段是形变强化。纯铝塑性高，可进行冷、热压力加工。

根据所含杂质元素（Fe、Si、Cu、Mg 等）的多少，可将纯铝分为工业纯铝和高纯铝两大类。纯度高于 99.85% 的铝称为高纯铝。牌号用"LG+序号"表示，L、G 分别是汉字铝和高的拼音首字母，序号表示纯度等级，序号越大，纯度越高。高纯铝主要用于科学研究以及制作电容器等一些特殊用途；纯度介于 99% 和 99.85% 之间的铝称为工业纯铝，其牌号用"L+序号"表示，L 为汉字铝的拼音首字母，序号越高，纯度越低。工业纯铝一般用于电线、电缆以及配制铝合金等。

纯铝的牌号及其化学成分见表 5-21。

表 5-21　纯铝的牌号及其化学成分

牌号	主要成分（质量分数，%）				杂质成分（质量分数，%），不大于									
	Fe	Si	Al	Cu	Cu	Fe	Si	Mg	Mn	Zn	Ni	Ti	Fe+Si	其他
LG5	—	—	99.99	—	0.005	0.003	0.0025							0.002
LG4	—	—	99.97	—	0.005	0.015	0.015							0.005
LG3	—	—	99.93	—	0.01	0.04	0.04							0.007
LG2	—	—	99.90	—	0.01	0.06	0.06							0.01
LG1	—	—	99.85	—	0.01	0.10	0.08							0.01
L1	—	—	99.7		0.01	0.16	0.16						0.26	0.03
L2	—	—	99.6		0.01	0.25	0.20						0.36	0.03
L3	—	—	99.5		0.015	0.30	0.30						0.45	0.03
L4	—	—	99.3		0.05	0.35	0.40						0.60	0.03
L4-1	0.15~0.30	0.10~0.20	99.3		0.05	—	—	0.01	0.01	0.02	0.01	0.02	—	0.03
L5	—	—	99.0		0.05	0.50	0.55						0.90	0.15
L5-1	—	—	99.0	0.05~0.20	—	—	—		0.05		0.10		1.0	0.15
L6	—	—	98.8		0.10	0.50	0.55	0.10	0.10		0.10		1.0	0.15

2. 铝合金

当纯铝中加入适量的元素如 Si、Cu、Mg、Zn 等制成合金，再通过适当的热处理或冷形变时，其力学性能可显著改善，并可作为结构材料使用，如用来制造承载的机器零件或构件等。

根据合金的成分及其基本相图特点，可将铝合金分为形变铝合金和铸造铝合金两大类，如图 4-20 所示。

（1）形变铝合金　形变铝合金是指相图中成分点 D 以左的部分，如图 4-20 所示。该类铝合金加热至固溶线 FD 以上时能形成单相 α 固溶体，塑性好，适用于压力加工成形。

成分在 F 点以左的部分，组织为单相固溶体，且其溶解度不随温度而变化，无法进行热处理强化，该类合金又称为不能热处理强化的形变铝合金；成分在点 F 和点 D 之间的形变铝合金，固溶体的溶解度随着温度而显著变化，可进行热处理强化，该部分的合金又称为可热处理强化的形变铝合金。

根据合金元素的种类及其主要性能的差异，形变铝合金又分为防锈铝、硬铝、超硬铝和锻铝四种，其牌号为"L+组别的拼音首字母+序号"，其中 L 为汉字铝的拼音首字母。

防锈铝：牌号为"LF+序号"，其中 F 为汉字防的拼音首字母。防锈铝的主加元素为 Mn或 Mg，形成 Al-Mg 或 Al-Mn 合金。Mn 元素的主要作用是提高合金的耐腐蚀能力和固溶强化；Mg 元素的主要作用是固溶强化和降低密度，对耐蚀性的影响较小。该类合金为单相固溶体，具有较强的耐蚀能力以及较好的冷变形能力和焊接性，不能时效强化，但可形变强化。

硬铝：牌号为"LY+序号"，其中 Y 为汉字硬的拼音首字母，它是在 Al-Cu 合金的基础上再加合金元素 Mg 或 Mn 形成的铝合金。该类合金主要有 Al-Cu-Mg 和 Al-Cu-Mn两种合金系，通常把 Al-Cu-Mg 系硬铝称为普通硬铝；Al-Cu-Mn 系硬铝称为耐热硬铝，即在 200℃ 以上时仍具有较好的耐热性。硬铝可通过固溶+时效热处理强化，也可形变强化。但硬铝存在两点不足：一是耐蚀性差，由于合金中含有大量的铜，而含铜固溶体和化合物的电极电位均高于晶界，因此易产生晶界腐蚀，使用过程中需采取包铝阴极保护、喷漆等防腐措施；二是硬铝的固溶处理温度范围窄，如 LY11 的固溶处理温度为 505~510℃，LY12 为 495~503℃，低于该温度时固溶体的过饱和度不足，影响时效效果，高于该温度时又易产生晶界熔化。

超硬铝：牌号为"LC+序号"，其中 C 为汉字超的拼音首字母。超硬铝是 Al-Mg-Zn-Cu系合金，并含有少量的铬和锰。其力学性能是形变铝中最高的，抗拉强度高达 600~700MPa。超硬铝的热处理强化效果固溶+时效最显著，热塑性好，易加工成形，但缺口敏感性大，疲劳极限低，耐蚀性差，高温下软化快。

锻造铝：牌号为"LD+序号"，其中 D 为汉字锻的拼音首字母。锻造铝有 Al-Mg-Si、Al-Mg-Si-Cu、Al-Cu-Mg-Fe-Ni 等合金系。该类合金的合金元素种类多而含量少，具有良好的热塑性和可锻性，并可热处理强化。Al-Mg-Si 系合金适于制造形状复杂的型材和锻件，如飞机和发动机中工艺性和耐蚀性要求较高的零件；Al-Cu-Mg-Si 系合金适用于制造形状复杂、承受中等载荷的各类大型锻件和模锻件，但该合金有应力腐蚀和晶界腐蚀的倾向，不宜制作薄壁零件；Al-Cu-Mg-Fe-Ni 系合金因含有较多的 Fe、Ni，而具有较高的耐蚀性，适于制造发动机的活塞、汽轮机叶片等耐高温和耐蚀的零件。

在形变铝合金中，防锈铝不能进行热处理强化，但可形变强化；硬铝、超硬铝和锻铝既可热处理强化，又可形变强化。常用形变铝合金的牌号、化学成分、力学性能及其用途见表 5-22。

（2）铸造铝合金　铸造铝合金是指图 4-20 中成分在 D 点以右的铝合金。此时合金元素的含量较高，组织中含有共晶成分，因而该类合金的流动性好，易于直接铸造成形。此外，铸造铝合金还具有良好的耐蚀性和可加工性，熔炼工艺和设备也相对简单；铸件的加工余量可以很小。因此，铸造铝合金在工业中的应用非常广泛。

铸造铝的代号为"ZL+三位数字"，其中 Z、L 分别表示汉字铸和铝拼音的首字母；第一位数字表示合金的类别（1 为 Al-Si 系，2 为 Al-Cu 系，3 为 Al-Mg 系，4 为 Al-Zn 系），第二和第三位数字表示合金的顺序号。若代号后面加 A 则表示优质。

表 5-22　常用形变铝合金的牌号、化学成分、力学性能及用途

类别	牌号	化学成分（质量分数，%）						热处理状态	力学性能			用途
		Cu	Mg	Mn	Zn	其他	Al		R_m/MPa	A（%）	硬度 HBW	
防锈铝	LF5	—	4.5~5.5	0.3~0.6	—	—	余量		270	23	70	焊接油箱、油管、铆钉及中等载荷零件与制品
	LF11	—	4.8~5.5	0.3~0.6	—	V:0.02~0.2	余量	退火	270	23	70	焊接油箱、油管、焊条、铆钉及中等载荷零件与制品
	LF21	—	—	1.0~1.6	—	—	余量		130	23	30	焊接油箱、油管、铆钉及轻载零件与制品
硬铝	LY1	2.2~2.3	0.2~0.5	—	—	—	余量		300	24	70	工作温度不超过100℃的结构用中等强度铆钉
	LY11	3.8~4.8	0.4~0.8	0.4~0.8	—	—	余量	固溶＋时效	420	18	100	中等强度的结构零件，如骨架、模锻的固定接头等
	LY12	3.8~4.9	1.2~1.8	0.3~0.9	—	—	余量		480	11	131	高强度结构件，如骨架、隔框等
超硬铝	LC4	1.4~2.0	1.8~2.8	0.2~0.6	0.5~0.7	Cr:0.1~0.25	余量	固溶＋时效	600	12	150	受力结构件，如飞机大梁、桁架、加强框及起落架等
	LC6	2.2~2.8	2.5~3.2	0.2~0.5	7.6~8.6	Cr:0.1~0.25	余量		680	7	190	受力结构件，如飞机大梁、桁架、加强框及起落架等
锻造铝	LD5	1.8~2.6	0.4~0.8	0.4~0.8	—	Si:0.7~1.2	余量	固溶＋时效	420	13	105	形状复杂、中等强度的锻件和模锻件
	LD7	1.9~2.5	1.4~1.8	—	—	Ti:0.02~0.1 Ni:1.0~1.5 Fe:1.0~1.5	余量		440	13	120	内燃机活塞和高温下工作的结构件
	LD10	3.9~4.8	0.4~0.8	0.4~1.0	—	Si:0.5~1.2	余量		480	10	135	承受重载的锻件和模锻件

Al-Si 合金：俗称硅铝明，其中不含其他合金元素的称为简单硅铝明，典型的简单硅铝明是 ZL102，Si 的质量分数为 10%~12%。除 Si 外还含有其他合金元素的称为复杂硅铝明。

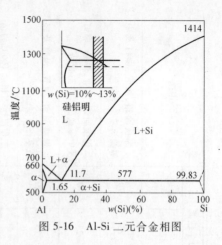

图 5-16 Al-Si 二元合金相图

图 5-16 所示为 Al-Si 二元合金相图。图 5-17 所示为 ZL102 的铸态室温组织。由此可知，室温下 ZL102 的铸态组织几乎全为共晶组织（针状的 Si 晶体+α 固溶体）。共晶组织的熔点低、收缩小、流动性好，铸件热裂的倾向小。但由于合金的吸气性强，结晶时易产生分散的小孔，因此，合金组织的致密性差，强度和塑性低（$R_m \leqslant 140MPa$，$A \leqslant 3\%$），同时简单硅铝明不能进行时效强化，一般仅用于铸造形状复杂、强度和致密度要求不高的铸件。

为了改善简单硅铝明的力学性能，生产上常采用变质处理，即在浇注前向液态合金中加入钠盐变质剂（常用 2/3 的 NaF+1/3 的 NaCl 混合盐），变质后获得亚共晶组织（初生的 α 固溶体和细小均匀的共晶体），如图 5-17b 所示。变质后合金的力学性能明显改善，R_m 和 A 分别达到 180MPa 和 8%。

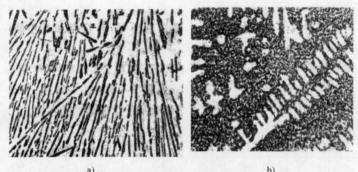

图 5-17 ZL102 的铸态室温组织

a）变质前共晶组织（针状的 Si 晶体+α 固溶体） b）变质后亚共晶组织（初生的 α 固溶体+共晶体）

虽然变质处理可以改善简单硅铝明的力学性能，但程度不明显。为了进一步提高硅铝明的强度，满足较高承载的需要，可向 Al-Si 合金中加入 Cu、Mg 等合金元素，以形成 $CuAl_2$（θ）、Mg_2Si（β）、Al_2CuMg（s）等强化相，制成复杂硅铝明。该类合金能时效强化，也可变质处理，广泛用于铸造形状复杂、耐热性和耐蚀性要求较高、承载较大的铸件。

Al-Cu 合金：Al-Cu 合金是工业上应用最早的铝合金，其强度高、耐热性好，但铸造性能和耐蚀性较差，且有热裂和疏松的倾向，因此常用于制造工作温度在 300℃ 以下的零部件，如内燃机的气缸头和活塞等。

Al-Mg 合金：Al-Mg 合金密度小、耐蚀性好、室温强度高、韧性好，但热强性低、铸造性差，一般用于制造受冲击载荷、外形不太复杂的零件，如船机配件、氨泵泵体等。

Al-Zn 合金：Al-Zn 合金具有良好的综合性能，如可加工性、铸造性、焊接性及尺寸稳定性等。但 Al-Zn 合金耐蚀性差、密度大、热裂倾向大，常用于制造发动机的零件及形状复杂的仪表件等。

常用铸造铝合金的代号、化学成分、力学性能及其用途见表 5-23，表中的热处理符号见表 4-5。

表 5-23 常用铸造铝合金的代号、化学成分、力学性能及其用途

种类	代号	化学成分（质量分数，%） 主加元素	其他	Al	铸造方法	热处理	力学性能 Rm/MPa	A(%)	硬度 HBW	用途
铝硅合金	ZL101	Si:6.0~8.0	Mg:0.2~0.4	余量	J	T4	190	4	50	形状复杂的零件，如飞机、仪器、仪表零件，等
					J	T5	210	2	60	
					SB	T6	230	1	70	
	ZL104	Si:8.0~10.5	Mg:0.17~0.30, Mn:0.2~0.5	余量	J	T1	200	1.5	70	形状复杂，工作温度为200℃以下的零件，如电动机壳体、气缸体等
					J	T6	240	2	70	
	ZL105	Si:4.5~5.5	Cu:1.0~1.5, Mg:0.35~0.60	余量	J	T5	240	0.5	70	形状复杂，工作温度为250℃以下的零件，如气缸头、油泵体等
					J	T7	180	1	65	
	ZL107	Si:6.5~7.5	Cu:3.5~4.5	余量	SB	T6	250	2.5	90	强度和硬度较高的零件
					J	T6	280	3	100	
	ZL109	Si:11.0~13.0	Ni:0.5~1.5, Cu:0.5~1.5, Mg:0.8~1.5	余量	J	T1	200	0.5	90	较高温度下工作的零件，如活塞等
					J	T6	250	—	100	
	ZL110	Si:4.0~6.0	Cu:5.0~8.0, Mg:0.2~0.5	余量	J	T1	170	—	90	活塞及高温下工作的其他零件
					S	T1	150	—	80	
铝铜合金	ZL201	Cu:4.5~5.3	Ti:0.15~0.35, Mg:0.6~1.0, Mn:0.6~1.0	余量	S	T4	300	8	70	工作温度为175~300℃的零件
					S	T5	340	4	90	
	ZL202	Cu:9.0~11.0	—	余量	S	T6	170	—	100	高温下工作，形状较简单的零件
					J	T6	170	—	100	
	ZL203	Cu:4.0~5.0	—	余量	J	T4	210	6	60	中等载荷，形状不太复杂的零件
					J	T5	230	3	70	
铝镁合金	ZL301	Mg:9.5~11.5	—	余量	S	T4	280	9	20	大气或海水中工作的零件，承受冲击载荷，外形不太复杂的零件，如舰船配件，氨用泵体等
	ZL302	Mg:4.5~5.5	Mn:0.1~0.4	余量	S、J	—	150	1	55	
铝锌合金	ZL401	Zn:9.0~13.0	Mg:0.1~0.3	余量	J	T1	250	1.5	90	结构形状复杂的汽车、飞机、仪器零件，也可制造日用品等
	ZL402	Zn:5.0~7.0	Mg:0.4~0.7, Cr:0.4~0.6, Ti:0.1~0.3	余量	J	T1	240	4	70	

注：J—金属型铸造；S—砂型铸造；B—变质处理。

需要注意的是，1997 年 1 月 1 日，我国开始实施 GB/T 16474—1996《变形铝及铝合金牌号表示方法》，并于 2012 年 10 月 1 日起实施 GB/T 16474—2011《变形铝及铝合金牌号表示方法》。新的牌号表示方法采用变形铝和铝合金国际牌号注册组织推荐的国际四位数字体系牌号命名方法，如工业纯铝有 1070、1060 等，Al-Mn 合金有 3003 等，Al-Mg 合金有 5052、5086 等。1997 年 1 月 1 日前，我国采用苏联的牌号表示方法。一些老牌号的铝及铝合金化学成分与国际四位数字体系牌号不完全吻合，不能采用国际四位数字体系牌号代替，为保留国内现有的非国际四位数字体系牌号，不得不采用四位字符体系牌号命名方法，以便与国际接轨。例如，老牌号 LF21 的化学成分与国际四位数字体系牌号 3003 不完全吻合，于是，四位字符体系表示的牌号为 3A21。

四位数字体系和四位字符体系牌号第一个数字表示铝及铝合金的类别，其含义如下：

1) 1×××系列：工业纯铝。

2) 2×××系列：Al-Cu 合金。

3) 3×××系列：Al-Mn 合金。

4) 4×××系列：Al-Si 合金。

5) 5×××系列：Al-Mg 合金。

6) 6×××系列：Al-Mg-Si 合金。

7) 7×××系列：Al-Zn 合金。

8) 8×××系列：其他。

3. 铝合金的固溶处理和时效强化

固溶处理和时效强化可进一步提高铝合金的强度、改善铝合金的性能，扩大其应用范围。

图 5-18、图 5-19 所示分别为铝铜合金（Cu 的质量分数为 4%）的自然时效和人工时效曲线。由图 5-18 可知，时效强化的初期有一段孕育期，强度提高不明显，维持在 250MPa 左

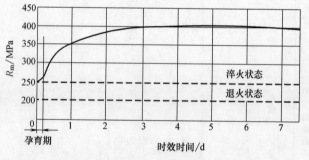

图 5-18 铝铜合金（铜的质量分数为 4%）的自然时效曲线

右，孕育期后 3~5 天强度明显提高，增至 400MPa 左右，并趋于稳定；由图 5-19 可知，随着加热温度的提高，时效强化的速度加快，但强化效果变差。

5.4.2 铜及铜合金

铜是重有色金属，世界上铜的产量仅次于钢和铝。铜及铜合金是人类最早使用，至今也是应用最广泛的金属材料之一。铜的导电性、导热性好，耐腐蚀，有优良的塑性，可以焊接或进行冷、热压力加工成形。

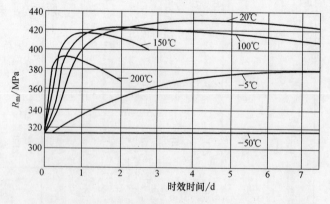

图 5-19 铝铜合金（铜的质量分数为 4%）的人工时效曲线

1. 纯铜的特性及工业纯铜

纯铜为面心立方结构，无同素异构转变，密度为 $8.9g/cm^3$，熔点为 1083℃。纯铜具有良好的导电、导热、耐蚀、抗磁性能和良好的冷、热加工性能等优点，但其制备成本高、力学性能低（$R_m = 200 \sim 240MPa$，$A = 50\%$，硬度为 $40 \sim 50HBW$）。

工业纯铜牌号用"T+序号"表示，其中 T 为汉字铜的首字母。序号越大，其纯度越低。工业纯铜通常分为 T1～T3 三种，其牌号、化学成分及用途见表 5-24。

表 5-24　工业纯铜的牌号、化学成分及用途

牌号	Cu+Ag 的质量分数（%）	杂质含量（质量分数，%）		杂质总量（质量分数，%）	用途
		Bi	Pb		
T1	99.95	0.001	0.003	0.05	配制合金和导电材料等
T2	99.90	0.001	0.005	0.1	电线、电缆等电力部门的导电材料等
T3	99.70	0.002	0.01	0.3	电工器材、电器开关、垫圈、铆钉等

2. 铜合金

在铜中加入合金元素如 Zn、Al、Sn、Mn、Ni、Fe、Be、Ti、Cr 等配制成铜合金时，其强度和硬度明显提高，再通过一些强化方式可进一步提高其强度和硬度，并同时保持铜的某些优良特性。

根据合金元素的种类，可将铜合金分为黄铜、青铜和白铜三大类。

（1）黄铜　黄铜是以锌为主要合金元素的铜合金，因其外观呈黄色，故称为黄铜。

根据化学成分的不同，黄铜又可分为普通黄铜和特殊黄铜。

1）普通黄铜。普通黄铜是铜锌的二元合金，牌号为"H+铜的质量分数"，其中 H 表示汉字黄的拼音首字母。如 H70，表示铜的质量分数为 70%、余量为 Zn 的黄铜。常用普通黄铜的牌号、化学成分、力学性能及其用途见表 5-25。

表 5-25　常用普通黄铜的牌号、化学成分、力学性能及其用途

牌号	化学成分（质量分数，%）		力学性能			用途
	Cu	Zn	R_m/MPa	A（%）	硬度　HBW	
H95	94.0～96.0	余量	450	2	—	冷凝管、散热器管及导电零件
H90	88.0～91.0	余量	480	4	130	奖章、双金属片、供水和排水管
H85	84.0～86.0	余量	550	4	126	虹吸管、蛇形管、冷却设备制件及冷凝器管
H80	79.0～81.0	余量	640	5	145	造纸网、薄壁管
H70	68.5～71.5	余量	660	3	150	弹壳、造纸用管、机械和电器用零件
H68	67.0～70.0	余量	660	3	150	复杂的冲压件和深冲件、散热器外壳、导管
H65	63.5～68.0	余量	700	4	—	小五金件、小弹簧及机械零件
H62	60.5～63.5	余量	500	3	164	销钉、铆钉、螺母、垫圈导管、散热器
H59	57.0～60.0	余量	500	10	103	机械用零件、电器用零件、焊接件、热冲压件

图 5-20 所示为 Cu-Zn 二元合金相图。该相图由五个包晶反应和一个共析反应组成，共有 α、β、γ、δ、ε、η 等六种固相。

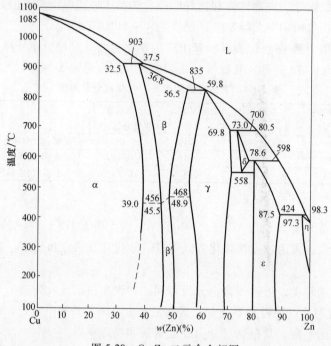

图 5-20　Cu-Zn 二元合金相图

α 相为 Zn 在 Cu 中形成的固溶体，为面心立方结构，其溶解度最大值 $w(Zn) = 39\%$。单相 α 固溶体的塑性好，可进行冷、热加工，具有优良的可锻性、焊接性和镀锡能力。

β 相是以电子化合物 CuZn 为基的固溶体，为体心立方结构。高温下的 β 固溶体塑性好，适于热加工，但在温度降到 456~458℃ 时，β 相有序化，转变成 β' 有序固溶体，β' 相塑性差，硬而脆，冷加工困难。

γ 相是以电子化合物 $CuZn_3$ 为基的固溶体，为六方结构，270℃ 时有序化，形成 γ' 有序固溶体，γ 相硬而脆，不能进行冷加工。因此普通黄铜中锌的质量分数一般小于 47%，其退火组织中不出现 γ、δ、ε、η 相，仅出现 α 或 α+β' 相。由此又把普通黄铜分为单相黄铜和双相黄铜，如图 5-21 所示。

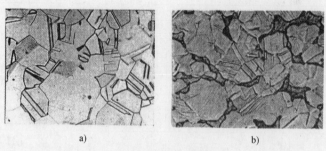

a)　　　　　　　　　　　b)

图 5-21　黄铜的显微组织
a）单相黄铜　b）双相黄铜

单相黄铜是指 Zn 的质量分数小于 32% 的普通黄铜，组织为单相的 α 固溶体。常见的单相黄铜有 H80、H70、H68 等，其塑性好，适于制造冷轧板材、冷拉线材、管材，以及形状复杂的深冲零件等。其中，H70 的塑性好、强度高，常用来制造炮弹弹筒、枪弹壳，有"弹壳黄铜"之称。双相黄铜是指 Zn 的质量分数大于 32% 而小于 47% 的普通黄铜，组织由 α、β′两相组成。常见的双相黄铜有 H59、H62 等，主要用于制造水管、油管、散热器等。

黄铜的力学性能与锌的质量分数有关，如图 5-22 所示。当锌的质量分数小于 30% 时，随锌的质量分数增加，R_m 和 A 同时增大，对固溶强化的合金来说，这种情况极为少见。当锌的质量分数为 30%～32% 时，A 达最大值。之后，随 β′相的出现和增多，合金的塑性急剧下降。而 R_m 则一直增长到锌的质量分数为 45% 附近，当锌的质量分数为 45% 时，R_m 值最大。锌的质量分数超过 45%，由于 α 相全部消失，而为硬脆的 β′相所取代，导致 R_m 急剧下降。

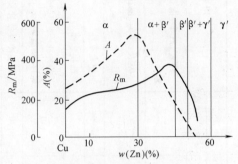

图 5-22　黄铜中锌的质量分数与力学性能的关系

黄铜不仅具有良好的形变加工性能，还具有优异的铸造性能，铸件的组织致密，偏析倾向性小，但易产生集中缩孔。

2）特殊黄铜。特殊黄铜是在普通黄铜的基础上再添加适量的合金元素如 Pb、Al、Sn、Ni、Si 等形成的铜合金。特殊黄铜的牌号为"H+主加元素符号+铜的质量分数+主加元素的质量分数"。如 HPb59-1，表示主加元素为铅，其质量分数为 1%，铜的质量分数为 59%，其余为锌的铅黄铜。

常见的特殊黄铜有铅黄铜、锰黄铜、锡黄铜、铝黄铜和硅黄铜等，见表 5-26。元素铅的主要作用是改善合金的可加工性；元素锡的主要作用是提高合金在海水中的耐蚀性，有"海军黄铜"之称；元素锰的主要作用是提高合金的强度、耐蚀性和耐热性；元素铝的主要作用是提高合金的强度、硬度和耐蚀性；元素硅的主要作用是提高合金的强度、耐磨性和耐蚀性。

常用铸造黄铜的牌号、化学成分、力学性能及其用途见表 5-27。

应指出的是，用于压力加工的黄铜，虽具有良好的耐蚀性，但在压力加工后，若不及时消除内应力，在氨气、海水或潮湿的气候中，易发生应力腐蚀，尤其是在夏季，称为季裂，因此，冷变形后的黄铜零件应及时进行去应力退火。

（2）青铜　青铜原指以锡为主加元素的铜基合金，又称为锡青铜。但工业上把 Al、Si、Pb、Be、Mn 等为主加元素的铜基合金也称为青铜，因此，青铜可分为锡青铜和无锡青铜两大类。青铜的牌号为"Q+主加元素+主加元素的质量分数+其他元素的质量分数"。如 QSn4-3 表示含主加合金元素 Sn 的质量分数为 4%、其他合金元素（Zn）的质量分数为 3%、余量为铜的锡青铜。当青铜用于铸造时又称为铸造青铜，其牌号类似于铸黄铜，只需在相应的青铜代号前加一个字母"Z"即可。

锡青铜：锡的质量分数小于 6% 时，由铸造获得的锡青铜为单相 α 固溶体组织。α 相为锡溶解于铜中的固溶体，为面心立方晶格，塑性变形能力好，适合于冷、热变形加工。锡的质量分数为 7%～30% 时的室温组织为 α+（α+δ），组织中出现共析体（α+δ），强度升高，但

表5-26 常用特殊黄铜的牌号、化学成分、力学性能及其用途

组别	牌号	化学成分（质量分数,%）		力学性能			用途
		Cu	其他	R_m/MPa	A(%)	硬度 HBW	
铅黄铜	HPb63-3	62.0~65.0	Pb,2.4~3.0;Zn余量	650	4	—	钟表、汽车、拖拉机及一般机器零件
	HPb63-0.1	61.5~63.5	Pb,0.05~0.3;Zn余量	600	5	—	钟表、汽车、拖拉机及一般机器零件
	HPb62-0.8	60.0~63.0	Pb,0.54~1.2;Zn余量	600	5	—	钟表零件
	HPb61-1	59.0~61.0	Pb,0.64~1.0;Zn余量	610	4	—	结构零件
	HPb59-1	57.0~60.0	Pb,0.84~1.9;Zn余量	650	16	140	热冲压、热切削加工工件,如销子、螺钉、垫圈等
铝黄铜	HAl67-2.5	66.0~68.0	Al,2.0~3.0;Fe,0.6;Pb,0.5;Zn余量	650	12	170	海船冷凝器管及其他耐蚀件
	HAl60-1-1	58.0~61.0	Al,0.7~1.5;Fe,0.7~1.5;Mn,0.1~0.6;Zn余量	750	8	180	齿轮、蜗轮、衬套、轴及其他耐蚀件
	HAl59-3-2	57.0~60.0	Al,2.5~3.5;Ni,2.0~3.0;Fe,0.5;Zn余量	650	15	150	船舶电机等常温下工作的高强度耐蚀零件
锡黄铜	HSn90-1	88.0~91.0	Sn,0.25~0.75,Zn余量	520	5	148	汽车、拖拉机弹性套筒等
	HSn62-1	61.0~63.0	Sn,0.7~1.1,Zn余量	700	4	—	船舶、热电厂中高温耐蚀冷凝器等
	HSn60-1	59.0~61.0	Sn,1.0~1.5,Zn余量	700	4	—	与海水、汽油接触的船舶零件
铁黄铜	HFe59-1-1	57.0~60.0	Fe,0.6~1.2;Mn,0.0.5~0.8,Sn,0.3~0.7;Zn余量	700	10	160	摩擦及海水腐蚀下工作的零部件
锰黄铜	HMn58-2	57.0~60.0	Mn,1.0~2.0;Zn余量	700	10	175	船舶和弱电用零件
硅黄铜	HSi80-3	79.0~81.0	Si,2.5~4.0;Fe,0.6;Mn,0.5;Zn余量	600	8	160	船舶及化工机械零件
镍黄铜	HNi65-5	64.0~67.0	Ni,5.0~6.5;Zn余量	700	4	—	船舶用冷凝管、电动机零件

表5-27 常用铸造黄铜的牌号、化学成分、力学性能及其用途

组别	牌号	化学成分（质量分数，%）				铸造方法	力学性能			用途
		Cu	主加元素	其他元素	Zn		R_m/MPa	A（%）	硬度 HBW	
普通黄铜	ZCuZn38	60.0~63.0	—	—	余量	J	200	30	70	散热器等
						S	200	30	60	
铝黄铜	ZCuZn31Al2	66.0~68.0	Al:2.0~3.0	—	余量	J	390	15	90	海运机械及其他耐蚀件
						S	295	12	80	
	ZCuZn25Al6Fe3Mn3	60.0~66.0	Al:4.5~7.0	Mn,2.0~4.0；Fe,2.0~4.0	余量	J	740	7	170	压下螺母、重型蜗杆、衬套、轴承
						S	725	10	160	
硅黄铜	ZCuZn16Si4	79.0~81.0	Si:2.5~4.5	—	余量	J	390	20	100	船舶零件、内燃机散热本体
						S	345	15	90	
锰黄铜	ZCuZn40Mn3Fe1	53.0~58.0	Mn:3.0~4.0	Fe:0.5~1.5	余量	J	490	15	110	螺旋桨等海船零件
						S	440	18	100	
	ZCuZn38Mn2Pb2	57.0~60.0	Mn:1.5~2.5	Pb:1.5~2.5	余量	J	345	18	80	船用铸件，如套筒、轴瓦、滑块等
						S	245	10	70	

注：J—金属型铸造；S—砂型铸造。

δ相硬而脆，该类合金已不能塑性变形了。当锡的质量分数大于25%时，δ相大量增多，合金的脆性进一步增大，强度显著下降，已无实用价值。因此，工业上锡青铜中锡的质量分数一般控制在3%～14%之间，当锡的质量分数小于8%时，适合加工成形，而当锡的质量分数大于10%时，则应铸造成形。

青铜收缩率低，容易铸成轮廓清晰的铸件；在大气、海水及蒸汽中的耐蚀性比纯铜和黄铜好，但在硫酸、盐酸及氨水中较差；无磁性，冲击时无火花，耐磨性好。

锡青铜不能进行热处理强化。常用的热处理是均匀化退火和去应力退火。

铝青铜：铝青铜是以铝为主加合金元素的铜合金。平衡条件下，铝的质量分数小于9.4%时，室温组织应为单相α固溶体，而实际铸造时，即使铝的质量分数小于9%时，合金中就已出现共析组织（α+γ₂），且铝的质量分数大于10%时，γ₂脆性相将大量出现，合金的塑性和强度均显著降低，因此工业上铝青铜中铝的质量分数一般控制在10%以内。其中，铝的质量分数为5%～7%的铝青铜，可压力加工成形；而铝的质量分数大于7%的铝青铜，则应采用铸造成形。铝青铜具有强度高、耐蚀性好、耐磨性好；冲击时不产生火花；流动性好，缩孔集中，铸件致密；可热处理强化等特点。

铍青铜：铍青铜是指以铍为主加合金元素、质量分数为1.7%～2.5%的铜合金。图5-23所示为Cu-Be二元合金相图。铍在铜中的溶解度变化较大，866℃时溶解度为2.7%，而室温下仅0.16%，它是典型的可时效强化型合金，其淬火温度为780～800℃，淬火冷却介质为水，时效温度为300～350℃，淬火态的铍青铜为单相过饱和α固溶体，塑性好，便于冷加工成形，室温下不会自然时效。因此铍青铜的供应态多为淬火态，制成零件后不需淬火可直接人工时效。铍青铜具有较高的强度和弹性；优良的耐磨性、耐蚀性、耐寒性、导电性和导热性；无磁性，冲击时无火花；较好的冷加工性能和铸造性能；可进行时效强化，淬火态不会自然时效等特点。表5-28和表5-29分别表示常用青铜和常用铸造青铜的牌号、化学成分、力学性能及其用途。

（3）白铜和特殊白铜　普通白铜为铜镍合金，牌号为"B+Ni的质量分数"，其中B为汉字白的首字母。如B30，表示Ni的质量分数为30%、余量为Cu的白铜合金。特殊白铜则是在普通白铜的基础上再加合金元素如Zn、Mn等形成的铜合金，牌号为"B+主加元素+镍的质量分数+主加元素的质量分数"。如BMn3-12，表示镍的质量分数为3%、锰的质量分数为12%、余量为铜的锰白铜。

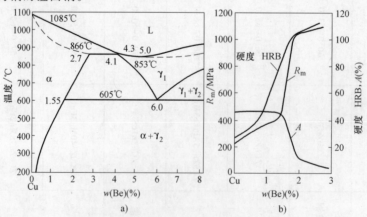

图5-23　铜铍二元合金相图及其性能

a）铜铍合金局部相图　b）铍的质量分数对铜铍合金性能的影响

表 5-28　常用青铜的牌号、化学成分、力学性能及其用途

组别	牌号	化学成分（质量分数,%）			状态	力学性能			用途
		主加元素	其他元素	Cu		R_m/MPa	A(%)	硬度	
锡青铜	QSn6.5-0.1	Sn:6.0~7.0	P:0.1~0.5	余量	软	400	65	HBW 80	精密仪器中的耐磨件和抗磁元件、弹簧、艺术品等
					硬	600	10	HBW 180	
	QSn4-4-2.5	Sn:3.0~5.0	Zn:3.0~5.0;Pb:1.5~3.5	余量	软	—	—	HBW —	飞机、拖拉机、汽车用的轴承和轴套的衬垫
					硬	600	4	HBW 180	
	QSn4-3	Sn:3.5~4.5	Zn:2.7~3.3	余量	软	350	40	HBW 60	弹簧、化工机械耐磨零件和耐磨零件
					硬	550	4	HBW 160	
铝青铜	QAl10-3-1.5	Al:8.5~10.0	Fe:2.0~4.0;Mn:1.0~2.0	余量	退火	600~700	20~30	HBW 125~140	飞机、船舶用高强度耐蚀零件,如齿轮、轴承等
					冷加工	700~900	9~12	HBW 160~200	
	QAl9-4	Al:8.0~10.0	Fe:2.0~4.0	余量	退火	500~600	40	HBW 110	船舶零件及电器零件
					冷加工	800~1000	5	HBW 160~200	
	QAl7	Al:6.0~8.0	—	余量	退火	470	70	HBW 70	弹簧及弹性元件
					冷加工	980	3	HBW 154	
铍青铜	QBe2	Be:1.9~2.2	Ni:0.2~0.5	余量	淬火	500	35	HV 100	重要弹簧及弹性元件、耐蚀件以及高压、高速、高温轴承
					时效	1250	2~4	HV 330	
	QBe1.9	Be:1.85~2.1	Ni:0.2~0.5;Ti:0.1~0.25	余量	淬火	450	40	HV 90	重要弹簧和弹性元件
					时效	1250	2.5	HV 380	
	QBe1.7	Be:1.6~1.85	Ni:0.2~0.5;Ti:0.1~0.25	余量	淬火	440	20	HV 85	重要弹簧和弹性元件
					时效	1150	3.5	HV 360	

表 5-29　常用铸造青铜的牌号、化学成分、力学性能及其用途

组别	牌号	化学成分(质量分数,%)			铸造方法	力学性能			用途
		主加元素	其他元素	Cu		R_m/MPa	A(%)	硬度 HBW	
锡青铜	ZQSn10	Sn:9.0~11.0	—	余量	S	200	3	80	精密仪器中的耐磨件和抗磁元件、弹簧、艺术品等
					J	250	10	90	
	QSn10-2	Sn:9.0~11.0	Zn:1.5~3.5	余量	S	200	10	70	飞机、拖拉机、汽车用的轴承和轴套的衬垫
					J	250	6	80	
	QSn6-6-3	Sn:5.0~7.0	Pb:2.0~4.0;Zn:5.0~7.0	余量	S	180	8	60	弹簧、化工机械耐磨零件和抗磨零件
					J	200	10	65	
铝青铜	ZQAl10-3-1.5	Al:9.0~11.0	Fe:2.0~4.0;Mn:1.0~2.0	余量	S	450	10	110	飞机、船舶用高强度耐蚀零件和抗磨零件,如齿轮、轴承等
					J	500	20	120	
	ZQAl9-4	Al:8.0~10.0	Fe:2.0~4.0;Zn:1.0	余量	S	400	10	100	船舶零件及电器零件
					J	450	12	110	
铅青铜	ZQPb30	Pb:27~33	—	余量	S	—	—	—	重要弹簧及弹性元件,耐蚀零件以及高压、高速、高温轴承
					J	60	4	25	
	ZQPb12-8	Pb:11.0~13.0	Sn:7.0~9.0	余量	S	150	6	60	重要弹簧和弹性元件
					J	200	3	65	
	ZQPb10-10	Pb:8.0~11.0	Sn:8.0~11.0	余量	S	150	3	65	重要弹簧和弹性元件
					J	200	5	70	

注:S—砂型铸造;J—金属型铸造。

铜和镍能无限互溶，因此工业上使用的白铜组织均为单相固溶体，塑性好，易冷热加工成形，但不能热处理强化，主要的强化手段为固溶强化和形变强化。常用白铜的牌号、化学成分、力学性能及其用途见表 5-30。

表 5-30　常用白铜的牌号、化学成分、力学性能及其用途

组别	牌号	化学成分（质量分数，%）			力学性能			用途
		镍	主加元素	Cu	加工状态	R_m/MPa	A(%)	
普通白铜	B30	29.0~33.0	—	余量	软	380	23	蒸汽、海水中工作的精密仪器、仪表零件
					硬	350	3	
	B19	18.0~20.0	—	余量	软	300	30	
					硬	400	3	
	B5	4.4~5.0	—	余量	软	200	30	
					硬	400	10	
锌白铜	BZn15-20	13.5~16.5	Zn:18.0~22.0	余量	软	350	35	仪表零件、工业器皿、医疗器械
					硬	550	2	
锰白铜	BMn3-12	2.0~3.5	Mn:11.0~13.0	余量	软	360	25	热电偶丝、精密测量仪表零件
					硬	—	—	
	BMn40-1.5	42.5~44.0	Mn:1.0~2.0	余量	软	400	—	
					硬	600	—	

5.4.3　镁及镁合金

当今社会已经进入电子信息装置大发展、汽车工业迫切要求轻量化的时代。由于镁合金密度小、比强度和比刚度高、导热和导电性好、兼有良好的阻尼减振和电磁屏蔽性能，同时易于加工成形、废料更容易回收，制成电子装置中的结构件，如移动通信、笔记本计算机等的壳体，可以满足产品的轻、薄、小型化、高集成度等要求，用以替代塑料；做成汽车轮毂、变速器壳体等，可以满足轻量化、节能、减振、降噪要求。因此，镁合金被誉为"21世纪绿色工程金属"。

1. 纯镁

镁呈银白色，为密排六方结构，密度为 1.74g/cm³，熔点为 650℃，沸点为（1100±10）℃；镁的耐蚀性差，在空气中极易被氧化形成松散的氧化物，高温时更易氧化，甚至燃烧；镁的塑性低，冷变形能力差，但在 150~250℃时可进行各种热加工成形。

纯镁的强度与铝相当，一般不用于结构材料，常用于制造镁合金和其他合金及化工冶金的还原剂和烟火工业等。

工业纯镁的牌号用"M+序号"表示，M 为汉字镁的汉语拼音的首字母。

2. 镁合金

镁合金是在纯镁中加入 Al、Zn、Mn、Zr 及稀土等合金元素制成的。目前工业上的镁合金主要集中于 Mg-Al-Zn、Mg-Zn-Zr、Mg-Re-Zr 等几个合金系。根据生产工艺、合金成分和性能特点的不同，镁合金可分为形变镁合金和铸造镁合金两大类。

（1）变形镁合金　其牌号用"MB+序号"表示，其中 M 和 B 分别是汉字镁和变的首字母。常用变形镁合金的牌号、化学成分、力学性能及用途见表 5-31。

（2）铸造镁合金　我国铸造镁合金主要是 Mg-Zn-Zr、Mg-Zn-Zr-RE 和 Mg-Al-Zn 三个系列。其代号用"ZM+序号"表示，其中 Z 和 M 分别表示汉字铸和镁的汉语拼音首字母。常

用铸造镁合金的代号、化学成分、力学性能和用途见表 5-32。

表 5-31 常用变形镁合金的牌号、化学成分、力学性能及其用途

牌号	化学成分(质量分数,%)						状态	力学性能		用途
	Al	Zn	Re	Mn	Zr	Mg		R_m/MPa	A(%)	
M2M	0.20	0.30	—	1.3 ~ 2.5		余量	退火板材	210	8	形状简单受力不大的耐蚀零件
AZ40M	3.0 ~ 4.0	0.2 ~ 0.8	—	0.15 ~ 0.5	—	余量	退火板材	230	12	飞机蒙皮、壁板及耐蚀零件
ME20M	0.20	0.3	0.15 ~ 0.35	1.3 ~ 2.2		余量	挤压棒材	240	12	形状复杂的锻件和模锻件
ZK61M	0.05	5.0 ~ 6.0		0.10	0.30 ~ 0.90	余量	挤压棒材	335	9	室温下承受大载荷的零件

表 5-32 常用铸造镁合金的代号、化学成分、力学性能及其用途

代号	化学成分(质量分数,%)						状态	力学性能		用途
	Al	Zn	RE	Mn	Zr	Mg		R_m/MPa	A(%)	
ZM1	—	3.50 ~ 5.50			0.50 ~ 1.00	余量	时效	235	5	飞机轮毂支架
ZM2	—	3.50 ~ 5.00	0.70 ~ 1.70		0.50 ~ 1.00	余量	时效	185	2.5	200℃ 以下工作的发动机件
ZM3	—	0.20 ~ 0.70	2.50 ~ 4.00	0.15 ~ 0.50	0.50 ~ 1.00	余量	退火	118	1.5	高温高压下工作的发动机匣
ZM15	7.5 ~ 9.0	0.20 ~ 0.80		0.10	0.30 ~ 0.90	余量	淬火	225	5	机舱隔舱、增压机匣等高载荷零件

国外工业中应用较广的是压铸镁合金，按美国 ASTM 标准共分为四个系列：Mg-Al-Zn（AZ 系列）、Mg-Al-Mn（AM 系列）、Mg-Al-Si（AS 系列）、Mg-Al-RE（AE 系列）。

（3）压铸镁合金的力学性能 目前，国外应用较广的主要是压铸 Mg-Al 类合金，与 Al380 的典型性能比较见表 5-33。由表 5-33 可见，镁合金的屈服强度同铝合金相差无几，某些性能甚至优于 Al380，但镁合金的压铸件不能热处理，因此材料的性能不能充分地发挥出来。通常压铸件的性能要低得多，如 AZ91D 压铸件的抗拉强度为 120 ~ 180MPa，屈服强度为 70 ~ 110MPa，伸长率为 1% ~ 3%。

采用其他可以热处理的铸造方法，可以显著提高镁合金件的性能。

表 5-33 主要压铸镁合金与 Al380 的典型性能比较

合金	R_m/MPa	R_{eL}/MPa	A(%)	E/GPa	a_K(J/cm²)	ρ/(g/cm³)
AZ91D	230	160	3	45	2.2	1.81
AM60B	220	130	6 ~ 8	45	6.1	1.79
AM50A	220	120	6 ~ 10	45	9.5	1.78
AE42	225	140	8 ~ 10	45	5.8	1.79
Al380	315	160	3 ~ 3.5	71	3.0	2.74

（4）提高镁合金性能的途径 除合金化以外，还有多种途径可以提高镁合金性能。

1）热处理。适当的热处理可以更加充分地发挥镁合金的性能潜力。镁合金的热处理和加工硬化状态采用与铝合金相同的表示方法，常用的有：T4，淬火＋自然时效；T6，合金固溶时效处理＋人工时效；F 为自由状态。镁合金热处理后的性能见表 5-34。

表 5-34　镁合金热处理后的性能

牌号	抗拉强度/MPa	屈服强度/MPa	伸长率(%)	硬度 HRC
AM100-T6	275	150	1	69
AZ63A-T6	275	130	5	—
AZ81A-T4	275	83	15	55
AZ91D-T6	235	108	6	98HB
AZ91E-T6	275	145	6	66
EZ33A-T5	160	110	2	50
EQ21A-T6	235	195	2	65-85
QE22A-T6	260	195	3	80
WE54A-T6	250	172	2	75-95
ZE41A-T5	205	140	—	62
ZE63A-T6	300	190	10	60-85
ZK61A-T6	310	180	10	70
ZM5-T4	230	80	10	—
ZM6	240	140	5	—

2）复合材料的开发。复合材料与现有的轻型材料相比，可以显著提高镁基合金性能，见表 5-35，并表现出许多非常显著的优点。至今所进行的研究都是以熔化的镁合金与各种陶瓷粒子混合的方法为基础。

表 5-35　镁合金复合材料的性能

复合材料类型	抗拉强度/MPa	屈服强度/MPa	伸长率(%)
SiC/AZ31B	368	300	1.6
SiC/AZ91D	389	330	1.7
SiCp/ZK61M	367	295	4.7

3）快速凝固。快速凝固是最新发展的一类制备高性能材料的先进技术。目前最具代表性的工作主要是由 Dow Chemical 和 Allied-Signal 等公司开发的 RSP-Mg-Al-Zn 基合金。对 AZ91 合金，R_m 提高 40%~60%，R_{eL} 提高 50%~100%，伸长率可达 20%。典型的镁合金有 AZW557RS、AZS912RS、AZE555RS，与 AZ91 的性能比较见表 5-36。

表 5-36　快速凝固镁合金与 AZ91 的性能比较

合金	抗拉强度/MPa	屈服强度/MPa	伸长率(%)	弹性模量/GPa	密度/(g/cm^3)	断裂韧度/($MPa \cdot m^{\frac{1}{2}}$)	硬度 HBW
AZW557RS	510	455	5	48	1.93	5.6	81
AZS912RS	448	393	9.5	—	1.84	7.2	68
AZE555RS	476	434	14	—	1.94	—	80
AZ91	360	286	—	—	—	—	—

5.4.4　钛及钛合金

钛及钛合金是 20 世纪 40 年代末发展起来的新型结构材料，具有重量轻、比强度高、耐腐蚀、耐高温，以及良好的低温韧性等优点，同时还具有超导、记忆、储氢等性能。钛及钛合金一直是航空航天工业的"脊柱"之一，近年来钛在石油、化工、冶金、生物医学和体育用品等领域开始得到应用。钛资源丰富，应用前景广阔，但加工条件复杂，制备和应用成本高。

1. 纯钛的特性及工业纯钛的牌号

（1）纯钛的特性　纯钛的密度为 $4.5g/cm^3$，熔点为 1668℃，在 882.5℃ 时发生同素异构转变，低于 882.5℃ 时为密排六方结构，称为 α-Ti，高于 882.5℃ 时为体心立方结构，称为 β-Ti。

纯钛的导电性、导热性好，无磁性、膨胀系数小，塑性好，宜冷加工成形，在含氧气氛中易在表面形成致密保护膜，因而纯钛具有良好的耐蚀性，在硫酸、盐酸、硝酸和氢氧化钠等介质中具有良好的稳定性。但纯钛在氢氟酸中的耐蚀性极差，在高温时纯钛易与 O、S、C、N 等元素发生强烈的化学反应，故熔炼应在真空下进行，焊接时用氩气而不用氮气保护。

（2）工业纯钛的牌号　工业纯钛中含有 H、C、O、Fe、Mg 等杂质元素，含量少时可显著提高强度和硬度、降低塑性和韧性。按杂质含量的不同，工业纯钛分为 TA1、TA2、TA3 三种，"T" 为汉字钛的首字母，序号越大，纯度越低。工业纯钛一般应用于强度要求不高、工作温度在 350℃ 以下的零件。

2. 钛合金及其牌号

纯钛有 α-Ti 和 β-Ti 两种，加入合金元素后分别形成 α 固溶体和 β 固溶体。能使 α→β 转变温度提高的如 Al、C、N、O、B 等合金元素称为 α 相稳定化元素；反之，能使相变温度降低的如 Fe、Mo、Mg、Cr、Mn、V 等合金元素称为 β 相稳定化元素；而对相变温度影响不明显的如 Sn、Zr 等合金元素称为中性元素。

根据退火组织的不同，钛合金可分为 α 钛合金、β 钛合金和 α+β 钛合金三类，其代号分别用 TA、TB 和 TC 表示。常用钛及钛合金的牌号、化学成分、力学性能及其用途见表 5-37。

表 5-37　常用钛及钛合金的牌号、化学成分、力学性能及其用途

组别	牌号	化学成分	室温力学性能			高温力学性能			用途
			热处理	R_m /MPa	A（%）	试验温度/℃	R_m /MPa	A（%）	
工业纯钛	TA1	Ti	退火	300~500	30~40	—	—	—	工作温度在 350℃ 以下，强度要求不高，但耐蚀性、成形性要求较高的零件
	TA2	Ti	退火	450~600	25~30	—	—	—	
	TA3	Ti	退火	550~700	20~25	—	—	—	
α 钛合金	TA4	Ti-3Al	退火	700	12	—	—	—	500℃ 以下工作的耐热、耐蚀件，如飞机蒙皮、导弹燃料罐、气压机叶片、超声速飞机的涡轮机匣
	TA5	Ti-4-0.005B	退火	700	15	—	—	—	
	TA6	Ti-5Al	退火	700	12~20	350	430	400	
β 钛合金	TB1	Ti-3Al-8Mo-11Cr	淬火	1100	16	—	—	—	350℃ 以下工作的零件、气压机叶片、轴、轮盘等重载荷旋转件、飞机构件
			淬火+时效	1300	5	—	—	—	
	TB2	Ti-5Mo-5V-8Cr-3Al	淬火	1000	20	—	—	—	
			淬火+时效	1350	8	—	—	—	
α+β 钛合金	TC1	Ti-2Al-1.5Mn	退火	600~800	20~25	350	350	350	400℃ 以下工作的零件，如发动机、压气机的叶片、飞机起落架、低温用部件、火箭外壳
	TC2	Ti-3Al-1.5Mn	退火	700	12~15	350	430	400	
	TC3	Ti-5Al-4V	退火	900	8~10	500	450	200	
	TC4	Ti-6Al-4V	退火	950	10	400	630	580	
			淬火+时效	1200	8				

（1）α 钛合金　α 钛合金是指加入了大量的 α 相稳定化元素，组织全为 α 固溶体的钛合金，其牌号用 "TA+序号" 表示，如 TA5、TA9 等。

α 钛合金不能热处理强化，只能固溶强化和形变强化，唯一的热处理形式是退火，以消除形变后的内应力或加工硬化现象。α 钛合金的室温强度不高，低于 β 钛合金和 α+β 钛合金，但高温强度比它们高，且具有良好的焊接性能、铸造性能、抗蠕变性能和抗氧化性能。

（2）β 钛合金 β 钛合金是指加入了大量的 β 相稳定化元素，组织全为 β 固溶体的钛合金，其代号用"TB+序号"表示，如 TB2 等。β 钛合金为面心立方结构，塑性好，易于加工成形，且可淬火+时效进行强化，时效后的组织由 β 相和呈弥散分布的细小 α 相组成。

（3）α+β 钛合金 α+β 钛合金是指同时加入 α 相和 β 相的稳定化元素，组织为 α+β 相的钛合金，其代号用"TC+序号"表示，如 TC3 等。α+β 钛合金的加工性能介于 α 钛合金和 β 钛合金之间，易于加工成形，具有良好的耐蚀性、耐磨性、耐寒性以及综合力学性能，多数合金还可通过淬火时效进一步提高强度。

3. 钛及钛合金的热处理

（1）退火

1）去内应力退火：目的是消除工业纯钛及钛合金制件加工或焊接后的内应力。退火温度一般在 450~650℃，保温 1~4h，空冷。

2）再结晶退火：目的是消除加工硬化现象。工业纯钛一般采用 550~690℃，钛合金采用 750~800℃，保温 1~3h，空冷。

（2）淬火和时效 淬火和时效处理主要应用于 β 钛合金及 α+β 钛合金，目的是提高钛合金的强度和硬度。

1）淬火：淬火温度一般选在 α+β 两相区的上部温度范围，未达 β 单相区。淬火温度不宜过低，否则 α 相过多，导致强度下降。淬火温度一般为 760~950℃，保温时间 5~60min，水冷。应注意的是严防过热，否则 β 相晶粒粗化，韧性下降，且无法用热处理的方法弥补。

2）时效：时效温度应视具体的合金成分和零件的性能要求来定，一般为 450~550℃，保温时间为几小时到几十小时不等。

本 章 小 结

本章介绍了碳钢、合金钢、铸铁、有色金属的分类、牌号及其主要性能等。本章思维导图如图 5-24 所示。

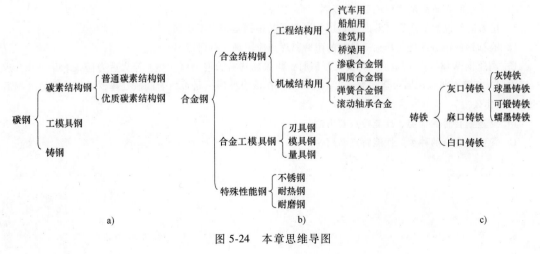

图 5-24　本章思维导图

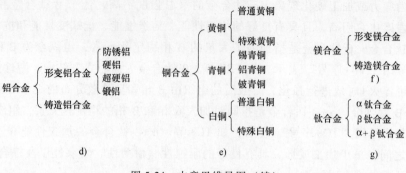

d)   e)   f)

                                                               g)

图 5-24　本章思维导图（续）

思　考　题

1. 根据合金元素强化铁素体、形成碳化物倾向、细化奥氏体晶粒、回火稳定性等四个方面，阐述硅、锰、硫、磷等合金元素在钢中的作用。

2. 低碳钢、中碳钢和高碳钢是怎样划分的？

3. 说明下列牌号属于哪类钢，并说明其含义。

Q235A、12Cr18Ni9、65Mn、T8、T12A、GCr15、45、08、ZG270-500。

4. 车间里有两种分别用 20Cr13 和 06Cr18Ni11Ti 生产的同规格的零件，搬运工在搬运过程中不小心将两种零件混在一起，请用一种简单的方法将这两种不同的材料分开。

5. 为什么球墨铸铁的力学性能比灰铸铁和可锻铸铁高？

6. 为什么灰铸铁的强度、塑性和韧性远不如钢？

7. 耐热钢有哪几类？耐热钢为什么会耐热？

8. 指出 45、T12、20Cr、GCr6 这些钢的种类和大致成分。

9. 钛合金的主要性能是什么？

10. 在 20Cr、40Cr、50CrVA 钢中，Cr 的质量分数均小于 1.5%，Cr 对这些钢的性能、热处理和用途上的作用是否相同，为什么？

11. 下列说法是否正确，为什么？

1) 不锈钢就是不会生锈的钢。不锈钢都含有铬和镍。

2) 不锈钢的表面都是"白色"，所以叫"白钢"。

3) 用人们所说的吸铁石（即磁铁）就可以判断某种钢是否为不锈钢。

12. 高锰钢的耐磨原理与淬火工具钢的耐磨原理和应用场合有何不同？

13. 高速钢 W18Cr4V 铸造后为何要反复锻打？淬火加热时为何分级加热？淬火后为何在 550~570℃ 进行三次回火？能否将三次回火合并为一次，为什么？在该温度回火是否属于调质处理，为什么？热处理后的组织是什么？

14. 简述铜合金的种类、性能特点和用途。

15. 简述镁合金的种类、性能特点和用途。

第6章

高分子材料

　　高分子材料按来源分为天然高分子材料和合成高分子材料。天然高分子材料是存在于动物、植物及生物体内的高分子物质，可分为天然纤维、天然树脂、天然橡胶、动物胶等。合成高分子材料主要是指塑料、合成橡胶和合成纤维胶黏剂三大合成材料，此外还包括胶黏剂、涂料及各种功能性高分子材料。合成高分子材料具有比天然高分子材料更为优越的性能，如较小的密度，较高的力学性能，良好的耐磨性、耐蚀性、电绝缘性等，是当前高分子材料研究和应用的重点。高分子材料因普遍具有许多金属和无机非金属材料所无法取代的优点而得到重视并获得了迅速的发展，已经成为国民经济建设与人民日常生活所必不可少的重要材料。本章主要介绍工程上常用的高分子材料。

6.1　工程塑料

　　塑料是一种以有机合成高分子化合物为主要组成的高分子材料，它通常在加热、加压条件下通过挤出机、注射机等设备和模具，在定温、定压条件下制成一定形状的制品，故称为塑料。

　　工程塑料是在 20 世纪 50 年代，随着电子电气、汽车工业、信息技术、航空航天等高新技术产业的发展，在通用塑料（如 PE、PP、PVC、PS 等）基础上崛起的一类新型高分子材料。工程塑料一般是指能在较宽温度范围内和较长使用时间内保持优良性能，并能承受机械应力作为结构材料使用的一类塑料。因此，它不仅可以替代金属作为结构材料，而且是高技术产业发展不可缺少的崭新的、重要的工程材料。

6.1.1　塑料的组成和分类

1. 塑料的组成

　　塑料按应用范围来说包括通用塑料和工程塑料；但就组成而言，塑料都是以高分子树脂为基础，再加入各种添加剂所组成的。

　　（1）高分子树脂　高分子树脂是由低分子有机化合物通过缩聚或加聚反应合成的高分子化合物，如酚醛树脂、环氧树脂、聚乙烯等，是塑料的主要组分，也起黏接剂作用。高分子树脂在塑料中的质量分数为 40% ~ 100%，对塑料起决定性作用。一般高分子树脂在塑料中的含量是由加工制品性能要求所决定的。如常用工程塑料总是加入一些改善和提高性能的添加剂，这样塑料中高分子树脂所占比例就减少。而一些通用塑料在使用过程中，单一高分子树脂组分已经完全可以满足性能要求，就不需要添加其他塑料助剂。如装纯净水用的塑料瓶就是由 100%的 PE 或 PP 吹塑而成。

（2）塑料助剂　　随着塑料工业的发展，塑料已成为工业、农业、日常生活中必备的材料，且随着塑料性能的改善，已逐步成为当代新技术发展的支柱材料之一。无论通用塑料还是工程塑料，其性能的改善和提高不仅与高分子树脂有关，而且也与塑料助剂的加入分不开。助剂是帮助完成塑料的合成和树脂的后加工，用以改善性能的添加剂，又称配合剂。不同的种类，其使用量差别很大。塑料的合成和后加工必须添加各种塑料助剂，以赋予其新的性能或提高原有的性能，或者改善加工性、延长使用寿命、降低成本和能耗、提高生产效率等。目前，我国塑料工业已跻身世界塑料工业大国的行列，随着塑料制件轻量化、耐用化、高强度化、低成本化的要求，塑料助剂也向着多功能化、节能化、廉价化、低毒化方向发展。本书主要介绍以下几种助剂：

1）填料或增强材料。填料在塑料中主要起增强作用。例如，加入石墨、石棉纤维或玻璃纤维等，可以改善塑料的力学性能。填料有时也改善或提高塑料的其他特殊性能。例如，加入石棉粉可提高塑料的耐热性；加入云母粉可提高塑料的电绝缘性；加入二硫化钼可提高塑料的自润滑性；加入铝粉可提高塑料对光的反射能力等。填料的用量可达 20% ~ 50%（质量分数），是塑料组分中的第二大组分，因此填料对塑料制品的性能价格比影响很大。

2）增塑剂。增塑剂是指用以提高树脂的可塑性和柔性的添加剂，常用液态或低熔点的固体有机化合物。例如，在 PVC 树脂中加入邻苯二甲酸二丁酯，其可变为橡胶一样的软塑料。

3）固化剂。它的作用在于通过交联使树脂具有体型网状结构，成为较坚硬和稳定的塑料制品。例如，在酚醛树脂中加入六亚甲基四胺，在环氧树脂中加入乙二胺、顺丁烯二酸酐等。

4）稳定剂。稳定剂是为了防止受热、光、氧等作用使塑料过早老化，加入少量能起稳定作用的物质。它包括抗氧剂、防老剂、热稳定剂等。能抗氧的物质有酚类和胺类等有机物，如德国 BASF 公司生产的 BHD 抗氧剂就是酚类抗氧剂，它不但可以阻止聚酯、ABS 的自动氧化反应，还提高了其热稳定性。又如美国氰特工业公司的 Cyasorb 光稳定剂就是受阻胺类，它可以抑制聚乙烯（PE）、聚丙烯（PP）、聚苯乙烯（PS）的光降解。炭黑则可以作为紫外线吸收剂。

以上几种塑料助剂是通用塑料中常用的，在工程塑料中往往因为性能要求的提高还要加入其他一些助剂。

5）阻燃剂。阻燃剂可以提高塑料的耐燃性，延缓燃烧速度或阻止其燃烧。加入阻燃剂后不是把塑料变成了不可燃材料，它在大火中仍能燃烧，但可以减缓其燃烧速度，当离开火源后能很快停止燃烧而自己熄灭，达到防止小火发展成灾难性大火的目的。阻燃剂主要有卤系、磷系、氮系等，其中溴系阻燃剂性能价格比较高，如美国 Great Lake 公司生产的 CN-323 型阻燃剂就是二溴苯乙烯低聚物，可用于 ABS、PA 的阻燃，有很好的效果。

6）抗静电剂。塑料在加工成型或使用过程中，带电荷的能力与其表面电阻率成正比，与介电常数和环境的相对湿度成反比。塑料表面静电电荷的积累，会产生吸尘、吸垢，甚至放电、电击等现象，导致制品使用性能的下降，甚至引起火灾或爆炸。每年全世界都为此遭受巨大损失。因此，许多场合均要使用抗静电剂。

抗静电剂主要是活化剂，它们的分子中含有亲水基团和亲油基团。亲油基团与塑料有一定相溶性，而亲水基团可吸收空气中的水分，形成一层薄薄的导电层，降低了表面电阻率，从而使静电荷消散，起到抗静电作用。

一般具有表面活性的化合物或吸湿性物质或多或少都具有抗静电作用，如聚乙二醇、甘油、乙氧基胺类等。日本和西欧地区一般都用乙氧基胺类抗静电剂。

2. 塑料的分类

塑料的品种繁多，分类方法也很多，工程上常用的分类方法有下述两种：

（1）按树脂的性质分类　根据树脂在加热和冷却时所表现的性质不同，塑料可分为热塑性塑料和热固性塑料。

1）热塑性塑料。这类塑料的特点是：加热时软化并熔融，可塑造成型，冷却后即成型并保持既得形状，而且该过程可反复进行。这类塑料有聚乙烯、聚丙烯、聚苯乙烯、聚酰胺（尼龙）、聚甲醛、聚碳酸酯、聚苯醚、聚砜等。这类塑料的优点是加工成型简便，具有较高的力学性能；缺点是耐热性和刚性比较差。近年来开发的氟塑料、聚酰亚胺、聚苯并咪唑等，性能有了明显的提高，如优良的耐蚀性、耐热性、绝缘性和耐磨性等，是塑料中性能较好的高级工程塑料。

2）热固性塑料。这类塑料的特点是：初加温时软化，可塑造成型，但固化后再加热将不再软化，也不溶于溶剂。这类塑料有酚醛树脂、环氧树脂、氨基树脂、不饱和聚酯树脂、聚呋喃和聚硅醚等。它们具有耐热性高，受压不易变形等优点；缺点是力学性能不好，但可加入填料来提高强度。

（2）按使用范围分类

1）通用塑料。这类塑料指应用范围广、生产量大的塑料品种，主要有聚氯乙烯、聚苯乙烯、聚烯烃、酚醛塑料和氨基塑料等，是一般工农业生产和日常生活中不可缺少的廉价材料，其产量占塑料总产量的 3/4 以上。

2）工程塑料。这类塑料主要指综合工程性能（包括力学性能、耐热耐寒性能、耐蚀性和绝缘性能等）良好的各种塑料。它们能代替金属，是制造工程结构、机器零部件、工业容器和设备的一类新型结构材料。

随着高技术产业的发展，工程塑料的品种越来越多，性能逐步提高，应用范围也逐步拓宽。常见品种有聚甲醛、聚酰胺、ABS、聚四氟乙烯、聚芳酯、聚酰亚胺等。

6.1.2　工程塑料的分类和性能特征

1. 工程塑料的分类

工程塑料是相对于通用塑料而言的一类高性能结构材料，常见的分类方法如下：

（1）按化学组成分类　可分为以下五类：

1）聚酰胺类，俗称尼龙。

2）聚酯类，包括聚碳酸酯、聚对苯二甲酸乙二醇酯、聚芳酯、聚苯酯等。

3）聚醚类，包括聚甲醛、聚苯醚、聚苯硫醚、聚醚醚酮等。

4）芳杂环聚合物类，包括聚酰亚胺、聚醚亚胺、聚苯并咪唑等。

5）含氟聚合物类，包括聚四氟乙烯、聚三氟氯乙烯、聚偏氟乙烯等。

（2）按聚合物的物理状态分类　塑料可分为结晶型和无定形型两类。

聚合物的结晶能力与分子结构规整性、分子间力、分子链柔顺性等有关，结晶程度还受拉力、温度、结晶速度等外界条件的影响。这种物理状态部分地表征了聚合物的结构和共同特性，也是常用的一种分类方法。结晶型和无定形型工程塑料在性能上表现出很大差异。结晶型工程塑料有聚酰胺、聚甲醛、聚对苯二甲酸乙二醇酯、聚对苯二甲酸丁二醇酯、聚苯硫醚、聚苯酯、氟树脂、间规聚苯乙烯等；无定形型工程塑料有聚碳酸酯、聚苯醚、聚砜类、聚芳酯等。

（3）按工程塑料的耐热性来分类　按工程塑料长期连续使用温度高低的不同，分为通用工程塑料（长期使用温度在 $100\sim150℃$）和特种工程塑料（长期使用温度在 $150℃$ 以上）。通用工程塑料包括聚酰胺（PA）、聚碳酸酯（PC）、聚甲醛（POM）、聚苯醚（PPO）、热塑性聚酯（PBT、PET）等。特种工程塑料包括聚苯硫醚（PPS）、聚酰亚胺类（PI）、聚醚类（PSF）、聚醚醚酮类（PEEK）、聚芳酯（PAR）、聚苯酯（PHB）、热致性液晶聚合物（LCP）、氟塑料（PTFE）等。

2. 工程塑料的主要性能特点

同其他高分子材料一样，工程塑料的性能主要取决于高分子化合物的组成、分子量的大小及其分布、分子结构和物理形态等因素。工程塑料主要性能特征可概括为以下几点：

（1）重量轻　这是相对于金属材料而言的。主要工程塑料品种的密度为：聚酰胺（PA），$1.14g/cm^3$；聚碳酸酯（PC），$1.20g/cm^3$；聚甲醛（POM），$1.42g/cm^3$；聚苯醚（PPO），$1.06g/cm^3$；比水的密度略大，一般为钢铁密度的1/5，铝密度的1/2。这对于减小车辆、飞行器等的自重，节约能源有着重要意义。

（2）比强度高　工程塑料和金属的比强度见表6-1。从表6-1中可以看出，用玻璃纤维增强的工程塑料，具有与金属材料相抗衡的比强度。

表 6-1　工程塑料和金属的比强度

材料名称	密度/(g/cm³)	拉伸强度(抗拉强度)/MPa	比强度
合金钢	8.0	1280	160
硬铝	2.8	390~454	140~150
铸铁	8.0	150	19
玻纤增强 PC	1.4~1.6	130~140	110
玻纤增强 PA	1.22	180	150
玻纤增强 PBT	2.1	355	170

（3）耐热性好　各种工程塑料的耐热情况见表6-2。

（4）化学稳定性好　各种工程塑料的化学稳定性好，对酸、碱以及一般有机溶剂均有良好的耐蚀性。

（5）优良的电绝缘性　一般工程塑料的体积电阻率均大于 $10^{10}\Omega\cdot m$，介电强度大于 $20kV/mm$，介质损耗角小。

（6）力学性能优良　工程塑料在较宽的温度范围内，具有优异的抗冲击、耐疲劳、耐磨、自润滑性能。表6-3列出了常用塑料的力学性能和大致用途。

（7）加工成型能耗少　工程塑料具有通用高分子材料易加工成型的优点，可采用通用的高分子成型机械如注射机、挤出机、压延机来成型。与加工金属制品相比，可节省能耗50%，每加工1t塑料制品，可节约工时540个，模具投入费仅仅为加工金属的1/30。

表6-2 各种工程塑料的耐热情况比较

名称	热变形温度 (1.86MPa)/℃,括号内为30%玻纤增强	UL(美国保险商实验室)长期连续使用温度/℃,括号内为30%玻纤增强	名称	热变形温度 (1.86MPa)/℃,括号内为30%玻纤增强	UL(美国保险商实验室)长期连续使用温度/℃,括号内为30%玻纤增强
尼龙6	63(190)	105(115)	改性聚苯醚	130(140)	100(110)
尼龙66	70(240)	105(125)	聚苯硫醚	260	220
聚碳酸酯	135(145)	110(130)	聚酰亚胺	357	260~316
聚甲醛	123(163)	80(105)	聚砜	175	150
聚对苯二甲酸丁二醇酯	58(210)	120(140)	聚醚砜	203	170~180
			聚醚醚酮	160	240

表6-3 常用塑料的力学性能和大致用途

塑料名称	拉伸强度/MPa	压缩强度/MPa	弯曲强度/MPa	冲击韧度/(kJ/m²)	使用温度/℃	大致用途
聚乙烯	8~36	20~25	20~45	>2	-70~100	一般机械构件,电缆包裹,耐蚀、耐磨涂层等
聚丙烯	40~49	40~60	30~50	5~10	-35~121	一般机械零件,高频绝缘件,电缆、电线包覆等
聚氯乙烯	30~60	60~90	70~110	4~11	-15~55	化工耐蚀构件,一般绝缘件、薄膜、电缆套管等
聚苯乙烯	≥60	—	70~80	12~16	-30~75	高频绝缘件、耐蚀件及装饰件,也可制作一般构件
ABS	21~63	18~70	25~97	6~53	-40~90	一般构件,减摩、耐磨、传动件,一般化工装置、管道、容器等
聚酰胺	45~90	70~120	50~110	4~15	<100	一般构件,减摩、耐磨、传动件,高压油润滑密封圈,金属防蚀、耐磨涂层等
聚甲醛	60~75	~125	~100	~6	-40~100	一般构件,减摩、耐磨、传动件,绝缘、耐蚀件及化工容器等
聚碳酸酯	55~70	~85	~100	65~75	-100~130	耐磨、受力、受冲击的机械和仪表零件,透明、绝缘件等
聚四氟乙烯	21~28	~7	11~14	~98	-180~260	耐蚀、耐磨件,密封件,高温绝缘件等
聚砜	~70	~100	~105	~5	-100~150	高强度耐热件、绝缘件、高频印制电路板等
有机玻璃	42~50	80~126	75~135	1~6	-60~100	透明件、装饰件、绝缘件等
酚醛塑料	21~56	105~245	56~84	0.05~0.82	~110	一般构件、水润滑轴承、绝缘件、耐蚀衬里等,制作复合材料
环氧塑料	56~70	84~140	105~126	~5	-80~155	塑料模、精密模、仪表构件,电气元件的灌注,金属涂覆、包封、修补,制作复合材料

6.1.3 常见的工程塑料

1. 聚乙烯（PE）

聚乙烯由乙烯单体聚合而成，其分子结构式为

$$\left[CH_2 - CH_2 \right]_n$$

根据合成方法不同，聚乙烯分为高压、中压和低压三种。高压聚乙烯的分子链支链较多，相对分子质量、结晶度和相对密度较低，质地柔软，常用来制作塑料薄膜、软管和塑料

瓶等。低、中压聚乙烯质地刚硬，耐磨性、耐蚀性及电绝缘性较好，常用来制造塑料管、板材、绳索及承载不高的零件，如齿轮、轴承等。用火焰喷涂法或静电喷涂法将聚乙烯喷涂于金属表面，可提高金属构件的减摩性和耐蚀性。

2. 聚丙烯（PP）

聚丙烯由丙烯单体聚合而成，其分子结构式为

$$\begin{array}{c}\left[\!\!\begin{array}{c}CH_2{-}CH\end{array}\!\!\right]_n\\ \quad\quad\quad | \\ \quad\quad\quad CH_3\end{array}$$

聚丙烯由于分子链上挂有侧基 CH_3，不利于分子排列的规整度和柔性，使刚性增大，其强度、硬度和弹性等力学性能均高于聚乙烯。聚丙烯的密度仅为 $0.90\sim0.91g/cm^3$，是常用塑料中最小的。聚丙烯的耐热性良好，长期使用温度为 $100\sim110℃$，在无外力作用下加热到 $150℃$ 也不变形。聚丙烯具有优良的电绝缘性能和耐蚀性，在常温下能耐酸、碱腐蚀。但聚丙烯的冲击韧性差，耐低温和抗老化性也差。聚丙烯可用于制造某些零部件，如法兰、齿轮、风扇叶轮、泵叶轮、把手、接头、仪表盒及壳体等，还可制造化工管道、容器、医疗器械等。

3. 聚氯乙烯（PVC）

聚氯乙烯是由乙炔气体和氯化氢合成氯乙烯，再聚合而成的，其分子结构式为

$$\begin{array}{c}\left[\!\!\begin{array}{c}CH_2{-}CH\end{array}\!\!\right]_n\\ \quad\quad\quad | \\ \quad\quad\quad Cl\end{array}$$

聚氯乙烯的分子链中存在极性氯原子，增大了分子间的作用力，阻碍了单键内旋，减小了分子间距离，所以刚度、强度和硬度均比聚乙烯高。

根据加入增塑剂、稳定剂及填料等添加剂的数量不同，可制得硬质和软质的聚氯乙烯。当加入少量增塑剂、稳定剂及填料时，可制得硬质聚氯乙烯。它具有较高的机械强度和较好的耐蚀性，可用于制造化工、纺织等工业的废气排污排毒塔、气体液体输送管，还可代替其他耐蚀材料制造贮槽、离心泵、通风机和接头等。当增塑剂加入量达 $30\%\sim40\%$ 时，便制得软质聚氯乙烯，其伸长率高，制品柔软，并具有良好的耐蚀性和电绝缘性，常制成薄膜，用于工业包装、农业育秧和日用雨衣、台布等，还可用于制作耐酸碱软管、电缆包皮、绝缘层等。

4. 聚苯乙烯（PS）

聚苯乙烯由苯乙烯单体聚合而成，其分子结构式为

$$\begin{array}{c}\left[\!\!\begin{array}{c}CH{-}CH_2\end{array}\!\!\right]_n\\ \quad | \\ \quad \bigcirc\end{array}$$

由于侧基上有苯环，分子间移动的位阻增大，结晶度降低，因而具有较大的刚度。聚苯乙烯无色透明，几乎不吸水；具有优良的耐蚀性；电绝缘性好，是很好的高频绝缘材料。其缺点是抗冲击性差，易脆裂，耐热性不好，耐油性有限。它可用来制造纺织工业中的纱管、纱锭、线轴，电子工业中的仪表零件、设备外壳，化工中的贮槽、管道、弯头，车辆上的灯罩、透明窗，电工绝缘材料等。聚苯乙烯在生产过程中加入发泡剂，可以制成可发性聚苯乙烯泡沫塑料，其密度只有 $0.033g/cm^3$，是隔音、包装、救生等极好的材料。

5. ABS 塑料

ABS 塑料是丙烯腈、丁二烯和苯乙烯的三元共聚物，其分子结构式为

$$\left[\left(CH_2-CH\atop CN\right)_x\left(C_2H_3=C_2H_3\right)_y\left(CH_2-CH_2\right)_z\right]_n$$

由于 ABS 是三元共聚物，具有其组成的"硬、韧、刚"的特性，综合力学性能良好，见表 6-4。同时，ABS 尺寸稳定，容易电镀和易于成型，耐热性较好，在-40℃的低温下仍有一定的机械强度。此外，它的性能可以根据要求，通过改变单体的含量来进行调整。丙烯腈可提高塑料的耐热、耐蚀性和表面硬度；丁二烯可提高弹性和韧性；苯乙烯则可改善电性能和成型能力。

表 6-4　各种 ABS 塑料的力学性能

力学性能		超高冲击型	高强度中冲击型	低温冲击型	耐热型
拉伸强度/MPa		35	63	21~28	53~56
拉伸弹性模量/MPa		1800	2900	700~1800	2500
弯曲强度/MPa		62	97	25~46	84
弯曲弹性模量/MPa		1800	3000	1200~2000	2600
压缩强度/MPa		—	—	18~39	70
缺口冲击韧度/(kJ/m²)	23℃	53	6	27~49	16~23
	0℃			21~32	11~13
	-40℃			8.1~18.9	1.6~5.4
洛氏硬度　HRR		100	121	62~88	108~116
热变形温度/℃	0.45MPa	96	98	98	104~116
	1.82MPa	87	89	78~85	96~110
连续耐热性/℃		71~99	71~93	—	87~110

ABS 在机械工业中可制造齿轮、泵叶轮、轴承、把手、管道、贮槽内衬、电机外壳、仪表壳、仪表盘、蓄电池槽、散热器外壳等。近来 ABS 在汽车零件上的应用发展很快，如制作挡泥板、扶手、热空气调节导管及小轿车车身等。用 ABS 制作纺织器材、电信器件都有很好的效果。ABS 是一种原料易得、综合性能良好、价格便宜的工程塑料。

6. 聚酰胺（PA）

聚酰胺英文名称为 Ployamide，简称 PA，俗称尼龙（Nylon），在其大分子主链中含有酰胺基团 $\left[\begin{smallmatrix}O&H\\\|&\|\\C-N\end{smallmatrix}\right]$。其结构式有以下两类：

$$\left[NH(CH_2)_{n-1}\overset{O}{\underset{\|}{C}}\right]_x$$

$$\left[NH(CH_2)_m-NH\overset{O}{\underset{\|}{C}}-(CH_2)_{n-2}\overset{O}{\underset{\|}{C}}\right]_x$$

聚酰胺的命名一般是以单体中所含碳原子数来表示的，如以氨基己酸缩聚制得的尼龙称为尼龙 6，分子式为 $\left(NH(CH_2)_5\overset{O}{\underset{\|}{C}}\right)_n$；而以各含有六个碳的己二胺和己二酸缩聚制得的尼龙称

为尼龙 66，分子式为 $\left[NH(CH_2)_6\, NHC\overset{O}{\overset{\|}{C}}(CH_2)_4\overset{O}{\overset{\|}{C}} \right]_n$。

尼龙属于高结晶性聚合物，具有优良的力学性能，韧性好，蠕变变形小，并具有耐汽油、耐高温及耐寒的特性，价格便宜，是少有能满足汽车发动机部件苛刻要求的材料。

汽车工业是聚酰胺工程塑料最大的消费市场。尼龙（PA）具有较好的耐热性，可以经受汽车发动机运转等产生的高温和环境产生的高、低温变化；具有优良的耐油性，可以经受汽车上使用的汽油、机油、齿轮油、制动油和润滑油；耐化学腐蚀性好，不受汽车冷冻液、蓄电池电解液的腐蚀；具有高强度，是汽车发动机、传动部件及受力结构部件的理想材料。

用于汽车部件的尼龙有玻纤增强 PA6、PA66、填充 PA66、PA6/PP、PA6/EPDM（三元乙丙橡胶）合金。玻纤增强 PA6 主要用于发动机气缸盖、空气滤清器外壳、冷却风扇、过滤器壳体。PA66 主要用于轮胎盖板等要求尺寸稳定性良好的部件。

美国通用电器公司开发的 GTX 是一种非结晶性 PA 和 PPO 的合金。其热变形温度为 $185\sim195℃$，拉伸强度为 56MPa，弯曲强度为 $70\sim73MPa$，耐寒性 $-30℃$，具有良好的加工性和尺寸稳定性。日产汽车公司已将 PA 用作前翼子板、前围和后围板。我国的夏利轿车等车轮罩盖都采用了 PA66/PPO 合金。

PA11 具有柔性好、耐水、耐化学腐蚀和尺寸稳定的特点，欧美和我国汽车广泛使用 PA11 作为汽车的制动管和输油管。

汽车驱动控制部分也采用 PA 来制作齿轮、扣钉、加速踏板。

尼龙由于机械强度高，减摩、耐磨，且噪声小、重量轻、耐腐蚀等特性，可广泛应用于轴承、齿轮、轴瓦、滚筒等滑动部件。

尼龙品种繁多，应用量最大的仍是 PA6 和 PA66，占 90% 左右。表 6-5 列出了几种常用尼龙的力学性能。尼龙 1010 是我国自行研制的，适于制作冲击韧性要求高和加工困难的零件。

表 6-5　几种常用尼龙的力学性能

力学性能	尼龙 66	尼龙 6	尼龙 610	尼龙 1010
拉伸强度/MPa	$57\sim83$	$54\sim78$	$47\sim60$	$52\sim55$
拉伸弹性模量/MPa	$1400\sim3300$	$830\sim2600$	$1200\sim2300$	1600
弯曲强度/MPa	$100\sim110$	$70\sim100$	$70\sim100$	$82\sim89$
弯曲弹性模量/MPa	$1200\sim3000$	$530\sim2600$	$1000\sim1800$	1300
压缩强度/MPa	$90\sim120$	$60\sim90$	$70\sim90$	79
冲击韧度（缺口）/(kJ/m^2)	3.9	3.1	$3.5\sim5.5$	$4\sim5$
冲击韧度（无缺口）/(kJ/m^2)	5.4	5.4	6.5	不断
伸长率（%）	$60\sim200$	$150\sim250$	$100\sim240$	$100\sim250$
洛氏硬度　HRR	$10\sim118$	$85\sim114$	$90\sim100$	—
熔点/℃	$250\sim265$	215	$210\sim220$	$200\sim210$
热变形温度（1.82MPa）/℃	$66\sim86$	$55\sim58$	$51\sim56$	—
马丁耐热温度/℃	$50\sim60$	$40\sim50$	$51\sim56$	45
连续耐热性/℃	$82\sim149$	$79\sim121$	$80\sim120$	$80\sim120$
脆化温度/℃	$-30\sim-25$	$-30\sim-20$	-20	-60

7. 聚甲醛（POM）

聚甲醛由甲醛或三聚甲醛聚合而成的，按聚合方法不同，可分为均聚甲醛和共聚甲醛两类。

均聚甲醛分子结构式为

$$H_3C-\underset{O}{C}-O\left[CH_2O\right]_n\underset{O}{C}-CH_3$$

共聚甲醛分子结构式为

$$\left[(CH_2O)_x(CH_2O-CH_2O-CH_2)_y\right]_n,\ x>y$$

聚甲醛属高结晶性线型热塑性聚合物；具有高熔点、高刚性和优异的力学性能，耐磨，耐疲劳，自润滑，能在较宽的温度范围内保持优异性能；可代替金属制作传动、耐磨、滑动回弹的零部件及其结构材料。

共聚甲醛在汽车方面用来制造汽车泵、汽化器部件、输油管、马达齿轮、曲柄、仪表板、汽车窗升降装置等，在机械制造业中广泛用作齿轮、驱动轴、链条、凸轮等，在电子电气行业中用于制造插头、开关、继电器、电视机外壳等。

均聚甲醛耐磨性优良，可以用于制造照相机、音响、VCD、DVD 机心、手表的精密部件，一般采用注射成型。聚甲醛的综合性能见表 6-6。

表 6-6　聚甲醛的综合性能

综合性能	均聚甲醛	共聚甲醛
密度/(g/cm³)	1.43	1.41
拉伸强度/MPa	70	62
拉伸弹性模量/MPa	2900	2800
屈服伸长率(%)	15	12
断裂伸长率(%)	15	60
压缩强度/MPa	127	113
压缩弹性模量/MPa	2900	3200
弯曲强度/MPa	98	91
弯曲弹性模量/MPa	2900	2600
冲击韧度(缺口)/(kJ/m²)	7.6	6.5
冲击韧度(无缺口)/(kJ/m²)	108	90~100
结晶度(%)	75~85	70~75
马丁耐热温度/℃	60~64	57~62
脆化温度/℃	—	-40
熔点/℃	175	165
成型收缩率(%)	2.0~25	2.5~28
吸水率(%)	0.25	0.22
线胀系数(0~40℃)/(10⁻⁵/℃)	8.1~10	9~11

8. 聚碳酸酯（PC）

聚碳酸酯英文名称为 Poly Carbonate，简称 PC。它是一类分子链中含有通式

$$\left[O-R-O-\underset{O}{C}\right]$$ 链节的高分子化合物及以它为基质而制得的各种材料的总称。随链节中 R 的不同，PC 可分为脂肪族、脂环族、芳香族等。脂肪族 PC 熔点低、溶解度大、热稳定性差、机械强度不高，无法作为工程材料使用。从原材料、制品性能价格比方面考虑，现在只有芳香族聚碳酸酯才具有工业价值，其中尤以双酚 A 型聚碳酸酯最为重要。

双酚 A 型聚碳酸酯（Poly Carbonate of bisphenol A）的结构式为

$$\left[O-\!\!\left\langle\bigcirc\right\rangle\!\!-\!\!\overset{\overset{\displaystyle CH_3}{|}}{\underset{\underset{\displaystyle CH_3}{|}}{C}}\!\!-\!\!\left\langle\bigcirc\right\rangle\!\!-O-\overset{\overset{\displaystyle O}{\|}}{C}\right]_n$$

它是一种正处于发展期的无定形型透明热塑性工程塑料。一般 PC 均指双酚 A 型聚碳酸酯及其改性品种。

聚碳酸酯的综合性能优异，尤其具有突出的抗冲击性、透明性和尺寸稳定性，优良的机械强度和电绝缘性，较宽的使用温度范围（-60~120℃）等，是其他工程塑料无法比拟的。因此，自工业化以来，聚碳酸酯深受人们青睐。聚碳酸酯广泛应用于各个领域，包括电子、电气、汽车、建筑、办公机械、包装、运动器材、医疗、日用百货，随着性能的改善其应用正迅速扩展到航天、航空、电子计算机、光盘等许多高新技术领域，在汽车玻璃的应用方面也使取代无机玻璃变为现实。由于 PC 的高透明性，光盘用 PC 已经占到全世界聚碳酸酯用量的 10% 以上。建筑玻璃用 PC 也是聚碳酸酯的极大市场。PC 耐寒，可在-60~120℃ 温度范围内长期工作。但 PC 自润滑性差，耐磨性比尼龙和聚甲醛低；不耐碱、氯化烃、酮和芳香烃；长期浸在沸水中会发生水解或破裂；有应力开裂倾向、疲劳抗力较低。聚碳酸酯的主要性能见表 6-7。

表 6-7 聚碳酸酯的主要性能

性能	数值	性能	数值
拉伸强度/MPa	66~70	洛氏硬度 HRR	75
伸长率(%)	约 100	熔点/℃	220~230
拉伸弹性模量/MPa	2200~2500	热变温度(1.82MPa)/℃	130~140
弯曲强度/MPa	106	马丁耐热温度/℃	110~130
压缩强度/MPa	83~88	脆化温度/℃	-100
冲击韧度(缺口)/(kJ/m²)	64~75	热导率/[kJ/(m·h·℃)]	0.7
冲击韧度(无缺口)/(kJ/m²)	不断	线胀系数/(10⁻⁵/℃)	6~7
布氏硬度 HBW	97~104	燃烧性	自熄

在机械工业中，聚碳酸酯可用于制造受载不大，但冲击韧性和尺寸稳定性要求较高的零件，如轻载齿轮、心轴、凸轮、螺栓、铆钉和精密齿轮、蜗轮、蜗杆、齿条等。利用其高的电绝缘性能，可制造垫圈、垫片、套管、电容器等绝缘件，并可制作电子仪器仪表的外壳、护罩等。由于其透明性好，在航空、航天工业中是一种不可缺少的制造信号灯、风窗玻璃、座舱罩、帽盔等的重要材料。

9. 氟塑料

氟塑料是含氟塑料的总称。机械工业中应用最多的有聚四氟乙烯（F-4）、聚三氟氯乙烯（F-3）、聚偏氟乙烯（F-2）、聚氟乙烯（F-1），以及聚全氟乙丙烯（F-46）等。

氟塑料和其他塑料相比，其优越性是：既耐高温又耐低温，耐腐蚀，耐老化和电绝缘性能很好，且吸水性和摩擦系数低，尤以 F-4 最突出。

聚四氟乙烯俗称塑料王，具有非常优良的耐高温、低温性能，可在-180~260℃ 的范围内长期使用；几乎耐所有的化学药品腐蚀，在侵蚀性极强的王水中煮沸也不起变化；摩擦系数极低，仅为 0.04。它不吸水，电性能优异，是目前介电常数和介质损耗最小的固体绝缘材料。其缺点是强度低，冷流性强。聚四氟乙烯主要用于制作减摩密封零件、化工耐蚀零件与热交换器，以及高频或潮湿条件下的绝缘材料。

其他氟塑料的性能与 F-4 基本相似，但 F-3 的成型加工性能较之改善，F-2 的耐候性更好，F-1 的抗老化能力更强。

10. 聚砜（PSF）

聚砜指主链中含有砜基 $\left.-\!\!\!\!\begin{array}{c} O \\ \parallel \\ S \\ \parallel \\ O \end{array}\!\!\!\!\right)-$ 的高聚物。聚砜一般具有优良的耐热性、耐寒性、耐候性、抗蠕变性和尺寸稳定性。它的机械强度高，尤其冲击韧性好；可在 $-65\sim150℃$ 温度范围内长期使用；耐酸碱和有机溶剂，在水、潮湿空气中和高温下仍能保持高的介电性能，能自熄，易电镀，透明等。

聚芳砜的耐热性比聚砜高得多，可在 260℃ 下长期使用；耐寒性也好，在 $-240℃$ 的条件下仍保持优良的力学性能和电性能。它硬度高、能自熄、耐辐射、耐老化，但不耐极性溶剂。它可以通过铸型、挤压和压制成型。

聚砜可用于高强度、耐热、抗蠕变的构件和电绝缘件。聚芳砜经填充改性后，可用作高温轴承材料、自润滑材料、高温绝缘材料和超低温结构材料等。

11. 聚甲基丙烯酸甲酯（PMMA）

聚甲基丙烯酸甲酯俗称有机玻璃，其结构式为

$$\left.-\!\!\!\!\begin{array}{c} CH_3 \\ | \\ CH_2\!-\!C \\ | \\ COOCH_3 \end{array}\!\!\!\!\right)_n$$

是典型的线型无定形结构，分子链上带有极性基团。

有机玻璃的透明度比无机玻璃还高，透光率达 92%；密度也只有后者的一半，为 $1.18g/cm^3$；其力学性能比普通玻璃高得多（与温度有关），拉伸强度为 $50\sim80MPa$，冲击韧度为 $1.6\sim27kJ/m^2$；抗稀酸、稀碱、润滑油和碳氢燃料的作用，在自然条件下老化缓慢；在 80℃ 开始软化，在 $105\sim150℃$ 塑性良好，可以进行成型加工。其缺点是表面硬度不高，易擦伤。由于其导热性差和热膨胀系数大，易在表面或内部引起微裂纹（即所谓"银纹"），因而比较脆；此外，有机玻璃易溶于有机溶剂中。

有机玻璃广泛用于航空、航天、汽车、仪表、光学等工业中，可制作风窗玻璃、舷窗玻璃、电视和雷达的屏幕、仪表护罩、外壳、光学元件、透镜等。

12. 酚醛塑料（PR）

酚醛塑料指由酚类和醛类在酸或碱催化剂作用下缩聚合成酚醛树脂，再加入添加剂而制得的高聚物。应用最多的酚醛树脂是苯酚和甲醛的缩聚物。由于制备条件的不同，酚醛塑料有热塑性和热固性两类。热固性酚醛塑料常以压塑粉（俗称胶木粉）的形式供应。

酚醛塑料具有一定的机械强度（拉伸强度约为 40MPa）和硬度，耐磨性好；绝缘性良好，击穿电压在 10kV 以上；耐热性较好，马丁耐热温度在 110℃ 以上；耐蚀性优良。其缺点是性脆，不耐碱。这类塑料的性能因填料的不同可能变化很大。

酚醛塑料广泛用于制作各种电信器材和电木制品，如插头、熔丝座、各种开关、电话机、仪表盒等；制造汽车制动片、内燃机曲轴带轮、纺织机和仪表中的无声齿轮和化工用耐酸泵等；在日用工业中制作各种用具，但不宜制作食物器皿。

13. 环氧塑料（EP）

环氧塑料为环氧树脂加入固化剂后形成的热固性塑料，一般以浇注的方式成型，常用固化剂有胺类和酸酐类。环氧树脂属于热塑性树脂，其结构式为

$$H_2C-CH-CH_2-O-\underset{CH_3}{\overset{CH_3}{C}}-O-CH_2-CH-CH_2-\overset{CH_3}{\underset{CH_3}{C}}-O-CH_2-CH-CH_2$$

分子链中含有活泼的环氧基团，很容易与固化剂发生交联反应，形成体型结构。

环氧塑料强度较高，韧性较好，尺寸稳定性高和耐久性好，具有优良的绝缘性能；耐热、耐寒，可在 $-30 \sim 155℃$ 温度范围内长期工作；化学稳定性很高，成型工艺性能好。其缺点是有少许毒性。

环氧树脂是很好的胶黏剂，对各种材料（金属及非金属）都有很好的胶黏能力。环氧塑料可用于制作塑料模具、精密量具、灌封电器和电子仪表装置，配制飞机漆、油船漆、罐头涂料、电器绝缘及印制线路，制备各种复合材料等。

6.2 合成橡胶

橡胶（Rubber）是高分子材料中的一种，常温下的高弹性是橡胶材料的独有特征，这是其他任何材料所不具备的，因此橡胶也被称为弹性体。其弹性变形量可达 $100\% \sim 1000\%$，而且回弹性好，回弹速度快。橡胶的高弹性本质是由大分子构象变化而来的熵弹性，这种高弹性截然不同于由于键角、键长变化而来的普弹性，具有普弹性的金属材料弹性变形只有 1% 左右。高弹性材料的形变模量低，只有 $10^5 \sim 10^6 \text{N/m}^2$，而金属材料的弹性模量高达 $10^{10} \sim 10^{11} \text{N/m}^2$。

此外，橡胶还有一定的耐磨性，很好的绝缘性和不透气、不透水性。同时，橡胶也具有高分子材料的许多共性，如密度小、成型加工方便和耐环境老化等。

橡胶常被用作弹性材料、密封材料、减振防振材料和传动材料。橡胶工业是个配套工业，它在交通运输、建筑、电子、航空航天、石油化工、军事、机械、农业、水利各个部门都得到了广泛的应用，已成为一种重要的工程材料。

若没有橡胶，没有充气轮胎，就不会有今天发达的交通运输业。交通运输业需要大量橡胶，如一辆汽车需要 240kg 橡胶，一艘轮船需要约 70t 橡胶，一架飞机至少需要 600kg 橡胶等。橡胶制品虽然不大，但作用却十分重要，一旦失去作用所带来的损失是无法估量的。

6.2.1 橡胶的配方组成和分类

1. 橡胶制品的配方组成

天然橡胶的胶乳和人工合成用以制胶的高聚物，在未硫化前还不具备橡胶的使用性能，称为生胶。生胶要先进行塑炼，使其处于塑性状态，再加入各种配料，经过混炼成型、硫化处理，才能变为可以使用的橡胶，而后通过一定的加工工序制成所需要的制品。

橡胶的配方组成是指根据成品的性能要求，考虑加工工艺性能和成本诸因素，把生胶与各种配合剂组合在一起的过程。一般配方组成都包括生胶、硫化体系、补强填充体系、防护

体系及增塑体系，有时还包括其他配合体系。其他配合体系主要是指一些特殊的配合体系，如阻燃、导电、磁性、透明、着色、发泡、香味、耐高低温及耐特种介质等配合体系。

2. 橡胶的分类

按照原料的来源，橡胶可分为天然橡胶和合成橡胶两大类。天然橡胶是以天然橡胶树或植物上流出的胶乳，经过处理后制成的。地球上能进行生物合成橡胶的植物有 200 多种，但具有采集价值的只有几种，最主要的是巴西橡胶树。由于资源有限，天然橡胶的产量远远不能满足人类工业化的需要，因而发展了用人工方法将单体聚合而成的合成橡胶。习惯上合成橡胶又分为性能与天然橡胶接近、可以替代天然橡胶的通用合成橡胶和具有特殊功能的特种合成橡胶两类。

6.2.2 常用的合成橡胶及其性能和应用

1. 丁苯橡胶（SBR）

丁苯橡胶是目前合成橡胶中产量最大、应用最广的通用橡胶，其消耗量占总合成橡胶量的 55%，其中有 70% 用于轮胎业。它是以丁二烯和苯乙烯为单体共聚而成的。其分子结构式为

$$-(CH_2-CH=CH-CH_2)_x(CH_2-CH)_y(CH_2-CH)_z-$$

主要品种有丁苯-10、丁苯-30、丁苯-50，其中数字表示苯乙烯在单体总量中的质量分数。一般说来，该值越大，橡胶的硬度和耐磨性越高，而弹性、耐寒性越差。

丁苯橡胶是不饱和非极性碳链橡胶，与天然橡胶同属一类。与天然橡胶相比弹性略低，但在橡胶中仍属较好的，耐老化性能比天然橡胶稍好。丁苯橡胶具有良好的耐磨性、耐热性，价格便宜，主要用于轮胎工业，主要集中在轿车轮胎、摩托车轮胎和小型拖拉机轮胎，而在载重轮胎及子午胎中应用比例较小。此外，除要求耐油、耐热、耐特种介质性能外，丁苯橡胶均可以使用，如输水胶管、胶辊、防水橡胶制品等。

2. 顺丁橡胶（BR）

顺丁橡胶习惯上是指高顺式聚丁二烯橡胶，由丁二烯在镍、钴催化下聚合而成，其结构式为

$$-(CH_2-CH=CH-CH_2)_n-$$

与天然橡胶、丁苯橡胶相比，顺丁橡胶具有良好的弹性，是通用橡胶中弹性最好的一种。这是由于它的分子链中无侧基，分子链柔性较好，分子间作用力较小，所以顺丁橡胶的耐寒性在通用橡胶中是最好的。

顺丁橡胶（BR）、天然橡胶（NR）、丁苯橡胶（SBR）平行试验性能比较见表 6-8。

表 6-8　BR、NR 和 SBR 平行试验性能比较

性能	橡胶种类		
	BR	NR	SBR
T_g/℃	-105	-72	-57
T_b/℃	-75	-50	-45
耐磨耗/[cm³/(kW·h)]	260	800	300

（续）

性能	橡胶种类		
	BR	NR	SBR
冲击弹性(%)	52	40	33
吸水性①(75℃×28 天)ΔV(%)	2.22	2.71	5.53
拉伸强度(未补强)/MPa	0.98~9.8	17.0~24.5	1.7~2.1
拉伸强度(补强)②/MPa	19.1	—	25.5
撕裂强度(补强)/(kN/m)	30~55	100	50

① 被试三种橡胶配方中均含 20%聚苯乙烯树脂。
② 一等品的国家标准指标。

顺丁橡胶是制造轮胎的优良材料，也可制作胶带、弹簧、减振器、耐热胶管、电绝缘制品等。

3. 乙丙橡胶

乙丙橡胶是以乙烯和丙烯为原料，用立体有规催化体系催化聚合而成的。乙丙橡胶的结构式为

$$\left(CH_2-CH_2\right)_x\left(CH_2-CH\right)_y$$
$$\qquad\qquad\qquad\qquad CH_3$$

乙丙橡胶是完全饱和橡胶（没有共轭双键），三元乙丙橡胶（EPDM）主链也是完全饱和的，EPDM 仅仅在侧链上含有 1%~2%的不饱和第三单体，即约平均 200 个主链碳原子才有 1~2 个带有双键的侧基。橡胶工业中称之为饱和橡胶。与不饱和橡胶（NR、SBR、BR）相比，乙丙橡胶具有相当高的化学稳定性和较高的热稳定性，不易被极化，不产生氢键，是非极性的，故它耐极性介质作用，绝缘性高于不饱和橡胶。

乙丙橡胶最突出的性能就是高度的化学稳定性、优异的绝缘性能和耐臭氧性能，被誉为"无龟裂"橡胶。其耐热性能是通用橡胶中最好的，耐水性、耐水蒸气性优异。乙丙橡胶主要用于要求耐老化、耐水、耐腐蚀和电绝缘几个领域，如用于轮胎的浅色胎侧、耐热运输带、电缆、电线、防腐内衬、密封垫圈、建筑防水、家用电器中。

4. 丁基橡胶（IIR）

丁基橡胶的单体是异丁烯和异戊二烯，以 CH_3Cl 为溶剂，以 $AlCl_3$ 为催化剂，在超低温下通过阳离子聚合而得。丁基橡胶的结构式为

$$\begin{array}{ccccc} CH_3 & & CH_3 & & CH_3 \\ | & & | & & | \\ \left(C-CH_2\right)_x & \left(CH_2-C=CH-CH_2\right) & \left(C-CH_2\right)_y \\ | & & & & | \\ CH_3 & & & & CH_3 \end{array}$$

在其主链周围有密集的侧甲基，丁基橡胶的双键在主链上，而三元乙丙橡胶的双键在侧链上，双键在主链上对于 IIR 的稳定性有所影响，所以丁基橡胶的化学稳定性、耐水性和绝缘性与乙丙橡胶相比要逊色一点，但与不饱和橡胶相比则要好得多。同样，IIR 和 EPDM 一样也耐水、耐极性油，低温性能很好。IIR 具有较好的阻尼性，即吸收振动性，是很好的阻尼材料。丁基橡胶与其他通用橡胶相比具有优异的气密性，即有很小的气体渗透率。不同橡胶对空气渗透率的排序是：

IIR<NBR<SBR<EPDM<NR<BR<<MVQ

因此，丁基橡胶特别适合制作气密性产品，如轮胎、内胎、球胆、胶囊、气密层、液压

密封件等，还可以用于防水建材、防腐制品、电气制品、机械配件等。

5. 氯丁橡胶（CR）

氯丁橡胶由氯丁烯聚合而成，其分子结构式为

$$+CH_2-CH=C-CH_2\,]_n$$

由于分子结构中有氯原子，氯丁橡胶的结晶能力高于天然橡胶、顺丁橡胶、丁基橡胶。氯丁橡胶虽然属于不饱和碳链橡胶，但实际上不具备正常不饱和聚合物的特点。由于氯的存在，极性极大，因此具有较高的结晶性，使得它具有良好的力学性能。其突出特点是耐老化性和耐臭氧老化性、阻燃性，这是它被称为"万能橡胶"的原因，它既可作为通用橡胶，又可作为特种橡胶。同时氯丁橡胶还可用于胶黏剂，占合成橡胶胶黏剂的80%，广泛用于阻燃制品、耐候制品、黏接剂领域，如建筑密封条、公路填缝材料、桥梁支座垫片等。

6. 丁腈橡胶（NBR）

它是由丁二烯和丙烯腈经低温乳液聚合而成的，其分子结构式为

$$+CH_2-CH=CH-CH_2-CH_2-CH\,]_n$$

NBR具有不饱和橡胶的共性，突出特点是气密性较好，与IIR相当；抗静电性好，它的体积电阻率较低，属于半导体材料范围，在通用橡胶中这是独一无二的，因此可以制作抗静电军用橡胶制品。NBR还有优异的耐油性，是通用橡胶中耐油性最好的。因此，丁腈橡胶可以制作各种液压机械的密封制品，以及抗静电性能好的橡胶制品等。NBR还可用作PVC的改性剂，与酚醛树脂并用制作结构胶黏剂。

7. 硅橡胶（MVQ）

硅橡胶是指分子主链为—Si—O—无机结构，侧基为有机基团的一类弹性体。其结构式为

$$+Si-O\,]_n+Si-O\,]_m$$

分子式中R为有机基团，可以是相同的，也可以不同；可以是烃基，也可以是其他基团。侧链基R不同，硅橡胶呈现出不同性能。硅橡胶属于半无机的、饱和、杂链、非极性弹性体，典型代表为甲基乙烯基硅橡胶，结构式为

$$+Si-O\,]_n+Si-O\,]_m$$

乙烯基单元含量很少，一般为0.1%~0.3%（摩尔分数）。硅橡胶具有以下明显的性能特点：

1）MVQ耐温范围宽，从-100~300℃均可以保持良好弹性，既耐热又耐寒，在机械强度要求不高时使用。其耐高温性能与氟橡胶相近，是橡胶材料中最高的；耐低温性能是橡胶材料中最好的。

2）MVQ具有优良的生物医学性能，可植入人体内，或制作仿生器官。

3）MVQ 具有较好的透气性，可以制作保鲜材料和特殊的放气缓冲装置。由于其价格贵，主要用于航空、航天等高技术材料领域。

8. 聚氨酯橡胶

分子链中含有 $\left(\text{NH—}\overset{\displaystyle O}{\overset{\|}{\text{C}}}\text{—O}\right)$ 结构的弹性体称为聚氨基甲酸酯橡胶，简称橡胶弹性体。

橡胶弹性体具有很高的机械强度，在橡胶材料中它具有最高的拉伸强度，一般可达 28.0~42.0MPa，撕裂强度达 63.0kN/m，伸长率可达 1000%，硬度范围宽，邵氏硬度值为 10~95。其气密性与 IIR 相当；也可以作为生物医学材料植入人体内；具有较好的黏合性，在胶黏剂中应用广泛；其耐磨性是橡胶材料中最好的，比天然橡胶高出 8 倍，利用这一特点，橡胶弹性体可以制作大型胶辊，广泛用于印刷、纺织行业中，还可以制作实心轮胎。

6.3 合成纤维

合成纤维工业是 20 世纪 40 年代才发展起来的，由于合成纤维性能优异、用途广阔、原料来源丰富，其生产不受自然条件限制，因此合成纤维工业发展速度十分迅速。

合成纤维具有优良的物理、化学性能和力学性能，具有比天然纤维更优越的性能，如强度高、密度小、弹性好、耐磨、耐酸碱性好、不霉烂、不怕虫蛀等，除广泛用作衣料等生活用品外，在航空航天、国防工业、交通运输、医疗卫生、海洋水产、通信等领域也成为不可缺少的重要材料，是一种发展迅速的工程材料。

6.3.1 合成纤维的组成和分类

合成纤维是以石油、天然气、煤等为原料，由单体经一系列化学反应，合成高分子化合物，再经其熔融或溶解后纺丝制得的纤维。

根据高分子化学组成结构的不同，合成纤维可以分为杂链纤维和碳链纤维。杂链纤维的大分子主链上除碳原子外，还含有其他元素（氮、氧、硫等）。碳链纤维的大分子主链上则完全以碳—碳键相连接。

根据高分子化学组成的不同，合成纤维品种繁多，目前大规模生产的有三四十种，其中发展最快的是：聚酯纤维（涤纶）、聚酰胺纤维（锦纶）、聚丙烯腈纤维（腈纶）、聚乙烯醇纤维（维纶）、聚丙烯纤维（丙纶）、聚氯乙烯纤维（氯纶），通称为六大纶。其中最主要的是涤纶、锦纶和腈纶三个品种，它们的产品占合成纤维的 90% 以上。表 6-9 为六种主要合成纤维的性能和用途。

表 6-9　六种主要合成纤维的性能和用途

化学名称		聚酯纤维	聚酰胺纤维	聚丙烯腈纤维	聚乙烯醇纤维	聚丙烯纤维	聚氯乙烯纤维
商品名称		涤纶（的确良）	锦纶（人造毛）	腈纶	维纶	丙纶	氯纶
产量（占合成纤维比例）		>40%	30%	20%	1%	5%	1%
强度	干态	中	优	优	中	优	优
	湿态	中	中	中	中	优	中
密度/（g/cm³）		1.38	1.14	1.14~1.17	1.26	0.91	1.39

（续）

吸湿率(%)	0.4~0.5	3.5~5	1.2~2.0	4.5~5	0	0
软化温度/℃	238~240	180	190~230	220~230	140~150	60~90
耐磨性	优	最优	差	优	优	中
耐日光性	优	差	最优	优	差	中
耐酸性	优	中	优	中	中	优
耐碱性	优	优	优	优	优	优
特点	挺括不皱、耐冲击、耐疲劳	结实耐用	蓬松耐用	成本低	轻、坚固	耐磨不易燃
工业应用举例	高级帘子线、渔网、缆绳、帆布	2/3用于工业帘子布、渔网、降落伞、运输带	制作碳纤维及石墨纤维的原料	2/3用于工业帆布、过滤布、渔具、缆绳	军用被服、绳索、渔网、水龙带、合成纸	导火索皮、口罩、帐幕、劳保用品

6.3.2 常用的合成纤维及其性能和应用

1. 涤纶

涤纶的化学名称为聚酯纤维，商品名称为涤纶或的确良，由对苯二甲酸乙二醇酯抽丝制成。

涤纶的主要特点是在分子链上存在有刚性基团，使分子排列紧密，纤维结晶度高。因此，涤纶的弹性好，弹性模量大，不易变形，由涤纶纤维织成的纺织品抗皱性和保形性特别好，外形挺括，即使受力变形也易恢复，弹性接近羊毛，较棉花高两倍，为其他纤维所不及。

涤纶强度高，抗冲击性能比锦纶高四倍，耐磨性能仅次于锦纶，耐光性、化学稳定性和电绝缘性也较好，不发霉，不怕虫蛀。现在涤纶除大量用作纺织品材料外，工业上广泛用于运输带、传动带、帆布、渔网、绳索、轮胎帘子线及电器绝缘材料等。

涤纶的缺点是吸水性差，染色性差，不透气，穿着感到不舒服，摩擦易起静电，容易吸附脏物，耐紫外线能力差，不宜暴晒。

2. 锦纶

锦纶的化学名称为聚酰胺纤维，商品名称为锦纶或尼龙。由聚酰胺树脂抽丝制成，主要品种有锦纶6、锦纶66和锦纶1010等。

锦纶的特点是质轻、强度高。因为锦纶长分子链上含有酰胺基，可以通过氢键的作用，加强酰胺基之间的连接，从而使纤维获得较高的强度，故锦纶的强度比棉花高2~3倍。

锦纶的第二个特点是弹性和耐磨性好。由于锦纶分子链上有很多亚甲基存在，使锦纶纤维柔软，且富有弹性。它的耐磨性约是棉花的10倍，羊毛的20倍。锦纶还具有良好的耐碱性和电绝缘性，不怕虫蛀，但耐酸、耐热、耐光性能较差。其主要缺点是弹性模量低，容易变形，缺乏刚性，故用锦纶做成的衣服不挺括。

锦纶纤维多用于轮胎帘子线、降落伞、宇航飞行服、渔网、针织内衣、尼龙袜、手套等工农业及日常生活用品。

3. 腈纶

腈纶的化学名称为聚丙烯腈纤维，商品名称为腈纶。它由聚丙烯腈树脂经湿纺或干纺制成。

腈纶质轻，密度为 $1.14~1.17g/cm^3$，比羊毛还轻，柔软，保暖性好，犹如羊毛，故俗称人造毛。腈纶毛线的强度比纯羊毛毛线高2倍以上，穿着时有温暖的感觉，而且即使在阴雨天气也不会像羊毛有冰凉的感觉。腈纶不发霉、不怕虫蛀、弹性好、吸湿小、耐光性能特别好，超过涤纶，对日光的抵抗能力比羊毛大 1 倍，比棉花大 10 倍。

由于腈纶具有这些优点，故近年来生产发展很快，多数用来制造毛线和膨体沙及室外用的帐篷、幕布、船帆等织物，还可与羊毛混纺，织成各种衣料。

腈纶的缺点是耐磨性差，弹性不如羊毛，摩擦后容易在表面产生许多小球，不易脱落，且因摩擦、静电积聚，小球容易吸收尘土，弄脏织物。腈纶毛线拆下后，在常温下不易恢复平直，只有在 90℃ 的热水中才能恢复平直和松软，且必须待热水冷却至 50℃ 以下取出方可保持。

4. 维纶

维纶的化学名称为聚乙烯醇纤维，商品名为维尼纶或维纶，由聚乙烯醇树脂经混纺制成。

维纶的最大特点是吸湿性好，和棉花接近，性能很像棉花，故又称合成棉花。维纶具有较高的强度，约为棉花的两倍，耐磨性、耐酸碱腐蚀性均较好，耐日晒，不发霉，不怕虫蛀。其纺织品柔软保暖，结实耐磨，穿着时没有闷气感觉，是一种很好的衣着原料。但由于它弹性和抗皱性差，穿着不挺括，故其织品销路日趋下降。现在维纶主要用作帆布、包装材料、输送带、背包、床单和窗帘等。

5. 丙纶

丙纶的化学名称为聚丙烯纤维，商品名称为丙纶，由聚丙烯树脂制成。

丙纶的特点是质轻、强度大，密度只有 $0.91g/cm^3$，比腈纶还轻，能浮在水面上，故是渔网的理想材料，也是军用蚊帐的好材料。丙纶制作的蚊帐质量为 100g 左右，适合行军的需要。

丙纶耐磨性优良，吸湿性很小，还能耐酸碱腐蚀。用丙纶制作的织物，易洗快干，不走样，经久耐用，故现在除用于衣料、毛毯、地毯、工作服外，还用作包装薄膜、降落伞、医用纱布和手术衣等。

6. 氯纶

氯纶的化学名称为聚氯乙烯纤维，商品名称为氯纶，由聚氯乙烯树脂制成。

氯纶的特点是保暖性好，遇火不易燃烧；化学稳定性好，能耐强酸和强碱；弹性、耐磨性、耐水性和电绝缘性均很好，并能耐日光照射，不霉烂，不怕虫蛀。因为氯纶具有这些良好的性能，故常用作化工防腐和防火衣着的用品，以及绝缘布、窗帘、地毯、渔网、绳索等。又因氯纶的保暖性好，静电作用强，做成贴身内衣，对风湿性关节炎有一定疗效。

氯纶的缺点是耐热性差，当温度达 65～70℃ 时，纤维即开始收缩，在沸水中收缩率大，故氯纶织物不能用沸水洗涤，也不能接近高温热源。

合成纤维在水利电力工程上的应用也在不断增多。除了上述几种纤维用作电器绝缘材料外，还可以做成塑料涂层织物，做成人工堤坝，也可用作反滤层；另外，还可以用作纤维增强材料，配制纤维混凝土，提高混凝土的抗裂性和冲击韧性，如聚丙烯纤维增强混凝土，具有较高的抗冲击能力和抗爆能力，可用作防护构件。

6.4 胶黏剂

6.4.1 胶黏剂的组成和分类

胶黏剂是以黏料为主剂或基料，配合各种固化剂、增塑剂、稀释剂、填料，以及其他助剂等配制而成的。胶黏剂通过黏附作用使同质或异质材料连接在一起，并在黏接面上保持一定强度。最早的胶黏剂大都来源于天然的胶黏物质，当今的胶黏剂大都采用合成高分子化合物为主剂，配合一种或多种助剂制成。

1）黏料也称基料或主剂。黏料是胶黏剂的主要组分，能起到胶黏作用，要求有良好的黏附性和润湿性。作为黏料的物质有合成树脂、合成橡胶、天然高分子、无机化合物等。

2）固化剂和固化促进剂。固化剂是使低分子化合物或线型高分子化合物交联成体型网状结构，成为不溶不熔并具有一定强度的化学药品。橡胶中用的固化剂叫作硫化剂。

3）增塑剂与增韧剂。它们的加入可以增加胶层的柔韧性，提高胶层的冲击韧性，改善胶黏剂的流动性，一般是一种高沸点液体或低熔点固体化合物，与黏料有混容性。

4）稀释剂。为了便于涂胶工序操作，常采用稀释剂来溶解黏料并调节到所需要的黏度。

5）填料。根据胶液的物理性能可加入适量填料来改善胶黏剂的力学性能和降低成本。如加入石墨粉、滑石粉可提高耐磨性，加入氧化铝、钛白粉等可增加黏接力。

胶黏剂按照组分的分类如图 6-1 所示。

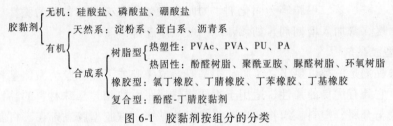

图 6-1　胶黏剂按组分的分类

6.4.2　常用的胶黏剂及其性能和应用

1. 树脂型胶黏剂

（1）热塑性树脂胶黏剂　热塑性树脂胶黏剂以线型聚合物为黏料，由于它不产生交联，容易与溶剂配制成溶液、乳液或通过直接加热呈熔融状态的方式胶结，操作、使用方便，容易保存，柔韧性、耐冲击性优良，并具有良好的起始黏接力；但存在着耐热性差、耐溶剂性差的缺点。

热塑性胶黏剂包括聚乙烯及其共聚物、聚醋酸乙烯酯及其共聚物、聚丙烯酸酯类、聚乙烯醇和聚乙烯醇缩醛类等。以聚醋酸乙烯酯胶黏剂最为常见，其中乳液胶黏剂使用最广；适合胶接多孔性、吸水性材料，如纸张、木材、纤维织物，也可以用于塑料及铝箔的黏合；在装订、包装、无纺布制造、家具生产、建筑施工中得到广泛应用，如家庭装潢中使用的 107 胶、801 胶等就属于此类。表 6-10 列出了聚醋酸乙烯酯胶黏剂的胶接强度。

表 6-10　聚醋酸乙烯酯胶黏剂的胶接强度

被胶物	黏合拉伸强度/MPa		黏合剪切强度/MPa	
	聚醋酸乙烯酯胶黏剂	硝酸纤维素胶黏剂	聚醋酸乙烯酯胶黏剂	硝酸纤维素胶黏剂
不锈钢	25.3	15.3	20.8	11.1
铝合金	23.0	10.5	25.0	9.56
纸质酚醛层压板	74.5	60.5	17.4	11.8
玻璃	17.1	7.60	16.2	11.8
皮革	6.75	7.73	14.0	9.77
硬橡胶	2.81	4.15	4.43	7.03

（2）热固性树脂胶黏剂 该类胶黏剂以多官能团的单体或低分子预聚体为基料，通过加热、催化剂或两者结合下交联成为不溶不熔的体型结构物质来进行胶接。这类胶黏剂的胶层呈现刚性，有很高的胶接强度和硬度，良好的耐热性和耐溶剂性，优良的抗蠕变性能。其缺点是起始胶接力小，固化时间较长，固化时易产生体积收缩和内应力，使胶接强度降低，一般需要加入填料来弥补这些缺陷。其主要品种有环氧树脂、脲醛树脂、三聚氰胺、酚醛树脂等胶黏剂。

环氧树脂胶黏剂是一种常用的热固性树脂胶黏剂，它对各种金属和大部分非金属材料都具有良好的黏接性能，常被称作"万能胶"。

环氧树脂胶黏剂具有工艺性能好、胶接强度高、收缩率小、耐介质性能优良、电绝缘性能良好等优点，其缺点是比较脆，耐冲击性能差。环氧树脂广泛用于飞机、导弹、汽车、建筑、电子行业中。国产 E-51、E-42、E-20 等牌号的胶黏剂均为双酚 A 型环氧树脂。

环氧树脂本身是热塑性线型结构，不能直接用作胶黏剂，必须加入固化剂（交联剂）在一定条件下进行固化交联反应，生成不溶不熔的体型网状结构后才具有黏接作用。一般用改性胺，如乙二胺、苯二甲胺等为固化剂，同时为改善环氧树脂胶黏剂的脆性，提高抗冲击性能和剥离强度，常加入增韧剂，如邻苯二甲酸二丁酯等。

2. 橡胶型胶黏剂

橡胶型胶黏剂是一类以氯丁、丁腈、丁基等合成橡胶或天然橡胶为主体基料配制而成的一类胶黏剂。它具有优良的弹性，适用于柔软或热膨胀系数相差悬殊材料的黏接，例如橡胶与橡胶、橡胶与金属、塑料、织物、皮革等之间的黏接。橡胶型胶黏剂在飞机制造、汽车制造、橡胶制品加工等部门有着广泛用途，如坦克橡胶履带的胶黏。目前世界上橡胶型黏结剂占总橡胶量的 5%。氯丁橡胶胶黏剂是主要品种，其基本配方有基料——国产 LDJ-240 型氯丁橡胶，氧化锌、氧化镁为缓慢硫化剂，填料以碳酸钙、炭黑为主，采用 NA-22 型促进剂，防老剂 D 等。

3. 复合型胶黏剂

复合型胶黏剂由两种或两种以上高聚物相互掺混或相互改性而制得。这是由于高强度结构材料的发展而产生的。

由于超声速飞机的出现，在飞行过程中机身的表面温度随着马赫数的增大而快速升高，致使一些耐高温而综合性能优异的复合型胶黏剂（如环氧-酚醛型、改性环氧型、聚酰亚胺型等）得到迅速发展。

一般把在承受强力部位的构件胶接所使用的胶黏剂叫作结构胶黏剂。常见的有酚醛树脂-聚乙烯醇缩醛胶黏剂、酚醛-丁腈结构胶黏剂、酚醛-氯丁橡胶结构胶黏剂、橡胶改性环氧树脂胶黏剂等，它们广泛用于航空、航天工业中。

4. 耐热胶黏剂

近年来随着我国航空航天事业的发展，对胶黏剂的耐高温性能提出了更高的要求，因此有必要把耐热结构胶黏剂做专门介绍。例如，航天飞船在重返大气层时要经受上千摄氏度高温气流冲刷的考验。高速歼击机在高空做超声速飞行时，机翼前缘温度也达到 300℃ 以上，因此就需要采用在此温度范围内安全使用的结构胶黏剂。

目前耐热温度最高的结构胶黏剂是杂环聚合物胶黏剂，如聚苯并咪唑、聚酰亚胺胶黏剂，它们作为结构胶黏剂可以在 400℃ 以下长期使用，瞬间耐高温可达 1000℃，基本可以满足航天飞船的要求。但它们的固化条件也相当苛刻，要在高温、高压下长时间固化。表 6-11 是各种耐热胶黏剂的耐热性能比较。

表 6-11 各种耐热胶黏剂的耐热性能比较 （单位：℃）

胶黏剂类型	被黏材料	
	钢	铝
酚醛树脂	232	316
酚醛树脂-丁二烯橡胶	288	288
酚醛-尼龙	260	316
双酚 A 型环氧树脂	260	288
环氧-酚醛	260	316
环氧-尼龙	288	288
环氧-丁腈橡胶	292	295
酚醛-丁腈橡胶	316	316
聚有机硅氧烷	350	380
环氧-聚砜	345	360
聚酰亚胺	450	500
聚苯并咪唑	430	500
聚喹噁啉	460	520

注：表中耐热温度是在老化 100h 后，胶接强度保持率为 30%的条件下测定的。

本 章 小 结

本章主要介绍了工程塑料、合成橡胶、合成纤维和胶黏剂四类高分子材料的概念、分类、化学组成特点和性能特点，以及一些常见典型高分子材料的化学组成、特点和工程应用。本章思维导图如图 6-2 所示。

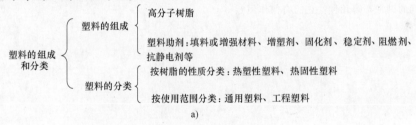

图 6-2 本章思维导图

橡胶的配方和分类 { 配方：包括生胶、硫化体系、补强填充体系、防护体系、增塑体系，有时还包括其他配合体系

分类：天然橡胶、合成橡胶

d)

合成纤维的分类 { 根据高分子化学组成结构的不同，合成纤维可以分为杂链纤维和碳链纤维

根据高分子化学组成的不同，合成纤维品种繁多，目前大规模生产的有三四十种

e)

图 6-2　本章思维导图（续）

思　考　题

1. 何谓塑料助剂？常用的有哪几种？它们有何作用？
2. 工程塑料有哪些优异的性能？试举例说明。
3. 举出常见的三种工程塑料，并说明其优缺点。
4. 热塑性塑料和热固性塑料有何不同？各自的优缺点有哪些？
5. 橡胶有哪些优异的性能？试举例说明。
6. 合成纤维有哪些优异的性能？说明常见四种合成纤维的性能、特点和应用。
7. 胶黏剂的助剂有哪几种？它们有何作用？

第7章

无机非金属材料

无机非金属材料是以某些元素的氧化物、碳化物、氮化物、卤素化合物、硼化物，以及硅酸盐、铝酸盐、磷酸盐、硼酸盐等物质组成的材料。随着现代科学技术的发展，无机非金属材料是从传统的硅酸盐材料演变而来的。无机非金属材料是与有机高分子材料、金属材料并列的三大材料之一。无机非金属材料涉及范围广泛，种类繁多，通常把它们分为传统和新型无机非金属材料两大类。传统的无机非金属材料是工业和基本建设所必需的基础材料。新型无机非金属材料是 20 世纪中期以后发展起来的，具有特殊性能和用途的材料，是现代新技术、新产业、传统工业技术改造、现代国防和生物医学领域所不可缺少的物质基础。

7.1　陶瓷

陶瓷是陶器和瓷器的总称。陶瓷材料按其化学成分和结构可分为普通陶瓷和先进陶瓷两大类。普通陶瓷又称传统陶瓷，它是以天然的硅酸盐矿物（黏土、长石、硅砂等）为原料经过粉碎、成型和烧结而制成的，主要用于日用品、建筑、卫生、电气、化工等领域。先进陶瓷是具有各种独特的力学、物理或化学性能的陶瓷，一般采用高纯度的人工合成原料（如氧化物、氮化物、碳化物、硅化物、硼化物等）烧制而成，又称特种陶瓷、新型陶瓷、现代陶瓷或精细陶瓷，主要用于航空航天、生物、通信、电子等新兴技术领域。先进陶瓷又可按用途分为结构陶瓷和功能陶瓷两大类。结构陶瓷是指具有优异的力学、热学、化学等性能，用于各种结构件的先进陶瓷；功能陶瓷是指那些可利用电、磁、声、光等性质及其耦合效应以实现某种使用功能的先进陶瓷。

陶瓷的组织结构较为复杂，一般由晶体相、玻璃相和气相组成。各种相的组成、数量、形状、分布状况都会影响陶瓷的性能。①晶体相是陶瓷的主要组成相，具体有硅酸盐、氧化物和非氧化物等，它决定了陶瓷的主要性能和应用。②玻璃相一般指高温熔融体非平衡冷却时形成的非晶态固体，它的主要作用有：降低烧成温度，促进烧结；填充晶体相间的空隙，提高致密度；阻止晶型转变，抑制晶粒长大等。③气相是陶瓷组织内部残留的孔洞，气孔易造成裂纹，使陶瓷材料的强度、热导率、抗电击穿强度下降，介质损耗增大，同时气相的存在可使光线散射而降低陶瓷的透明度。

陶瓷材料往往具有硬度高、抗压强度大、抗氧化性能好、耐高温、耐磨损、耐腐蚀等特点，但塑性差、脆性大、热稳定性差。

7.1.1　普通陶瓷

普通陶瓷所用原料主要为黏土、石英和长石，改变原料的配比、细度和制备工艺，可以获得不同致密度和性能的陶瓷。普通陶瓷组织的主要部分为，占 25%~30% 的晶体相（即莫来石晶体，$3Al_2O_3 \cdot 2SiO_2$），占 35%~60% 的玻璃相，以及 1%~3% 的气相。

普通陶瓷因玻璃相数量较多，强度较低，高温性能也不及先进陶瓷，通常最高使用温度为 1200℃ 左右。普通陶瓷质地坚硬、抗氧化、电绝缘性好、耐腐蚀、成本低、加工性能好，但脆性大；除大量用于日用器具、建筑、卫生行业外，还广泛用于电气、化工、建筑、纺织行业中，制作光洁、耐磨、受力小的零件，如化工行业中的管道内衬、耐酸（碱）容器、反应塔，电气工业中的绝缘件等。

1. 日用陶瓷

日用陶瓷是日常生活中人们接触最多，也是最熟悉的陶瓷，如餐具、茶具、咖啡具、酒具等。日用陶瓷内在质量主要是致密度、热稳定性、机械强度、釉面硬度、坯釉结合性，以及产品中铅、镉的溶出量等。影响日用陶瓷性能的因素，主要是原料的化学组成和矿物组成，釉的组成和结构及生产工艺等。

长石质瓷（$K_2O\text{-}Al_2O_3\text{-}SiO_2$ 系）是国内外普遍生产的一种日用陶瓷，以长石作为熔剂的"长石-石英-高岭土"三组分配料系统，烧成温度范围为 1150~1450℃。长石质瓷瓷质洁白、坚硬、机械强度高、化学稳定性好，坯层呈半透明，不透气、吸水率很低，主要用来制作餐具、茶具、陈设瓷器、装饰美术瓷器和一般工业制品。

骨灰质瓷（$CaO\text{-}Al_2O_3\text{-}P_2O_5\text{-}SiO_2$ 系）是以磷酸盐作为熔剂的"磷酸盐-石英-高岭土-长石"系瓷，由于生产中通常用动物骨灰引入 $Ca_3(PO_4)_2$ 得名。骨灰质瓷的主要原料是骨灰，是将兽骨经煮沸或蒸汽脱脂后入窑煅烧而得的骨粉，近年来已开始使用天然磷灰石和人造骨灰为原料生产。骨灰质瓷高白度、高透光度、高强度、光泽柔和，但较脆、热稳定性差；主要用作高级日用瓷制品，如高级餐具、茶具、高级工艺美术瓷器等。

2. 建筑卫生陶瓷

建筑卫生陶瓷是指主要用于建筑物饰面、建筑构件和卫生设施的陶瓷制品。建筑陶瓷一般按坯体烧结程度及吸水率大小分为三类：瓷质（吸水率一般小于 0.5%）、炻质（吸水率小于 10%）及陶质（吸水率大于 10%）。瓷质制品吸水率低、坯体致密、强度大、热稳定性好，但烧成收缩大；炻质制品具有较高的机械强度、热导率小、耐腐蚀、热稳定性好；陶质产品主要是釉面砖（内墙砖），往往耐蚀性好，制品热稳定性较好。

卫生陶瓷根据坯体的烧结程度可分为三大类：精陶质、半瓷质及瓷质。各种类型的卫生洁具都由黏土类原料、长石、石英配制而成，精陶质坯料中长石较少，黏土较多；瓷质和半瓷质中则长石较多，黏土较少。卫生洁具坯料的化学组成（质量分数）为：SiO_2 64%~70%，Al_2O_3 21%~25%，CaO 0.5%~0.6%，MgO 1.0%~1.3%，碱金属氧化物 2.5%~3.0%。

3. 电瓷

电瓷是电力工业、交通、照明、家用电器中重要的绝缘体瓷料。普通高压电瓷坯料用于制造一般高压绝缘子和中小型套管产品，通常采用长石质硬质瓷，主要相组成为莫来石相、玻璃相、方石英和部分粒状石英残留物。滑石质瓷（$MgO\text{-}Al_2O_3\text{-}SiO_2$ 系）是一类综合性能较好的应用于高频技术的电绝缘瓷，主要由滑石（$3MgO \cdot 4SiO_2 \cdot H_2O$）经 1300~1400℃ 烧成。滑石质瓷具有良好的透明度、热稳定性，较高的强度和良好的电绝缘性能。近年来发展的高压、超高压电瓷，主要用于超高压输配电的棒形支柱、悬式绝缘子及高强度套管等产品，主要有高硅质和高铝质两大类，瓷坯中除原有的莫来石、残余石英晶体外，还增加了刚玉晶体。

7.1.2　先进陶瓷

1. 氧化物陶瓷

（1）氧化铝陶瓷　氧化铝陶瓷通常指 $\alpha\text{-}Al_2O_3$ 含量为 70% 以上的氧化铝陶瓷，根据主晶相的不同可以分为莫来石瓷、刚玉-莫来石瓷和刚玉瓷。陶瓷的主晶相是刚玉（ $\alpha\text{-}Al_2O_3$ ），通常按氧化铝含量可分为 75 瓷、95 瓷和 99 瓷。Al_2O_3 含量越高，陶瓷的烧成温度也高，陶瓷的机械强度、介电常数、比电阻、热导率等都相应提高，介质损耗降低。氧化铝陶瓷中的玻璃相和气孔较少，原料来源丰富，价格低廉，是应用最为广泛的先进陶瓷之一。

1）氧化铝陶瓷烧结产品的抗弯强度可达 250MPa，热压产品可达 500MPa。其成分越纯，强度越高，强度可维持到 900℃ 高温。利用 Al_2O_3 陶瓷高的机械强度特性，可制成装置瓷和其他机械构件。

2）氧化铝陶瓷电阻率高、电绝缘性能好，常温电阻率为 $10^{15}\Omega\cdot cm$ ，绝缘强度为 15kV/cm，可以制成集成电路基板、管座、火花塞、电路外壳等。

3）氧化铝陶瓷的硬度高，莫氏硬度为 9，仅次于金刚石、立方氮化硼、碳化硼和碳化硅，居第五位，加上优良的耐磨损性，因此可广泛地用来制造刀具、磨轮、磨料、轴承等。用 Al_2O_3 陶瓷刀具加工汽车发动机和飞机零件时，可以以高的切削速度获得高的精度。

4）氧化铝陶瓷的熔点高，耐蚀。其熔点为 2050℃，耐高温性能好，高 Al_2O_3 含量的刚玉瓷能在 1600℃ 的高温下长期使用，蠕变很小，抗氧化；同时能较好地抗 Be、Sr、Ni、Al、V、Ta、Mn、Fe、Co 等熔融金属的侵蚀；对 NaOH、玻璃、炉渣的侵蚀也有很强的抵抗能力；在惰性气氛中不与 Si、P、Sb、Bi 作用；可用作耐火材料、炉管、玻璃拉丝坩埚、空心球、纤维、热电偶保护套等。

5）氧化铝陶瓷的化学稳定性优良，许多硫化物、磷化物、砷化物、氯化物、氮化物、溴化物、碘化物、氟化物，以及硫酸、盐酸、硝酸、氢氟酸不与 Al_2O_3 作用，因此 Al_2O_3 可以制成纯金属和单晶生长的坩埚、人体关节、人工骨等。

6）氧化铝陶瓷的光学特性好，可以制成透光材料（透明 Al_2O_3 陶瓷），可透过 90% 可见光和 80% 红外光。其致密度高、晶界上不存在孔隙或孔隙大小远小于可见光波长；晶界杂质及玻璃相少；晶粒小而均匀；晶体对入射光的选择吸收小；无光学各向异性；表面粗糙度值小。通常采用高纯 Al_2O_3 原料，添加 MgO 以抑制晶粒长大，形成细晶结构，在氢气等还原性气氛下烧结，以充分排除气孔，得到近乎理论密度的陶瓷烧结体。透明 Al_2O_3 陶瓷用于制造高压钠灯灯管、微波整流罩、红外窗口、激光振荡元件等。

7）氧化铝陶瓷具有离子导电性，可作为太阳电池材料和蓄电池材料。

（2）氧化镁陶瓷　氧化镁陶瓷是以 MgO 为主要成分的陶瓷，主晶相为 MgO，熔点为 2800℃，高温下比体积电阻高，有良好的电绝缘性，介电系数为 9.1，介质损耗低。MgO 在高于 2300℃ 时易挥发，因此氧化镁陶瓷一般应限制在 2200℃ 下使用；对碱性金属炉渣有较强的抗侵蚀能力；高温下易被碳还原成金属镁；在潮湿的空气中极易吸潮水化生成 Mg(OH)$_2$。

利用氧化镁陶瓷在高温时比体积电阻大的性能，可用作高温电绝缘材料；利用它不易被侵蚀的特性可以用作熔炼贵金属及其合金的坩埚，浇注铁及其合金的真空熔融用坩埚；还可用作高温热电偶保护套及高温炉衬材料等。

（3）氧化锆陶瓷　ZrO_2 有三种晶型。低温为单斜相（m），密度为 $5.65g/cm^3$；较高温为四方相（t），密度为 $6.10g/cm^3$；更高温度下转变为立方相（c），密度为 $6.27g/cm^3$。其转化关系为

$$单斜\ ZrO_2 \underset{}{\overset{1170℃}{\rightleftharpoons}} 四方\ ZrO_2 \underset{}{\overset{2370℃}{\rightleftharpoons}} 立方\ ZrO_2 \overset{2715℃}{\rightharpoonup} 熔体$$

单斜相与四方相的相变伴随有 7%~9% 的体积变化（四方晶体收缩），因此纯 ZrO_2 陶瓷因体积效应难以制造出块体，必须进行晶型稳定化处理。常用的稳定剂有 CaO、MgO、CeO_2、Y_2O_3 和其他稀土氧化物等。这些氧化物在 ZrO_2 中的溶解度大，可与 ZrO_2 形成置换型固溶体，且可以通过快冷方式将亚稳态保留到室温，不再发生相变和体积变化，称为全稳定 ZrO_2（FSZ）。在 ZrO_2 稳定化过程中，如果稳定剂添加量不足，可获得立方相和四方相的混合组成，称为部分稳定 ZrO_2（PSZ）。部分稳定 ZrO_2 的强度、断裂韧性和抗热冲击性能比完全稳定 ZrO_2 有很大的提高。其断裂韧度甚至高达 $15\sim30MPa\cdot m^{1/2}$，弯曲强度高达 2000MPa。如果 $t\text{-}ZrO_2$ 陶瓷全部亚稳到室温，则称为四方多晶 ZrO_2（TZP）材料。

ZrO_2 增韧是通过四方相转变为单斜相实现的，增韧机理有应力诱发相变增韧、相变诱发微裂纹增韧、表面强韧化等。利用这些强韧化机理可制出常温高强度、高韧性的材料，使 ZrO_2 成为重要的结构陶瓷。目前制备出的部分稳定氧化锆陶瓷（PSZ）、四方氧化锆多晶陶瓷（TZP）、ZrO_2 增韧 Al_2O_3 陶瓷（ZTA），以及 ZrO_2 增韧莫来石（ZTM）等陶瓷材料已得到广泛应用。

ZrO_2 莫氏硬度为 6.5，硬度较高，耐磨性好，因此可制成冷成形工具、整形模、拉丝模、切削刀具等。

ZrO_2 高温强度高、韧性好，可用来制造发动机构件，如推杆、连杆、轴承、气缸内衬、活塞帽等。ZrO_2 作为喷嘴材料使用时，其寿命为 Al_2O_3 陶瓷的 26 倍，也常用于研磨介质和球阀材料。

ZrO_2 高温下具有半导体的性质。纯 ZrO_2 是良好的绝缘体，电阻率高达 $10^{13}\Omega\cdot cm$。加入 CaO、Y_2O_3 等稳定剂后，高温下 ZrO_2 导电性增加。表 7-1 列出了氧化锆在不同温度下的电阻率。由于 ZrO_2 这一特性，因此常用来制造高温发热元件。ZrO_2 发热元件可在空气中使用，最高温度达 2100~2200℃。

表 7-1　氧化锆的电阻率

温度/℃	700	1200	1300	1700	2000	2200
电阻率/$\Omega\cdot cm$	3300	77	9.4	1.6	0.59	0.37

ZrO_2 耐侵蚀，耐高温。ZrO_2 在氧化、还原性气氛中都相当稳定，能抵抗酸性或中性熔渣的侵蚀（但会被碱性炉渣侵蚀）。因此，ZrO_2 可以用作炉子和反应堆的隔热材料、浇口，用作熔炼 Pt、Pd、Rh 等金属的坩埚。ZrO_2 与熔融铁或钢不润湿，因此可以作为盛钢液桶、流钢液槽的内衬，以及连续铸钢中的注口砖。

ZrO_2 具有敏感特性，可用于制作氧敏感气敏元件（检测、报警、监控），ZrO_2 元件可实现百万分之几到常量氧气气氛检测，监测待测气氛或熔融金属中的氧含量。ZrO_2 在一定

条件下有传递氧离子的特性，可用于高温固体氧化物燃料电池固体电解质材料。

ZrO_2 抗腐蚀、性能稳定，可用作生物陶瓷。

ZrO_2 陶瓷的缺点是热导率小，热膨胀系数较高，因此抗热震性差。

（4）氧化铍陶瓷　BeO 结构很稳定，无晶型转变，熔点高达 2570℃ 左右，密度为 $3.02g/cm^3$，莫氏硬度为 9，高温蒸气压和蒸发速度低，因此在真空中 1800℃，惰性气氛中 2000℃ 可长期使用，而在氧化气氛中 1800℃ 明显挥发。

BeO 陶瓷有与金属相近的热导率，约为 $209W/(m \cdot K)$，是 Al_2O_3 的 $15 \sim 20$ 倍，因此可用作散热器件。其热膨胀系数不大，$20 \sim 1000℃$ 的平均膨胀系数为 $(5.1 \sim 8.9) \times 10^{-6}/℃$，高温电绝缘性能良好，$600 \sim 1000℃$ 的电阻率为 $(1 \times 10^{11} \sim 4 \times 10^{12})\Omega \cdot cm$。其介电常数较高，而且随着温度的升高略有增加（如 20℃ 时为 5.6，500℃ 时为 5.8），介质损耗小，也随温度升高而增加。BeO 可用来制备高温比体积电阻高的绝缘材料。

BeO 陶瓷能抵抗碱性物质的侵蚀（除苛性碱外），可用作熔炼稀有金属和高纯金属 Be、Pt、V 的坩埚，还可用作磁流体发电通道的冷壁材料。BeO 陶瓷对中子减速能力强，对 α 射线则有很高的穿透力，可用作原子反应堆中子减速剂和防辐射材料等。BeO 有剧毒，这是由粉尘和蒸气引起的，生产中必须注意安全防护；但经烧结后的 BeO 陶瓷是无毒的。

BeO 陶瓷的性能见表 7-2。

表 7-2　BeO 陶瓷的性能

性能	95 瓷（BeO）	99 瓷（BeO）
密度/（g/cm³）	$2.8 \sim 2.9$	2.9
线膨胀系数（20～200℃）/（×10⁻⁶/℃）	$6.43 \sim 6.97$	$6.43 \sim 6.50$
静态抗弯强度/MPa	$133.7 \sim 187.0$	$157.6 \sim 200.0$
热导率/[W/（m·K）]	$120.2 \sim 122.2$	$170.3 \sim 180.3$
100℃下的比体积电阻率/（Ω·cm）	$10^{12} \sim 10^{13}$	$>10^{15}$
介电常数	$6.9 \sim 7.3$	$6.0 \sim 6.4$
介质损耗（20℃）	$0.8 \sim 1.3$	$1.2 \sim 7.6$
介质损耗角正切值 tanδ（1MHz,85℃）	$(1 \sim 1.6) \times 10^{-4}$	$(1.1 \sim 1.3) \times 10^{-4}$
介质损耗角正切值 tanδ（1MHz,受潮）	$(1.4 \sim 5.8) \times 10^{-4}$	$(1.2 \sim 1.7) \times 10^{-4}$
直流击穿强度/（kV/mm）	$11 \sim 14$	$24 \sim 30$

（5）熔融石英（SiO_2）陶瓷　以石英为原料，用陶瓷生产工艺制造的制品称为熔融石英陶瓷（或称为石英玻璃陶瓷）。

熔融石英陶瓷具有低的热膨胀系数（$0.54 \times 10^{-6}/℃$），抗热震性优良，1000℃ 时与冷水间的冷热循环超过 20 次也不破裂。它的热导率特别低，为 $2.1W/(m \cdot K)$，是一种理想的隔热材料。熔融石英的机械强度不高，浇注制品室温抗压强度约为 44MPa，但强度随温度升高而增加。这一特点区别于其他氧化物陶瓷：其他氧化物陶瓷从室温到 1000℃，强度降低 $60\% \sim 70\%$，而熔融石英陶瓷却提高 33%。熔融石英陶瓷常温电阻率为 $10^{15}\Omega \cdot cm$，是一种很好的绝缘材料。

熔融石英陶瓷有很好的化学稳定性。除氢氟酸及 300℃ 以上的热浓磷酸对其有侵蚀之外，其余如盐酸、硫酸、硝酸等对它几乎没有作用，它也能耐玻璃熔渣的侵蚀。Li、Na、K、U、Te、Zn、Cd、In、Cs、Si、Sn、Pb、As、Sb、Bi 等金属熔体与熔融石英不起反应。

熔融石英陶瓷的应用领域十分广泛，在化工、轻工中用作耐酸、耐蚀容器、化学反应器

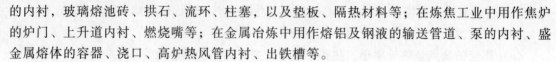

的内衬，玻璃熔池砖、拱石、流环、柱塞，以及垫板、隔热材料等；在炼焦工业中用作焦炉的炉门、上升道内衬、燃烧嘴等；在金属冶炼中用作熔铝及钢液的输送管道、泵的内衬、盛金属熔体的容器、浇口、高炉热风管内衬、出铁槽等。

2. 碳化物陶瓷

（1）碳化硅陶瓷　SiC 是共价键化合物，最常见的晶型有 α-SiC、β-SiC、6H-SiC、4H-SiC 和 15R-SiC。α-SiC 是高温稳定晶型，属于六方结构；β-SiC 是低温稳定晶型，属于面心六方结构。β-SiC 升温到 2100℃ 开始向 α-SiC 转变，2400℃ 转变迅速。纯 SiC 是无色透明的，工业 SiC 由于含有游离碳、铁、硅等杂质而呈浅绿色或黑色。

SiC 硬度高，莫氏硬度为 9.2~9.5，仅次于金刚石、立方氮化硼和碳化硼，是常见的磨料之一，可制作砂轮和各种磨具。

SiC 分解温度高达 1550℃，且在此温度下抗氧化性能仍然较好，但在 800~1140℃ 范围内抗氧化性较差。这是因为在此温度范围内生成的氧化膜比较疏松，起不到充分的保护作用。高于 1750℃ 时，氧化膜破坏，SiC 强烈地氧化分解。采用 SiC 棒发热体的高温炉使用温度不高于 1350℃。

SiC 不仅室温强度高，且随着温度的升高强度变化不大，在 1600℃ 高温仍相当高（其他陶瓷材料在 1200~1400℃ 时高温强度明显下降），因此可用于制作燃气轮机中的发动机定子、转子、燃烧器和涡形管。

SiC 的抗热震性强，抗蠕变性能好，化学稳定性好，长期以来一直用作耐火材料，钢铁冶炼中大量用作钢包砖、浇口砖、塞头砖，有色金属冶炼中用作炉衬，熔融金属的输送管道、过滤器、坩埚等，空间技术中用作火箭发动机喷嘴，还可用作热电偶保护套、电炉盘、高温气体过滤器、烧结匣钵、炉室用砖、垫板等，以及用作磁流体发电的电极和核燃料的包装材料等。

纯 SiC 是电绝缘体（电阻率为 $1 \times 10^{14} \Omega \cdot cm$），但含有 Fe、N 等杂质时，电阻率降低到 $1 \Omega \cdot cm$ 以下，电阻率变化范围与杂质种类和数量有关；同时具有负温度系数特性，可作为非线性压敏电阻材料。

SiC 是一类宽带隙半导体，能带间隙宽，在制备高温、高频、高功率、高速度半导体器件方面具有显著的优势，可用于制备高温高频大功率微波场效应晶体管、肖特基二极管、异质结双极晶体管及湿敏二极管、蓝光发光二极管。

SiC 热导率高，可用作热交换器。钢锻造炉的 SiC 热交换器使用寿命超过 50 万 h，锆重熔炉采用 SiC 热交换器后，可节省燃料 38%。

碳化硅陶瓷的主要制备方法如下：

1）无压烧结：1974 年美国 GE 公司通过在高纯度 β-SiC 细粉中同时加入少量的 B 和 C，采用无压烧结工艺，于 2020℃ 成功地获得高密度 SiC 陶瓷。目前，该工艺已成为制备 SiC 陶瓷的主要方法。美国 GE 公司研究者认为：B 固溶到 SiC 中，使晶界能降低，C 把 SiC 粒子表面的 SiO_2 还原除去，提高了表面能，因此 B 和 C 的添加为 SiC 的致密化创造了热力学方面的有利条件。为了 SiC 的致密烧结，SiC 粉料的比表面积应在 $10m^2/g$ 以上，且氧含量尽可能低。B 的添加量为 0.5% 左右，C 的添加量取决于 SiC 原料中氧含量的高低，通常 C 的添加量与 SiC 粉料中的氧含量成正比。以 α-SiC 为原料，同时添加 B 和 C，也同样可实现 SiC 的致密烧结。有研究者在亚微米 SiC 粉料中加入 Al_2O_3 和 Y_2O_3，在 1850~2000℃ 实现了

SiC 的致密烧结。由于烧结温度低而具有明显细化的微观结构，因而，其强度和韧性大大改善。

2）热压烧结：热压烧结 SiC 的晶粒尺寸较小，强度高，具有较高的热导率。Al 和 Fe 是促进 SiC 热压致密化的有效添加剂；此外，还有研究者分别以 B_4C、B 或 B 和 C，Al_2O_3 和 C，Al_2O_3 和 Y_2O_3、Be、B_4C 与 C 作为添加剂。

3）热等静压烧结：以 B 和 C 为添加剂，采用热等静压烧结工艺，在 1900℃ 便获得高密度 SiC 烧结体。通过该工艺，还可在 2000℃ 和 138MPa 压力下，成功实现无添加剂 SiC 陶瓷的致密烧结。当 SiC 粉末的粒径小于 $0.6\mu m$ 时，即使不引入任何添加剂，通过热等静压烧结，在 1950℃ 即可使其致密化。如选用比表面积为 $24m^2/g$ 的 SiC 超细粉，采用热等静压烧结工艺，在 1850℃ 便可获得高致密度的无添加剂 SiC 陶瓷。

4）反应烧结：SiC 的反应烧结法是先将 α-SiC 粉和石墨粉按比例混匀，经干压、挤压或注浆等方法制成多孔坯体。在高温下与液态 Si 接触，坯体中的 C 与渗入的 Si 反应，生成 β-SiC，并与 α-SiC 相结合，过量的 Si 填充于气孔，从而得到无孔致密的反应烧结体。反应烧结 SiC 通常含有 8% 的游离 Si。因此，为保证完全渗 Si，素坯应具有足够的孔隙度。一般通过调整最初混合料中 α-SiC 和 C 的含量，α-SiC 的粒度级配，C 的形状和粒度及成型压力等手段来获得适当的素坯密度。如就烧结密度和抗弯强度来说，热压烧结和热等静压烧结 SiC 陶瓷相对较大，反应烧结 SiC 相对较低。无压烧结、热压烧结和反应烧结 SiC 陶瓷对强酸、强碱具有良好的抵抗力，但反应烧结 SiC 陶瓷对 HF 等超强酸的耐蚀性较差。耐高温性能：当温度低于 900℃ 时，几乎所有 SiC 陶瓷的强度均有所提高；当温度超过 1400℃ 时，反应烧结 SiC 陶瓷抗弯强度急剧下降。

(2）碳化硼陶瓷 B_4C 陶瓷的显著特点是硬度高，仅次于金刚石和立方 BN。它的研磨能力可达到金刚石的 60%~70%，超过 SiC50%，是刚玉研磨能力的 1~2 倍。它广泛应用于磨料、磨具、切削刀具、轴承、车轴等。另外，B_4C 制作的喷嘴寿命长，是常用的氧化铝陶瓷喷嘴的几十倍甚至数百倍，比 WC 和 SiC 喷嘴的寿命要长，相对成本低。

B_4C 熔点高、密度低（相对密度为 2.52）、热膨胀系数小、导热性好，可用来制作高温热交换器、陀螺仪的气浮轴承材料。

B_4C 具有很好的化学稳定性，能耐酸、碱腐蚀，并且不与大多数熔融金属润湿和发生作用。因此 B_4C 也是优良的耐腐蚀材料，用于制造化学器皿、熔融金属坩埚等。

B_4C 陶瓷有着优良的防弹性能，作为轻型防弹材料，其质量仅为同类型钢质防弹衣的 50%，广泛应用于装甲车辆、武装直升机和战斗机。

B_4C 具有高中子吸收截面，可用作核反应堆的控制棒和屏蔽材料。

(3）碳化钛陶瓷 TiC 陶瓷熔点高、硬度高、化学稳定性好，主要用来制造金属陶瓷、耐热合金和硬质合金。在硬质合金或模具钢表面气相沉积层 TiC 涂层可大大提高耐磨性。在还原性和惰性气氛中，TiC 基金属陶瓷可用来制造高温热电偶保护套和熔炼金属坩埚等。

3. 氮化物陶瓷

(1）氮化硅陶瓷 Si_3N_4 有 α 和 β 两种晶型，α-Si_3N_4 是针状结晶体，β-Si_3N_4 是颗粒状结晶体。低温时，α 相对称性低，较容易形成，高温时，β 相对称性高，热力学稳定。

Si_3N_4 的硬度高，仅次于金刚石、BN、B_4C 等少数几种超硬材料，且摩擦系数小，有自润滑能力，是一种优良的耐磨材料。

Si_3N_4 陶瓷常温强度可维持到 800℃，几乎没有降低，甚至到 1200℃时强度下降也不明显；而现有的高温合金，即使同时采用保护涂层和空气冷却，使用温度也难超过 1150℃。

Si_3N_4 陶瓷具有耐高温、耐磨性能，在陶瓷发动机中用于燃气轮机的转子、定子和涡形管。无水冷陶瓷发动机中，采用热压 Si_3N_4 制作活塞顶盖；反应烧结 Si_3N_4 可制作燃烧器，还可制作柴油机的火花塞、活塞罩、气缸套、副燃烧室，以及活塞-涡轮组合式航空发动机的零件等。Si_3N_4 陶瓷代替合金钢制造全陶瓷发动机，工作温度可达 1300~1500℃。陶瓷发动机的热效率高，不仅可节省 30% 的热能，而且工作功率比钢质发动机提高 45% 以上。另外，陶瓷发动机无需水冷系统，其密度也只有钢的一半左右，这对减小发动机自重有着重要意义。

Si_3N_4 热膨胀系数低，热导率高 [18.4W/(m·K)]，抗热震性好，仅次于石英和微晶玻璃；并有着优良的抗氧化性，在还原性气氛中最高使用温度可达 1870℃。

Si_3N_4 电性能良好，室温电阻率为 $1.1×10^{14}\Omega·cm$，900℃时仍有 $5.7×10^6\Omega·cm$，介电常数为 8.3，介质损耗为 0.001~0.1，因此在电子、军事和核工业上用作开关电路基片、薄膜电容器、高温绝缘体、雷达天线罩，以及原子反应堆支承件、隔离件和裂变物质的载体等。

Si_3N_4 有优良的化学稳定性，除氢氟酸外，能耐所有的无机酸和某些碱和盐的腐蚀，因此在化学工业中常用作耐腐蚀、耐磨零件，如球阀、泵体、密封环、过滤器、热交换器部件、触媒载体、蒸发皿、管道、煤气化的热气阀、燃烧器、汽化器等。硫酸车间水洗净化系统的第一级文丘里管，过去采用铸铁只能使用 10 天，改用反应烧结 Si_3N_4 后，可使用 730天以上。

Si_3N_4 对多数金属、合金熔体，特别是非铁金属熔体是稳定的，不受 Zn、Al、钢铁熔体的侵蚀，因此可作为铸造容器、输送液态金属的管道、阀门、泵、热电偶保护套，以及冶炼用的坩埚和舟皿。在航空航天工业中，Si_3N_4 可用作火箭喷嘴、喉衬和其他高温结构部件。在机械工业中，Si_3N_4 可用作高温轴承、切削工具等。

（2）赛隆陶瓷（Sialon） 赛隆陶瓷即氮化硅 Si_3N_4 和氧化铝 Al_2O_3 的固溶体，化学式写作 $Si_{6-x}Al_xN_{8-x}O_x$（x 为铝原子置换硅原子的数目，范围为 0~4.2），即 Si-Al-O-N 系统，它是由 Al_2O_3 中的 Al、O 原子部分地置换了 Si_3N_4 中的 S、N 原子，有效地促进了 Si_3N_4 的烧结。根据结构和组分的不同，赛隆陶瓷可分为三种类型：α 赛隆、β 赛隆、O 赛隆。β 赛隆以 β-Si_3N_4 为结构基础，具有较好的强韧性；α 赛隆以 α-Si_3N_4 为结构基础，具有很高的硬度和耐磨性；O 赛隆保留了 Si_2N_2O 结构，抗氧化性非常好，高温下不易氧化。现已形成赛隆材料体系，即某些金属氧化物或氮化物可进入 Si_3N_4 晶格形成一系列固溶体。除 Si-Al-O-N 体系外，还有 Mg-Si-Al-O-N 体系、Y-Si-Al-O-N 体系、镧系金属氧化物与 Si_3N_4 形成的体系等。

赛隆陶瓷有可能减少或消除熔点不高的玻璃态晶界，而以具有优良性能的固溶体形态存在，因此性能优良，如常温和高温强度大，常温和高温化学性能稳定优异，耐磨性能好，热膨胀系数很低，抗热冲击性好，抗氧化性强，密度相对较小。赛隆陶瓷还具有优异的抗熔融腐蚀能力，几乎还没有发现它被金属浸润的情况；其硬度高，是一种超硬工具材料。

赛隆陶瓷已在机械工业上用于制作轴承、密封件、焊接套筒和定位销。普通定位销的寿命为 7000 次，而赛龙定位销可达 500 万次。赛隆密封件的性能优于其他材料，已用作连铸用的分流环、热电偶保护套管、晶体生长用坩埚、铜铝合金管拉拔芯棒、挤压和压铸用模具材料、发动机部件、轴承和密封圈等耐磨部件及刀具材料中也已得到应用。由于赛隆陶瓷具有良好的高温力学性能，可用于制作汽车内燃机挺杆，还可以用作红外测温仪窗口、生物陶瓷和人工关节等。

（3）氮化硼陶瓷　氮化硼常压下的稳定相是六方 BN，高温高压下可转变为立方 BN。六方 BN 晶体属于六方晶系，具有类似石墨的层状结构，又称为白石墨。其硬度低，摩擦系数小，是良好的润滑剂。

六方 BN 陶瓷性能稳定，可加工性好，可用作高温润滑剂；利用其良好的电绝缘性（常温电阻率达 $10^{16} \sim 10^{18} \Omega \cdot cm$，抗电击穿强度达 $30 \sim 40 kV/mm$，为 Al_2O_3 的 2 倍），可用作各种加热器的绝缘子、加热管套管和高温、高频、高压绝缘散热部件。

六方 BN 陶瓷耐热性好（在中性或还原性气氛中的最高使用温度为 2800℃），热膨胀系数低（$7.5 \times 10^{-6}/℃$），热导率高 [$16.8 \sim 50.0 W/(m \cdot K)$]，抗热震性优良，是制造发动机部件的最佳材料之一。

六方 BN 陶瓷化学稳定性好，对大多数金属熔体，如钢、不锈钢、Al、Fe、Ge、Bi、Cu、Sb、Sn、In、Cd、Ni、Zn 等既不润湿又不发生反应，因此，可用作高温热电偶保护套、熔炼金属的坩埚、输送液体金属的管道、泵零件、铸钢的模具等。

利用其耐热、耐蚀性，可以制造火箭燃烧室内衬、宇宙飞船的热屏蔽体、磁流体发电机的耐蚀件等；利用其较强的中子吸收能力，可作为原子反应堆中的中子吸收材料和屏蔽材料；利用其对微波辐射的穿透性能，可用作红外、微波偏振器、红外线滤光片、雷达的传递窗等。

立方 BN 陶瓷是耐高温、超硬的材料（莫氏硬度接近 10），部分性能优于人造金刚石，广泛用作耐热、耐磨材料和刀具材料。

（4）氮化铝陶瓷　AlN 陶瓷的熔点为 2450℃，在 2000℃ 以内的高温非氧化性气氛中稳定性好，具有高的热导率（约为氧化铝陶瓷的 10 倍）。与 BeO 陶瓷相似，AlN 的热膨胀系数与硅相近，绝缘电阻高，介电性能优良，介质损耗低，耐腐蚀，透光性强。

AlN 陶瓷可用作真空蒸发和熔炼金属的容器，特别适合真空蒸发 Al 的坩埚，因 AlN 在真空中蒸气压低，即使分解也不会污染铝。AlN 也可用作热电偶保护套，在 800 ~ 1000℃ 铝池中连续浸泡 3000h 以上也不会被侵蚀破坏。半导体工业中，用 AlN 坩埚代替石英坩埚合成砷化镓，可以完全消除 Si 对砷化镓的污染而得到高纯产品。AlN 强度高，热膨胀系数小，导热性好，因此可用作高温构件、热交换器等。

4. 二硅化钼陶瓷

$MoSi_2$ 的晶体为四方结构，灰色，有金属光泽，熔点为 2030℃，硬而脆，显微硬度为 12GPa，抗压强度为 2310MPa，冲击强度甚低。

$MoSi_2$ 能抵抗熔融金属和炉渣的侵蚀，与氢氟酸、王水及其他无机酸不起作用，但容易溶于硝酸与氢氟酸的混合液中，也溶于熔融的碱中。

$MoSi_2$ 的抗氧化性好，这是由于在其表面形成了一薄层 SiO_2 或一层由耐氧化和难熔的硅酸盐组成的保护膜。$MoSi_2$ 可以在 1700℃ 空气中连续使用数千小时而不损坏。利用其优良的抗氧化性，可以制造超声速飞机、火箭、导弹上的某些零部件。

利用 $MoSi_2$ 的导电性和抗热震性，可以制成在空气中使用的高温发热元件及高温热电偶。利用其与熔融金属 Na、Li、Pb、Bi、Sn 等不发生作用的特性可作为熔炼这些金属的各种器皿、原子反应堆的热交换器。但 $MoSi_2$ 应用中的最大不足是高温蠕变大，容易变形。

7.2 玻璃

玻璃是以石英砂、纯碱、石灰石等为主要原料，经 1400℃ 以上高温熔融、成型，急冷硬化而成的非晶态固体材料。从玻璃的化学组成来看，最常用、产量最大的是以二氧化硅、氧化钠、氧化钙和少量的氧化镁、氧化铝为成分的硅酸盐玻璃，其他氧化物玻璃有硼酸盐、磷酸盐、锗酸盐、铝酸盐、锑酸盐等。

玻璃是透明的，强度及硬度较高，不透气，日常环境中呈化学惰性，也不会与生物起作用，广泛应用于建材、轻工、交通、医药、化工、电子、航天和原子能等领域，作为结构和功能材料。若在玻璃的基础组成中加入部分辅助原料，或采取特殊工艺的处理，则可生产出具有各种特殊性能的玻璃。下面介绍几种常见的玻璃。

1. 石英玻璃

石英玻璃由各种纯净的天然石英（如水晶、石英砂等）熔化制成，线膨胀系数极小，是普通玻璃的 1/10～1/20，因而有很好的抗热震性。它的耐热性很高，经常使用温度为 1100～1200℃，短期使用温度可达 1400℃。

石英玻璃主要用于实验室设备和特殊高纯产品的提炼设备。由于它具有高的光谱透射率，不产生辐射线损伤（其他玻璃受辐射线照射后会发暗），因此也是用于宇宙飞船、风洞窗和分光光度计光学系统的理想玻璃。

2. 铅玻璃

铅玻璃又称铅晶质玻璃，即在普通玻璃组成中加入一定量的氧化铅，就会得到与人造水晶相近的亮度和透明度。与普通玻璃相比，铅玻璃的主要特点是密度大，手感沉重；折射率大，能透射出绚丽的色彩；硬度高，耐磨。氧化铅含量高的铅玻璃对于高能辐射有屏蔽作用，因此可用于辐射窗口、电视机显像管，还可用作某些光学玻璃（如消色差透镜等），以及艺术装饰玻璃等。铅玻璃经打磨抛光，精细雕刻，制成高档铅玻璃艺术品，光线通过雕刻的刻面可以折射出绚丽的色彩。

3. 钢化玻璃

钢化玻璃又称淬火玻璃，是将普通玻璃采用物理或化学的方法，在玻璃的表面形成一个压应力层，而内部处于较大的拉应力状态，内外拉压应力处于平衡状态。当玻璃受到外力作用时，这个压应力层可将部分拉应力抵消，避免玻璃的碎裂。钢化玻璃的强度比普通玻璃高得多，不易破碎，即使碎裂，其碎片棱角圆滑，不易伤人。它是将普通玻璃采用淬火或化学方法制成的高强度玻璃，具有较好的力学性能和热稳定性。钢化玻璃常用作汽车风窗玻璃、建筑物的门窗、隔墙、幕墙及橱窗、家具等。

4. 夹层玻璃（防弹防盗玻璃）

夹层玻璃是在两片或多片玻璃原片之间，用 PVB（聚乙烯醇缩丁醛）树脂胶片，经加热、加压黏合而成的平面或曲面的复合玻璃制品。其抗冲击性能要比一般平板玻璃高好几倍，用多层普通玻璃或钢化玻璃复合起来，可制成抗冲击性极高的安全玻璃。由于 PVB 胶片的黏合作用，即使破碎时，玻璃碎片也不会散落伤人。夹层玻璃有着较高的安全性，一般用于需要防爆、防盗、防弹之处（如汽车、飞机的风窗玻璃），以及水下工程等安全性能高的场所或部位（如水族馆、陈列柜、观赏性玻璃隔断等）。在建筑上，夹层玻璃可用作高层建筑的门窗、天窗、楼梯栏板。

5. 微晶玻璃（玻璃陶瓷）

微晶玻璃是在玻璃中加入某些晶核剂，经一定的热处理、光照或化学处理等手段，在玻璃内均匀地析出大量的微小晶体，形成致密的微晶相和玻璃相的多相材料。微晶玻璃强度高，软化温度高达 1000℃，抗热震性高达 900℃。它的热膨胀系数可以调节，甚至可调至 0，且可加工性良好。微晶玻璃比陶瓷的亮度高，比玻璃韧性强，具有耐磨、耐腐蚀、热稳定性好、使用温度高、电绝缘性优良、介质损耗小、介电常数稳定等优点，广泛应用于建筑装饰材料、航空航天、光学器件及电子工业等领域。

6. 电致变色玻璃

电致变色玻璃是由基础玻璃和电致变色系统组成的装置，利用电致变色材料在电场作用下而引起的透光（或吸收）性能的可调性，可实现由人的意愿调节光照度的目的。同时，电致变色系统通过选择性地吸收或反射外界热辐射和阻止内部热扩散，可减少办公大楼和居民住宅等建筑物在夏季保持凉爽和冬季保持温暖而必须耗费的大量能源。目前，在智能窗和大面积显示器应用方面，以及在建筑、飞机、汽车等领域，电致变色玻璃得到了广泛的应用。

7. 生物功能玻璃

生物功能玻璃是能够满足或达到特定生物、生理功能的特种玻璃。一般要求其耐磨损、耐疲劳，具有良好的化学稳定性以及与人体组织的相容性。常用材料有非生物活性人工骨生物玻璃（如 $MgO\text{-}Al_2O_3\text{-}TiO_2\text{-}SiO_2\text{-}CaF_2$）、骨组织形成牢固的化学结合的生物活性玻璃（如 $Na_2O\text{-}CaO\text{-}SiO_2\text{-}P_2O_5$）。此外，冰晶石微晶玻璃润湿性好，不会引起人体组织过敏炎症反应，是目前人工眼材料的最佳选择之一。

8. 激光玻璃

激光玻璃由基质玻璃和激活离子构成。激光玻璃的各种物理化学性质主要取决于基质玻璃，而它的光谱特性主要由激活离子决定。基质玻璃体系主要有硅酸盐、磷酸盐、氟磷酸盐、氟化物等，激活离子主要是稀土离子，如 Nd^{3+}、Yb^{3+}、Er^{3+}、Tm^{3+} 等，在强光激励下产生激光。采用玻璃作为激光工作物质的特点是：可通过改变化学组成与工艺获得许多重要性质，如荧光性、高度热稳定性、低膨胀系数、负温度折射系数、高度的光学均匀性，同时具有易获得各种尺寸和形状、价格低廉等特点。目前，激光玻璃主要用于各类激光器中，如掺 Nd 磷酸盐玻璃制成的大型激光器已用于核聚变研究。

7.3 水泥

加入适量水后可形成塑性浆体，既能在空气中硬化又能在水中硬化，并能将砂、石等材料牢固地胶结在一起的细粉状水硬性胶凝材料，通称为水泥。水泥是无机非金属材料中使用量最大的一类建筑工程材料，用它胶结砂、石制成的混凝土，硬化后不但强度较高，而且还能抵抗淡水或盐水的侵蚀。长期以来，作为一种重要的胶凝材料，水泥广泛应用于土木建筑、水利、国防等工程。

7.3.1 水泥的分类、性能指标与生产

1. 水泥的分类

水泥的分类方法很多。按性能和用途分类如图 7-1 所示，按主要水硬性物质分类见表 7-3。

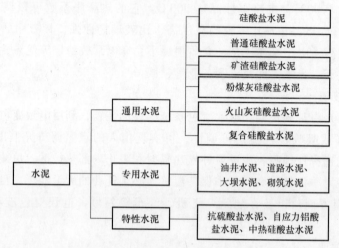

图 7-1　水泥按性能和用途分类

表 7-3　水泥按主要水硬性物质分类

水泥种类	主要水硬性物质	主要品种
硅酸盐水泥	硅酸钙	绝大多数通用水泥、专用水泥和特性水泥
铝酸盐水泥	铝酸钙	高铝水泥、自应力铝酸盐水泥、快硬高强铝酸盐水泥等
硫铝酸盐水泥	无水硫铝酸钙、硅酸二钙	自应力硫铝酸盐水泥、低碱度硫铝酸盐水泥、快硬硫铝酸盐水泥等
铁铝酸盐水泥	铁相、无水硫铝酸钙、硅酸二钙	自应力铁铝酸盐水泥、膨胀铁铝酸盐水泥、快硬铁铝酸盐水泥等
氟铝酸盐水泥	氟铝酸钙、硅酸二钙	氟铝酸盐水泥等
少熟料水泥	活性二氧化硅、活性氧化铝	石灰火山灰水泥、石膏矿渣水泥、低热钢渣矿渣水泥等

2. 水泥的性能指标

水泥的主要技术性能指标有：

1）细度：指水泥颗粒的粗细程度。水泥的颗粒越细，硬化得越快，早期强度也越高。

2）凝结时间：从水泥加水搅拌到开始凝结所需的时间称为初凝时间，从水泥加水搅拌到凝结完成所需的时间称为终凝时间。硅酸盐水泥初凝时间不早于 45min，终凝时间不迟于 12h。

3）强度：强度是确定水泥强度等级的指标，也是选用水泥的主要依据。水泥的强度高、承受荷载的能力强，其胶结能力也大。

4）体积安定性：指水泥在硬化过程中体积变化的均匀性能。水泥中含杂质较多，会产生不均匀变形。

5）水化热：水泥与水作用会产生放热反应，在水泥硬化过程中，不断放出的热量称为水化热。

3. 水泥的生产

水泥的生产，一般可分生料制备、熟料煅烧和水泥粉磨三个工序，整个生产过程可概括为"两磨一烧"。其中，硅酸盐类水泥的生产工艺在水泥生产中具有代表性，是以石灰石和黏土为主要原料，经破碎、配料、磨细制成生料，然后送入水泥窑中煅烧成熟料，再将熟料加适量石膏（有时还掺加混合材料或外加剂）磨细而成。根据生料制备方法不同，水泥的生产可分为干法生产和湿法生产两种。

1）干法生产，是指将原料同时烘干并粉磨，或先烘干经粉磨成生料粉后送入干法窑内煅烧成熟料的方法。但也有将生料粉加入适量水制成生料球，送入立波尔窑内煅烧成熟料的方法，称之为半干法，现归属于干法生产工艺。干法生产的主要优点是热能消耗低（如带有预热器的干法窑熟料热能消耗为 3140~3768J/kg），缺点是生料成分不易均匀，车间扬尘大，电能消耗较高。

2）湿法生产，是指将原料加水粉磨成生料浆后，送入湿法窑煅烧成熟料的方法。也有将湿法制备的生料浆脱水后，制成生料块入窑煅烧成熟料的方法，称为半湿法，仍属于湿法生产工艺。湿法生产具有操作简单、生料成分容易控制、产品质量好、料浆输送方便、车间扬尘少等优点，缺点是热能消耗高（熟料热能消耗通常为 5234~6490J/kg）。

7.3.2　常用的水泥品种

1. 硅酸盐水泥

硅酸盐水泥由以硅酸钙为主要成分的硅酸盐水泥熟料，添加适量石膏磨细而成。其凝结硬化快，早期及后期强度均高，适用于有早强要求的工程及高强度混凝土工程；抗冻性好，适合水工混凝土和抗冻性要求高的工程；水化产物氢氧化钙和水化铝酸钙的含量较多，耐蚀性差，水化热高，不宜用于大体积混凝土工程，但有利于低温季节蓄热法施工；耐热性差，不适用于承受高温作用的混凝土工程；耐磨性好，适用于高速公路、道路和地面工程。

2. 掺混合材料的硅酸盐水泥

为了改善水泥的性能、提高水泥的产量，在生产时常掺入天然或人工矿物质材料。常用的混合材料可分为活性和非活性两大类。活性混合材料是将其磨成细粉掺入水泥中，起化学反应，生成具有胶凝能力的水化产物，且既能在水中又能在空气中硬化。常用的活性混合材料是高炉矿渣（粉）、粉煤灰、火山灰质混合材料。非活性混合材料是指不具有或只具有微弱的化学活性的材料，在水泥水化中基本不参加化学反应，如磨细石灰石粉、磨细石英砂等。

（1）普通硅酸盐水泥　它由硅酸盐水泥熟料添加适量石膏及活性混合材料磨细而成。活性混合材料的最大掺量不得超过水泥质量的 20%，其中允许用不超过水泥质量 5%的窑灰或不超过水泥质量 8%的非活性混合材料来代替。普通硅酸盐水泥的主要性能、用途与硅酸盐水泥基本相同。

（2）矿渣硅酸盐水泥　它由硅酸盐水泥熟料混入适量粒化高炉矿渣及石膏磨细而成。它具有对硫酸盐类侵蚀的抵抗能力且抗水性较好，水化热较低，耐热性较好，在蒸汽养护中强度发展较快，在潮湿环境中后期强度增进率较大等特点。它被广泛地应用于地下、水中和海水工程，高水压的工程，大体积混凝土工程和蒸汽养护的工程，但其抗冻性较差，干缩性较大，有泌水现象。

（3）火山灰质硅酸盐水泥 它由硅酸盐水泥熟料、火山灰质材料与石膏按比例混合磨细而成。火山灰质硅酸盐水泥具有较强的抗渗性和耐水性，可优先用于有抗渗要求的混凝土工程中，但其干缩性较大，不宜用于长期处于干燥环境中的混凝土工程。

（4）粉煤灰硅酸盐水泥 它由硅酸盐水泥熟料和粉煤灰加适量石膏混合后磨细而成。其干缩性小、抗裂性好，但易产生失水裂缝，不宜用于干燥环境及抗渗要求高的混凝土工程。

7.3.3 特种水泥

1. 快硬水泥

快硬水泥也称早强水泥，通常以水泥的 1 天或 3 天抗压强度值确定标号。它具有凝结时间短、硬化快、早期强度高等特点，常用于需要快速施工的工程、抢修工程、冬季施工工程。按其矿物组成不同可分为硅酸盐快硬水泥、铝酸盐快硬水泥、硫铝酸盐快硬水泥和氟铝酸盐快硬水泥。按其早期强度增长速度不同又可分为快硬水泥（以 3 天抗压强度值确定标号）和特快硬水泥（以小时抗压强度值确定标号，氟铝酸盐快硬水泥即属于特快硬水泥）。

2. 中热、低热水泥

这类水泥水化热较低，适用于大坝和其他大体积建筑。其中，中热硅酸盐水泥主要适用于大坝溢流面的面层和水位变动区等要求较高的耐磨性和抗冻性工程；低热硅酸盐水泥主要适用于大坝或大体积建筑物内部及水下工程。按水泥组成不同可分为硅酸盐中热水泥、普通硅酸盐中热水泥、矿渣硅酸盐低热水泥和低热微膨胀水泥等。低热水泥和中热水泥按水泥在 3 天、7 天龄期内放出的水化热量区分。

3. 抗硫酸盐水泥

抗硫酸盐水泥是指对硫酸盐腐蚀具有较强抵抗能力的水泥。抗硫酸盐水泥适用于同时受硫酸盐侵蚀、冻融和干湿作用的海港工程、水利工程及地下工程。按水泥抵抗硫酸盐侵蚀能力的大小分为中抗硫酸盐水泥和高抗硫酸盐水泥。

4. 油井水泥

油井水泥是指专用于油井、气井固井工程的水泥，也称堵塞水泥。其流动性好，能迅速凝结硬化，并在短期内达到相当的硬度。按其用途可分为普通油井水泥和特种油井水泥。普通油井水泥由适当矿物组成的硅酸盐水泥熟料和适量石膏磨细而成，必要时可掺加不超过水泥质量 15% 的活性混合材料（如矿渣），或不超过水泥质量 10% 的非活性混合材料（如石英砂、石灰石）。我国的普通油井水泥按油（气）井深度不同，分为 45℃、75℃、95℃ 和120℃ 四个品种，适用于一般油（气）井的固井工程。特种油井水泥通常由普通油井水泥掺加各种外加剂制成。

5. 膨胀水泥

膨胀水泥在硬化过程中，水泥中的矿物水化生成的水化物在结晶时会产生很大的膨胀能，人们利用这一原理研制成功了无声破碎剂，已应用于混凝土构筑物的拆除及岩石的开采、切割和破碎等方面，收到了良好的效果。按矿物组成不同，我国的膨胀水泥分为硅酸盐类膨胀水泥、铝酸盐类膨胀水泥、硫铝酸盐类膨胀水泥和氢氧化钙类膨胀水泥。一般膨胀值较小的水泥，可配制收缩补偿胶砂和混凝土，适用于加固结构，灌筑机器底座或地脚螺栓、堵塞、修补漏水的裂缝和孔洞，以及地下建筑物的防水层等。膨胀值较大的水泥，也称自应力水泥，用于配制钢筋混凝土。自应力水泥在硬化初期，由于化学反应，水泥石体积膨胀，使钢筋受到拉应力，反之，钢筋使混凝土受到压应力，这种预压应力能够提高钢筋混凝土构件的承载能力和抗裂性能。这类水泥的抗渗性良好，适于制作各种直径的、承受不同液压和气压的自应力管，如城市水管、煤气管和其他输油、输气管道。

6. 耐火水泥

耐火水泥是指耐火度不低于1580℃的水泥。按其组成不同可分为铝酸盐耐火水泥、低钙铝酸盐耐火水泥、钙镁铝酸盐水泥和白云石耐火水泥等。耐火水泥可用于胶结各种耐火集料（如刚玉、煅烧高铝矾土等），制成耐火砂浆或混凝土，用于水泥回转窑和电力、石化、冶金等工业窑炉制作内衬。

7. 白色水泥

白色硅酸盐水泥是白色水泥中最主要的品种，它是以氧化铁和其他有色金属氧化物含量低的石灰石、黏土、硅石为主要原料。白色硅酸盐水泥的物理性能和普通硅酸盐水泥相似，主要用作建筑装饰材料，也可用于雕塑工艺制品。

8. 彩色水泥

彩色水泥通常由白色水泥熟料、石膏和颜料共同磨细而成。所用的颜料要求在光和大气作用下具有耐久性，高的分散度，耐碱，不含可溶性盐，对水泥的组成和性能不起破坏作用。常用的无机颜料有氧化铁（可制红、黄、褐、黑色水泥）、二氧化锰（黑、褐色）、氧化铬（绿色）、钴蓝（蓝色）、群青蓝（蓝色）、炭黑（黑色）；有机颜料有孔雀蓝（蓝色）、天津绿（绿色）等。在制造红、褐、黑等深色彩色水泥时，也可用硅酸盐水泥熟料代替白色水泥熟料磨制。彩色水泥还可在白色水泥生料中加入少量金属氧化物作为着色剂，直接煅烧成彩色水泥熟料，然后磨细，制成水泥。彩色水泥主要用作建筑装饰材料，也可用于混凝土、砖石等的粉刷饰面。

9. 防辐射水泥

防辐射水泥是指对 X 射线、γ 射线、快中子和热中子能起较好屏蔽作用的水泥。这类水泥的主要品种有钡水泥、锶水泥、含硼水泥等。钡水泥以重晶石黏土为主要原料，经煅烧获得以硅酸二钡为主要矿物组成的熟料，再掺加适量石膏磨制而成。可与重集料（如重晶石、钢段等）配制成防辐射混凝土。钡水泥的热稳定性较差，只适宜于制作不受热的辐射防护墙。锶水泥是以碳酸锶全部或部分代替硅酸盐水泥原料中的石灰石，经煅烧获得以硅酸三锶为主要矿物组成的熟料，加入适量石膏磨制而成。其性能与钡水泥相近，但防射线性能稍逊于钡水泥。在高铝水泥熟料中加入适量硼镁石和石膏，共同磨细，可获得含硼水泥。这种水泥与含硼集料、重质集料可配制成密度较大的混凝土，适用于防护快中子和热中子的屏蔽工程。

7.4　耐火材料

耐火度是指材料在高温作用下达到特定软化变形程度时的温度，它标志材料抵抗高温作用的性能。耐火材料一般是指耐火度不低于1580℃，并在高温下能承受相应的物理化学变化及机械作用的无机非金属材料和制品，常用作高温窑炉等热工设备，以及高温容器和部件等。

7.4.1 耐火材料概述

1. 耐火材料的分类

耐火材料品种繁多，用途广泛，其分类方法有多种：

1）根据耐火材料的化学矿物组成可分为硅质耐火材料、硅酸铝质耐火材料、镁质耐火材料、镁尖晶石质耐火材料、镁铬质耐火材料、镁白云石质耐火材料、白云石耐火材料、碳复合耐火材料。

2）按耐火材料的化学性质可分为酸性耐火材料、中性耐火材料和碱性耐火材料。

3）按耐火材料的耐火度可分为普通耐火材料（耐火度为 1580～1770℃），高级耐火材料（耐火度为 1770～2000℃），特级耐火材料（耐火度高于 2000℃）。

4）按耐火材料的成型工艺可分为天然岩石加工成型耐火材料、压制成型耐火材料、浇注成型耐火材料、可塑成型耐火材料、捣打成型耐火材料、喷射成型耐火材料、挤出成型耐火材料。

5）按耐火材料的热处理方式可分为烧成砖、不烧砖、无定型耐火材料、熔融（铸）制品。

6）按耐火材料的应用可分为焦炉用耐火材料、高炉用耐火材料、炼钢炉用耐火材料、连铸用耐火材料、有色金属冶炼用耐火材料、水泥窑用耐火材料、玻璃窑用耐火材料等。

2. 耐火材料的应用领域

耐火材料是高温技术领域的基础材料，应用十分广泛。其中应用最为普遍的是在各种热工设备和高温容器中作为抵抗高温作用的结构材料和内衬。在钢铁冶金工业中，炼焦炉主要由耐火材料砌筑，炼铁高炉及热风炉、各种炼钢炉、均热炉、加热炉等，都离不开符合要求的各种耐火材料。统计结果表明，钢铁工业是消耗耐火材料最多的行业。有色金属冶炼及热加工也离不开耐火材料。建材工业及其他生产硅酸盐制品的高温作业部门，如玻璃工业、水泥工业、陶瓷工业中所有高温窑炉或其内衬都必须由耐火材料来构筑。其他如化工、动力、机械制造等工业高温作业部门中的各种焙烧炉、烧结炉、加热炉、锅炉，以及其附设的烟道、烟囱、保护层等都必须用耐火材料。总之，当某种构筑物、装置、设备或容器在高温下使用、操作时，因可能发生的物理、化学、机械等作用，使材料变形、软化、熔融，或被侵蚀、冲蚀，或发生崩裂损坏等现象，不仅可能使操作无法持续进行，使材料的服役期中断，影响生产，而且会污染加工对象，影响产品质量，因此必须采用具有抵抗高温作用的耐火材料。

3. 耐火材料的性能要求

高温作业行业均要求耐火材料具备抵抗高温热负荷的性能。但由于具体行业不同，甚至在同一窑炉的不同部位，工作条件也不尽相同。因此，对耐火材料的要求也有差别。现以普通工业窑炉的一般工作条件为依据，对耐火材料的性能要求大概体现在以下几方面：

1）相当高的耐火度，能抵抗高温热负荷作用，不软化，不熔融。

2）优异的体积稳定性，能抵抗高温热负荷作用，体积不收缩，残存收缩及残存膨胀要小，无晶型转变及严重的体积效应。

3）相当高的常温强度和高的荷重软化温度，抗蠕变性强，在热重负荷的共同作用下，不丧失强度，不发生蠕变和坍塌。

4）良好的抗热震性，能抵抗温度急剧变化不开裂，不剥落。

5）良好的抗渣性，能抵抗熔融液、尘和气的化学侵蚀，不变质，不蚀损。

7.4.2 常见的耐火材料

1. 氧化硅质耐火材料

氧化硅质耐火材料是指以二氧化硅（SiO_2）为主要成分的耐火材料，主要制品有硅砖。硅砖是指二氧化硅的质量分数在93%以上，用以 SiO_2 为主要成分的硅石作为原料，加少量矿化剂，经高温烧成的耐火材料，另外还有不定形硅质耐火材料及石英玻璃制品。

氧化硅质耐火材料为典型的酸性耐火材料。其矿物组成为：主晶相为鳞石英和方石英，基质为石英玻璃相。氧化硅质耐火材料抵抗酸性炉渣侵蚀能力强，荷重软化温度高，耐磨，导热性好，在600℃以上使用时抗热震性较好，而在600℃以下使用时抗热震性很差。硅砖主要用于焦炉、玻璃熔窑、酸性炼钢炉及其他热工设备。

为了适应焦炉大型化的需要，氧化硅质耐火材料的主要发展方向是高硅高密度硅砖、SiO_2 与其他原料结合的硅质耐火制品的研制生产。

2. 硅酸铝质耐火材料

硅酸铝质耐火材料是以 Al_2O_3 和 SiO_2 为基本化学组成的耐火材料。根据制品中 Al_2O_3 和 SiO_2 的含量，硅酸铝质耐火材料划分为三类：半硅质耐火材料，Al_2O_3 的质量分数为 15%~30%；黏土质耐火材料，Al_2O_3 的质量分数为 30%~46%；高铝质耐火材料，Al_2O_3 的质量分数大于 46%。硅酸铝质耐火材料的性能和用途随 Al_2O_3 含量的变化而异。

我国是最早应用硅酸铝质耐火材料的国家之一。古代金属的冶炼，制备玻璃和陶瓷等均采用黏土质耐火材料。我国有丰富的生产硅酸铝质耐火材料的资源，目前已能大量生产各种规格型号的硅酸铝质耐火材料。

硅酸铝质耐火材料的原料广，生产过程简单，成本低，价格便宜，高温适应性强。冶金、机械、化工、动力及硅酸盐等工业部门的炉窑，均广泛应用硅酸铝质耐火材料作为主要的筑炉材料。其中用量最多的为冶金工业。钢铁冶金工业的高炉、热风炉、混铁炉、加热炉、均热炉，以及有色金属工业的回转窑、沸腾炉、鼓风炉、反射炉和有色金属加热炉等热工设备，大量使用黏土砖、高铝砖、莫来石制品及刚玉质制品作为筑炉材料。

3. 碱性耐火材料

碱性耐火材料是化学性质呈碱性的耐火材料，一般指以氧化镁、氧化镁与氧化钙或氧化钙为主要化学成分的耐火材料。常用的碱性耐火材料的主要品种有镁质耐火材料、白云石质耐火材料和石灰质耐火材料。这类耐火材料的耐火度都很高，抵抗碱性渣的能力很强，是炼钢碱性转炉、电炉、混铁炉、许多有色金属火法冶炼炉中使用最广泛而且最重要的一类耐火材料，也是玻璃熔窑蓄热室、水泥窑等高温带最常用的耐火材料。

4. 尖晶石耐火材料

尖晶石耐火材料是以尖晶石族矿物为主晶相或以尖晶石、方镁石共同构成主晶相的耐火材料。应用最广泛的有两大类：以镁铝尖晶石为主晶相，或以镁铝尖晶石与方镁石或刚玉共同构成主晶相的镁铝尖晶石质耐火材料，常称尖晶石耐火材料；以镁铬尖晶石为主晶相，或以镁铬尖晶石与方镁石或 Cr_2O_3 共同构成主晶相的铬质和镁铬质耐火材料。该系耐火材料制品的性质随方镁石与尖晶石的含量比变化，由弱碱性向中性发展。无方镁石而富铝和富铬的尖晶石属于中性耐火材料。

镁铝尖晶石质耐火材料制品高温强度高、抗蠕变能力和熔渣侵蚀能力强、抗热震性好，常用作有色金属冶炼炉中铜镍炉和炼铝炉内衬、电炉盖、钢包内衬、水泥煅烧窑高温带内衬、玻璃熔窑蓄热室格子砖。镁铬尖晶石耐火材料耐火度高，高温强度大，抗碱性渣侵蚀能力强，热稳定性好，对酸性渣也有一定的适应性，常用于冶金工业和建材工业的热工窑炉中，如炼钢电炉、有色冶金炉等。

5. 含碳耐火材料

含碳耐火材料指由碳或碳化物为主要组成的耐火材料，以及由含碳耐火原料或石墨和高熔点氧化物原料（或复合原料）制成的耐火材料。其中，由无定形碳为主要组成的称为碳素耐火材料；由结晶型石墨为主要组成的称为石墨耐火材料；由 SiC 为主要组成的称为碳化硅耐火材料；由含碳耐火原料或石墨与高熔点氧化物制成的耐火材料称为碳复合耐火材料。因此，含碳耐火材料主要有碳素系砖（炭砖）、石墨砖、碳化硅系砖和碳复合砖。

含碳耐火材料多以含碳材料作为原料，加结合剂，经混练、成型，在隔绝空气条件下经高温热处理制成。它是一种优质耐高温材料，具有抗热震性能好、高温强度高、抗渣性强和密度较小等特性。

7.4.3　耐火纤维

耐火纤维是纤维状的耐火材料，是一种高效绝热材料。它既具有一般纤维的特性（如柔软、强度高等），可加工成各种纸、带、线绳、毡和毯等，又具有普通纤维所没有的耐高温、耐腐蚀和部分抗氧化的性能，克服了一般耐火材料的脆性；并且耐火纤维又具有重量轻、热导率小、抗热震性能好，以及施工方便等许多优点。当前，耐火纤维的应用得到了迅速发展，各种高温窑炉应用耐火纤维后，节能效果非常显著。

硅酸铝质耐火纤维是目前发展最快、高温工业窑炉上应用最多的耐火纤维，其主要化学成分是氧化铝和二氧化硅。硅酸铝纤维及其制品的使用温度高，最高使用温度可达 1260℃，长期使用温度为 950~1050℃，具有弹性好、热膨胀小、热传导小、重量轻、抗热震性好、安装容易等优点，广泛应用于加热炉内衬及窑炉、管道的隔热和密封。

7.4.4　耐火混凝土

耐火混凝土一般由骨料、胶结剂、外加剂三部分按一定比例制成混合料直接浇注而成。根据胶结剂的不同，耐火混凝土分为铝酸盐耐火混凝土、水玻璃耐火混凝土、磷酸盐耐火混凝土和硫酸铝耐火混凝土等。耐火混凝土虽然耐火度和荷重软化开始温度比耐火砖稍低，但工艺简单，不用复杂的烧成工艺，可塑性好，便于制成形状复杂的整体制品，成本低，寿命和耐火砖相近，所以使用越来越广泛。耐火混凝土常用于加热炉、均热炉等的炉衬、炉门、炉墙及电炉出钢槽等。

本 章 小 结

本章主要介绍了典型无机非金属材料陶瓷、水泥、玻璃、耐火材料的主要类别、性能特点、应用领域、产品深加工等内容。本章思维导图如图 7-2 所示。

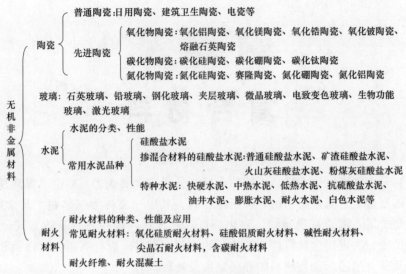

图 7-2　本章思维导图

思　考　题

1. 简述硅酸盐水泥的主要生产工艺过程。常用的水泥品种有哪些？

2. 水泥粉磨时，为什么要加入石膏？但为什么又要限制其掺量？

3. 钢化玻璃的钢化机理是什么？其性能优势有哪些？

4. 简述微晶玻璃的生产工艺与性能特点。

5. 简述氮化硅陶瓷的性能特点及应用。

6. 氧化锆陶瓷的主要应用有哪些？

7. 简述 SiC 陶瓷的性能特点和主要应用。

8. 耐火材料选用时要考虑哪些性能要求？简述耐火材料的主要类别。

第8章

复合材料

复合材料是由物理或化学性质不同的有机高分子、金属或无机非金属等两种或两种以上材料经一定的复合工艺制造出来的一种新型材料，其中一类称为基体相，其余称为强化相；基体相可以是金属、陶瓷或聚合物，强化相可以是纤维、板片或颗粒的形式分布于基体相中。从定义出发，决定复合材料性能和质量的主要因素有：原材料组分的性能和质量；原材料组分比例及复合工艺；复合材料的界面黏接及处理。

复合材料的复合模式主要分为宏观复合和细观复合两种。宏观复合主要是指两层以上不同材料之间发生的叠合（也称层合）。从某种意义上讲，这种叠合复合材料实际上是一种复合结构，如铝合金薄板和碳纤维或玻璃纤维复合材料薄片的叠合等，主要按结构形式分类。细观复合是指一种或几种制成细微形状的材料均匀分散于另一种连续材料中。前者称为分散相，后者称为连续相。通常按连续相的性质和按分散相的形状、性质分类，可通过对原材料的选择、各组分分布设计和工艺条件的设计等，使它既能保留原组成材料的主要特色，又能通过复合效应获得原组分所不具备的性能，原组分材料性能互相补充并彼此关联，因而呈现出优异的综合性能，与一般材料的简单混合有本质的区别。

8.1 复合材料概述

8.1.1 复合材料的命名与分类

复合材料目前尚没有统一的名称和命名方法，比较共同的趋势是根据增强体和基体的名称来命名，一般有以下三种情况：

1）强调基体时，以基体材料的名称为主，如树脂基复合材料、金属基复合材料、陶瓷基复合材料等。

2）强调增强体时，以增强体的名称为主，如玻璃纤维增强复合材料、碳纤维增强复合材料、陶瓷增强复合材料等。

3）基体材料名称与增强体名称并用，这种命名方法常用以表示某一种具体的复合材料，习惯上把增强体的名称放在前面，基体材料的名称放在后面。如玻璃纤维增强环氧树脂复合材料，或简称为玻璃纤维/环氧树脂复合材料，或玻璃纤维/环氧，我国则常把这类复合材料通称为"玻璃钢"。

复合材料的分类方法较多，可分别根据复合材料的用途、生产方式、基体材料的类型及增强体材料的形态等进行分类，如图8-1所示。

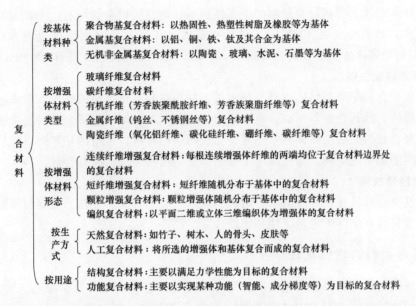

图 8-1　复合材料的分类

8.1.2　复合材料的性能特点

1. 高比强度和比模量

比强度和比模量分别是指材料的强度、模量与其密度之比，是用来衡量材料承载能力的性能指标。比强度越高，同一零件的自重越小；比模量越高，零件的刚性越大。复合材料的突出优点是比强度和比模量高，有利于材料的减重。复合材料的力学性能呈现出轻质高强的特征，其比强度和比模量都比钢和铝合金高出许多，如碳纤维增强环氧树脂复合材料的比强度、比模量比钢分别高 7 倍、3 倍；玻璃纤维增强树脂基复合材料的密度为 $2.0\mathrm{g/cm^3}$，只有普通碳钢的 $1/4\sim1/5$，约为铝合金的 $2/3$，而拉伸强度却超过普通碳钢。

2. 良好的抗疲劳性能和抗断裂性能

疲劳破坏是材料在变载荷作用下，由于裂纹的形成和扩展而形成的低应力破坏。金属材料的疲劳破坏常常是没有任何预兆的突发性破坏。而聚合物基复合材料中纤维与基体的界面能阻止裂纹扩展，其疲劳破坏总是从纤维的薄弱环节开始逐渐扩展到结合面上，因此，破坏前有明显的预兆，不像金属那样来得突然。如大多数金属材料的疲劳强度极限仅为其抗拉强度的 $40\%\sim50\%$，而碳纤维增强的树脂复合材料则达 $70\%\sim80\%$。

在纤维增强的复合材料中，塑性较好的基体能进一步减少和消除应力集中，使微裂纹难以形成。即使形成微裂纹，由于增强体纤维的存在，微裂纹难以扩展从而提高了复合材料的抗断裂性能。

3. 良好的高温性能

聚合物基复合材料可以制成具有较高比热容、熔融热和汽化热的材料，以吸收高温烧蚀时的大量热能。碳化硅纤维、氧化铝纤维与陶瓷复合，在空气中能耐 $1200\sim1400℃$ 高温，比所有超高温合金的耐热性高出 100℃ 以上。同时，增强纤维、晶须、颗粒在高温下又都具有很高的高温强度和模量，并在复合材料中纤维起着主要承载作用，纤维强度在高温下基本不

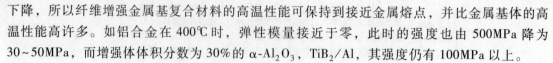

下降，所以纤维增强金属基复合材料的高温性能可保持到接近金属熔点，并比金属基体的高温性能高许多。如铝合金在 400℃ 时，弹性模量接近于零，此时的强度也由 500MPa 降为 30～50MPa，而增强体体积分数为 30% 的 α-Al_2O_3，TiB_2/Al，其强度仍有 100MPa 以上。

4. 优异的减振性能

受力结构的自振频率与结构本身形状有关，并与材料的比模量的二次方根成正比。复合材料的比模量高，故其自振频率高，在一般的加载速度或频率情况下，不易发生共振引起脆断。同时，复合材料是由增强体和基体复合而成的多相材料，大量的相界面具有较强的吸振能力，使材料的振动阻尼高，即使发生了振动，也会很快衰减，减振性好。

5. 其他特殊性能

金属基复合材料具有较好的减摩、耐磨、导电、导热、抗热冲击、耐辐射等性能。玻璃纤维增强的塑料具有优异的电绝缘性和耐蚀性。

8.1.3 复合材料的增强机理

复合材料由基体材料和增强相构成。两者之间的物理、化学、力学甚至生物学等作用，两者的类型和性质决定着复合材料的性能，而并非是两者的机械组合。同时，增强相的形状、数量、分布，以及制备过程等也大大影响复合材料的性能。

1. 纤维增强复合材料

对于纤维增强复合材料，基体材料将复合材料所受外载荷通过一定的方式传递并分布给增强纤维，增强纤维承担大部分外力，基体主要提供塑性和韧性。纤维处于基体之中，相互隔离，表面受基体保护，不易损伤，受载时也不易产生裂纹。当部分纤维产生裂纹时，基体能阻止裂纹迅速扩展并改变裂纹扩展方向，将载荷迅速重新分布到其他纤维上，从而提高了材料的强韧性。当纤维受力而产生断裂时，其断口不可能在同一平面上出现，要使材料整体断裂，必须从基体中拔出大量纤维相，由于基体与纤维相之间有一定的黏接力，因此，材料的断裂强度会很高。纤维增强复合材料的性能既取决于基体和纤维的性能及相对数量，也与二者之间的结合状态及纤维在基体中的排列方式等因素有关。增强纤维在基体中的排列方式有连续纤维单向排列、长纤维正交排列、长纤维交叉排列、短纤维混杂排列等。

根据以上分析，获得优良性能的纤维增强复合材料，纤维增强相与基体应满足的条件为：作为主要承载体的纤维增强相应有高于基体材料的强度和模量，且其含量、尺寸和分布应合理；起黏接作用的基体相应能很好地润湿纤维，将纤维有效结合起来，以保证将力通过二者的界面传递给纤维，并有一定的塑性、韧性，从而防止裂纹的扩展，保护纤维表面，以阻止纤维损伤或断裂；纤维与基体的热膨胀系数不能相差过大、不能发生有害的化学反应；纤维与基体有适中的结合强度，结合力过小，受载时容易沿纤维和基体间产生裂纹，结合力过大，会使复合材料失去韧性而发生断裂危险。

2. 颗粒增强相复合材料

弥散增强复合材料颗粒尺寸小于 $0.1\mu m$，主要是氧化物。这些弥散于金属或合金基体中的颗粒，能有效地阻碍位错的运动，从而产生显著的强化作用。其复合强化机理与合金的沉淀强化机理类似，基体是承受载荷的主体。不同的是，合金的沉淀强化弥散相质点是借助于相变而产生的，当超过一定温度时会粗化甚至重溶，导致合金高温强度降低；而弥散增强复合材料中颗粒随温度的升高仍可保持其原有尺寸，因此其增强效果在高温下可维持较长的时间，使复合材料的抗蠕变性能明显优于所用的基体金属或合金。弥散增强颗粒的尺寸、形状、体积分数及同基体的结合力都会影响增强的效果。

纯颗粒增强复合材料颗粒尺寸大于 $0.1\mu m$。这种复合材料中，颗粒不是通过阻碍位错的运动，而是通过限制颗粒邻近基体的运动来达到强化基体的目的。因此，复合材料所受载荷并非完全由基体承担，增强颗粒也承受部分载荷。复合材料的性能受颗粒大小的影响，颗粒尺寸小，增强效果好；颗粒与基体间的结合力越大，增强的效果越明显。

颗粒增强复合材料的性能与增强体和基体的比例密切相关。

8.2 常用复合材料

8.2.1 金属基复合材料

金属基复合材料就是以金属及其合金为基体，与一种或几种金属或非金属增强相复合所构成的材料。它的发展始于 20 世纪 80 年代，克服了传统聚合物基复合材料的缺点，保证零件结构的高强度和高稳定性，并使结构尺寸小、重量轻，具有高比强度和比刚度、热膨胀系数低，同时具有不易燃烧、不吸潮、导热导电、屏蔽电磁干扰、热稳定性好、抗辐射、可机械加工、可常规连接，而且较高温度下不污染环境等诸多特点，已在尖端技术领域得到了广泛应用。目前，备受关注的金属基复合材料有长纤维、短纤维或晶须、颗粒增强的复合材料，金属基体有铝、镁、钛、铜、镍及其合金，以及金属间化合物等。

1. 长纤维增强金属基复合材料

长纤维增强金属基复合材料是由高性能的长纤维与金属基体复合而成的一类新型复合材料。增强体为长纤维，是复合材料中的承载体，基体主要是起到黏接固定并传递载荷的作用。影响该类材料性能的主要因素有：①增强体的性能及增强体在基体中的排列方式、体积分数；②基体的性能；③基体与增强体结合界面的性能。

目前运用较多的增强体长纤维有碳（石墨）纤维、硼纤维、氧化铝纤维、碳化硅纤维等，研究较多的基体有铝、钛、镁及其合金等。

纤维增强金属基复合材料在飞机、宇宙飞船等航空航天领域的应用最多，其中研究相对较多的是铝基复合材料。SiC_f/Al 复合材料已用于导弹的导向板和部分筒身，比原铝或铁制部件减重 $40\% \sim 60\%$，并可提高使用温度；用 C_f/Al 复合材料替代 Al 制作导弹的控制筒，并取得了良好效果。日本电力、电线公司将 SiC_f/Al 复合材料材制成高强度大容量复合电线，有望用于岛屿间的大跨度输电电缆。

近年来，镁基复合材料以其高比强度、比模量，低热膨胀系数（可接近于零），良好的尺寸稳定性等特点，受到广泛关注。此外，为了满足燃气轮机、火箭发动机对高强度、抗蠕变、抗冲击、耐热疲劳等要求，高温金属基复合材料应运而生，相继开发了钨丝增强的镍基、铜基复合材料，碳化硅纤维增强的 Ti_3Al、$TiAl$、Ni_3Al 等金属间化合物基复合材料。表 8-1 列出了几种典型的长纤维增强金属基复合材料的性能。

2. 短纤维及晶须增强金属基复合材料

短纤维及晶须增强金属基复合材料是指以各种短纤维、晶须为增强体，金属为基体的复合材料。用作增强体的短纤维有氧化铝纤维、氮化硼纤维、氧化铝-氧化硅纤维等；晶须有

表 8-1　几种典型的长纤维增强金属基复合材料的性能

基体	增强体	体积分数（%）	密度/(g/cm³)	抗拉强度/MPa		弹性模量/GPa	
				纵向	横向	纵向	横向
6061Al	高模石墨	40	2.44	620	—	320	—
6061Al	硼纤维	50	2.50	1380	140	230	160
6061Al	碳化硅	50	2.93	1480	140	230	140
Mg	石墨（T75）	42	1.8	450	—	190	—
Ti	硼纤维	45	3.68	1270	460	220	190
Ti	碳化硅	52	3.93	1210	520	260	210

碳化硅晶须、氧化铝晶须、氮化硅晶须等。该类复合材料具有高比强度和比模量，良好的耐热、耐磨性能，低热膨胀系数，可采用常规设备进行制备和加工。当增强体在基体中呈随机分布时，复合材料还具有各向同性的特点。

与长纤维增强金属基复合材料相比，短纤维、晶须增强金属基复合材料在增强材料的价格、制作工艺等方面更具优势。因此，在民用产品中，短纤维、晶须增强金属基复合材料应用前景极好，其研究开发很活跃。短纤维、晶须增强金属基复合材料在航空航天领域应用广泛。Al_2O_3 短纤维增强的铝基复合材料已广泛用于汽车发动机的活塞等零部件，SiC 晶须增强的铝基复合材料具有良好的综合性能，也已广泛应用于航空航天领域，如三叉戟客机、导弹制导元件等。

短纤维、晶须增强金属基复合材料的制作方法有压铸法、熔渗法、离心铸造法、粉末冶金法，以及原位生长法。此外，还有将两种以上的制作方法复合形成的新的制作方法，近年来，溶胶-凝胶法也被用于该系复合材料的制作，方法新颖。

3. 颗粒增强金属基复合材料

颗粒增强金属基复合材料是指陶瓷、金属颗粒增强体与金属基体复合而成的复合材料。该系复合材料的增强体颗粒一般为高模量、高硬度、高强度、高耐磨性的陶瓷颗粒，如 SiC、Al_2O_3、TiC、TiB_2 等，有时也用金属颗粒作为增强体，如 Ti 颗粒等。增强体颗粒可以从外界直接加入基体，也可通过在基体中的原位化学反应形成，前者即为传统型复合材料，后者为内生型复合材料。显然，内生型复合材料的增强体由于原位反应产生，故增强体表面无污染，与基体的界面干净，结合强度高，同时，增强体的热力学稳定，在基体中分布均匀，反应热还可净化基体，进一步提高其力学性能。表 8-2 为颗粒增强铝基复合材料的特点及应用。

表 8-2　颗粒增强铝基复合材料的特点及应用

材料	应用	特点
体积分数 25% 的颗粒增强铝基复合材料	航空结构导槽、角材	代替 7075 铝合金，密度更低，拉伸模量更高
体积分数 17% 的 SiC 颗粒增强铝基复合材料	飞机、导弹用板材	拉伸模量大
体积分数 15% 的 Ti 颗粒增强铝基复合材料	汽车制动件、连杆、活塞	拉伸模量高

金属陶瓷实际上也属于颗粒增强型复合材料，是金属和陶瓷组成的非均质材料，它是发展最早的一类金属基复合材料。实际生产中，金属和陶瓷可按不同配比组成工具材料、高温结构材料和特殊性能材料。以金属为主时一般用作结构材料，以陶瓷为主时多用作工具材料。金属陶瓷中的金属通常为钛、镍、钴、铬等及其合金，陶瓷相通常为氧化物（Al_2O_3、

ZrO_2、BeO、MgO 等)、碳化物(TiC、WC、TaC、SiC 等)、硼化物(TiB、ZrB_2、CrB_2)和氮化物(TiN、Si_3N_4、BN 等),其中以氧化物和碳化物应用最多,氧化物金属陶瓷多以铬为黏接金属。这类材料一般热稳定性和抗氧化能力较好、韧性高,特别适合作为高速切削工具材料,有的还可制成高温下工作的耐磨件,如喷嘴、热拉丝模,以及耐蚀环规、机械密封环等。

碳化物金属陶瓷应用最广,常以 Co 或 Ni 作为金属黏接剂。根据金属含量不同可作为耐热结构材料或工具材料。碳化物金属陶瓷作为工具材料时,通常称为硬质合金。碳化物金属陶瓷作为高温耐热结构材料时常以 Ni、Co 两者混合物作为黏接剂,有时还加入少量的难熔金属如 Cr、Mo、W 等。耐热金属陶瓷常用来作为涡轮喷气发动机燃烧室、叶片、涡轮盘及航空航天装置的其他耐热件。

8.2.2 聚合物基复合材料

聚合物基复合材料(PMCs)是由一种或多种直径为微米级的增强体(连续长纤维、短纤维、晶须、颗粒等)分散于聚合物基体中形成的复合材料,是目前应用最为广泛、消耗量也最大的一类复合材料。因其增强体为微米级,故称之为微米级聚合物基复合材料。

按增强体的形状,聚合物基复合材料可分为连续长纤维增强聚合物基复合材料,以及颗粒、晶须、不连续短纤维增强聚合物基复合材料。其中,长纤维或短纤维增强聚合物基复合材料,特别是长纤维增强聚合物基复合材料应用较多。按纤维增强体的种类,聚合物基复合材料又可分为玻璃纤维、碳纤维、芳香族聚酰胺合成纤维、硼纤维,以及碳化硅纤维增强的聚合物基复合材料等。按基体来分类,聚合物基复合材料又可分为热固性聚合物基复合材料和热塑性聚合物基复合材料。

1. 热固性聚合物基复合材料

热固性聚合物基复合材料是以热固性树脂为基体,加入各种增强体纤维复合而成的复合材料。其强度和刚度主要由增强纤维提供,树脂起到黏接和传递载荷的作用,而其韧性、层间剪切强度、压缩强度、热稳定性、吸湿性能,以及抗氧化稳定性等均由树脂基体提供。

所谓热固性聚合物是指一类分子量不是非常大的线型分子经注射成型和固化处理后形成的网状或体型高分子化合物,一经固化后,即使在加热、辐射、催化等作用下也不再软化,具有硬度高、刚度高、耐热温度高、不易变形等特点。常见的热固性树脂有环氧树脂、非饱和聚酯树脂、聚酰亚胺树脂等。

由于热固性聚合物基复合材料的综合性能较好、易于成型,因此,它在全部聚合物基复合材料中占大部分。热固性聚合物基复合材料的纤维增强方式很多,如单方向增强、以单向层板为基体的多层多方向增强、以二维编织(类似于纺纱或毛衣的编织,有很多种类)为基本的多层多方向增强、多层板加板厚方向的缝合、三维编织等。

以玻璃纤维增强热固性树脂复合材料的俗称为玻璃钢。它由 60% ~ 70% 的玻璃纤维或玻璃制品与 30% ~ 40% 的热固性树脂(聚酯树脂、环氧树脂、酚醛树脂及有机硅胶等)复合而成,其中玻璃纤维/聚酯树脂、玻璃纤维/环氧树脂使用量最大,多用于运输车辆(列车、汽车等)、土木建筑、船舶、海洋构造物、电器产品、航空航天结构等方面。少量的 S-玻璃纤维/环氧树脂复合材料主要用于航空航天结构和军事装备。常见热固性玻璃钢的性能、特点及其应用见表 8-3。碳纤维/环氧树脂是航空航天结构、军事装备、体育器材等中常见的热固性复合材料。随着碳纤维的生产量上升和价格的下降，其工业应用也在逐渐增加。特别是近几年，土木建筑、运输车辆等方面的应用增加很快。碳纤维/BMI 树脂和碳纤维/聚酰亚胺树脂是耐高温的热硬化性复合材料。

表 8-3　常见热固性玻璃钢的性能、特点及其应用

性能、特点及其应用	材料类型			
	环氧树脂玻璃钢	聚酯树脂玻璃钢	酚醛树脂玻璃钢	有机硅树脂玻璃钢
密度/($\times 10^{-3}$kg/m^3)	1.73	1.75	1.80	—
拉伸强度/MPa	341	290	100	210
抗压强度/MPa	311	93	—	61
抗弯强度/MPa	520	237	110	140
特点	耐热性较高，在 150~200℃ 下可长期工作，耐瞬时超高温。价格低，工艺性较差，收缩率大，吸水性好，固化后较脆	强度高，收缩率小，工艺性好，成本高，某些固化剂有毒性	工艺性好，适用各种成型方法，用作大型构件，可机械化生产，耐热性差，强度较低，收缩率大，成型时有异味，有毒	耐热性较高，在 200~250℃ 可长期使用。吸水性差，耐电弧性好，防潮，绝缘性好，强度低
用途	飞机、宇航器中承力构件、耐蚀件	汽车、船舶、化工件中一般要求构件	飞机内部装饰件、电工材料	印制电路板、隔热板等

复合材料的耐热性能基本由其基体材料而定，环氧树脂基复合材料使用温度在 150~200℃ 以下，碳纤维/BMI 树脂的使用温度可到 200~250℃，碳纤维/聚酰亚胺树脂的使用温度可到 300℃。这些耐高温的热固性复合材料主要用于航空航天和军事装备。特别是在超声速客机的开发中，耐高温聚合物基复合材料的开发是重要的研究课题之一。芳香族聚酰胺合成纤维/聚酯树脂、芳香族聚酰胺合成纤维/环氧树脂多用于小型船舶、航空航天结构，以及军事装备（防弹衣、防弹头盔等）。

2. 热塑性聚合物基复合材料

热塑性聚合物基复合材料是指以热塑性树脂为基体的复合材料。热塑性树脂是一类线型高分子化合物，受热时发生软化甚至融化，冷却时硬化，且这种软化和硬化可重复出现。热塑性聚合物基复合材料中常见的增强体为玻璃纤维、碳纤维、芳纶纤维或由它们制成的混杂纤维。常见的热塑性树脂有尼龙类树脂（如尼龙 66、尼龙 1010）、聚烯烃类树脂（如聚乙烯、聚丙烯、聚四氟乙烯）、聚醚酮类树脂（如聚醚醚酮）等。

热塑性聚合物基复合材料是 1956 年在美国（Fiberfil 公司）以玻璃纤维/尼龙复合材料而问世的。自此以后，以玻璃纤维、碳纤维等为增强体的各种热塑性复合材料相继问世。与热固性复合材料相比，热塑性复合材料的特点是耐冲击、断裂韧性高。但大多数热塑性聚合物材料强度低、刚度低、耐热性差；大多数热塑性聚合物基复合材料是短纤维（不连续）增强方式。高性能复合材料中，热塑性聚合物基复合材料仍然占小部分。近 20 多年来，随着高性能热塑性聚合物材料的发展，连续纤维增强热塑性基复合材料的开发也引起市场的关注。特别是 1980 年以后的碳纤维/聚醚醚酮树脂以及碳纤维/聚醚亚胺树脂等的连续纤维增强热塑性聚合物基复合材料的开发和在航空结构上的应用推动了高性能连续纤维增强热塑性基复合材料发展。碳纤维/聚醚乙醚酮树脂的刚度、强度及耐热性能与碳纤维/环氧树脂相近，但是，耐冲击性和断裂韧性相对来说要好得多，如碳纤维/环氧树脂的层间 I 型断裂韧度一般为 100~150J/m^2，而碳纤维/聚醚乙醚酮树脂的层间 I 型断裂韧度一般为 1500J/m^2，

断裂韧性高近十倍。此外，在受低速冲击后，碳纤维/聚醚乙醚酮树脂也比碳纤维/环氧树脂显示更高的残余压缩强度。短纤维（不连续）增强的热塑性复合材料多用于运输车辆（列车、汽车等）、土木建筑、船舶、海洋构造物、电器产品等，高性能的连续纤维增强热塑性聚合物基复合材料多应于航空航天结构及军事装备等。

玻璃纤维增强的热塑性聚合物基复合材料又称热塑性玻璃钢，其性能、特点及应用见表8-4。

表 8-4　常见热塑性玻璃钢的性能、特点及应用

材料	密度/(×10³kg/m³)	抗拉强度/MPa	弯曲模量/GPa	特点及应用
尼龙66玻璃钢	1.37	182	91	刚度、强度、减摩性好。用作轴承、轴承架、齿轮等精密件、电工件、汽车仪表、前后灯等
ABS玻璃钢	1.28	101	77	化工装置、管道、容器等
聚苯乙烯玻璃钢	1.28	95	91	汽车内装、收音机机壳、空调叶片等
聚碳酸酯玻璃钢	1.43	130	84	耐磨、绝缘仪表等

8.2.3　陶瓷基复合材料

陶瓷基复合材料（CMC）是在陶瓷基体中引入第二相材料，使之增强、增韧的多相材料，又称为多相复合陶瓷或复相陶瓷。在陶瓷基复合材料的研究中，首先必须考虑的问题是两相或多相之间的化学相容性及物理相容性。化学相容性是指在制造和使用温度下增强体与基体间不发生化学反应且不引起性能退化；物理相容性是指两者的热膨胀系数和弹性模量匹配。根据增强体的特点，陶瓷基复合材料可分成两类：连续增强的复合材料和不连续增强的复合材料。其中，连续增强的复合材料包括一维、二维、三维纤维增强及多层增强的陶瓷基复合材料；不连续增强的复合材料包括晶须、晶片、颗粒增强的复合材料。陶瓷基复合材料也可根据基体分为氧化物基和非氧化物基复合材料。氧化物基复合材料包括玻璃、玻璃陶瓷、氧化物等，若增强纤维也是氧化物，常称为全氧化物复合材料。非氧化物基复合材料以 SiC、Si_3N_4、MoS_2 基为主。

陶瓷基复合材料具有高比强度和比模量，可减轻重量，从而降低飞机、火箭等燃料消耗；其断裂韧性比整体陶瓷材料高，与金属材料相近；高的高温强度可提高热效率。陶瓷基复合材料应用领域广阔。

1）在航空与火力发电用燃气轮机中，陶瓷基复合材料制造的部件有燃烧室覆壁、涡轮盘、导向叶片和螺栓。燃气轮机燃烧室覆壁是连续纤维增强陶瓷基复合材料应用的主要目标，因为纤维织物可易于制成覆壁的形状，且燃烧室覆壁不要求很高的强度；用陶瓷基复合材料作燃烧室覆壁可提高燃烧温度，从而提高热效率，减少有害气体排出，还可节省冷却系统。

2）在军事上和空间应用上，陶瓷基复合材料可用作导弹的雷达罩，重返空间飞行器的天线窗和鼻锥，发动机零部件，换热器、汽轮机零部件，专用燃烧炉内衬，轴承和喷嘴等，主要材料有石英纤维增强二氧化硅、碳化硅增强二氧化硅、碳化镍增强石墨、碳化硅成氮化铝纤维增强玻璃等。

3）陶瓷基复合材料的耐高温、抗热冲击、耐腐蚀、耐磨损等性能使其成为石油化工领域的重要材料，如催化剂载体、热交换器系统中重量轻的热交换器管，可提高燃烧温度，从

而提高热效率，减少有害气体排放。

4）陶瓷基复合材料可用作切削刀具，如碳化硅晶须增强氧化铝刀具切割镍基合金、铸铁和钢的零件，不但使用寿命增加，而且进给量和切削速度都大大提高。

5）陶瓷基复合材料可用作冶金领域熔炼炉的耐火材料，钢液过滤材料。

6）不连续增强陶瓷基复合材料在汽车上可用作火花塞、耐磨轴承材料、催化用蜂窝陶瓷、密封圈、棘轮转子、吸气用气阀、蜗轮转子等。

8.2.4 碳/碳复合材料

碳/碳复合材料（C/C复合材料）是指用碳（或石墨）纤维增强碳基体所制成的复合材料。碳基体是用热固性树脂或沥青的裂解碳或烃类经化学气相沉积的沉积碳制成的。C/C复合材料主要有碳纤维增强碳、石墨纤维增强碳、石墨纤维增强石墨三类。

C/C复合材料特有的优点是具有优良的高温力学性能，据测强度可保持到2000℃，在很宽广的温度范围内对常遇到的化学腐蚀物具有化学稳定性。C/C复合材料还具有多孔性、吸水性、高耐磨性、高热导率及良好的耐烧蚀性。

C/C复合材料可用于航空航天工业，如导弹头和航天飞机机翼前缘，火箭和喷气飞机发动机后燃烧室的喷管用高温材料，航空涡扇发动机机匣和风扇叶片，高速飞机用制动盘等。C/C复合材料还可用于制造超塑性成型工艺的热锻压模具、粉末冶金中的热压模具、原子反应堆中氮冷却反应器的热交换器、航空发动机中压气机的叶片和涡轮盘热密封件。C/C复合材料具有极好的生物相容性，即与血液、软组织和骨骼能相容且具有高的比强度和可曲性，可制成许多生物体整形植入材料，如人工牙齿、人工骨骼及关节等。

8.3 复合材料的研究进展

复合材料可改善或克服组成材料的弱点，可以根据零件的结构和受力情况，按预定的、合理的综合性能进行最佳设计，甚至可获得单一材料不具备的双重或多重功能，或者在不同时间或条件下实现不同的功能。如汽车上普遍使用的玻璃纤维挡泥板，它由玻璃纤维与聚合物材料复合而成；玻璃纤维太脆而无法单独使用，聚合物材料强度低、独自也无法满足使用要求，但将这两种材料复合后却得到了令人满意的高强度、高韧性的新材料，而且很轻。再如航天飞机使用的碳纤维增强SiC复合材料、SiC纤维增强SiC复合材料均为陶瓷基复合材料，它们在1700℃和1200℃下仍能保持20℃时的抗拉强度，并且具有较高的抗压强度和层间剪切强度，伸长率比一般陶瓷材料高，热辐射效率高，可有效地降低表面温度，有极好的抗氧化、抗开裂性能等，很好地满足了航天的要求。复合材料在各工业部门有着极其广泛的应用和十分重要的作用。其制备技术已由传统的外生型向现代的内生型方向发展，目前，内生型制备技术已取得了长足进步，已有多种方法制备内生型复合材料，如自蔓延法、热扩散反应法、熔铸接触反应法、气液反应法、直接氧化法、自组装法等，特别是最近发展的微波反应合成法，进一步简化了制备工艺，省时、节能，减轻了环境负担。此外，为满足发展的需要，相继开发出了不同功能的复合材料，如智能复合材料、成分梯度复合材料、生物复合材料等。

本章小结

本章在阐述复合材料的定义及类别、性能特点、复合材料的增强机理基础上，着重介绍了常用复合材料——金属基复合材料、陶瓷基复合材料、聚合物基复合材料、C/C 复合材料的类型、性能特点与应用领域。最后简要介绍了复合材料的发展趋势。本章思维导图如图 8-2 所示。

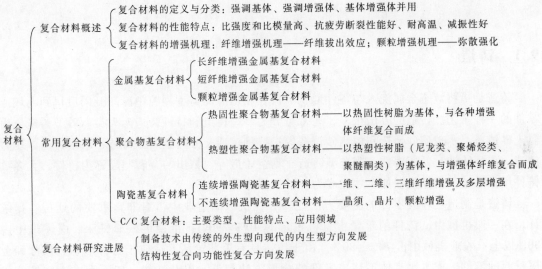

图 8-2　本章思维导图

思 考 题

1. 什么是复合材料，有哪些种类？复合材料具有哪些性能特点？
2. 分别列举一种颗粒增强和纤维增强复合材料，说明两种增强机理的区别。
3. 简述 C/C 复合材料的性能特点及应用。
4. 复合材料中增强材料有哪些？
5. 简述常用纤维增强金属基复合材料的性能特点及应用。
6. 为什么说复合材料是轻量化结构材料的主要发展方向之一？
7. 陶瓷基复合材料的特点和应用有哪些？
8. 简述玻璃钢、碳纤维增强塑料等常用纤维增强塑料的性能特点及应用。

第 9 章

金属材料的热加工技术

9.1 铸造

铸造是指将液态金属浇入与零件形状、尺寸相适应的铸型型腔中冷却凝固后得到毛坯或零件的一种工艺。铸造的方法很多，通常可分为砂型铸造和特种铸造两大类。砂型铸造分为黏土砂铸造、水玻璃砂铸造和树脂砂铸造等；特种铸造又分为金属型铸造、熔融铸造、压力铸造、离心铸造、低压铸造、陶瓷型铸造、真空铸造等。铸出的金属制品称为铸件，大多数铸件用作毛坯，需经机械加工才能成为各种机器零件。

铸造是制造毛坯或零件的主要方法之一，在机械制造业中占有非常重要的地位。据统计，在一般机械中，铸件的重量占总机重量的 40% ~ 90%；重型机械如机床、内燃机中占 80% 以上；农业机械中占 70% ~ 80%。由于铸造具有工艺灵活，适应于各种形状、尺寸和金属材料的零件，成本比其他毛坯或零件的成形方法都低，以及性能一般不存在方向性等优点，所以应用非常广泛。随着铸造技术的发展，许多新工艺、新技术的不断涌现，铸件的力学性能、表面质量和尺寸精度均有很大程度的提高，少余量甚至无余量的铸造新工艺得到了迅速发展，同时工人的劳动强度和工作条件也已明显改善。现代铸造已大量采用计算机技术、信息技术和自控技术，正朝着专业化、智能化、集约化生产方向迅猛发展。

9.1.1 铸造工艺特点

众所周知，金属具有很大的变形阻力，制作成所需要的形状较为困难。但是，铸造可以将变形阻力大的固态金属熔化，使其成为变形阻力小的液态金属，浇入铸型后"自动"形成所需形状的制品。铸造的这个特点是其他加工方法所不能比拟的。就金属的加工方法而言，铸造确实是一种巧妙的成形方法。正由于铸造是液态金属直接形成铸件，所以它具有以下特点：

1. 适应性强

对任何大小的零件，从几克到几百吨重的零件，从仅 0.2 mm 的薄壁零件到数米厚的零件，从几毫米到几十米的零件，从形状简单到任意复杂的零件都可以通过铸造方法制造出来。

2. 适用材料范围广泛

铸造适用于各种合金，如常用的铁碳合金（铸铁、铸钢）、铝合金、镁合金、铜合金、锌合金、钛合金，以及各种难熔合金等。不仅金属材料，几乎所有工程材料，如陶瓷、有机高分子、复合材料等，都可采用液态成形技术。特别是对于脆性金属或者合金，铸造是唯一可行的加工方法。

3. 尺寸精度高

一般情况下，铸件比锻件、焊接件的尺寸精度更接近于零件的尺寸精度，可节约大量的金属材料和机械加工工时。各种铸造方法所能达到的尺寸公差等级和表面粗糙度见表9-1。

表9-1　各种铸造方法所能达到的尺寸公差等级和表面粗糙度

铸造方法	铸件尺寸公差等级 DCTG	表面粗糙度 $Ra/\mu m$	铸造方法	铸件尺寸公差等级 DCTG	表面粗糙度 $Ra/\mu m$
普通砂型	11~15	50~400	低压铸造	5~9	0.8~100
高压造型	8~10	12.5~50	壳型铸造	5~8	1.6~2.5
压力铸造	5~7	0.4~50	金属型铸造	5~9(黑色 7~9)	0.8~100
熔模铸造	5~7	0.8~50	—	—	—

4. 成本低

铸件在一般机器中占 40%~80% 的重量，而成本占机器总成本的 25%~30%。成本低的原因主要是：①容易实现机械化生产；②可大量使用废旧金属材料；③与锻造相比动力消耗少；④尺寸精度高，加工余量小，节约加工工时。

鉴于上述特点，铸造在工艺生产中占有重要的地位。从铸件在机械产品中的所占的比例可看出其重要性：机床、内燃机、重型机器中占 70%~90%；风机、压缩机中占 60%~80%；拖拉机中占 50%~70%；农业机械中占 40%~70%；汽车中占 20%~30%。铸件在仪表、航空、航天、船舶等工业中也有广泛的应用。

但是，铸造也存在缺点：铸件尺寸均一性差；与压力加工和粉末冶金相比，金属的利用率低；铸件内在的质量比锻件差；工作环境粉尘多、温度高、劳动强度大、生产效率低等。因此，提高铸件质量和生产效率，改善铸造的生产条件，仍是铸造相关工作者的责任和努力的方向。

9.1.2　铸造工艺基础

铸件的成形过程主要包括液态金属的充型及其在型腔中的冷却和凝固等阶段，能否得到合格铸件与金属材料的铸造性能有很大关系。铸造性能包括液态金属的流动性、收缩性、偏析和吸气性等，其中流动性、收缩性对铸件质量有直接影响，合适的铸造工艺有助于改善铸造性能。

1. 金属液的充型能力

金属液填充铸型的过程称为充型。金属液浇入铸型后获得形状完整、轮廓清晰铸件的能力称为充型能力。金属液的充型能力强，有助于铸件的排气和补缩，也有利于获得形状复杂的铸件；反之易使铸件产生浇不足、冷隔等铸造缺陷。充型能力与金属液的流动性、铸型条件、浇注条件及铸件结构等有关。

（1）流动性　金属液在一定条件下的流动能力称为金属液的流动性，它是影响充型能力的重要因素之一。流动性是合金液的固有特性，主要取决于合金种类、成分和它的物理性能。流动性常用标准试样螺旋线的长度来衡量（图9-1），即将金属液注入螺旋形的铸型中，在相同条件下

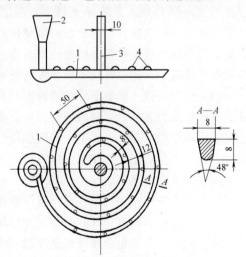

图 9-1　螺旋形金属流动性试样
1—试样　2—浇口　3—冒口　4—试样凸起

螺旋形试样越长，其流动性越好，反之就越差。

表 9-2 为常用金属材料的流动性。由表 9-2 可看出，不同种类的金属液，其流动性不同，其中铸铁的流动性最好，硅黄铜、铝硅合金次之，铸钢最差。

表 9-2　常用金属材料的流动性

金属材料及其化学成分		铸型种类	浇注温度/℃	螺旋线长度/mm
铸铁	$w(C+Si)=6.2\%$	砂型	1300	1300
	$w(C+Si)=5.9\%$	砂型	1300	1300
	$w(C+Si)=5.2\%$	砂型	1300	1000
	$w(C+Si)=4.2\%$	砂型	1300	600
铸钢	$w(C)=0.4\%$	砂型	1600	100
		砂型	1640	200
铝硅合金	Al-Si	金属型（300℃预热）	680~720	700~800
镁合金	Mg-Al-Zn	砂型	700	400~600
锡青铜	$w(Sn)=9\%~10\%$，$w(Zn)=2\%~4\%$	砂型	1040	420
硅黄铜	$w(Si)=1.5\%~4.5\%$	砂型	1100	1000

不同成分的合金，凝固的温度范围不同，其流动性也不同。纯金属或共晶成分的合金在恒温下凝固，合金液流动阻力小，流动性好；远离共晶点成分的合金，凝固温度降到液固两相区时，存在的树枝晶使合金液的流动性变差。图 9-2 所示为铁碳合金的流动性与成分的关系。图 9-2 表明，纯铁和共晶铸铁的流动性最好，而距共晶成分越远的铁碳合金，其流动性越差；即使同一成分的合金，其流动性也会随过热度的提高而提高。

金属液的流动性还与材料的热导率、比热容、密度、黏温性、结晶潜热等有关。合金的结晶潜热越大，热导率越小，凝固

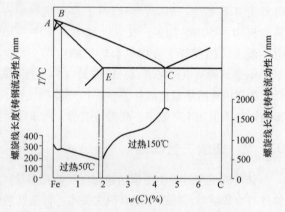

图 9-2　铁碳合金的流动性与成分的关系

时液态保持时间就越长，合金液的流动性和充型能力就越强。合金液的黏温性即黏度与温度的变化关系也直接影响合金液的充型，当合金液的黏度受温度影响较小时，温度降低所导致的黏度增量就小，这也有利于合金液的流动和充型。

（2）铸型条件　铸型条件是指铸型的蓄热和排气能力。铸型的蓄热能力越强，铸型对金属液的冷却能力就越大，金属液保持液态的时间就越短，充型能力就越差。显然，金属液在金属型中的充型能力低于砂型。铸型的排气能力也直接影响金属的充型。当铸型的排气能力差时，金属液与铸型的热作用，以及浇注过程中产生的大量气体难以迅速排出铸型，这将阻碍金属液的流动和充型。

（3）浇注条件　浇注条件是指浇注系统的结构、合金液的充型压力及浇注温度。浇注系统越复杂，合金液的流动就越困难，充型能力就越差，因此应合理选择内浇道的位置及其相关尺寸。充型压力是指金属液在浇注过程中所承受的静压力，提高静压力有利于提高充型能力。在砂型铸造中一般通过增加垂直浇道的高度来提高静压力；特种铸造中的压力铸造和低压铸造则是通过增加合金液上表面的压力来提高充型能力。

浇注温度对合金液的流动性影响也很大。浇注温度越高，金属液的黏度越小，流动性越好，充型能力就越强。但浇注温度过高，会导致铸件产生缺陷，因此在保证充型能力的前提下应选择适当的浇注温度，以保证铸件质量。

（4）铸件结构　铸件的结构是指铸件的大小、壁厚及其复杂程度。铸件的内腔越简单，型芯数量越少，合金液的流动阻力就越小，充型能力随之增强。

2. 金属液的收缩

（1）收缩的概念　收缩是指金属液在铸型中从液态冷却到室温时体积和尺寸的缩小。从浇注温度到室温，铸件依次经历液态收缩、凝固收缩和固态收缩三个阶段。

1）液态收缩是金属液在浇注温度到凝固开始温度范围内的收缩。该阶段金属为液态，收缩为体收缩，表现为铸型内液面的降低。

2）凝固收缩是金属液从凝固开始到凝固结束温度范围内的收缩。该阶段合金为液固两相态，收缩表现为型内液面的降低。液固相线之间的温差越大，金属的凝固收缩就越大。显然，纯金属或共晶成分的合金液因液固相线之间的温差为零，其收缩量相对较小。凝固收缩是缩孔、缩松形成的基本原因，常用体收缩率表示。

3）固态收缩是金属从凝固结束到室温温度范围内的收缩。该阶段金属为固态，收缩不仅表现为体积的收缩，同时还表现为外形尺寸的减小。固态收缩是产生铸件内应力、变形和裂纹的主要原因，常用线收缩率来表示。

（2）收缩的影响因素　铸件的收缩取决于金属成分、浇注温度、铸件结构和铸型条件。

成分不同的合金，其收缩率不同，如铸钢的收缩率为 12.5%，灰铸铁的收缩率为 6.9%~7.8%，这是由于灰铸铁析出石墨所产生的体积膨胀抵消了部分收缩。

浇注温度越高，液态收缩越大，其总的收缩也就越大。浇注温度每提高 100K，液态收缩就相应增加 1.6%。

金属液在铸型中的收缩是一种受阻收缩，铸件在冷却过程中，不仅受铸件各处因冷却速度不同导致相互制约所产生的阻力，同时还受铸型和型芯的机械阻力，因此，铸件的实际收缩量比其自由收缩量小，且铸型强度越高、铸件结构越复杂、型芯数量越多，铸件的实际收缩就越小。

3. 缩孔、缩松的形成与防止

（1）缩孔与缩松的形成　金属液充入型腔后，若液态收缩和固态收缩的体积得不到补充，则将在铸件最后凝固的部位出现孔洞。容积大而集中的孔洞称为缩孔，容积小而分散的孔洞称为缩松。

缩孔的形成过程如图 9-3 所示。假定合金液的凝固温度范围很小，合金液流动性好，充满型腔后，开始的液态收缩可从浇注系统得到补充（图 9-3a），由于铸型的吸热和散热，与铸型接触的合金液首先凝固形成一层外壳（图 9-3b）；随着温度的下降，壳内的液态金属由于本身的液态收缩使其体积减小，与此同时，凝固层也将产生固态收缩，使铸件的外表尺寸缩小，因合金液的液态收缩和凝固收缩远大于壳层的固态收缩，这样在重力的作用下，液面与上顶面脱离（图 9-3c）；随着温度不断降低，外壳不断增厚，液面将继续下降，凝固完毕时，在铸件上部将产生一个集中的孔洞（图 9-3d），已产生缩孔的铸件冷却至室温时，铸件的外形尺寸因固态收缩略有缩小（图 9-3e）。

缩松的形成过程如图 9-4 所示。假定合金液的凝固温度范围较大，流动性相对较差，合

 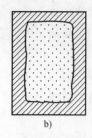  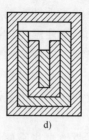 

a)　　　　　b)　　　　　c)　　　　　d)　　　　　e)

图 9-3　缩孔的形成过程示意图

a）合金液充型　b）表层凝固　c）凝固层推进　d）凝固结束　e）固态收缩

金液凝固时也是从外向里逐步推进，但液固界面凹凸不平（图 9-4a）；凝固后期，在铸件心部将形成一个同时凝固区，当凹凸不平的枝晶相互接触时，剩余的合金液被分割成许多微小的区域（图 9-4b）；最后这些微区的金属液凝固收缩时因得不到补充而产生分散于铸件心部的缩松（图 9-4c）。

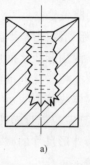 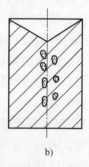 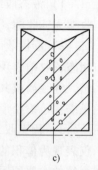

a)　　　　　　　b)　　　　　　　c)

图 9-4　缩松的形成过程示意图

a）凹凸的液固界面　b）分割态的小区域　c）缩松

缩孔和缩松都是由于金属的凝固收缩得不到补充导致的。当金属的凝固温度范围较小时，易形成集中性缩孔，反之易形成缩松。缩孔和缩松均产生于铸件最后凝固的部位。

（2）缩孔与缩松的防止　任何形态的缩孔和缩松都将严重影响铸件的力学性能。缩孔较易检查和修补，而缩松因细小、分散而难以发现和修补。在实际生产中常采用顺序凝固原则，设法使分散的缩松转化为集中性缩孔，再使之转移到冒口（为了防止铸件产生缩孔而专门开设的用于储存合金液的空腔）中，最后割去冒口，获得优质铸件。

顺序凝固（图 9-5）即采用适当的工艺措施（如冒口、冷铁等），使铸件按远离冒口、靠近冒口、冒口本身的顺序凝固。在凝固过程中，冒口始终处于液态，对铸件的液态收缩和凝固收缩进行补充，这样使冒口成为铸件的最后凝固部位，从而避免铸件本身产生缩孔和缩松。为实现顺序凝固常采用以下工艺措施：增设冒口加以补缩，并调整铸件凝固时的温度分布，保证顺序凝固；放置冷铁（冷铁是控制铸件某些部位冷却速度的激冷物），以保证铸件的凝固顺序。各种铸造合金均可使用冷铁。

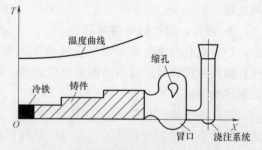

图 9-5　顺序凝固及冒口补缩示意图

此外还可通过内浇口位置的合理选择，即内浇口开在铸件较厚处，可增大铸件各部分的温差，也有利于实现顺序凝固。

4. 铸件内应力、变形及裂纹

（1）铸件内应力　铸造内应力分为收缩应力、相变应力和热应力三种。内应力是铸件产生变形和裂纹的主要原因。

铸件在固态收缩时，受到铸型、型芯及浇注系统的阻碍而产生的内应力称为收缩应力。收缩应力是暂时的，铸件落砂后，应力可自行消失；显然，当铸型、型芯或浇注系统的退让性好时，收缩应力就小。铸件在固态收缩阶段，有的合金发生固态相变，引起体积变化不均衡而产生的应力称为相变应力。铸件在凝固和冷却过程中，因壁厚不均匀，各部分冷却速度不一致，导致收缩不均衡所产生的内应力称为热应力。合金从凝固结束温度到再结晶温度这个阶段，处于塑性状态，产生的内应力会通过塑性变形而自行消除，低于再结晶温度时，合金处于弹性状态，受力时产生弹性变形，变形后应力会继续存在。

热应力形成过程如图9-6所示，图中 I 为粗杆、II 为细杆。在凝固阶段，粗杆 I 和细杆 II 均处于塑性阶段，虽然两杆的冷却速度不同，收缩不一，但瞬时的应力可通过塑性变形而自行消失，粗杆 I 和细杆 II 均不产生内应力。继续冷却时，细杆 II 的冷却速度快，先进入弹性阶段；而粗杆 I 冷却速度慢，仍处在塑性阶段；此时细杆 II 的收缩量大于粗杆 I，这样在细杆 II 中产生拉应力，在粗杆 I 中产生压应力，使铸件产生变形（图9-6b）。但由于粗杆 I 仍处在塑性阶段，内应力可通过粗杆 I 的塑性变形而随之消失（图9-6c）。当细杆 II 的温度降至室温时，停止收缩；而粗杆 I 温度仍较高，仍为弹性状态，这样细杆 II 将阻碍粗杆 I 的收缩，最终在粗杆 I 内产生拉应力，细杆 II 内产生压应力（图9-6d）。若粗杆的内应力超过其抗拉强度时，将发生断裂（图9-6e）。

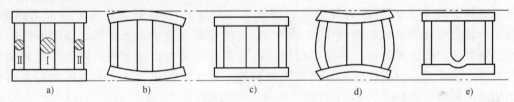

图9-6　热应力形成过程

a) 杆 I、杆 II 均在塑性阶段　b)、c) 杆 I 在塑性阶段、杆 II 在弹性阶段
d) 杆 I、杆 II 均在弹性阶段　e) 拉应力处断裂

铸造内应力是收缩应力、相变应力和热应力的矢量和。当铸件落砂后，在铸件的不同部位可能会残留一部分铸造应力，称之为残余应力。当残余应力超过铸件材料的屈服强度时，铸件产生变形，超过抗拉强度时，铸件将出现裂纹。

（2）铸件变形及防止　如上所述，铸件中的残余应力将使铸件处于不稳定的状态，铸件力图通过自身的变形来缓解残余应力。图9-7所示为车床床身的挠曲变形示意图，由于导轨部分较厚而受拉应力，床壁部分较薄而受压应力，于是导轨下挠。

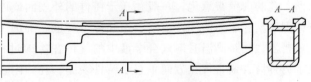

图9-7　车床床身的挠曲变形示意图

铸造内应力中最主要的是热应力，它是引起铸件变形的根本原因，而热应力是铸件各部位的冷却速度不一致导致的。因此，防止铸件产生变形的关键在于减少铸件的热应力。具体措施为：设计时应使铸件的壁厚尽量均匀或形状对称；制模时采用反变形法，即将模样制成与铸件变形相反的形状；铸造工艺上采用同时凝固的原则，即采取

措施使铸件的各部位在凝固冷却时没有大的温差。图 9-8 所示为铸件同时凝固示意图，采用该原则后，可使铸件的内应力较小，不易产生变形和裂纹，但往往易在铸件的中心产生缩松，组织不致密，因此，同时凝固原则主要用于凝固收缩小的合金（如灰铸铁），以及壁厚均匀、结晶温度范围宽而对铸件的致密性要求不高的铸件。

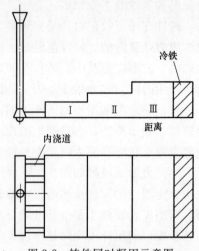

图 9-8　铸件同时凝固示意图

需指出的是，若铸件中存在内应力，在其落砂后将发生微量变形以缓解部分内应力，但并未彻底消除，机械加工后残余应力将重新分布，仍将引起变形，影响零件的加工精度，为此，可通过去应力退火或时效的方式进一步消除内应力。

（3）铸件裂纹及防止　当铸件的内应力超过其抗拉强度时，铸件将产生裂纹。根据裂纹产生温度的不同，可分为热裂纹和冷裂纹两种。热裂纹是铸件在凝固末期高温下产生的，主要是因为铸件的收缩受到铸型或型芯的阻碍引起的。其特征是裂纹短、缝隙宽、形状曲折、缝的内表面呈氧化色、无金属光泽、裂纹沿晶界产生和发展。产生热裂纹的倾向性取决于合金的成分、结晶的特点及铸型阻力等因素，因此为了防止产生热裂纹，常采取以下措施：①选用结晶温度范围窄、收缩率小的合金，常用的铸造合金中，灰铸铁、球墨铸铁的收缩小，热裂倾向小，而铸钢、铸铝、白口铸铁等热裂倾向大；②合理选择型砂及其黏结剂，改善铸型或型芯的退让性；③严格限制铸钢、铸铁中的硫含量；④大的型芯采用中空结构或内部填以煤炭。

冷裂纹是在较低的温度下形成的，常出现于受拉特别是应力集中部位。其特征是裂缝细小、呈连续直线状，缝内干净，有时呈轻微氧化色。采用以下措施可防止冷裂纹的产生：①减小铸件的内应力；②减小铸造合金的脆性，如控制铸钢、铸铁中的磷含量；③浇注后勿过早开箱等。

5. 铸件的气孔及防止

气孔是指气体在铸件中形成的孔洞。根据气体的来源，气孔可分为侵入气孔、析出气孔和反应气孔三种。

侵入气孔是由吸附在铸型内表面的气体侵入合金液中形成的。其尺寸较大，呈椭圆形或梨形，孔的内壁被氧化，一般存在于铸件的外表面或内表面的极个别处。侵入气孔可通过减少铸型和型芯表面的气体吸附、增强铸型和型芯的透气性等措施来防止。

析出气孔是高温时溶入合金液中的气体在冷却过程中析出产生的。其尺寸小、分布广，位于铸件内表面，气孔方向垂直于铸件表面，孔的内表面光滑。析出气孔可通过减少气体溶入合金液、减少合金液的搅拌和扰动等措施来防止。

反应气孔是合金液与铸型、型芯接触反应产生气体形成的。其特征是形状各异，一般位于表面以下 $1\sim2\,\text{mm}$ 处，呈皮下气孔。其防止措施为：①保证型芯撑和冷铁表面不生锈，以免铁锈与合金液中的碳结合发生反应 $Fe_2O_3+3C\longrightarrow2Fe+3CO\uparrow$，生成 CO 气体；②减少铸型和型芯中的水分，以减少合金液中的碳与铸型和型芯中的水蒸气反应生成 CO 和 H_2。

9.1.3 砂型铸造

用型砂制备铸型的铸造方法称为砂型铸造，它是生产铸件最常用的方法。本小节主要从砂型铸造工艺流程、造型和制芯的方法、浇注系统，以及铸造工艺图的绘制等方面展开讨论。

1. 砂型铸造工艺流程

砂型铸造工艺流程如图 9-9 所示，可分为下列几个步骤：根据零件图制得模样，由模样和配制好的型砂制得外形和型芯，合箱后将熔炼好的合金液注入型腔，待铸件凝固冷却到一定温度后开箱落砂并取出铸件，检验加工。

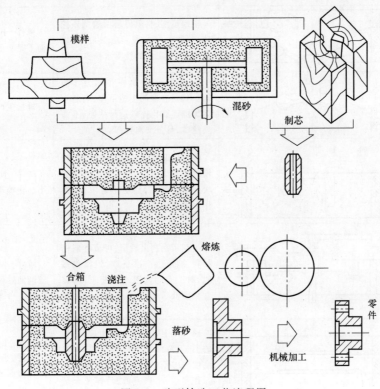

图 9-9　砂型铸造工艺流程图

2. 造型

造型一般分为手工造型和机器造型两种。

（1）手工造型　手工造型是指造型过程中的紧砂、起模、修型和合箱等工作由手工完成，而翻箱、搬运和填砂等均可由机械完成。手工造型操作灵活，适应性强，铸型成本低，但铸件质量差，生产率低，劳动强度大，主要用于单件、小批量的铸件生产。

手工造型的方法较多。表 9-3 为常用手工造型方法的特点及其适用范围。需指出的是，在实际选用时还应根据铸件的尺寸、形状、生产批量、质量要求，以及生产条件等进行综合分析，以确定最佳方案。

（2）机器造型　机器造型是指用机器全部完成或至少完成紧砂操作的造型方法。与手工造型相比，机器造型的生产率高，劳动强度小，铸型质量好，铸件废品率低；但投资大，准备期长，仅适用于大批量生产。

表 9-3　常用手工造型方法的特点及其适用范围

造型方法	简图	主要特点	适用范围
整模造型		模样是整体的,铸件的型腔在一个砂箱中,分型面为平面。造型简单,不会错箱	最大截面在端部,且为平面的铸件
分模造型		模样在最大截面处分开,型腔位于上、下两箱中。造型方便,但模型制造复杂	最大截面在中部的铸件
挖砂造型		整模造型,将阻碍起模的型砂挖掉,分型面是曲面。造型费时,生产率低,对工人的技术水平要求高	单件、小批量生产,分型面不是平面的铸件
假箱造型		在造型前预制一个底胎(假箱),然后在底胎上造下型,底胎不参加浇注。比挖砂造型简便,不需要挖砂,且分型面整齐	批量生产需挖砂的铸件
活块造型		将妨碍起模的部分做成活块,起模时先起出主模,再从侧面起出活块。造型费工,活块不易定位,操作水平要求高	单件、小批量生产,带有小凸台等不易起模的铸件
刮板造型		用刮板刮制出砂型,可节省制模材料,缩短生产准备期,但操作费时,对工人的技术水平要求高,铸件精度低	单件、小批量生产,等截面的回转体铸件
三箱造型		模型由上、中、下三型组成,中箱的上、下两面均为分型面,且中箱高度与中箱中的模型高度相适应。操作复杂,生产率低,且需要合适的砂箱	单件、小批量生产,具有两分型面的铸件
地坑造型		利用地坑作为下箱,节约生产成本。但造型费工,生产率低,对工人的技术水平要求高	单件、小批量、质量要求不高的大、中型铸件
组芯造型		用砂芯组成铸型。可提高铸件精度,但生产成本高	大批量生产、形状复杂的铸件

　　1)模板造型:模板是模样和模底板的组合体,一般带有浇口模,浇口模和定位装置如图 9-10 所示。模板分为单面模板和双面模板两种。单面模板仅一面有模样,上、下两模分别装在两块模板上,由配对的造型机造型。双面模板是上、下两模分别装在同一模板的两面,由同一造型机造型。双面模板一般用于小型铸件。

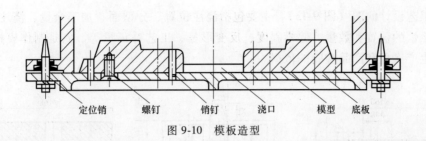

定位销　螺钉　销钉　浇口　模型　底板

图 9-10　模板造型

2）两箱造型：机器造型一般不用于三箱造型，为提高生产率，某些阻碍起模的部位尽量采用组芯而不用活块和三箱造型。

3. 制芯

砂芯主要用于形成铸件内腔或尺寸较大的孔洞，也可用于形成铸件的外形。制芯的方法与造型一样也分为机器制芯和手工制芯两种。填砂和紧实由手工完成的称为手工制芯，一般用于单件、小批量生产。而填砂和紧实由专用的制芯机完成的称为机器制芯，常用的制芯机有震压制芯机、射芯机和吹芯机三种，机器制芯一般应用于大批量生产的铸件。

制芯一般可用芯盒或刮板进行，其中最常用的是芯盒制芯，芯盒又有分开式和整体式两种。短而粗的砂芯采用分开式芯盒，形状简单且有一个大平面的砂芯宜采用整体式芯盒。

需指出的是，无论采用何种方法制芯，除了一般性能要求外，还需在砂芯中开设通气孔，以便排气。通常直接在砂芯中扎出，或在砂芯中加入焦炭、埋入蜡线等，如图 9-11a、b 所示。还可在砂芯中放置芯骨以提高砂芯的强度，芯骨通常用铁丝制成，如图 9-11c 所示。

4. 浇注系统

浇注系统是指让合金液充满型腔而开设在铸型中的一系列通道。图 9-12 所示为浇口系统示意图，主要由浇口杯、直浇道、横浇道、内浇道、冒口等组成，其各自的作用如下：浇口杯承接液态合金；直浇道建立合金液充型所需的静压；横浇道分配合金液进入内浇道；内浇道引导合金液进入型腔；冒口是指为避免铸件出现缺陷而附加在铸件上方或侧面的补充部分，在铸型中，冒口的型腔是存储液态金属的空腔，在铸件形成时补给金属，有防止缩孔、缩松、排气和集渣的作用，而冒口的主要作用是补缩。功能不同的冒口，其形式、大小和开设位置均不相同。

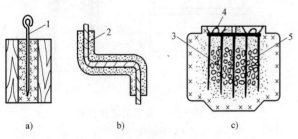

图 9-11　型芯的通气孔和芯骨
1—气孔针　2—蜡线　3—焦炭　4—吊环　5—芯骨

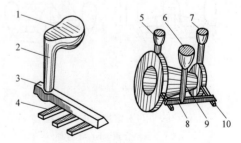

图 9-12　浇口系统示意图
1、6—浇口杯　2、9—直浇道　3、8—横浇道
4、10—内浇道　5、7—冒口

5. 铸造工艺图

铸造工艺图是指根据零件的结构特点、技术要求、生产批量和生产条件直接在零件图上

进行铸件工艺设计的图（图9-13），主要包括浇注位置、分型面、加工余量、浇注系统、冒口、内外冷铁的位置和数量、起模斜度、反变形量、工艺补正量等。它是制作模样、模板、芯盒以及生产准备和产品验收的依据。

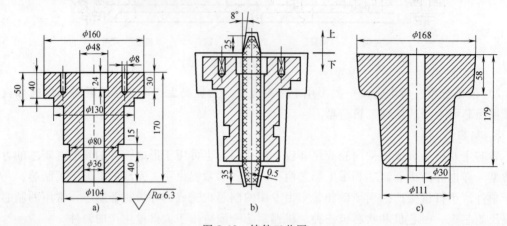

图 9-13　铸件工艺图

a）铸件零件图　b）铸造工艺图　c）铸件

（1）浇注位置的确定　浇注位置是指铸件在铸型中的空间位置。合适的浇注位置，有利于提高铸件质量和简化铸造工艺。确定浇注位置应注意以下原则：

1）铸件的重要加工面和大平面应朝下或竖直安放。这是因为铸件的上部易产生气孔、砂眼、夹渣等铸造缺陷，且组织也不如下部致密。当铸件中有多个重要加工面时，一般将大的加工面朝下。图9-14所示为锥齿轮的两种不同浇注位置。其中图9-14a所示浇注位置合理，因为重要的齿面朝下。

2）有利于补缩。将铸件中易产生缩孔的部位放在分型面附近的上部或侧面，以便安放冒口，实现顺序凝固。图9-15所示为套筒的两种浇注位置，其中图9-15b所示浇注位置合理，即重要的加工面竖直放置，易产生缩孔的较厚部位放置在分型面附近的上部。

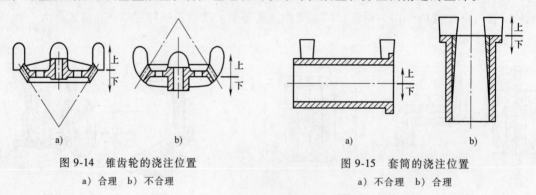

图 9-14　锥齿轮的浇注位置

a）合理　b）不合理

图 9-15　套筒的浇注位置

a）不合理　b）合理

3）有利于充型。铸件中的薄壁大平面应朝下、竖直或倾斜，以防止冷隔和浇不足。图9-16所示为箱盖的两种浇注位置，按图9-16b所示将壁薄面大的部分朝下，有利于合金液充型，是合理的浇注位置。

4）型芯数量少。最好使型芯位于下型，便于下芯和检查。

（2）分型面的选择　分型面是铸型组元间的结合面，一般有水平、竖直和倾斜之分。合

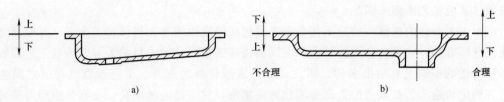

图 9-16　箱盖的浇注位置
a）不合理　b）合理

理的分型面有利于提高铸件质量，简化铸造工艺，提高工作效率，降低生产成本。选择分型面应考虑以下原则：

1）尽量采用平直分型面。平直分型面可减少制模和造型的工作量。图 9-17 所示为起重臂的分型面选择，图 9-17a 所示为弯曲分型面，需挖砂或假箱造型，难以批量生产；图 9-17b 所示为平直分型面，可分模造型。

2）尽量减少分型面数量。分型面应尽量少，这样有利于简化造型工艺，提高铸型精度，改善铸件质量。图 9-18 所示为绳轮的分型面选择示意图，未采用组芯时需要两个分型面，三箱造型；而采用组芯后仅需一个分型面，变三箱造型为两箱造型，大大简化了造型工序。

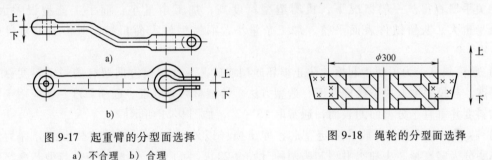

图 9-17　起重臂的分型面选择
a）不合理　b）合理

图 9-18　绳轮的分型面选择

3）减少芯子数目。芯子数目少有利于下芯和简化造型，同时便于合箱和检查铸件壁厚。图 9-19 所示为接头铸件的分型面选择，图 9-19a 需要型芯，而图 9-19b 可不用型芯。

4）尽量使铸件位于同一砂箱内。这样可使铸件的主要加工面、基准面在同一砂箱中，同时还可简化造型以免错箱。图 9-20 所示为闷头的分型面选择，图 9-20a 是合理的，它将铸件全部放在下型，基准面和加工面不会错位，从而保证了铸件质量。

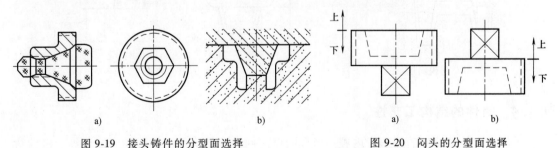

图 9-19　接头铸件的分型面选择
a）不合理　b）合理

图 9-20　闷头的分型面选择
a）合理　b）不合理

浇注位置和分型面的合理选择是保证铸件质量的前提。但对一个具体的铸件而言，往往难以同时满足，这时应优先考虑对铸件质量和生产率影响较大的因素，而对那些次要因素应设法通过其他工艺措施来满足。

（3）工艺参数的选择　铸造工艺参数主要包括铸造收缩率、机械加工余量、起模斜度及芯头尺寸等方面，它是由合金的种类和不同的铸造工艺决定的。目前大部分铸造工艺参数是在砂型铸造的基础上总结出来的，因此，随着造型材料的发展，工艺参数也将随之发生变化。在确定铸造工艺参数之前首先要简化铸件结构，对零件上的小孔、小槽、小凸台等可不铸出，以简化铸造工艺，这些被简化的部分可由机械加工来解决。但对于一些有特殊要求的孔（如弯曲孔），无法通过机械加工的方法解决，只能铸出。在单件、小批量生产时，铸铁件的孔径小于 30mm、凸台高度和凹槽深度小于 10mm 时均可不铸出。

1）铸造收缩率。由于合金液的收缩，固态铸件的尺寸必然小于铸型尺寸，因此应根据合金的收缩率放大铸型模样尺寸。通常灰铸铁的收缩率为 0.7%~1.0%，铸钢为 1.6%~2.0%，非铁合金为 1.0%~1.5%。

2）机械加工余量。机械加工余量是指在铸件的加工表面留出的准备切去的金属层厚度。加工余量过大，浪费金属和加工工时；过小，又不能完全去除铸件的表面缺陷，保证铸件质量，甚至露出铸件表皮，达不到设计要求。加工余量与铸件批量、合金种类、铸件尺寸、加工面与基准面的距离、加工面在浇注时的位置、造型方法等有关，具体值可由相关手册查得。一般情况下，机器造型精度高，加工余量小，而手工造型误差大，加工余量也大。灰铸铁件表面平整，加工余量小，而铸钢件表面粗糙，所留加工余量也应大一些。

3）起模斜度。为了便于起模，防止损坏砂型或砂芯，在起模方向留有的一定斜度称为起模斜度。起模斜度取决于模样高度、造型方法、铸型材料等因素。起模斜度一般应用于没有结构斜度并垂直于分型面的表面，通常取 15′~3°，如图 9-21 所示。

4）芯头。为了准确安放和固定型芯，伸出模样以外不与金属接触的凸出部分称为芯头。芯头分为竖直型芯头和水平型芯头两种（图 9-22），为了便于装配，芯头与型芯座之间应留有 1~4mm 的间隙。

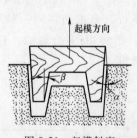

图 9-21　起模斜度

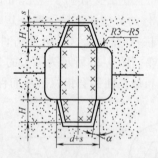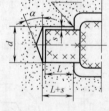

图 9-22　芯头

9.1.4　铸件的结构工艺性

铸件结构是指铸件的外形、内腔、壁厚及壁之间的连接形式、加强筋、凸台等。铸件结构是否合理直接影响铸件质量、工作效率及生产成本。因此，在铸件结构设计时，不仅要保证铸件的工作性能和力学性能，同时还要认真考虑铸造工艺和合金的铸造性能对铸件结构的特殊要求。

1. 铸造工艺对结构设计的要求

铸造工艺对铸件结构设计的要求见表9-4。表9-4中的铸造工艺是以砂型铸造工艺为主，同时结合其他铸造方法的特点共同分析的结果。

表9-4 铸造工艺对铸件结构设计的要求

要求	不合理结构	合理结构	说明
外形简单	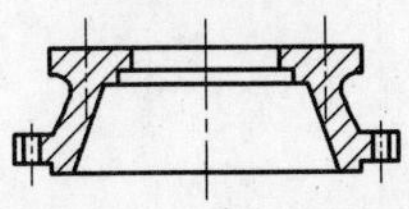	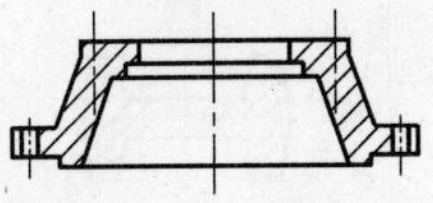	改进后减少了分型面或环状型芯
	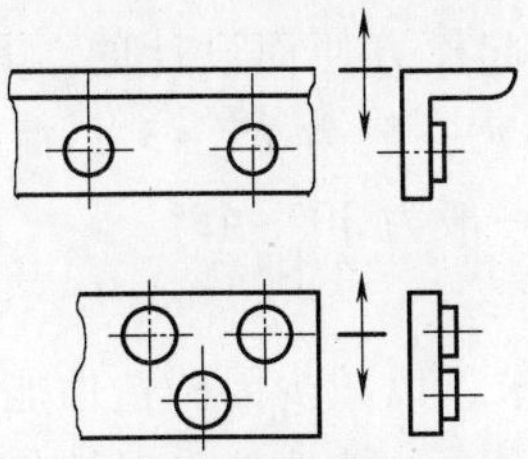	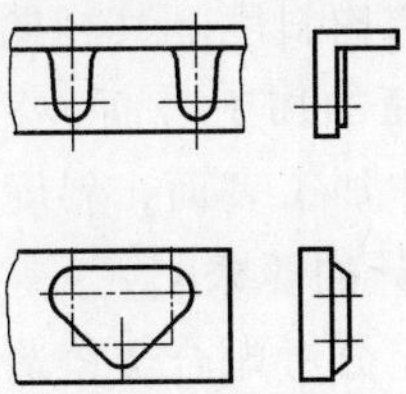	改进凸台、凸缘肋片结构。改进后凸台延至分型面可省去活块
	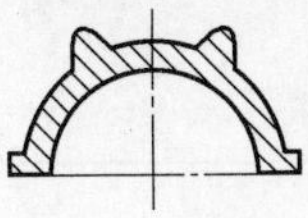	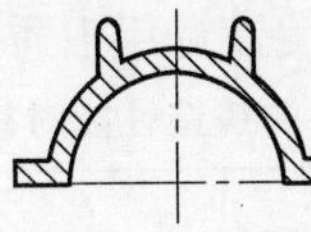	改进后筋相互平行并垂直于分型面，易起模
	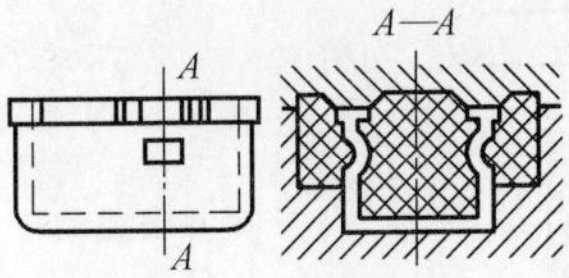	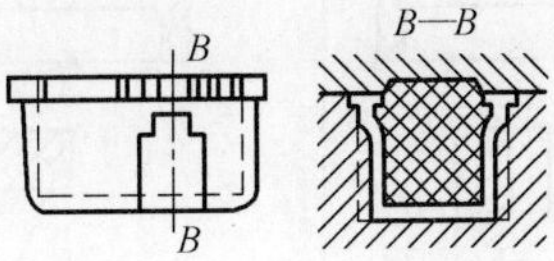	改进后凹坑通到底，可省去两个外型芯
	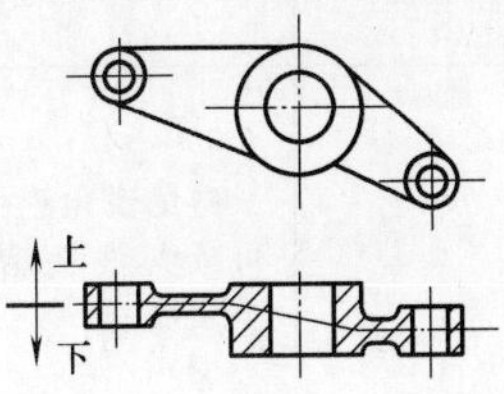	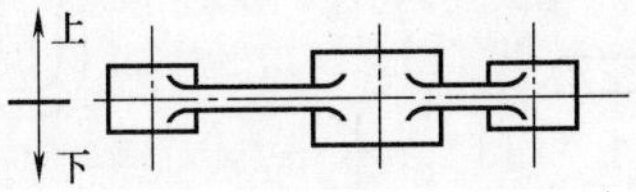	改进后可用平直分型面，避免了假箱造型或挖砂造型
	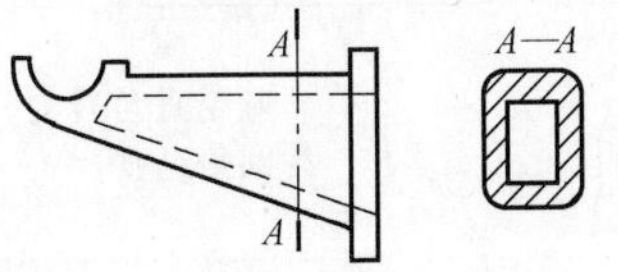	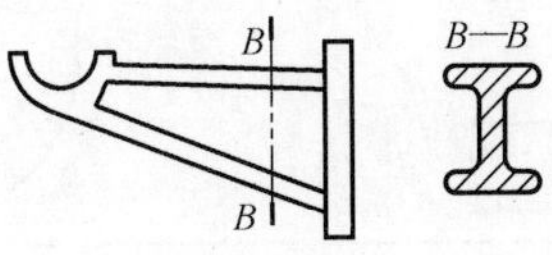	改进后避免了不必要的型芯
内腔合理	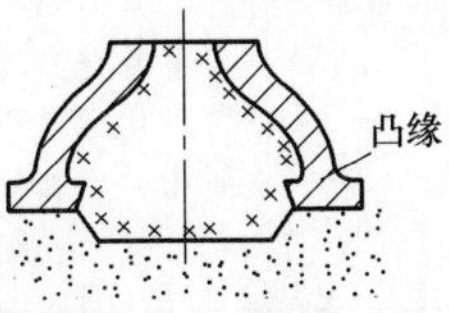	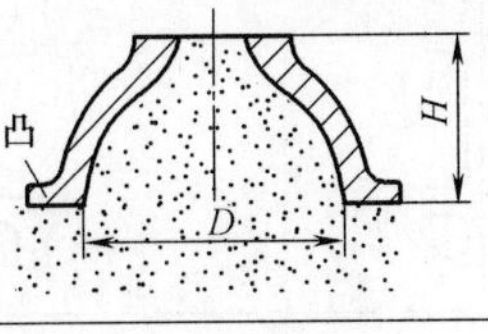	改进后自带型芯取代了砂芯，有利于型芯的固定、排气
	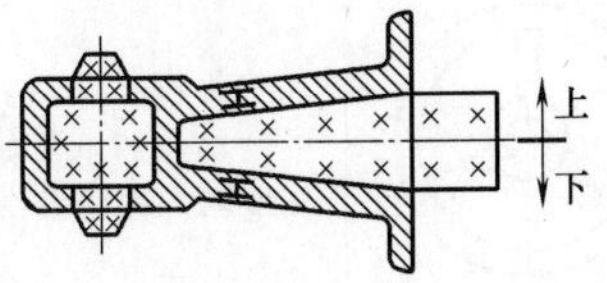	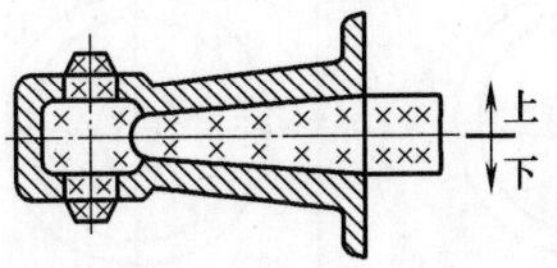	改进后可省去型芯撑，减少型芯数，有利于型芯的稳固和排气

（续）

要求	不合理结构	合理结构	说明
结构斜度	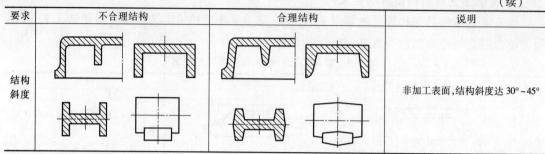		非加工表面,结构斜度达 $30°\sim45°$

应注意的是起模斜度不同于结构斜度。其相同点是均为起模方便而设计的。其不同点：起模斜度所在的面是垂直于分型面的加工表面，斜度值较小，一般为 $15'\sim3°$；而结构斜度所在的面则是与起模方向平行的非加工表面，斜度值较大，一般为 $30°\sim45°$。

2. 合金的铸造性能对结构设计的要求

进行铸件的结构设计时还应充分考虑合金铸造性能的要求，以减少因铸造性能而产生的铸造缺陷，如缩孔、缩松、浇不足、冷隔、变形、裂纹等。合金的铸造性能对铸件结构设计的要求见表9-5，具体的尺寸可由相关设计手册查得。

表 9-5　合金的铸造性能对铸件结构设计的要求

设计要求	不合理结构	合理结构	说明
壁厚均匀	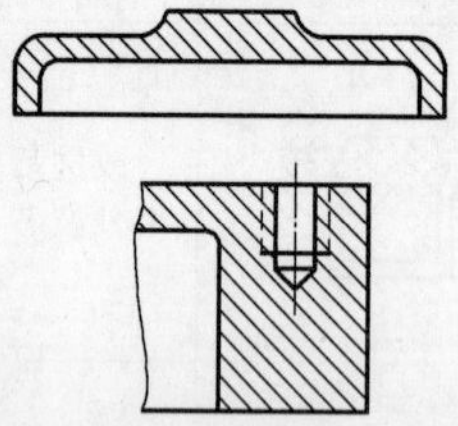	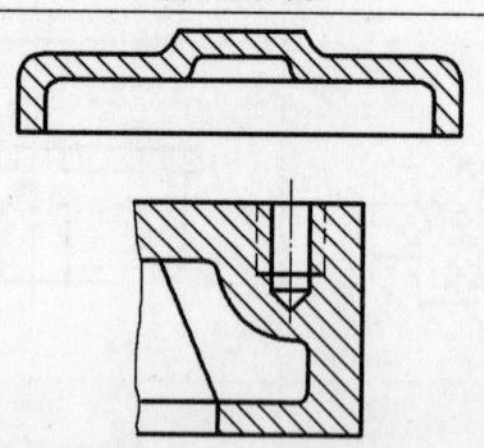	避免厚薄不均,相差过大。改进后可防止壁厚处产生热节或缩孔
连接合理			避免锐角连接。改进后可减少热节,防止缩孔甚至裂纹
	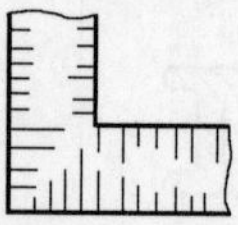	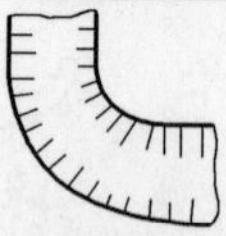	避免直角转向。改进后为圆角过渡
	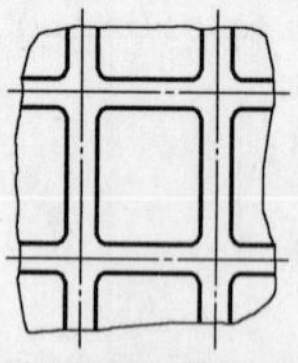	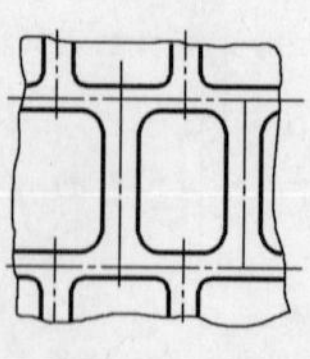	避免交叉连接。改进后可防止交叉处产生热节或缩孔
	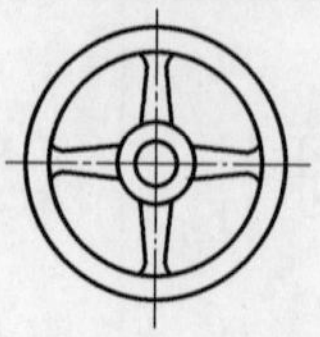	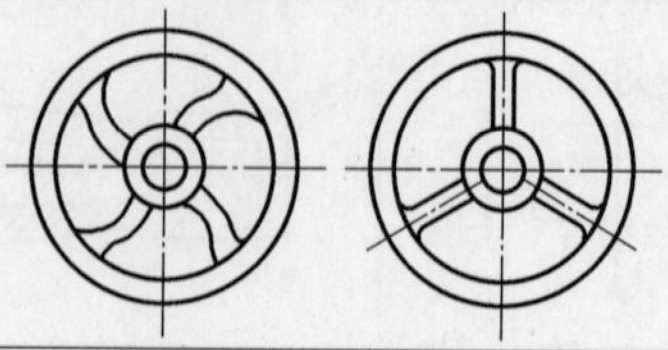	避免收缩受阻。改进后可借助轮毂或轮缘的微量变形减小内应力

（续）

设计要求	不合理结构	合理结构	说明
避免过大水平面			避免过大水平面。改进后有利于合金液的充填，不易产生浇不足、冷隔等

必须指出的是，以上分析只是一些基本原则和要求，由于不同合金的铸造性能不同，对其铸件结构的要求也就不同。因此，在进行铸件设计时，还应根据合金种类、工作条件、生产条件等因素具体分析，灵活运用。

9.1.5　特种铸造

特种铸造是指砂型铸造以外的铸造方法，常见的有熔模铸造、金属型铸造、压力铸造、低压铸造、离心铸造、悬浮铸造、真空密封铸造等，它们是砂型铸造的有益补充，弥补了砂型铸造的不足。

1. 熔模铸造

熔模铸造是用蜡料制成蜡模及相应的浇注系统，在其表面涂覆耐火材料，浸入固化剂硬化，再熔去蜡模、烘干、焙烧铸型，四周填砂、浇注，获得铸件的工艺过程。

（1）熔模铸造的工艺过程　熔模铸造的工艺过程如图 9-23 所示。

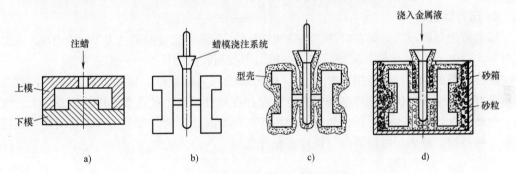

图 9-23　熔模铸造的工艺过程示意图

a）制蜡模　b）蜡模组　c）制型壳　d）装箱浇注

制蜡模：采用 50% 的石蜡和 50% 的硬脂酸制成蜡料，注入压型（专制蜡模的特殊铸型）制成蜡模。制成的蜡模再黏合在预制的蜡质浇口棒上，制成蜡模组。

结壳：结壳是将蜡模组表面涂上一层耐火涂料，制成耐火壳层的过程。耐火涂料一般是由黏结剂、水玻璃和石英粉调制而成的。首先将蜡模组浸挂涂料后，在其表面撒上一层石英粉，然后放入氯化铵水溶液中，利用化学反应产生硅酸熔胶黏住砂粒并硬化，如此反复多次，直至形成 5~10mm 厚的壳层。

脱蜡：将结壳后的石蜡组浸入 90~95℃ 的热水中，蜡模熔化，形成一组中空的型壳。

焙烧：将型壳在 800~950℃ 焙烧，以提高铸型的强度，排出石蜡和水分。

浇注：为了防止型壳变形或开裂，可将型壳置入干型砂箱中，四周用砂填紧，并趁热浇注，以提高金属的充型能力。

（2）熔模铸造的特点及应用　熔模铸造具有铸件尺寸精度高、表面粗糙度值小；工艺灵活性强、适应性广；但工序繁多、生产周期长、铸型成本高等特点。熔模铸造可铸造形状复杂、壁薄（可达 0.25mm）、孔小（可达 2.5mm）的铸件，一般应用于铸造形状复杂、精度要求高、难以切削加工的小型零件，如汽轮机、燃气轮机的叶片、叶轮、切削刀具、大型活塞的冷却油道等。

2. 金属型铸造

金属型铸造是指将合金液浇入金属型中获得铸件的工艺方法。图 9-24 所示为铸造铝合金活塞的金属型和金属型芯，由左右两个半型并由铰链连接而成，活塞的内腔由组合式金属型芯组成。金属型中设有通气和冷却系统。

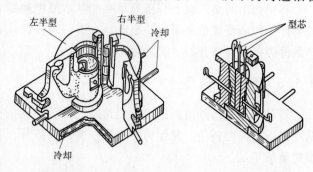

与砂型相比，金属型散热快，且无退让性，易产生浇不足、冷隔、裂纹等铸造缺陷，灰铸铁件还会有白口产生，因此金属型铸造时须采取浇前预热、喷刷涂料、适时开型等措施。这种方法具有重复性好、加工余量小、

图 9-24 铸造铝合金活塞的金属型和金属型芯

力学性能好等特点，一般应用于有色金属件的大批量生产，如铝合金活塞、气缸体、缸盖、液压泵体等，有时也用来生产某些铸铁件和铸钢件。

3. 压力铸造

压力铸造是将液态金属在高压（5~150MPa）、高速（充型时间为 0.01~0.02s、压射速度为 0.5~50m/s）下充填金属型腔，并在压力下凝固获得铸件的一种工艺方法。

压力铸造的工艺过程如图 9-25 所示。压力铸造可铸薄壁件，铸件具有尺寸精度高、表面质量好、力学性能优、生产率高等优点，但存在铸件中细小气孔多、压铸机投资大、成本高、生产安全性差等不足。压力铸造一般用于有色金属铸件的大批量生产，目前已广泛用于汽车、拖拉机、仪表、电讯器材、医疗器械等领域。

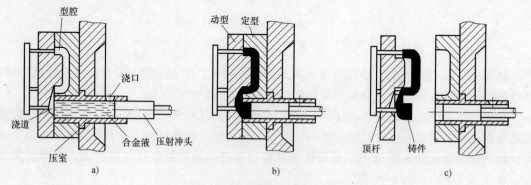

图 9-25 卧式压铸机的工作过程示意图
a) 合型 b) 压射 c) 开型

4. 低压铸造

低压铸造是将合金液在较低压力（一般为 0.02~0.08MPa）下注入型腔，冷却凝固，以获得铸件的一种工艺。该工艺的压力值介于压力铸造和重力铸造之间。

图 9-26 所示为低压铸造的基本原理示意图，将具有一定压力的空气或惰性气体通入密封坩埚内，坩埚内的合金液在压力的作用下将沿升液管进入型腔，同时保持一定压力或适度增压，直至合金液冷却凝固完毕，然后释放坩埚内的气压，未凝固合金液在重力作用下返回坩埚，打开型腔取出铸件。

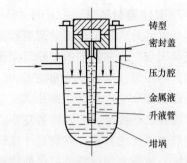

图 9-26　低压铸造的基本原理示意图

低压铸造具有工艺适应性广、充型平稳、铸件力学性能好、设备简单、操作方便等特点。低压铸造一般用于铸造铝合金和镁合金铸件，如小型发动机的气缸体、缸盖、活塞，以及大型铸铁缸套和大型球墨铸铁曲轴等。

5. 离心铸造

离心铸造是指合金液在离心力的作用下充型、凝固获得铸件的一种工艺。

离心铸造时离心力的作用使合金液中密度小的熔渣、气体、杂质等集中于内表面，而铸件的结晶方向是由外向内的，因而铸件无气孔、缩孔、夹渣等缺陷，铸件质量高。离心铸造按其转轴的空间位置可分为卧式和立式两种（图 9-27）。卧式离心铸造机的铸型轴线水平旋转，铸件壁厚均匀，一般用于长度大于直径的管类铸件，如铸铁水管、煤气管等。立式离心铸造机的铸型轴线垂直旋转，铸件的壁厚不均，一般用于高度较小的圆环类铸件，如活塞环等。

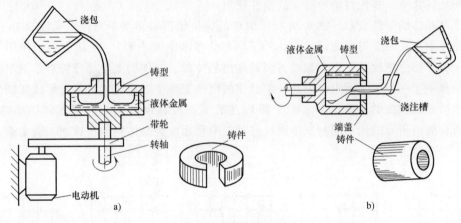

图 9-27　离心铸造示意图

a）立式　b）卧式

6. 悬浮铸造

悬浮铸造是指在浇注时向合金液中添加金属粉末或合金液组元之间发生化学反应产生固相质点，成为凝固结晶时的核心，加快铸件凝固，细化铸件组织，提高铸件质量的一种铸造方法。

悬浮铸造具有铸件质量高、缩松倾向低、缩孔体积小、铸铁件的石墨化程度高、不易产生白口等优点，但也存在对粉末的表面质量要求较高，浇注温度因粉末的加入要适度提高，合金液中的杂质含量会因粉末的加入而增加等不足之处。悬浮铸造不仅适用于金属铸件，同时还适用于金属基复合材料的铸件。

7. 真空密封铸造

真空密封铸造又称真空薄膜铸造、减压铸造、负压铸造或 V 法铸造。它是在特制砂箱内充填无水、无黏结剂的型砂，用薄而富有弹性的塑料薄膜将砂箱密封后抽成真空，借助铸型内外的压差使型砂坚实和成形。

此法适合生产薄壁、面积大、形状不太复杂的扁平铸件；但对于形状复杂、较高的铸件，覆膜成形困难，工艺装备复杂，造型生产率比较低。

随着科技的发展，特别是计算机技术的应用，现已形成了以计算机技术为基础的产品开发系统、铸造专家系统、信息处理系统，并随着人工智能技术的发展和应用，机械手和机器人将逐步取代铸造生产中的人工操作，铸造正朝着清洁化、专业化、智能化和网络化方向迅速发展，铸件也随之进一步精密化、轻薄化和高性能化。

9.2　压力加工

9.2.1　金属塑性变形基础

1. 塑性变形的本质

金属在外力作用下首先发生弹性变形，当外力超过一定值时，金属屈服并产生塑性变形。塑性变形是晶粒内的变形、晶粒间的移动，以及晶粒转动的综合表现。其过程十分复杂，为揭示其实质，首先讨论单晶体的塑性变形。

（1）单晶体的塑性变形　图 9-28 所示为单晶体位错滑移形变示意图。从图 9-28 中可以看出，晶体中存在一个刃形位错（晶体的下半部分多半个原子面），在切应力 τ 作用下，这半个原子面一格一格地从左向右移动，当其移出晶体时，晶体的上半部分相对于下半部分沿滑移方向移动了一个原子间距。因此，单晶体的塑性变形主要是通过滑移的形式实现的，而滑移的本质是晶粒内的位错（多余原子面）在沿某一滑移面沿某一滑移方向移动的结果，而不是滑移面上所有的原子同时发生刚性移动。滑移面即为晶体中的密排面，而滑移方向为密排面上的密排方向。

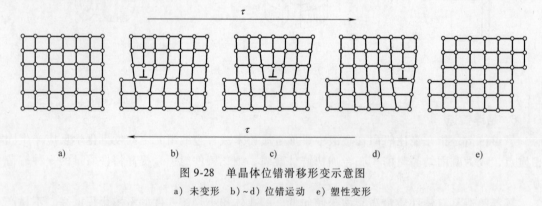

图 9-28　单晶体位错滑移形变示意图
a）未变形　b）~d）位错运动　e）塑性变形

（2）多晶体的塑性变形　多晶体的塑性变形比单晶体要复杂得多。在外力作用下，除了与单晶体一样在晶粒内产生滑移外，还将产生晶粒间的移动和转动，如图 9-29 所示。多晶体中的晶界对位错的滑移有较大的阻碍作用，位错易在晶界处产生塞积，导致远离晶界的地方变形大，靠近晶界的地方变形小，形成所谓的竹节现象。晶粒越细，总的晶界面积越大，位错滑移的阻力也就越大，材料的强度就越高。与此同时，有利于滑移的晶粒就越多，变形越分散，塑性增强。因此，晶粒越细的金属，其塑性和强度同步提高。

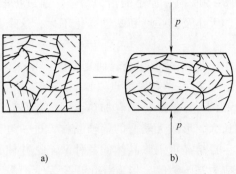

图 9-29　多晶体变形示意图
a）变形前　b）变形后

2. 冷塑性变形对金属的显微组织及力学性能的影响

（1）晶粒变形、碎裂，性能各向异性　金属经塑性变形后，晶粒发生相对移动和转动，并沿受力方向伸长、排列，有的晶粒发生碎裂，形成细条状或纤维状，即所谓的加工流线。此时金属具有明显的方向性，变形方向的强度明显高于其他受力方向，对外呈现出各向异性。

（2）形变强化　塑性变形使金属内部的位错密度明显增加，产生加工硬化，即金属的强度和硬度提高，而塑性和韧性下降的现象称为形变强化。

形变强化是一种有效的强化手段，特别是那些不能采用热处理强化的纯金属、有色金属合金等，可通过形变手段使其晶粒扭曲变形和碎裂，增加滑移阻力，提高其强度。

（3）残余应力　残余应力是指金属内部因塑性变形不均匀而产生的内应力，表现为宏观内应力和微观内应力两种。宏观内应力是因工件整体变形不均匀而产生的内应力，又称为第一类内应力；微观内应力包括晶粒间和晶粒内因变形不均匀产生的内应力，以及因晶格畸变产生的内应力，又分别被称为第二类内应力和第三类内应力。其中第三类内应力是形变强化的主要原因。

（4）织构现象　形变量较大（70%～90%）时，金属中各晶粒择优取向，晶格的位向趋向一致的现象称为形变织构。此时金属的性能呈明显的方向性。

3. 加热对冷变形金属的组织和性能的影响

冷变形后的金属在加热过程中其组织将依次经历回复、再结晶和长大三个阶段，其性能也将随之发生变化，如图 9-30 所示。

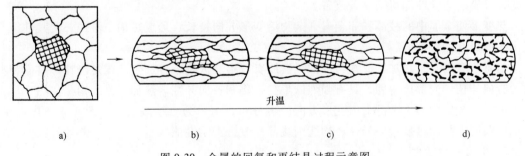

a）　　　　b）　　　　c）　　　　d）

图 9-30　金属的回复和再结晶过程示意图
a）变形前的组织　b）变形后的组织　c）回复后的组织　d）再结晶后的组织

（1）回复　形变后的金属因晶格扭曲产生内应力，处在一种高能的不稳定状态，加热时有回复到稳定状态的趋势。当加热温度较低时，即加热温度为金属熔点（热力学温度）的

$25\% \sim 30\%$ 时，原子的活力增强，通过扩散使晶格扭曲减轻，内应力显著减小，但晶粒的形状、大小及其强度和塑性变化不大，这个过程或现象称之为回复。回复温度为：

$$T_{回} = (0.25 \sim 0.3) T_m \tag{9-1}$$

式中　$T_{回}$——形变金属回复温度（K）；

　　　T_m——金属熔点（K）

（2）再结晶　随着加热温度的提高，原子的扩散能力进一步增强，畸变的晶粒通过形核和长大，形成无畸变的等轴晶粒，这一过程称之为再结晶。

再结晶可消除晶体的各种缺陷，并使其强度、硬度和组织基本回复到形变前的状态，残余应力基本消除，形变强化现象完全消失。

再结晶过程不是恒温过程，而是随着温度升高到某一温度才开始的过程，把发生再结晶的开始温度称为再结晶温度。大量的试验表明金属的再结晶温度与其熔点密切相关，约为熔点（热力学温度）的 40%，即

$$T_{再} = 0.4 T_m \tag{9-2}$$

式中　$T_{再}$——再结晶温度（K）。

再结晶温度的主要影响因素有预变形程度、金属成分、加热速度和保温时间等。

（3）晶粒长大　再结晶完成后，若继续加热，会使晶粒粗化，导致材料的强度、塑性和韧性下降。加热温度越高，保温时间越长，晶粒长大越显著。

4. 热塑性变形对金属组织和性能的影响

（1）冷变形和热变形　金属在再结晶温度以下的塑性变形称为冷变形，又称冷加工，如金属在常温下进行的冷挤压、冷轧和冲压等。金属在冷变形过程中不会发生回复和再结晶，但产生加工硬化，金属的性能呈现出各向异性。

金属在再结晶温度以上的塑性变形称为热变形，又称热加工，如金属在一定温度下进行的热挤压、热轧等。在热变形过程中，因回复和再结晶的速度高于形变强化的速度，故金属不会产生加工硬化。热变形可细化晶粒、均匀组织，并可消除一些铸造缺陷，如气孔、缩松及偏析等，显著改善金属的力学性能。热变形后的组织为再结晶组织。

（2）热变形对金属组织和性能的影响　热变形不会产生形变强化现象，但可使铸态下的粗晶和柱状晶碎裂细化形成等轴晶粒，也可使铸态下的缩松、气孔焊合，密度增大，组织均匀化，金属的力学性能得到显著改善。

热变形使金属中的枝晶和非金属夹杂物沿变形方向拉长，形成热加工流线，使其性能呈现出各向异性的特征。

值得注意的是，热加工流线与冷加工流线有着本质区别。冷加工流线是冷变形时晶粒沿受力方向伸长、变形产生的，具有强烈的形变强化和各向异性。热加工流线则是在热变形下产生的，是金属中的夹杂沿受力变形方向的再分布，组织为再结晶组织，无形变强化现象。它们的共同点是均出现各向异性、均能细化晶粒改善力学性能。

5. 金属的可锻性

金属的可锻性是指金属在压力加工时获得优质产品的难易程度。其衡量指标是金属的塑性变形抗力和塑性。低的塑性变形抗力和良好的塑性可使变形设备的能耗降低，产品质量提高。金属的可锻性主要取决于金属的本质和变形条件两大要素。

（1）金属的本质

1) 成分：一般纯金属的可锻性比合金强，在钢中碳含量增加时，塑性下降，变形抗力增加，可锻性变差。

2) 组织：组织决定了金属的塑性和变形抗力。一般单相固溶体和晶粒细小而均匀的组织，其变形抗力小、塑性高，可锻性好。

（2）变形条件

1) 变形温度：变形温度越高，金属的塑性越好，变形抗力就越小，越有利于金属锻造成形。钢在一定温度时还可能发生相变，变成单相的奥氏体组织，变形后迅速回复和再结晶，这些均可改善金属的可锻性。但变形温度不能过高，否则会发生氧化、脱碳、晶粒粗化等不良现象，严重时造成废品。

变形温度的选择依据是合金的相图。图 9-31 所示为碳钢的锻造温度范围，始锻温度一般在固相线以下 150~250℃，终锻温度一般为 800℃ 左右。终锻温度不宜过高，否则就不能充分利用良好的变形条件，增加回炉加热的次数，使晶粒粗化。800℃ 左右时，亚共析钢处于两相区，但此时因碳含量少，钢仍保持较高的塑性和较强的变形能力；过共析钢也处于两相区，但此时可击碎沿晶界分布的二次网状渗碳体。终锻温度是停止锻造的温度。终锻温度过高，停止锻

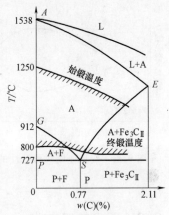

图 9-31　碳钢锻造温度范围

造后晶粒在高温下继续长大，使锻件晶粒粗大，降低锻件的力学性能；终锻温度过低时，锻件塑性不良，变形困难，内应力增大，甚至导致锻件产生裂纹。表 9-6 是常用合金的锻造温度范围。

表 9-6　常用合金的锻造温度范围

合金种类	牌号	始锻温度/℃	终锻温度/℃
碳钢	15,25	1250	800
	40,45	1200	800
	T9A,T10	1000	700
合金结构钢	20Cr,40Cr	1200	800
	30Mn2	1200	800
合金工具钢	Cr12	1080	840
不锈钢	12Cr13,20Cr13	1150	750
		1180	850
纯铜	T1~T4	950	800
黄铜	H68	830	700
硬铝	ZA01,ZA11,ZA12	470	380

2) 变形速度：变形速度对可锻性的影响如图 9-32 所示。随着变形速度的提高，再结晶来不及彻底消除形变强化所造成的加工硬化现象，使金属的塑性下降，变形抗力增加，可锻性变差；当变形速度提高到一定值时，因塑性变形产生的热效应迅速提高了再结晶的速度，使形变强化现象减弱，甚至消失，可锻性得到改善。高速锻就利用了这一原理。

3) 应力状态：金属在变形时所受的应力主要有拉应力和压应力两种。金属受拉应力时，金属内部的缺陷处易产生应力集中，并促使缺陷扩展，导致金属破坏。金属受压应力

时，可阻止微裂纹的产生和扩展，抵消了因变形不均匀产生的附加应力，使金属的变形抗力减小，塑性提高，可锻性得到改善。因此，金属在拉拔时（图9-33a），两向受压一向受拉，可锻性下降；金属在挤压时（图9-33b），三向受压，表现出良好的可锻性。

总之，金属在压力加工时，三向中受压应力状态数目越多，其可锻性就越好，反之越差。

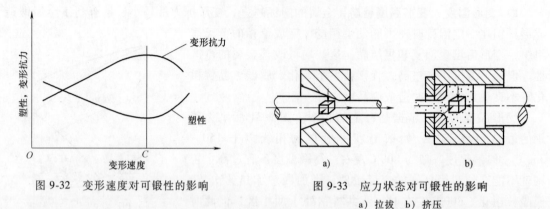

图 9-32　变形速度对可锻性的影响　　　图 9-33　应力状态对可锻性的影响
a）拉拔　b）挤压

9.2.2　压力加工方式

压力加工是指金属在外力的作用下，通过塑性变形形成具有一定形状、尺寸和力学性能的型材、毛坯或零件的加工方法，通常称为金属压力加工，或金属塑性加工。本章主要介绍自由锻、锤上模锻和板料冲压三种常见的加工形式，着重了解其加工规程、结构设计及一般应用。

常见的压力加工方式有轧制、挤压、拉拔、自由锻、模锻和板料冲压等，如图9-34所示。压力加工是固态下成形，具有力学性能好、材料浪费少、生产率高等优点；但也存在加工成本高、成形困难、无法获得内腔复杂的零件等缺点。

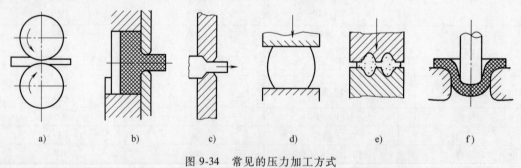

图 9-34　常见的压力加工方式
a）轧制　b）挤压　c）拉拔　d）自由锻　e）模锻　f）板料冲压

9.2.3　自由锻

自由锻是利用锻锤或水压机等设备产生的冲击力或压力，使预热的金属坯料在上、下砧间发生自由流动形成锻件的方法。其特点是锻件的形状和尺寸由锻工控制，锻件的精度低，加工余量大，劳动强度高，生产率低，一般用于单件、小批量、形状简单的毛坯零件生产。

自由锻的工序由基本工序、辅佐工序和修整工序三部分组成。基本工序是指使坯料基本达到所需形状和尺寸的工艺过程，如镦粗、拔长、弯曲、冲孔、切割、扭转和错移等；辅佐工序是为基本工序而设的预变形工序，如压钳口、倒棱、压痕等；修整工序是为提高锻件表面质量而设的工序，如校正、滚圆和平整等。

1. 自由锻工艺规程的制订

自由锻的工艺规程主要包括绘制锻件图，计算坯料质量及其尺寸，选择锻造工序，选择锻造设备等。

（1）绘制锻件图　锻件图是依据零件图，同时考虑余块、余量及锻件公差绘制而成的（图9-35），它是计算坯料、制订锻造工艺和检验锻件质量的依据。

余块：为简化锻件形状而添加的部分，如零件中的退刀槽、键槽、齿槽，以及一些小孔、台阶、盲孔等。

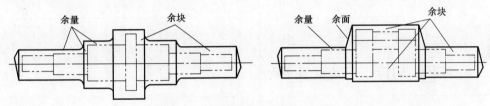

图 9-35　锻件图及其余块和余量

余量：即加工余量。

锻件公差：锻件公差是指锻件的名义尺寸允许变化的范围，通常为加工余量的 1/4~1/3。

余块、余量和锻件公差是在零件尺寸的基础上根据 GB/T 12362—2016《钢质模锻件　公差及机械加工余量》查得的。

（2）计算坯料质量及其尺寸　坯料质量为锻件质量、氧化烧损质量，以及冲孔、切头损失质量三者的总和；坯料体积为坯料质量与材料密度的比值；坯料尺寸是指坯料的横截面面积、直径、边长等一些主要尺寸，其计算依据坯料的体积、基本工序的类型、锻造比等。

所谓锻造比是指坯料在锻造过程中的变形程度，计算时应根据基本工序的类型确定。

镦粗：锻造比=镦粗前高度/镦粗后高度。

拔长：锻造比=拔长前横截面面积/拔长后横截面面积。

锻造比又分为工序锻造比和总锻造比两种，总锻造比为各工序锻造比的乘积。工序锻造比的选择要合适，过小，锻件的性能达不到要求；过大，一方面增加了工作量，另一方面又使锻件的各向异性更加突出。因此，碳钢轴类件总锻造比一般取 2.0~2.5；合金钢轴类件总锻造比取 2.5~3.0；发动机转子轴身取 3.5~6.0；航空用大型锻件取 6.0~8.0；采用轧材时可小一些。

应注意的是，锻造是一种热加工方式，锻造后在锻件中产生加工流线，又称为锻造流线，使锻件呈现明显的各向异性，该流线无法通过再结晶消除，只能用热变形来改变流线的流向和分布，应尽量使加工流线沿零件的轮廓分布。

（3）选择锻造工序　锻造工序是根据锻件的形状特点来制订的。常见自由锻件的锻造工序见表9-7。

表 9-7 常见自由锻件的锻造工序

锻件类型	图例	基本工序	应用实例
盘块类		镦粗或局部镦粗	圆盘、齿轮、叶轮、模块等
环筒类	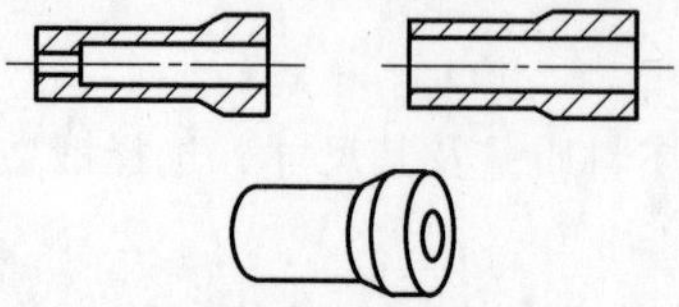	镦粗→冲孔 镦粗→冲孔→扩孔 镦粗→冲孔→芯轴上拔长	圆筒、套筒、齿圈、法兰、圆环等
轴杆类	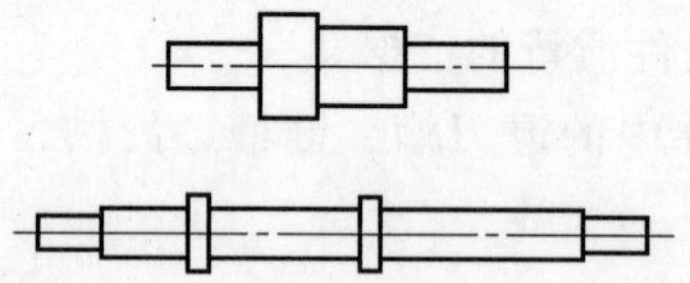	拔长 镦粗→拔长 局部镦粗→拔长	主轴、传动轴、连杆等
曲轴类	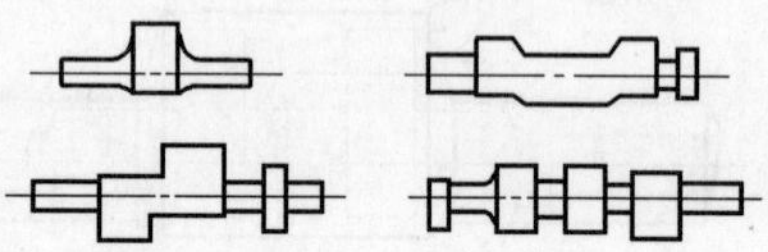	拔长→错移(单拐) 拔长→错移→扭转(多拐)	曲轴、偏心轴等
弯曲类	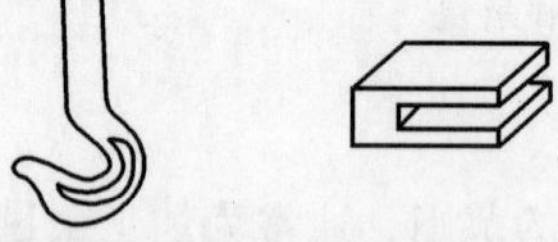	轴杆类工序→弯曲	吊钩、瓦盖等

（4）选择锻造设备 锻造设备应根据坯料的种类、质量要求、锻造的基本工序并结合实际条件来确定。

2. 自由锻件的结构工艺

进行自由锻件设计时不仅要满足使用要求，同时还应考虑其工艺要求。常见自由锻件的结构工艺性要求见表9-8。

表 9-8 常见自由锻件的结构工艺性要求

工艺性要求	举例	
	不合理结构	合理结构
避免锥面和斜面	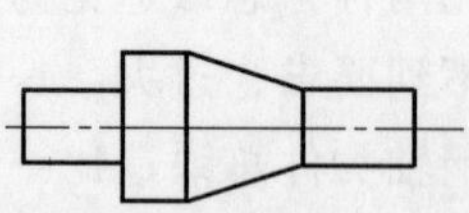	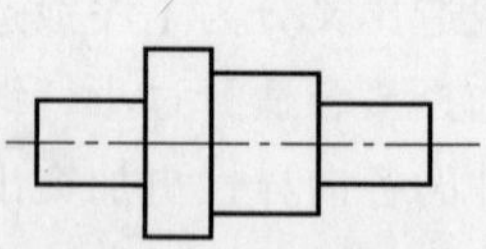
避免相贯线	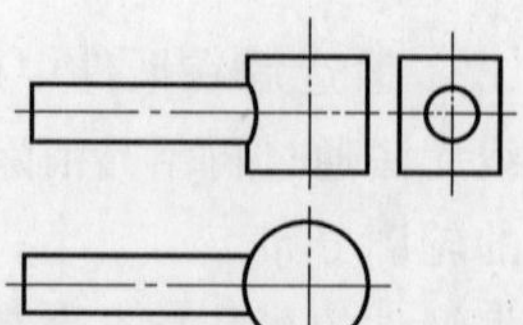	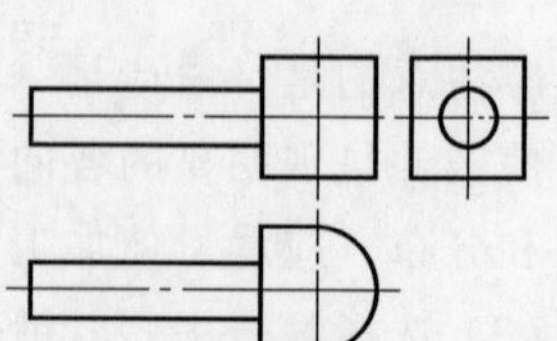

（续）

工艺性要求	举例	
	不合理结构	合理结构
避免非规则截面和非规则外形		
避免筋板和凸台		
有截面突变结构的可分开锻造再焊接或机械连接		

9.2.4 胎模锻

胎模锻是在自由锻的设备上利用胎模生产锻件的工艺。胎模的种类较多，常有摔模、扣模、套筒模、合模等，如图9-36所示。胎模锻一般适用于中、小批量的锻件生产。

胎模锻介于自由锻和模锻之间，具有以下特点：尺寸精度比自由锻件高；操作比自由锻简单，劳动强度比模锻大；生产率比自由锻高，而比模锻低；胎模结构简单，制作方便，工艺灵活性强。

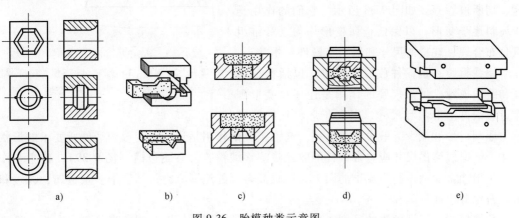

a)　　　　b)　　　　c)　　　　d)　　　　e)

图 9-36 胎模种类示意图
a) 摔子 b) 扣模 c) 开式套筒模 d) 闭式套筒模 e) 合模

9.2.5 模锻

模锻是将坯料置入锻模的模膛中，在压力的作用下使坯料充满模膛获得锻件的制备方法。与自由锻相比，模锻具有以下优点：锻件尺寸精度高，表面质量好，加工余量小；锻件的纤维组织分布合理，使用寿命长；操作简单，易实现机械化。但模锻也存在以下不足：设备的投资大，成本高；制模的生产周期长，模具的工艺灵活性差，一般为专模专用；锻件质量受模锻设备吨位的限制，一般小于 150kg。

模锻一般只适用于中、小型锻件的批量生产。按质量计算，飞机上锻件中模锻件占85%，坦克上占70%，汽车上占80%，机车上占60%。

按模锻的设备不同，模锻通常可分为锤上模锻、胎模模锻及压力机上模锻三种。本小节主要介绍锤上模锻的有关内容。

1. 锤上模锻

锤上模锻是将上模固定在模锻锤头上，下模固定在砧座上，上模通过导轨的导向机构对置于下模中的坯料进行直接打击，使坯料填满上下模膛获取锻件的方法。

（1）模锻锤　模锻锤是锤上模锻中的重要件，常见的有蒸汽-空气模锻锤、无砧座锤和高速锤等多种，其中蒸汽-空气模锻锤应用最广。模锻锤的工作原理与自由锻基本相同。需注意的是应定期检查锤头与导轨的间隙。间隙过小，锤头的上、下运动困难；间隙过大，则易导致上、下模之间错位。

（2）锻模结构　锻模结构如图 9-37 所示，主要由上、下模组成，上、下模均通过楔铁和燕尾槽分别与锤头和砧座相连，上模随锤头上下往复运动，下模则固定在砧座上。上、下模合在一起时的中空部位就形成完整的模锻模膛。模锻模膛按其功能可分为制坯模膛和模锻模膛两大类。

制坯模膛：使坯料初步成形的模膛，是针对形状复杂、变形难以一步到位的锻件而设计的。制坯模膛又分为拔长模膛、滚压模膛、弯曲模膛、切断模膛等，如图 9-38 所示。它们的作用是让坯料逐步变形，以保证金属变形均匀，纤维组织分布合理，坯料的尺寸和形状与锻件基本接近。

模锻模膛：是锻件成形的模膛，包括预锻模膛和终锻模膛。预锻模膛的作用是让坯料变形到接近于锻件的形状和尺寸，以利于坯料在终锻模膛中顺利成形和减少终锻模膛的磨损。终锻模膛的作用是让坯料变形到锻件所要求的形状和尺寸。终锻模膛的尺寸应包含锻件的收缩量。终锻模膛设有飞边槽（图 9-39），其主要作用是：①增加金属从模膛中流出的阻力，以提高金属的充型能力；②容纳多余金属；③缓和冲击，避免分模面压陷和崩裂。

预锻模膛与终锻模膛的区别：预锻模膛的高度、锻模斜度和圆角半径稍大，不开设飞边槽。对于形状简单或量少的模锻件也可不设预锻模膛。

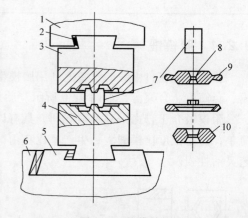

图 9-37　锻模结构

1—锤头　2—楔铁　3—上模　4—下模　5—下模座
6—砧座　7—坯料　8—连皮　9—飞边　10—锻件

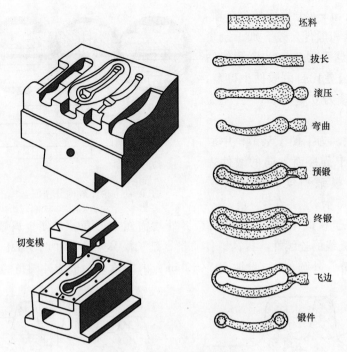

坯料
拔长
滚压
弯曲
预锻
终锻
飞边
锻件

切变模

图 9-38　弯曲连杆的模锻过程

应注意的是，锻件上的通孔一般不能直接锻出，上、下模之间应留有间隙，目的是避免上、下模之间直接接触，产生强烈撞击，这样在锻件孔内留有一层薄金属，又称为冲孔连皮（图 9-40），去掉冲孔连皮和飞边即可获得通孔锻件。

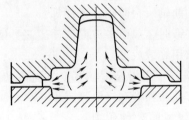

图 9-39　飞边槽的结构示意图

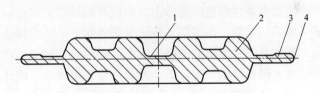

图 9-40　带有冲孔连皮和飞边的模锻件
1—冲孔连皮　2—模锻件　3—飞边　4—分模面

2. 模锻工艺规程的制订

模锻工艺规程包括绘制锻件图、确定模锻工步、选择模锻设备、计算坯料尺寸和选择修整工序等。

（1）绘制锻件图　锻件图是根据零件图按模锻工艺绘制的，是编制模锻工艺规程、验收锻件、设计制造锻模和切边模的依据。绘制锻件图时应考虑以下几点：

1）分模面。分模面是上、下锻模在模锻件上的分界面。其选择原则：保证锻件从模腔中顺利取出，一般情况应选择在锻件的最大截面处；上、下模沿分模面的轮廓应一致，以便发现错模；上、下模腔深度应尽量相近，便于锻模制造；余块数量尽量少。

图 9-41 所示为轮坯锻件分模面选择比较示意图。其中共有四种选择方案：$a—a$、$b—b$、$c—c$、$d—d$。$a—a$ 分模面取不出锻件；$b—b$ 分模面模腔太深且无法锻出中心孔；$c—c$ 分模

面不易发现错模；$d—d$ 分模面最为合理。

2）加工余量和锻件公差。加工余量和锻件公差可根据手册确定，模锻件的加工余量和锻件公差比自由锻件小得多，一般机械加工余量为 $0.5 \sim 4mm$，公差为 $0.3 \sim 3mm$。

3）模锻斜度。为了便于从锻模中取出锻件，在垂直于分模面方向的锻件表面应具有斜度。模锻斜度一般为 $5° \sim 15°$，如图 9-42a 所示。

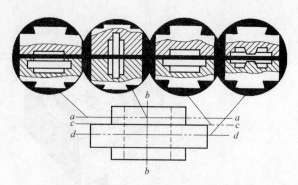

图 9-41　轮坯锻件分模面选择比较示意图

4）圆角半径。模锻件上所有平面的交界处均需做成圆角，以便金属顺利流动和充模，保持金属中加工流线的连续性，提高锻件质量，延长模具寿命。如图 9-42b 所示，圆角有内圆角和外圆角之分，外圆角 r 一般取 $1.5 \sim 12mm$；内圆角 R 一般为外圆角的 $2 \sim 3$ 倍。

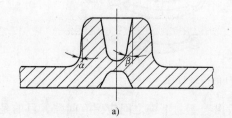
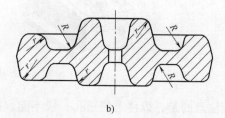

图 9-42　模锻斜度和圆角半径

（2）确定模锻工步　模锻工步应根据锻件形状而定。模锻件形状一般分为两大类：一类是饼盘类，如法兰、齿轮、圆环等；另一类是长轴类，如曲轴、台阶轴、连杆等。

饼盘类锻件锻造时的锤击方向应与其轴线方向相同，终锻时金属沿各方向流动。该类模锻件常采用镦粗、终锻等工步，对于形状简单的锻件也可只用终锻成形。

长轴类锻件锻造时的锤击方向与其轴线方向垂直，终锻时金属沿高度、宽度方向流动，而长度方向流动不明显。该类模锻件常采用拔长、滚压、弯曲、预锻和终锻等工步。

（3）选择模锻设备　根据锻件的尺寸和质量等确定锻锤的公称压力，一般按表 9-9 选择。

表 9-9　模锻锤的公称压力及其能力范围

模锻锤公称压力/t	模锻件质量/kg	分模面处的截面面积/cm^2	可锻齿轮的最大直径/mm
1	2.5	13	130
2	6	380	220
3	17	1080	370
5	40	1260	400
10	80	1960	500
16	120	2830	600

（4）计算坯料尺寸　计算方法与自由锻件类似。坯料的质量为锻件、飞边、连皮、料头与氧化皮质量之和。一般飞边是锻件质量的 $20\% \sim 25\%$，氧化皮是锻件、飞边、连皮总质量的 $2.5\% \sim 4\%$。

（5）选择修整工序　模锻件从锻模中取出后需进行修整，以保证和提高锻件质量。修整工序包括切边、冲孔、校正、热处理、清理和精压等工序。

1）切边和冲孔。模锻件一般都带有飞边和连皮，需用切边模和冲孔模将其切除（图9-43）。切边和冲孔可视具体情况在热态或冷态下进行。

2）校正。模锻件在切边和其他加工工序后会引起变形，需通过校正模或直接在终锻模膛中进行校正，大、中型锻件一般在热态下进行，小型锻件也可在冷态下校正。

3）热处理。为消除锻件在锻造过程中产生的过热组织和加工硬化，改善锻件组织和加工性能，提高锻件质量，需对锻件进行正火或退火处理。

4）清理。为便于锻件的后继加工，需对锻件表面进行喷砂、酸洗，以去除表层氧化皮、污垢、飞边等表面缺陷。

5）精压。对表面质量和尺寸精度要求高的锻件需进行精压。精压分为平面精压和体积精压两种，如图9-44所示。

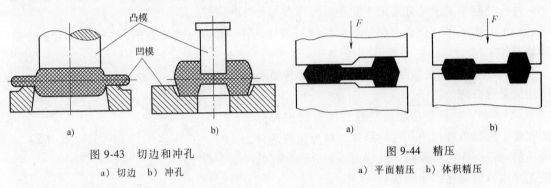

图 9-43　切边和冲孔

a）切边　b）冲孔

图 9-44　精压

a）平面精压　b）体积精压

3. 模锻件的结构工艺性

进行模锻件设计时，为便于生产和降低成本，应充分考虑模锻工艺的特点，使其结构符合以下原则：①有合理的分模面、模锻斜度和圆角半径；②力求结构简单、外形平直对称，截面相差不宜过大，最小截面面积与最大截面面积之比应大于0.5；③避免出现薄壁、高筋、高凸台、深孔、多孔、深沟槽等难以成形的结构，以利于金属充模、锻模制造和延长模具使用寿命；④形状复杂的锻件可采用锻-焊或锻-机械连接等组合工艺，以减少余块和简化工艺。

图 9-45a 所示的零件最小截面面积与最大截面面积之比等于0.5，同时凸缘薄而高，就不宜采用模锻。图 9-45b 所示的零件扁而薄，薄处金属冷却快，变形抗力迅速增加，不利于金属充模。图 9-45c 所示的零件凸缘高而薄，不易制模和锻件出模。图 9-45d 所示的零件结构较为合理。

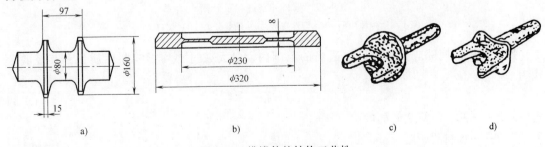

图 9-45　模锻件的结构工艺性

a）凸缘薄而高　b）零件扁而薄　c）凸缘高而薄　d）结构合理

9.2.6 板料冲压

板料冲压是利用冲模对板料进行变形或分离，获得毛坯或零件的加工方法。板料冲压通常在室温下进行，即冲压，只有当板料厚度超过 8mm 时才采用热冲压。板料冲压的特点：可以冲出形状复杂的零件，废料少；可以获得强度高、刚性好的冲压件；冲压件表面光滑，尺寸精度高，互换性好；操作简单，便于机械化和自动化，生产效率高；冲模制造复杂，生产批量大时才能使生产成本降低。

板料冲压已广泛应用于汽车、飞机、电器仪表、轻工、兵器及日用品等领域。板料冲压的常用设备是压力机和剪床。压力机的作用是通过冲压的基本工序制备所需形状和尺寸的零件；而剪床则是把板料剪成一定宽度的条料。

1. 冲压的基本工序

冲压的基本工序是分离工序和变形工序。

（1）分离工序 分离工序是指板料的一部分与另一部分分离的工序，主要有剪切、冲裁和修整等工序。

1）剪切：剪切是指用剪刀或冲模使板料沿不封闭轮廓进行分离的工序。

2）冲裁：冲裁是指使板料沿封闭轮廓进行分离的工序，包括落料和冲孔两种形式。被分离的部分为成品的冲裁工序称为落料；被分离的部分为废料的冲裁工序则称为冲孔，如图 9-46 所示。

冲裁过程依次经历弹性变形、塑性变形和断裂分离三个阶段，如图 9-47 所示。冲裁端面质量主要取

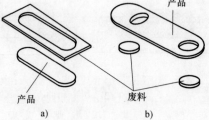

图 9-46 落料与冲孔示意图
a）落料 b）冲孔

决于凹、凸模的间隙和刃口的锋利程度，同时也与模具结构、板料性能及其厚度有关。

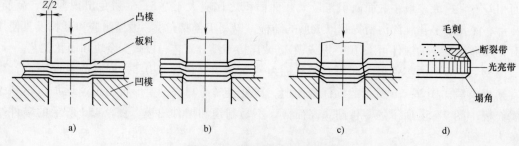

图 9-47 板料冲裁过程示意图
a）弹性变形 b）塑性变形 c）断裂分离 d）切口

凹、凸模的间隙应控制在一个适当的范围内，过大或过小均影响断面质量，其经验公式为

$$Z = mt \tag{9-3}$$

式中 Z——凹、凸模之间的间隙（mm）；

t——板料的厚度（mm）；

m——与板料性能及其厚度有关的系数。

板料较薄时，如低碳钢、纯铁冲压时，$m = 0.06 \sim 0.09$；铜、铝合金冲压时，$m = 0.06 \sim 0.10$；高碳钢冲压时，$m = 0.08 \sim 0.12$。板料较厚时（$>3mm$），由于冲裁力较大，应适当增大 m 值。

冲裁模的刃口尺寸由凹、凸模的间隙和冲裁的形式而定。落料模：凹模刃口尺寸等于成品尺寸，凸模的刃口尺寸等于成品尺寸减去两倍的间隙值。冲孔模：凸模的刃口尺寸等于孔径尺寸，凹模尺寸等于孔径尺寸加上两倍的间隙值。

3）修整：为提高冲裁件的断面质量，利用修整模对冲裁件外缘或内孔切去一层薄的金属，以除去断面上残留的剪裂带和飞边，如图9-48所示。

（2）变形工序　变形工序是指坯料的一部分相对于另一部分发生塑性变形而未断裂的工序，主要有弯曲、拉深、翻边及成形等工序。

1）弯曲。弯曲是将坯料的一部分相对于另一部分弯成一定角度的工序。图9-49所示为金属弯曲变形过程的示意图。弯曲时材料的内侧受压而收缩、外侧受拉而伸长，中心存在既不伸长也不收缩的中性层。当外侧应力超过其抗拉强度时就会引起弯裂，且弯曲半径越小越易弯裂，因此一般最小弯曲半径 $r_{min} = (0.25 \sim 1)t$，其中 t 为板料厚度。当材料的塑性好时如黄铜、纯铝等，弯曲半径可取较小值。

弯曲时应注意：①尽可能使板料的纤维组织方向与弯曲曲线垂直，万不得已时可通过增大最小弯曲半径来避免弯裂；②弯曲模的角度应比成品件的角度小一个回弹角（$0° \sim 10°$），以便弯曲后获得准确的弯曲角度。

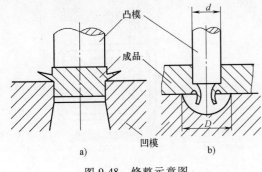

图9-48　修整示意图

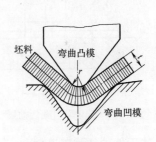

图9-49　金属弯曲变形过程示意图

2）拉深。拉深是将板料变形成开口空心零件或使空心零件深度加深的工序。拉深变形过程示意图如图9-50所示。板料在凸模的作用下，被拉入凹、凸模的间隙中，形成所需的

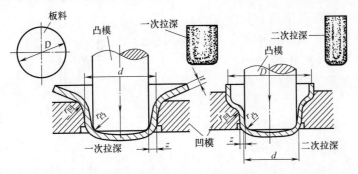

图9-50　拉深变形过程示意图

空心零件。拉深件的底部一般不变形，厚度也基本不变，而拉深件的直壁部分因受拉应力而伸长变薄，特别是直壁与底部的交界处变形最大，成了最危险区域。当该区的拉应力超过材料的抗拉强度时，将出现开裂造成拉穿。

3）翻边。翻边是使带孔的坯料在孔的周围产生凸缘的工序（图 9-51）。图中，d_0 为坯料上的孔径，d 为凸缘的平均直径，h 为凸缘的高度，t 为凸缘的厚度。翻边系数 K（$K = d_0 / d$，即翻边前的孔径与凸缘的平均直径之比）不宜过小，否则易引起翻裂，因此，K 一般取 0.65~0.72 为宜。

4）成形。成形是通过坯料或半成品的局部变形获取零件的工序。成形常用于生产鼓状容器、压筋条等，如图 9-52 所示。

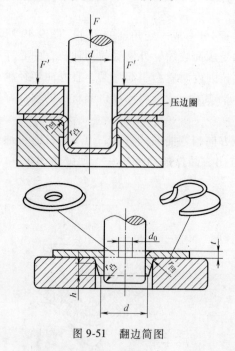

图 9-51 翻边简图

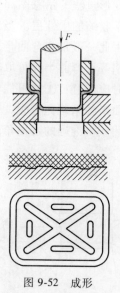

图 9-52 成形

2. 冲压件的结构工艺性

冲压件的结构设计不仅要保证良好的使用性能，同时还应具有良好的加工工艺性。冲压件的结构设计应注意以下几点：

（1）落料冲孔件 其形状力求简单、对称，尽量采用圆形、矩形等规则形状，以减少排样时的废料量；尽量避免窄条、长槽及细长悬臂结构；孔径、孔距不宜太小，应满足图 9-53a 中所示的要求，否则制模困难，模具的使用寿命缩短。

（2）弯曲件 其形状应尽量对称，弯曲半径 R 不得小于材料的许可值。弯曲时还应考虑坯料的纤维方向，以免弯裂。在弯曲带孔件时，

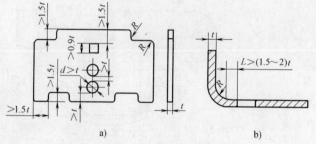

图 9-53 冲压件的结构工艺性示意图

a）落料冲孔件 b）弯曲件

孔的位置应在圆角的圆弧之外（图 9-53b），且应先弯曲再加工孔。

（3）拉深件　拉深件的外形力求简单、对称，圆角半径不宜太小。拉深件的高度也不宜太高，以减少拉深次数。对形状复杂件可采用冲压-焊接或冲压-机械连接复合结构。

9.2.7　其他压力加工方法简介

为了适应生产的需要，除了锻造和冲压外，还有一些其他压力加工方法，如精密模锻、挤压、辊轧、超塑性成形、粉末锻造、半固态成形等。

1. 精密模锻

精密模锻是锻制高精度锻件的一种工艺。精密模锻锻件表面光滑，尺寸精度高，一般不需要切削加工或只需少量的切削加工。精密模锻多用于中、小型零件的大批量生产。

精密模锻时应注意以下几点：①根据零件尺寸精确计算原始坯料的质量进行下料，否则会增加锻件的尺寸公差，降低锻件精度；②锻件表面的氧化皮、脱碳层等需要精细清理、去除干净；③为减少锻件表面缺陷如氧化皮、脱碳层等，加热时应采用无氧化或少氧化的气氛保护；④为提高锻件的尺寸精度，应选择精度和刚度高的模锻设备，常用的模锻设备有曲柄压力机、摩擦压力机、精密锻造机等；⑤一般模腔尺寸比锻件精度高三级，模具必须具有精确的导向机构，以保证合模准确，为排除模腔中的气体，凹模上应开设排气孔；⑥润滑与冷却的要求高。

2. 挤压

挤压是指坯料在强大压力的作用下，从挤压模中挤出，形成所需产品的一种工艺。若按金属流动方向与凸模运动方向的不同，挤压可分为正挤压、反挤压、复合挤压、径向挤压等，如图 9-54 所示。

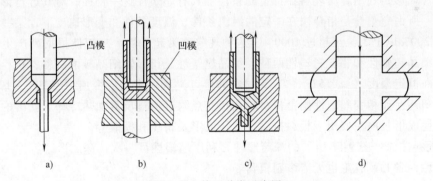

图 9-54　挤压种类示意图

a）正挤压　b）反挤压　c）复合挤压　d）径向挤压

正挤压是金属的流动方向与凸模的运动方向相同的挤压；反挤压是金属的流动方向与凸模的运动方向相反的挤压；复合挤压是金属同时沿凸模的运动方向及其相反方向运动的挤压；径向挤压是金属的流动方向与凸模的运动方向垂直的挤压。

若按坯料加热温度的高低，挤压又可分为热挤压、冷挤压和温挤压三种。热挤压是挤压温度高于再结晶温度，一般与锻造温度相同的挤压；冷挤压是挤压温度一般为室温的挤压；温挤压是挤压温度介于再结晶温度和室温之间的挤压。挤压工艺多用于生产深孔、薄壁及异形断面的零件。

3. 辊轧

辊轧是指坯料在旋转轧辊的作用下产生连续的塑性变形，获得所需产品的一种工艺。根据轧辊轴线与坯料轴线位置的不同，辊轧可分为纵轧、横轧与斜轧三种。

1）纵轧是指轧辊轴线方向与坯料轴线方向垂直的轧制方法，图9-55所示就是一种纵轧工艺。纵轧又称辊锻，此时轧辊为锻模，当坯料从轧辊之间通过时产生连续的塑性变形，从而形成所需的锻件或锻坯。纵轧主要用于生产扳手、连杆、叶片等零件。

2）横轧是指轧辊轴线方向与坯料的轴线平行，且轧辊做径向进给运动的轧制方法。图9-56所示为齿轮的横轧示意图。齿轮坯料通过高频感应器加热，带齿形的轧辊转动时与齿轮坯料对碾，并做径向进给运动，在不断的对碾过程中，坯料逐渐被轧制成齿轮。

3）斜轧是指轧辊轴线与坯料成一定角度的轧制方法。图9-57所示为钢球的斜轧示意图。此时轧辊轴线不再平行，且旋转方向相同，坯料在轧辊的作用下做反向旋转，并同时做轴向运动，即螺旋运动。斜轧主要用于轧制钢球和周期变形的长杆件等。

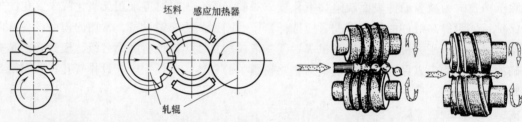

图9-55　纵轧示意图　　　　图9-56　齿轮的横轧示意图　　　　图9-57　钢球的斜轧示意图

4. 超塑性成形

超塑性成形是利用金属坯料在特定的条件下具有超塑性这一特性，对其进行形变加工的工艺方法。所谓超塑性是指金属在一定的组织条件、温度条件和变形速度下，某些金属的伸长率可达200%以上，甚至超过1000%，这种现象称为超塑性。超塑性根据其产生机理的不同可分为细晶超塑性和相变超塑性两种。细晶超塑性是指等轴细晶粒的材料，粒径为微米级或更小，在恒定温度（$\geqslant 0.5T_m$，T_m为材料的熔点）和一定的应变速率（$10^{-4} \sim 10^{-2}/s$）时具有的超塑性。而相变超塑性则是指材料在相变点附近通过反复加热冷却后获得的性能。

超塑性成形目前主要用于板料拉深、气压成形及挤压和模锻等。

1）板料拉深：图9-58所示的深筒形件，利用超塑性可一次拉深成形，零件质量好，性能无方向性，省时、省工也无需多副模具。

2）气压成形：图9-59所示为板料气压成形示意图。将板料置入模具中，一起加热至特

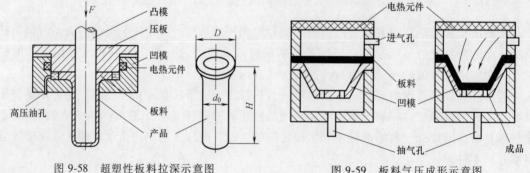

图9-58　超塑性板料拉深示意图　　　　图9-59　板料气压成形示意图

定的温度，向模具中通入压缩空气，或抽出空气造成负压，板料将紧贴在模具的内壁上，从而形成所需的零件。

3）模锻：对于某些金属在普通的热模锻时，因塑性差，变形抗力大，成形困难，而在超塑性成形时就可克服以上缺点，节约原料，降低成本。

5. 粉末锻造

粉末锻造是指将粉末烧结成形后，再经加热在闭式锻模中锻造成形的工艺方法。粉末锻造锻件具有精度高、组织结构均匀、无成分偏析等优点。粉末锻造可用于难变形的高温铸造合金，在汽车工业中已得到广泛应用，如发动机的齿轮、连杆等。

6. 半固态成形

半固态成形是一种介于铸造和锻造之间的金属成形新技术，在金属的凝固过程中剧烈搅拌，或控制在液固两相温度区内，使之呈液固两相状态，通过普通铸造方法浇注成形。其具有成形温度低，凝固收缩小，铸件质量好；工艺简单，能耗少，成本低，变形力小；应用广，适用于铸造、锻压等多种成形工艺等特点。

半固态成形一般应用于汽车、电子、电器、运动器件等零部件的生产。

随着科技的发展，尤其是计算机技术的广泛应用，锻压成形技术已向着自动化、柔性化方向发展，通过对成形过程的数值模拟和模具 CAD/CAM，可实现无纸加工。

9.3　焊接

焊接是指通过加热或加压，或两者并用，并且用或不用填充材料，使工件达到原子间结合的一种连接方法。被焊接工件可以是同类的材料如金属、非金属（陶瓷、玻璃、塑料等），也可以是不同类的材料如金属与非金属等。采用焊接方法所获得的金属结构称之为焊接结构。焊接作为材料成形的一种重要工艺方法和制造技术，在现代国民经济生产中占有重要地位。焊接结构件在机车车辆、铁路桥梁、机器制造、矿山机械、化工装备、冶金、汽车、船舶、航空航天、核电站，以及尖端科学技术等领域中有着广泛应用。

与其他连接方式相比，焊接成形方便，方法灵活多样，工艺简便，能在较短的时间内生产出复杂的焊接结构。在制造大型、复杂结构和零件时，可结合采用铸件、锻件和冲压件，化大为小，化复杂为简单，再逐次拼装焊接而成，如万吨水压机的横梁和立柱的生产便是如此。焊接适应性强，既能生产微型、大型和复杂的金属结构件，也能生产气密性好的高温、高压设备；既能应用于单件、小批量生产，也适应于大批量生产；同时，采用焊接技术还能方便地实现异种材料的连接，如核反应堆中金属与石墨的焊接、硬质合金刀片与车刀刀杆的焊接等；生产成本低，可减少划线、钻孔、装配等工序。另外，采用焊接结构能够按使用要求进行选材，在结构的不同部位，按强度、耐磨性、耐蚀性、耐高温等要求选用不同材料，具有更好的经济性。但是，目前的焊接技术尚存在一些不足：焊接接头组织和性能的不均匀性，容易产生焊接应力与变形，焊接生产自动化水平较低，焊接质量的可靠性等问题还有待进一步研究。

9.3.1　焊接基础知识

根据外界所提供能量的方式不同，焊接可分为熔化焊、压焊和钎焊三大类，而每一大类又可进一步分为多种不同的焊接方法，如图 9-60 所示。金属间的焊接在焊接工作中占有举

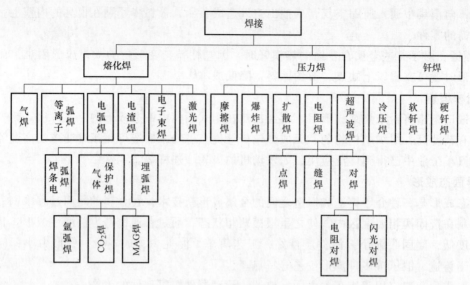

图 9-60 主要焊接方法的分类

足轻重的地位，因此，本小节主要讨论金属间的焊接。

以上各种焊接方法中最常用的是熔化焊，外界所提供的能量为热能，熔化焊的热源有电弧热、化学热、电阻热、等离子弧热、电子束热、激光束热等，其中电弧热广泛应用于焊条电弧焊、埋弧焊、气体保护焊等熔化焊中。

1. 焊接冶金过程

焊接冶金过程是金属在焊接条件下的再熔炼过程。焊接冶金不同于普通冶金（如炼钢、铸造合金的熔炼），具有以下特点：

（1）冶金温度高 焊接金属在焊接热源的作用下，在接头处形成熔池。在焊接普通碳素结构钢和低合金结构钢时，熔滴的平均温度达 2300℃，熔池温度也在 1600℃ 以上，远高于普通冶金温度，极易造成金属元素的烧损与蒸发。

（2）冶金过程短 焊接熔池的体积小，一般仅有 $2 \sim 3 cm^3$，熔池从形成到凝固一般只有 10s 左右，使熔池中的冶金反应剧烈，导致反应不完全，易造成焊缝金属的化学成分不均匀、气体及杂质来不及浮出熔池，产生气孔、夹渣等焊接缺陷。

（3）冶金条件差 焊接熔池一般暴露在大气中，在高温作用下，熔池周围的气体、铁锈、油污等易分解成原子态的氧、氮、氢，原子氧与金属中的一些元素会发生下列反应：

$$Fe+O \longrightarrow FeO$$
$$C+O \longrightarrow CO \uparrow$$
$$Mn+O \longrightarrow MnO$$
$$Si+O \longrightarrow SiO_2$$

其中，FeO 可以溶解在液态金属中，将金属中的 C、Mn、Si 等元素进一步氧化成 CO、MnO、SiO_2 等，从而使一些有益的元素严重烧损。FeO 溶入熔池金属中，熔池凝固后以夹杂物的形式残留在焊缝中，使焊缝金属的强度、塑性和韧性等性能指标明显降低。原子氮与铁相互作用形成氮化物（如 Fe_4N），以针状形式分布在焊缝金属的晶界上和固溶体内，虽使焊缝金属的强度升高，但其塑性、韧性却急剧下降。原子氢则会引起氢脆，易使焊缝产生冷裂纹。

为了保证焊缝质量，在焊接过程中必须采取有效措施保护焊接熔池，防止有害气体进入，控制焊缝金属的化学成分，并对焊接熔池进行脱硫、脱氧、脱氢、脱磷等。如焊条电弧焊用焊条药皮中的造气剂与造渣剂形成气渣联合保护，埋弧焊的焊剂熔化形成的渣保护，气体保护焊所用的保护性气体形成的气体保护等均可有效地隔离空气；向焊条药皮或焊剂、焊芯或焊丝中加入合金元素，可以控制焊缝金属的化学成分；在焊接材料中加入脱氧剂，进行脱氧和脱硫、磷处理，以保证焊接质量。

2. 焊接接头的组织与性能

焊接热源不仅使填充金属和被焊金属（称为母材）局部熔化形成金属熔池，焊缝附近的金属都要经历从低温到高温、再从高温到低温的热循环作用。焊缝金属经历了一次复杂的冶金过程，因此，焊缝附近的金属也受到了一次不同规范的热处理，其组织和性能发生了相应的变化。

焊接接头包括焊缝区和焊接热影响区。焊接接头的性能与焊缝区、焊接热影响区都有关系。

（1）焊缝区　焊缝区组织是由填充金属和部分母材熔化形成的金属熔池结晶得到的铸态组织。焊接时熔池金属的结晶与前述金属的结晶一样，也是形核和晶核长大的过程。焊接熔池中的液态金属过热度很大，合金元素的蒸发、烧损比较严重，使熔池中作为非自发晶核的质点较少，因此，形核主要在未熔化的被焊金属表面（此处温度分布最低）进行。由于熔池散热最快的方向是垂直于熔池底面的方向，所以焊缝以柱状晶的形态结晶，且柱状晶以垂直于运动着的熔池底面向焊缝中心长大，因而晶粒是弯曲的，并沿着焊接方向伸展。

在熔池结晶过程中，由于冷却速度快，已凝固的焊缝中合金元素来不及扩散，造成化学成分不均匀，存在偏析现象，此外一些非金属夹杂物和气体来不及逸出而残留在焊缝的内部，造成夹渣和气孔。所有这些都会使焊缝的性能受到影响，如果分布在晶界处的低熔点杂质较多，还容易在焊缝中产生热裂纹。

焊接过程中，一般要通过焊接材料向熔池金属中加入一些合金元素，使焊缝金属合金元素的含量高于母材金属。这样，不仅可以强化焊缝，而且还可以细化焊缝的晶粒。另外，只要采用正确的焊接工艺，就可以避免在焊缝中产生夹渣、气孔和裂纹等缺陷，从而保证焊缝金属的性能不低于被焊金属的性能。

（2）焊接热影响区　焊接热影响区的组织和性能不仅与焊缝附近母材上各点所受到的热作用有关，而且与被焊金属的化学成分及焊前热处理状态有关。现以低碳钢为例说明热影响区的组织和性能变化。如图 9-61 所示，左侧是热

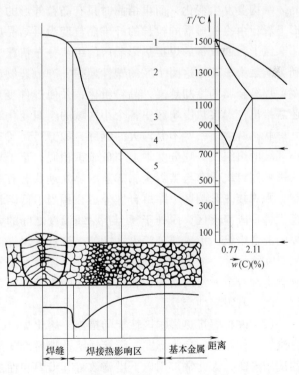

图 9-61　低碳钢焊接接头的组织与性能示意图

1—熔合区　2—过热区　3—正火区　4—部分相变区　5—再结晶区

影响区不同部位在焊接时达到的最高温度和组织变化情况，右侧为部分铁碳合金相图。由于焊接热影响区中各点距离焊缝中心线的距离不同，所受的热作用不同，所以组织变化也不同，这样又将其分为组织不同的小区域。低碳钢的焊接热影响区分布如下。

1）熔合区。熔合区是焊缝与被焊金属的交界区，加热温度处于液、固相线之间。焊接时，部分金属被加热熔化，所以又称为半熔化区。此区在化学成分和组织性能上都有很大的不均匀性，组织中包括未熔化但因过热而长大的粗晶组织和部分新结晶的铸态组织。在各种熔化焊中，这个区的范围虽然很窄，甚至在光学显微镜下也难以分辨出来，但对焊接接头的强度、塑性等性能都有很大的影响，通常是产生裂纹、造成脆断的发源地。

2）过热区。过热区紧靠着熔合区，加热温度范围处于固相线与1000℃之间。这个区域由于受到高温作用，晶粒急剧长大，冷却后获得晶粒粗大的过热组织，因而其塑性和韧性低。在焊接刚度比较大的结构时，常常会在过热区产生裂纹。

3）正火区。正火区的加热温度范围在1000℃与A_3线之间。焊接时，这个区内的金属发生重结晶（铁素体和珠光体全部转变为奥氏体），冷却后得到细小而均匀的铁素体和珠光体组织，相当于受到了一次正火处理。由于该区的组织细小均匀，所以其力学性能优于被焊金属。

4）部分相变区。部分相变区的加热温度范围处于A_3与A_1线之间。在这个区中部分金属发生重结晶转变，冷却后得到细晶粒的铁素体和珠光体，而未发生转变的铁素体冷却后则变为粗大的铁素体。这个区由于金属组织不均匀，晶粒大小不均匀，因而性能也不均匀。

5）再结晶区。再结晶区与重结晶不同，其发生温度低于相变点，重结晶时金属的内部晶体结构要发生变化，而再结晶时只有晶粒外形的变化，并没有内部晶体结构的变化，从外形上看，由冷变形后的拉长的纤维晶粒变为再结晶后的等轴晶粒。

以上为低碳钢的焊接热影响区的组织分布情况。以熔合区和过热区对焊接接头性能的不利影响最为显著。这两个区的塑性最差，产生裂纹和脆性破坏的倾向最大。焊接热影响区越宽，焊缝金属的冷却越慢，晶粒粗化，并使焊件变形增加，因此，焊接热影响区越窄越好。还需指出，焊接热影响区中各个小区域的组织变化和分布与被焊金属的化学成分及焊前的热处理状态有关。一些不易淬火的钢种，如Q355、Q390等低合金钢，其焊接热影响区中各个小区域的组织及其划分基本上与低碳钢相同。至于易淬火钢种，如中碳钢、高碳钢等的焊接热影响区组织分布与被焊金属焊前的热处理状态有关。如果被焊金属焊前处于正火或退火状态，则焊接热影响区中除熔合区外，在相当于低碳钢的过热区和正火区部位将会出现马氏体组织，形成淬火区，而处于A_3与A_1线温度之间的金属，发生部分相变，产生马氏体和铁素体的混合组织，形成部分淬火区。如果被焊金属焊前处于淬火状态，那么在焊接热影响区中除存在熔合区、淬火区和部分淬火区外，还会发生不同的回火转变而产生回火区。显然随着碳含量和合金元素的增加，在热影响区中出现淬火组织马氏体的倾向增大，容易产生焊接裂纹，因而其焊接性变差。

（3）改善焊接热影响区性能的措施　熔化焊时，不可避免地要产生焊接热影响区。焊接方法、工件厚度、接头形式、焊接规范及焊后冷却速度等都将影响焊接接头的性能和连接件的使用寿命，为此常采用以下措施改善其组织和性能。

1）加强焊缝保护，并对焊缝进行合金化及冶金处理。

2）选择合理的焊接工艺和焊接方法，使焊接热影响区最小。

3）对焊接接头进行热处理，以消除接头内应力、细化晶粒，改善接头性能。

3. 焊接应力及其消除措施

（1）焊接应力　焊接应力是指由于焊接时一般采用集中热源局部加热，工件受到不均匀的加热和冷却导致的，存在于工件中并保持平衡着的残余应力。焊接应力直接影响焊件的结构与性能，使结构的有效许用应力降低，甚至在焊接过程中发生变形或开裂导致结构的破坏。焊接应力导致结构变形，影响结构尺寸和外观，可能导致结构的承载能力下降，甚至导致结构报废。

（2）焊接应力的消除措施　焊后将工件整体均匀加热到一定温度，如低碳钢加热到580～680℃，保温一定时间，而后缓慢冷却。该法可消除80%～90%的焊接应力。通过加载拉伸，使拉应力区产生塑性变形或利用局部加热时的温差来拉伸焊缝区均可消除残余应力。对焊缝及其附近的局部区域进行加热，可以降低内应力峰值，但不能完全消除焊接应力。

9.3.2　常见的焊接方法

1. 电弧焊

电弧焊是利用电弧作为焊接热源的一组焊接方法，简称电弧焊，它是现代工业中应用最普遍的焊接方法，包括焊条电弧焊、埋弧焊、气体保护焊等。

（1）焊接电弧和焊接电源　焊接电弧是指发生在电极与工件之间的强烈、持久的气体放电现象。常态下的气体由中性分子或原子组成，不含带电粒子。要使气体导电，首先要有一个使其产生带电粒子的过程。焊接生产中一般采用接触引弧，即先将电极和工件接触形成短路过程，此时在某些接触点上产生很大的短路电流，温度迅速升高，这为电子的逸出和气体电离提供了能量条件；而后将电极提起一定距离（小于5mm），在电场力的作用下，被加热的阴极有电子高速逸出，撞击空气中的中性分子和原子，使空气电离成阳离子、阴离子和自由电子。这些带电粒子在外电场作用下做定向运动；阳离子奔向阴极，阴离子和自由电子奔向阳极。在它们的运动过程中，不断碰撞和复合，产生大量的光和热，形成电弧。电弧所产生的热量与焊接电流和电压的乘积成正比，电流越大，电弧产生的总热量就越大。

电弧由阴极区、阳极区和弧柱区三个部分组成，如图9-62所示。阴极区因发射大量电子而消耗一定的能量，产生的热量较少，约占电弧热的36%。阳极表面受高速电子的撞击，传入较多的能量，因此阳极区产生的热量较多，占电弧热的43%。其余21%左右的热量是在弧柱区产生的。

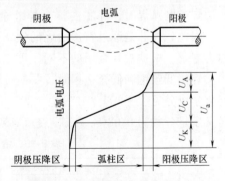

图9-62　电弧构造及其电压分布

电弧中阳极区和阴极区的温度因电极材料（主要是电极熔点）不同而有所不同。用钢焊条焊接时，阳极区温度约为2600K，阴极区温度约为2400K，电弧中心区温度最高，可达6000～8000K。

由于阳极区的温度高于阴极区的温度，所以当采用直流电源焊接时，有两种接线方式：一种是采用直流正接（即工件接正极），这时电弧热量主要集中在工件上，有利于加快工件的熔化，保证足够的熔深，因此适合于焊接较厚的工件；另一种是采用直流反接（即工件接负极），当采用这种接线方法时，适合焊接有色金属及薄钢板等工件。当采用交流电源焊接时，由于两极极性交替变化，两极温度都在 2500K 左右，所以不存在正接和反接问题。

焊条电弧焊设备简称电焊机，实质上是焊接电源，其类型主要有交流弧焊机、直流弧焊机和交直流两用弧焊机。交流弧焊机实质上是一台降压变压器，可将电网电压降低到空载电压及工作电压（20~25V）；同时能提供很大的焊接电流，并能在一定范围内进行调节。交流弧焊机结构简单、价廉、使用和维修方便，应用范围广泛。直流弧焊机焊接时电弧稳定，能适应各种焊条，但其结构复杂、价格较高。交直流两用弧焊机常用作多用途弧焊机。

（2）焊条电弧焊 焊条电弧焊是目前应用最广泛的焊接方法。焊条电弧焊所需设备简单，操作灵活，对不同位置、不同形式的接头以及不同形式的焊缝均能方便地进行焊接，其缺点是劳动强度大，生产率低。

1）焊条电弧焊的焊接过程。焊条电弧焊是利用焊条与工件间产生的电弧，使工件和焊条熔化而进行焊接的，焊接过程如图 9-63 所示。熔化的焊条金属形成熔滴，在各种作用力（如重力、电磁力、电弧吹力等）的作用下，熔滴过渡到焊缝熔池中，与熔化的母材金属混合形成金属熔池。电弧热还使焊条药皮分解、燃烧和熔化，药皮分解和燃烧产生的大量气体充满电弧和熔池周围。药皮熔化所形成的熔渣包覆在熔滴外面，随熔滴一起落入熔池中并与熔池中的液态金属发

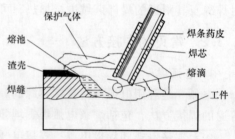

图 9-63 焊条电弧焊焊接过程示意图

生物理化学反应，之后，熔渣又从熔池中上浮，覆盖在熔池表面。气流和熔渣起到了防止液态金属与空气接触的保护作用。当电弧向前移动时，工件和焊条不断熔化，形成新的熔池，而熔池后方的液态金属随电弧热源的离去其温度逐渐降低，凝固形成焊缝，覆盖在焊缝表面的熔渣也凝固成为渣壳。

2）电焊条。电焊条（简称焊条）是焊条电弧焊最基本的焊接材料。它由焊芯和药皮两部分组成。焊芯一般是一根具有一定直径及长度的钢丝，它具有两个作用：一是传导焊接电流，产生电弧；二是作为填充金属与熔化的工件金属共同组成焊缝金属。

焊条电弧焊时，焊芯占整个焊缝金属的 50%~70%，焊芯的化学成分直接影响焊缝质量。因此，焊芯是经过特殊冶炼的钢丝，并专门规定了它的牌号及成分，这种焊接专用钢丝称为焊丝。根据被焊金属的不同，可选用相应的焊丝作为焊芯。

焊接低碳钢和低合金钢时，一般选用低碳钢焊丝作为焊芯，常用的有 H08 和 H08A 等，其化学成分见表 9-10。"H" 是 "焊" 的汉语拼音首字母，表示焊接用钢；"08" 表示碳的名义质量分数为 0.08%；"A" 表示对所含杂质（硫、磷等）的限制非常严格。

表 9-10 常用焊芯的化学成分及其用途

牌号	化学成分(质量分数,%)							用途
	C	Mn	Si	Cr	Ni	S	P	
H08	≤0.10	0.35~0.55	≤0.30	≤0.20	≤0.30	<0.04	<0.04	一般焊接结构
H08A	≤0.10	0.35~0.55	≤0.30	≤0.20	≤0.30	<0.03	<0.03	重要的焊接结构
H08MnA	≤0.10	0.80~1.10	≤0.07	≤0.20	≤0.30	<0.03	<0.03	用作埋弧焊等

焊接合金结构钢、不锈钢时采用相应的合金钢、不锈钢的焊条。

药皮在焊接过程中起着非常重要的作用，是决定焊缝金属质量的主要因素之一。药皮的

组成相当复杂，一种药皮的配方中，通常包含七八种以上的原料。药皮的主要作用有：①利用药皮分解、燃烧所产生的气体和熔化形成的熔渣，隔离空气，防止有害气体侵入电弧区和熔池中；②形成熔渣，并与液态金属发生冶金反应，除去有害杂质（如 O、H、S、P 等），并添加有益的合金元素，使焊缝金属获得合乎要求的化学成分，满足性能要求；③使电弧容易引燃、燃烧稳定、飞溅少，并且可使焊缝成形美观，容易去除渣壳。

3）电焊条分类。按照焊条的用途，焊条电弧焊用焊条共分九大类，即结构钢焊条（J）、耐热钢焊条（R）、不锈钢焊条（B）、堆焊焊条（D）、低温焊条（W）、铸铁焊条（Z）、镍及镍合金焊条（N）、铜及铜合金焊条（T）、铝及铝合金焊条（L），以及特殊用途焊条等。其中应用最多的是结构钢焊条。

一般的焊条牌号由一个汉字（或汉语拼音字母）和三个数字组成，汉字（或拼音字母）表示焊条的种类，三位数字中的前两位数字表示各大类中的若干小类（注意在各大类中，这两位数字表示的意义是不同的），最后一位数字表示焊条药皮的类型和适用的焊接电源种类。

各大类焊条按主要的性能不同再分为若干小类，在结构钢焊条中是按焊缝金属的抗拉强度指标分成各小类的。例如，"结 422"的牌号中"42"表示焊缝金属的 $R_m \geqslant 420MPa$，"结 507"的牌号中"50"表示焊缝金属的 $R_m \geqslant 500MPa$。

结构钢焊条除了按强度等级分类外，生产上还常按照其药皮熔化后形成熔渣的酸碱度分成酸性焊条和碱性焊条两大类。熔渣以酸性氧化物（如 SiO_2、TiO_2、FeO 等）为主的称为酸性焊条，如牌号中 1~5 类型的焊条均为酸性焊条；熔渣以碱性氧化物（如 CaO、MgO 等）为主的称为碱性焊条，如焊条牌号中类型 6、7 焊条为碱性焊条，由于碱性焊条焊接后焊缝含氢量低而又称其为低氢型焊条。

焊条选择时主要根据被焊结构的强度、特点、工作条件和具体施工条件及成本因素。

（3）埋弧焊　埋弧焊是通过保持在光焊丝和工件之间的电弧将金属加热，使被焊工件之间形成原子之间的连接。根据其自动化程度的不同，埋弧焊又分为半自动埋弧焊和自动埋弧焊。全部焊接操作包括引弧、焊丝送进、电弧移动和收弧等采用机械来完成的称为自动埋弧焊；只有引弧、焊丝送进等部分操作由机械完成，而电弧移动仍为手工操作的称为半自动埋弧焊。

1）自动埋弧焊的焊接过程。自动埋弧焊焊接电源的两极一端接在工件上，另一端经导电嘴接在焊丝上。焊机的送丝机械、焊剂漏斗、焊丝盘和操作面板等全部装在焊接小车上。焊接时，只需按"启动"按钮，焊接便可自动进行。

图 9-64 所示为自动埋弧焊焊接系统示意图。焊前在焊缝两端焊上引弧板和引出板，焊接时，焊机送丝机构将光焊丝自动送进，在引弧板上引燃电弧，并保持一定的弧长进行焊接。在焊丝前面，粒状焊剂从漏斗中不断流出，撒在工件接合处的表面上。在焊剂层下焊丝与工件之间形成电弧，熔化被焊工件、

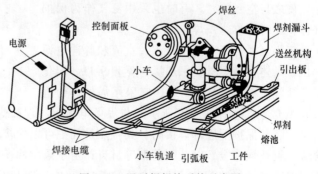

图 9-64　埋弧焊焊接系统示意图

焊丝和焊剂，液态金属形成熔池，熔化的焊剂即熔渣覆盖在熔池表面。随着焊接小车沿着轨道均匀地向前移动（有时小车不动，工件在焊丝下做匀速运动），电弧向前移动，熔池前面不断有金属熔化形成新的熔池，而其后面冷却凝固形成焊缝，液态熔渣凝固形成渣壳，覆盖在焊缝上面。最后电弧在引出板上熄弧，焊接结束。焊后将引弧板和引出板切去，未熔化的焊剂可以回收重新使用。

2）焊丝与焊剂。埋弧焊使用的焊接材料为焊丝和焊剂，相当于焊条电弧焊的焊芯和药皮，它们在焊接过程中起的作用也基本相同。焊丝的化学成分标准与焊芯的相同，常用的有 H08A、H08MnA、H08Mn2 等，配合适当焊剂，可以焊接低碳钢和普通低合金钢。焊剂按用途可分为钢用焊剂和有色金属用焊剂等。按制造方法又分为熔炼焊剂和非熔炼焊剂（如陶质焊剂、烧结焊剂）两大类，常用的焊剂是熔炼焊剂。熔炼焊剂按化学成分又分为高锰、中锰、低锰、无锰等。

3）埋弧焊的特点及适用范围。埋弧焊与焊条电弧焊相比，具有如下优点：

① 生产效率高。进行自动埋弧焊时，可以采用较大的焊接电流，提高了焊丝的熔化速度，因此焊接速度可以大大提高。另外，由于焊接电流大，焊接的熔深较大，一般不开坡口，单面焊熔深可达 20mm，所以较厚工件可以不开坡口或少开坡口进行焊接。

② 焊接质量高。埋弧焊时，焊剂熔化所形成的熔渣对电弧空间和金属熔池的保护效果好。焊接过程由焊机自动控制，焊接质量高而且均匀稳定，焊缝成形好，表面光滑。

③ 劳动条件好。埋弧焊减轻了手工操作的劳动强度，没有弧光辐射，且烟雾也较少，消除了弧光和烟雾对焊工的有害影响。

埋弧焊设备复杂，焊前对被焊工件的装配工作要求较严。埋弧焊一般限于水平或接近水平的位置焊接，对薄板（厚度小于 3mm）的焊接也受到一定的限制。目前埋弧焊常用于焊接生产批量较大，长而直的且处于水平位置的焊缝或直径较大（一般要求大于 500mm）的环缝。

（4）气体保护焊

1）氩弧焊。氩弧焊是一种气体保护焊焊接方法，根据其电极在焊接过程中是否熔化又可将其进一步分为钨极氩弧焊和熔化极氩弧焊。

钨极氩弧焊又称"TIG"焊，如图 9-65 所示。它的电极是用难熔金属钨或钨的合金棒制成的。电弧燃烧过程中，电极是不熔化的，所以可维持恒定的电弧长度，焊接过程稳定。焊接时，电极和电弧区及熔化金属都处在氩气保护之中，使之与空气隔离。有时也采用氦气作为保护气体，此时也称氦弧焊。

钨极氩弧焊可以使用交流、直流和脉冲电源焊接，具体视被焊材料来选择，见表 9-11。熔化极氩弧焊又称为"MIG"焊，它采用焊丝作为电

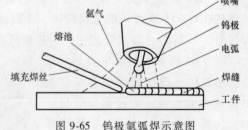

图 9-65　钨极氩弧焊示意图

极及填充金属，如图 9-66 所示。与焊条电弧焊、埋弧焊等其他熔化极电弧焊不同之处在于它是在氩气保护下进行焊接的。其特点是几乎可以焊接所有的金属，尤其适合于焊接铝及铝合金、铜及铜合金，以及不锈钢等材料；由于采用焊丝作为电极，因此可采用高密度焊接电流焊接，其母材熔深大，填充金属熔敷速度快，所以用于焊接厚板铝、铜等金属时生产效率

比 TIG 焊高；熔化极氩弧焊采用直流反接焊接铝及铝合金时具有良好的阴极雾化作用；此外，熔化极氩弧焊焊接铝及铝合金时，其氩射流的固有自调节作用较为显著。

表 9-11　被焊材料与电源类别和极性的选择

被焊材料	直流		交流	被焊材料	直流		交流
	正极性	反极性			正极性	反极性	
铝（厚度为 2.4mm 以下）	×	○	△	合金钢堆焊	○	×	△
铝（厚度为 2.4mm 以上）	×	×	△	高碳钢、低碳钢、低合金钢	△	×	○
铝青铜、铍青铜	×	○	△	镁（厚度 3mm 以下）	×	○	△
铸铝	×	×	△	镁（厚度 3mm 以上）	×	×	△
黄铜、铜基合金	△	×	○	镁铸件	×	○	△
铸铁	△	×	△	高合金、镍及镍合金、不锈钢	△	×	△
无氧铜	△	×	×	钛	△	×	△
异种金属	△	×	○	银	△	×	○

注：△—最佳，○—良好，×—最差。

由于氩气是一种惰性气体，它既不与金属起化学作用，也不溶解于金属中，因此可以避免焊缝金属中的合金元素烧损及由此带来的其他焊接缺陷，从而使焊接冶金反应变得简单和容易控制，这为获得高质量焊缝提供了良好条件。因此它不仅适用于焊接合金钢、铝、镁、铜及其合金，而且还适用于补焊、定位焊、反面成形打底焊及异种金属的焊接。但是，氩气不像还原性气体或氧化性气体那样，它没有脱氧或去氢作用，所以氩弧焊时对焊前的除油、去锈、去水等准备工作就要求严格，否则会影响焊缝质量。

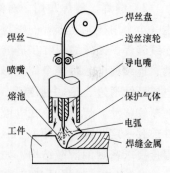

图 9-66　熔化极氩弧焊示意图

如果用 $Ar\text{-}O_2$、$Ar\text{-}CO_2$ 或者 $Ar\text{-}CO_2\text{-}O_2$ 等混合气体作为保护气体则称为 MAG 焊。上述混合气体一般为富 Ar 气体，电弧性质仍呈氩弧特征。

2）CO_2 气体保护焊。CO_2 气体保护焊是用 CO_2 作为保护气体的一种电弧焊，如图 9-67 所示。它用焊丝作为电极，依靠焊丝和工件之间产生的电弧熔化被焊金属和焊丝，以自动或半自动方式进行焊接。目前应用较多的是半自动焊。它和其他电弧焊相比具有生产效率高、焊接成本低、能耗小、适用范围广、抗锈能力强、焊后不需要清渣等特点；但在焊接过程中，金属的飞溅较大，焊缝成形较为粗糙，且由于 CO_2 气体的氧化性较强，所以焊接时必须采用含有脱氧剂的焊丝等措施，即在焊丝中加入一定量的脱氧剂（Mn、Si 等）。

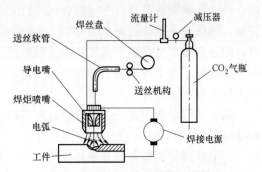

图 9-67　CO_2 气体保护焊示意图

利用 CO_2 作为保护气体，虽然可使电弧和熔池与周围空气隔离，防止空气中的氧和氮对焊缝金属的有害影响，但 CO_2 是氧化性气体，在电弧热作用下会分解出氧，使焊缝金属中的 C、Mn、Si 及其他合金元素烧损，从而使焊缝金属的性能大大降低，所以 CO_2 气体保护焊主要用于焊接低碳钢和低合金钢，对氧化性比较敏感的材料不宜采用 CO_2 气体保护焊。

2. 压焊

（1）电阻焊　电阻焊是将工件压紧于两电极之间，并通以电流，利用电流通过工件接触处产生的电阻热将其局部加热到塑性或熔化状态，使之形成金属结合的一种焊接方法。

电阻焊与其他焊接方法相比，具有生产效率高，无须添加填充材料，易于实现机械化、自动化，劳动条件好等优点；但其设备较复杂，耗电量大，适用的接头形式与可焊工件的厚度受到一定的限制。电阻焊又可分为点焊、缝焊和对焊等。

1）点焊。点焊时，将焊件压紧在两圆柱形电极之间，然后接通电流，金属熔化，形成液态熔核；断电后继续保持或加大压力，使熔核在压力下凝固结晶，形成组织致密的焊点。点焊过程由预压、通电加热和冷却结晶三个阶段所组成。影响点焊质量的主要因素有焊接电流、通电时间、电极压力和电极尺寸等。点焊通常采用搭接接头形式，因此它主要适用于焊接厚度小于 3mm 的冲压、轧制且不要求气密性的薄板结构件，如汽车的外壳、机车车门、客车车门等低碳钢的轻型结构，在航空航天工业中，主要用于飞机、喷气发动机、火箭等由合金钢、铝合金、钛合金等材料制成的结构件。

2）缝焊。缝焊是用一对滚轮电极替代点焊的圆柱形电极，与工件做相对运动，从而产生一个个熔核相互重叠的密封焊缝的一种方法。按滚轮电极形式和通电形式的不同，又分为连续缝焊、断续缝焊和步进缝焊三种基本形式。连续缝焊是滚轮电极连续旋转，工件等速移动，连续通电，每半个周波形成一个焊点；断续缝焊是滚轮连续旋转，工件等速移动，焊接电流断续通过，每"通-断"一次形成一个焊点；步进缝焊是滚轮电极断续旋转，工件相应地断续移动，焊接电流在电极与工件皆为静止时通过，焊点形成后滚轮电极重新旋转，使工件前移一定距离（步距），每"通-移"一次形成一个焊点的一种焊接方法。缝焊主要用于焊接要求密封的薄壁结构，如汽车、拖拉机油箱，飞机、火箭的燃料储箱等。

3）对焊。对焊是利用电阻热将两工件沿整个端面同时焊接起来的一类电阻焊方法。对焊包括电阻对焊和闪光对焊。电阻对焊是将工件夹紧在两钳形电极之间，其端面紧密接触，然后通电，电流通过工件和接触端面产生电阻热，将工件接触处迅速加热至塑性状态，然后迅速施加顶锻压力，断电完成焊接。闪光对焊是将工件装配夹紧在两钳形电极之间，接通电源，并使其端面逐渐移近并接触，因工件表面微观上是凹凸不平的，在焊接时总是某些点先接触，强电流从这些接触点通过时，这些点被迅速熔化形成液体过梁，强大电流继续加热时，液态金属发生爆破和蒸发，以火花形式飞出，形成闪光，此时工件继续移近，保持一定的闪光时间，待工件端面全部加热熔化时，迅速对工件加压，并切断电流，工件即在压力下产生塑性变形而焊在一起。

闪光对焊常用于重要件的焊接，可焊接各种金属的棒料和型材，如锚链、钢轨、自行车圈等。

（2）摩擦焊　摩擦焊是压焊中的一种，它靠工件间的相互摩擦产生热量，同时加压从而达到焊接的方法。摩擦焊的特点如下：

1）焊缝致密，接头质量高。由于摩擦副的相对运动可清除接触表面上的杂质、氧化膜等，高热和塑性变形使焊缝进一步致密，不易产生气孔、夹渣等缺陷，焊缝质量高而稳定。

2）适用范围广，不仅适用于同种金属，也可用于异种金属。

3）无焊条，操作简单，易实现自动化。

4）设备简单，能耗低。

5）需有控制灵敏的制动、加压装置，且一般只适用于管形、棒料等圆形工件之间的焊接，以及圆形工件与板件间的焊接，如图 9-68 所示。

3. 钎焊

钎焊是利用熔点低于焊件的钎料在加热时熔化，借助毛细管的吸附作用填充焊件间的缝隙，使焊件连接起来的一种焊接方法。

钎焊的接头质量主要取决于钎料及被焊件接触表面的质量，为此，需要选择合适的钎料，采用钎剂清除被焊面上的氧化膜和油污等杂质，以保护钎料和焊件接触面不受氧化，增加钎料的润湿性和毛细流动性。

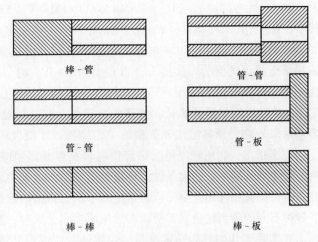

图 9-68 摩擦焊的接头形式

钎焊根据钎料的熔点高低可以分为软钎焊和硬钎焊两种。软钎焊是指钎料熔点低于450℃的钎焊。常见的钎料有锡铅钎料、锌锡钎料等，此时的钎剂为松香、氯化锌等。软钎焊一般适用于受力不大、温度不高的场合。而硬钎焊则是钎料熔点高于450℃的钎焊。常用的钎料有铜基钎料、铝基钎料、银基钎料等。常用的钎剂为硼砂、氯化物、氟化物等，适用于机械零部件的钎焊。

钎焊的加热方法常见的有烙铁加热、火焰加热、电阻加热、高频感应加热等。

钎焊具有焊接变形小、焊件尺寸精确等优点，但其接头强度不高、工作温度低，焊前对被焊处的清洁和装配工作要求较高。

钎焊的接头均采用搭接的方式，常见的搭接形式如图9-69所示。

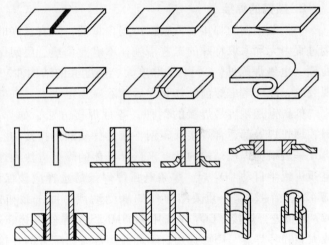

图 9-69 常见钎焊搭接形式

9.3.3 典型金属材料的焊接

1. 金属材料的焊接性

焊接性是指材料对焊接加工的适应性，即被焊材料在一定的焊接工艺条件下（包括一定的焊接方法、焊接材料、焊接参数与结构型式等），获得优质焊接接头的难易程度，以及该焊接接头能否在使用条件下可靠运行。

实际生产中，焊接结构所用的金属材料绝大多数是钢材。影响钢材焊接性的主要因素是化学成分。随着钢中碳含量和合金元素含量的增加，其焊接性变差，而其中碳的影响最明显，把其他合金元素对焊接性的影响都折合成碳的影响，总结出的公式为"碳当量公式"。用碳当量公式来估算金属材料焊接性的方法称为"碳当量法"。国际焊接学会最早推荐的碳当量公式如下：

$$C_{eq} = C + Mn/6 + (Cr + Mo + V)/5 + (Ni + Cu)/15 \qquad (9-4)$$

其中，C、Mn、Cr、Mo、V、Ni、Cu 等为钢中该元素含量的质量分数。

根据经验，当 $C_{eq} < 0.4$ 时，钢材塑性良好，淬硬倾向不大，焊接性良好。一般焊接工艺条件都能获得优质的焊接接头。当 $C_{eq} = 0.4 \sim 0.6$ 时，钢材塑性下降，淬硬倾向明显，焊接性较差。焊接时需要采用适当的预热和一定的工艺措施，才能获得满意的焊接接头质量。当 $C_{eq} > 0.6$ 时，钢材塑性很低，淬硬倾向很强，焊接时易产生裂纹，所以其焊接性差。焊接时必须采取较高的预热温度和严格的工艺措施，才能保证焊接接头的质量。

应当指出，利用碳当量法估算钢材焊接性是很粗略的，因为焊接性不仅受化学成分的影响，还受结构刚度、约束条件、环境温度等很多因素的影响；而且碳当量公式是通过试验得到的，由于试验条件和合金元素含量范围不同，得出的碳当量公式变化很大。世界各国研究得出了各种不同的碳当量公式，所以在选用碳当量公式时，要注意它的适用范围与附加条件。

在实际工作中，为确定材料的焊接性，应根据具体情况进行焊接性试验。工艺焊接性试验方法有"平板刚性固定对接试验""Y形坡口对接试验""插销试验""十字接头试验"等。使用性能试验有"焊接接头常规力学性能试验""焊接接头低温脆性试验""压力容器爆破试验"等。根据试验可制订出合理的焊接工艺规程与规范。

2. 碳钢的焊接

（1）低碳钢的焊接　低碳钢中碳含量低，具有良好的塑性和冲击韧性，焊接性良好。焊接过程中无须采取特殊的工艺措施，不需要预热、层间保温和后热，焊后一般不需要进行热处理（电渣焊除外）。但对于厚度大、刚度大的结构件，特别是在低温下施焊时，可能会出现裂纹，故应考虑焊前预热和焊后消除应力退火。

低碳钢是最容易焊接的钢种，各种焊接方法，如焊条电弧焊、CO_2 气体保护焊、电阻焊、埋弧焊等都适合焊接低碳钢，获得优质的焊接接头。

一般根据焊接结构的特点来选择具体的焊接方法和焊接材料。如一般的焊接结构选焊条电弧焊或半自动 CO_2 焊。焊条电弧焊焊条的选择应该保证焊缝与母材等强度的原则，选用结422、结423 等，重要结构（如承受动载、冲击载荷或低温工作等）应该选结426、结427 焊条进行焊接。CO_2 焊选用 H08Mn2SiA 焊丝焊接。若焊接结构为钢板拼接的长直焊缝或大直径环焊缝，则可选用自动埋弧焊焊接，配合的焊接材料可以采用 H08A 焊丝和 431 焊剂。若焊接薄板（厚度为 3mm 以下）不密封结构件，可选用电阻点焊，而有密封要求的结构则可选用电阻缝焊或钨极氩弧焊；型材焊接件可选用闪光对焊等。

（2）中、高碳钢的焊接　中碳钢中碳的质量分数在 0.3% ~ 0.6% 之间，随着碳的质量分数的增加，焊接性逐渐变差。实际生产中主要是焊接各种铸钢件与锻件。焊接中、高碳钢时易出现下列问题：碳的质量分数在 0.4% 以上属于易淬火钢，焊接时热影响区易产生淬硬的马氏体组织，在焊接应力作用下易产生冷裂纹；焊接时因母材中碳含量及硫、磷等杂质元素的含量远远高于焊条 H08A，母材熔化后进入熔池，使焊缝的碳含量增加及引入硫、磷等杂质元素，容易在焊缝中产生焊接热裂纹；由于碳含量增加，气孔的敏感性也增大。

在焊接高碳钢时，需要采取的工艺措施有：焊前预热使工件各部分温差缩小，以减少焊接应力，同时减慢焊缝和热影响区的冷却速度，从而防止产生淬硬的马氏体组织。45 钢的预热温度可选 150~250℃，碳含量更高或厚度大、刚度大的工件可将预热温度再提高些。焊后最好立即进行消除应力的热处理，消除应力回火温度一般为 600~650℃。若不能立即消除应力,也应当后热,以便让扩散氢逸出。后热温度不一定与预热温度相同,后热保温时间大约为每10mm的板厚保温时间为1h。

焊接中碳钢的焊接方法有焊条电弧焊、埋弧焊、CO_2 气体保护焊、电阻焊、电渣焊等。只是在焊接过程中应采取相应的工艺措施以避免上述易出现的问题。如焊条电弧焊应选择低氢型焊条(如结506、结507等),特殊情况下可采用铬镍不锈钢焊条(如奥102、奥107、奥302、奥307等)进行焊接,此时不需要预热。

高碳钢碳的质量分数($>0.6\%$)比中碳钢更高,焊接性更差,更容易产生硬脆的马氏体,所以淬硬倾向和裂纹敏感性更大。焊接时应采用更高的预热温度和更严格的工艺措施才可进行焊接。实际上,这类钢通常不用于制作焊接结构,而用于制造高硬度或高耐磨的零部件,它们的焊接也大多为焊补修理。为了获得高硬度或耐磨性,高碳钢零件一般都经过热处理,因此,焊接前应经过退火,这可以减少焊接时的裂纹倾向,焊后再进行热处理,以达到高硬度和耐磨性要求。

9.3.4　焊接工艺

焊接工艺是根据其结构工作时的承载情况、负荷种类、工作环境、工作温度等使用要求,来综合考虑焊接工艺性的要求,力求达到焊接质量良好、焊接工艺简单、生产效率高、成本低。焊接工艺一般包括焊接变形与预防、焊接材料的选择、焊缝的布置和焊接接头的选择与坡口设计四个方面。

1. 焊接变形与预防

残存于焊件中的内应力导致的焊件变形称为焊接变形。

焊接变形使结构形状、尺寸达不到设计要求,会增加校正工作量,甚至造成构件报废。焊接应力是产生各种裂纹的重要因素,也是导致构件断裂的根源。另外焊接应力和变形还会降低结构的刚度和承载能力,因此焊接时必须设法防止和减少。

(1)焊接变形　焊接变形可能有多种,常见的有以下五种基本形式:收缩变形、角变形、弯曲变形、扭曲变形和波浪变形,如图9-70所示。

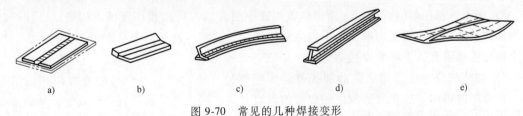

图9-70　常见的几种焊接变形

a)收缩变形　b)角变形　c)弯曲变形　d)扭曲变形　e)波浪变形

对于低碳钢和低合金钢焊接结构,由于塑性好,焊接变形就比较大,焊接应力则较小。对于高碳钢、高合金钢结构,由于塑性差,焊接变形较小而焊接应力则较大。焊接结构多采用低碳钢和普通低合金钢制造,所以防止和减小焊接变形的工作尤为重要。

(2)控制焊接变形的措施　为了防止和减小焊接变形,一般可从设计和工艺两方面考虑解决,具体措施如下。

1)选用合理的焊缝尺寸和形状。在保证结构有足够的承载能力的前提下,采用小的焊缝尺寸,如对于角接焊缝,并非焊脚尺寸越大越好,不得随意加大焊脚尺寸。而对于薄板结构，采用电阻点焊代替熔化焊可减少变形，这在汽车制造行业中已广泛应用。

2）尽量减少焊缝数量，如可采用型材、冲压件代替板材拼焊结构等。

3）焊缝布置合理，避免焊缝的集中和交叉。

4）增加余量法，下料时工件增加一定的收缩余量，以补充焊后的收缩。

5）反变形法，事先估计或试验好结构的变形方向和大小，焊接装配时给予一个相反方向的变形，然后焊接，使所产生的焊接变形正好与预变形相抵消。

6）刚性固定法，焊前将工件固定，夹紧在具有足够刚性的胎夹具上，然后焊接。这种焊接方法可大大减少焊接变形，但却增加了焊接应力，所以此法适用于低碳钢结构，不适用于高碳钢等淬硬倾向较大的结构。

7）选择合理的焊接装配次序。

（3）焊接变形的校正 有些焊接结构，即使采取了上述措施，焊后仍会产生超过允许的变形，为确保结构形状与尺寸符合设计要求，需要进行校正。常用的校正方法有机械校正和火焰校正两种方法。机械校正是利用外力使构件产生与焊接变形方向相反的塑性变形，与焊接变形相抵消。火焰校正是利用火焰在焊件的适当部位进行加热，使其产生局部塑性变形，在随后的冷却过程中产生与焊接变形相反的收缩变形来校正焊接变形。

（4）减少焊接应力的工艺措施 对于高碳钢和高合金钢结构件及刚度较大的结构，应预防和减少焊接应力，除设计上尽量减少焊缝数量和尺寸，避免焊缝集中交叉等措施以外，工艺上可采取以下措施。

1）采用合理的焊接次序。尽量使焊缝能自由收缩，先焊收缩量比较大的焊缝。如图 9-71 所示带盖板的双工字钢结构件，应先焊盖板的对接焊缝 1，后焊盖板和工字钢之间的角焊缝 2，使对接焊缝 1 能自由收缩，从而减少内应力。

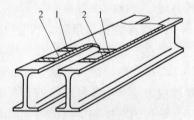

图 9-71 按收缩量大小确定焊接顺序

2）反变形法。在焊接封闭焊缝或其他刚性较大、自由度较小的焊缝时，可以采用反变形来增加焊缝的自由度，如图 9-72 所示。

3）锤击或辗压焊缝。每焊一道焊缝就用带小圆弧面的风枪或小锤锤击焊缝区，使焊缝得到延伸，从而降低焊接内应力。锤击应保持均匀、适度，避免锤击过度而产生裂纹。另外采用辗压法也可有效地降低焊接内应力。

4）加热减应力法。加热区的伸长带动焊接部位，使它产生一个与焊缝方向相反的变形。在冷却过程时，加热区的收缩和焊缝的收缩方向相同，使焊缝能自由地收缩，从而降低焊接内应力。其应用实例如图 9-73 所示。

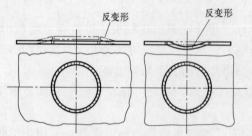

图 9-72 降低局部刚度减小内应力

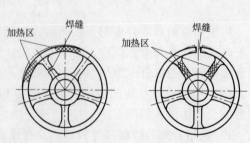

图 9-73 轮辐、轮缘断口的焊接

2. 焊接材料的选择

为了避免焊接时出现裂纹等缺陷，并保证焊接结构使用中的安全、可靠，在满足使用要求的前提下应尽量选用焊接性好的材料。一般来说，应该尽可能选用像低碳钢和低合金结构钢这样碳当量较低的材料，因为它们的焊接性良好，价格低廉。对于碳当量大于 0.4% 的碳钢和合金钢，其焊接性较差，一般不宜选用。若必须采用，应在设计和生产工艺中采取必要的措施。

焊接应该尽量采用钢管和型材（如角钢、槽钢、工字钢等）。对于形状复杂的部分，也可以采用冲压件、铸钢件和锻件，这样不仅便于保证焊件质量，还可以减少焊缝数量，简化焊接工艺。

对于异种材料的焊接，必须考虑其焊接性。有的异种金属材料焊接性较好，可以选用，对于焊接性较差的异种金属材料应尽量不用。

3. 焊缝的布置

合理地布置焊缝位置，对焊接结构质量和劳动生产率影响很大。在考虑焊缝布置时，要注意下列设计原则：

1）便于焊接和检验，以避免和减少焊缝缺陷的产生。不易施焊的焊缝部位如图 9-74 所示。

2）避免焊缝的密集和交叉，以改善焊接接头的组织和力学性能。图 9-75 所示为焊缝之间的最小距离。

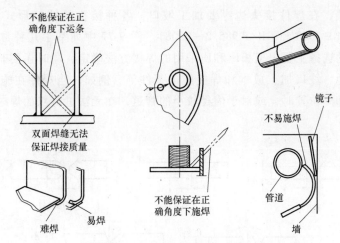

图 9-74　不易施焊的焊缝部位示意图

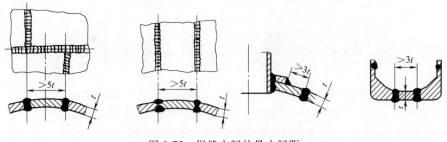

图 9-75　焊缝之间的最小间距

3）焊缝的位置应尽可能对称分布，以减少焊接变形。

4）焊缝尽量避开应力集中和最大应力的位置。如压力容器的凸形封头应有一直段，使焊缝避开应力集中的转角位置。横梁的焊缝应避免在应力最大的跨度中间。

5）焊缝布置要考虑机械加工的因素，对尺寸精度要求较高时，一般应在焊后进行机械加工；对尺寸精度要求不高时，可先进行机械加工，但焊缝位置与加工面要保持一定距离，使焊接时不至于破坏已有的加工精度。

6）合理选材，减少焊缝数量。

4. 焊接接头的选择与坡口设计

焊接接头分为对接接头、角接接头、T形接头和搭接接头四种，如图9-76所示。其中，对接接头应力分布均匀，接头质量容易保证，各种重要的受力焊缝应优先采用。搭接接头的工作应力分布不均匀，因此会影响接头强度，并且其重叠部分既浪费材料，又增加结构重量；但搭接接头不需要开坡口，焊前准备和装配工作比对接接头简便，所以在桥梁、房架等桁架结构中常被采用。

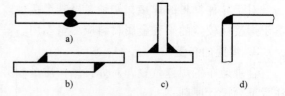

图 9-76　焊接接头的基本形式

a）对接接头　b）搭接接头　c）T形接头　d）角接接头

角接接头和T形接头的应力分布很复杂，承载能力比对接接头低，当接头成直角或交角连接时常被采用。

为了保证焊透，在焊件接头边缘要加工坡口，各种接头的坡口形式及尺寸已标准化（参见 GB/T 985.1—2008 和 GB/T 985.2—2008）。图9-77中列举了几种常用的焊接接头及坡口形式。坡口的选择主要根据板厚和所采用的焊接方法确定，同时还要兼顾焊接工作量大小、焊接材料消耗、坡口加工成本和焊接施工条件等。例如，当焊件在施焊过程中不便翻转，另一面处于仰焊位置时，或对于内径较小的管道，在无法进行双面焊时，则必须采用 Y 形或 U 形坡口。

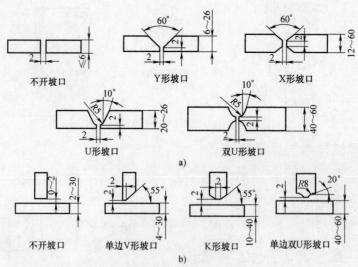

图 9-77　焊接接头与坡口形式示意图

a）对接接头及坡口形式　b）T形接头及坡口形式

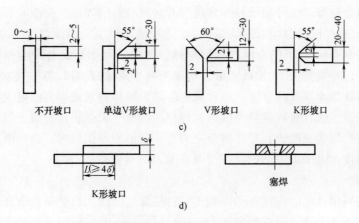

图 9-77　焊接接头与坡口形式示意图（续）
c）角接接头及坡口形式　d）搭接接头及坡口形式

5. 焊缝符号

焊缝符号是一种工程语言，它可以统一焊接结构图样上的符号。按 GB/T 324—2008 规定，完整的焊缝符号包括基本符号、指引线、补充符号、尺寸符号及数据等。焊缝符号标注示例见表 9-12。

表 9-12　焊缝符号标注示例

示意图	焊缝符号标注示例	说明
		表示该接头为一个开双面 V 形坡口的对接接头
		表示该接头为一个 T 形接头，双面角焊缝焊接
		表示该接头为一个搭接接头，工件三面带有角焊缝，3 表示同类焊缝有三条
		表示该接头为一个封闭的角焊缝，小旗表示现场焊接

9.3.5　先进焊接技术与发展趋势

焊接由 19 世纪末的碳弧焊发展至今不过一百多年的历史，形成了目前的上百种方法，焊接工艺水平也达到了新的高度。焊接结构正朝着大型化、复杂化、高容量方向发展，同时焊接自动化也得到迅速发展，集自动控制、信息处理及大容量计算机于一身的焊接机器人在许多制造行业得到了广泛应用。

1. 激光焊

激光焊是从 20 世纪 70 年代发展起来的一种焊接方法，它是以高能量密度的激光作为热源对金属进行加热熔化，形成焊接接头的方法。激光焊可用于焊接一般焊接方法难以焊接的材料，如高熔点金属等，也可用于异种金属和非金属材料的焊接。按激光器输出能量方式的不同，激光焊分为脉冲激光焊和连续激光焊。脉冲激光焊主要用于厚度为 0.5mm 以下的金属箔材或直径为 0.6mm 以下的金属线材的焊接，如电子元件集成电路内外引线的焊接、仪表游丝的焊接等。连续激光焊主要使用大功率 CO_2 气体激光器，能够成功地焊接不锈钢、硅钢、铝、镍、钛等金属及其合金，如食品可锻铸铁罐体的激光焊，电机定子及转子铁心硅钢片叠紧的激光焊，燃气轮机换热器的激光焊等。与电子束焊相比，激光焊除具有能量密度高，加热范围小，焊接速度快，焊件残余应力小、变形小等优点外，最大的特点是不需要真空室。但焊接厚度比电子束焊小，设备投资更大，成本更高。

2. 电子束焊

电子束焊是利用聚焦的高速电子流轰击工件接缝处所产生的热量使金属熔合的一种焊接方法。电子束穿透能力强，焊缝深宽比大，所以厚板可不开坡口而实现单道焊，节省辅助材料和电能。又由于电子束焊是在高真空室内进行的，因此焊缝无污染，适用于活泼金属的焊接，所得焊缝质量高，热影响区窄，变形小。但真空电子束焊的设备复杂，费用昂贵，且焊件形状、尺寸受真空室限制，接头对准备工作要求严格。根据以上特点，电子束焊主要用于活泼金属和难熔金属的焊接，如钛、钨、钼、钽、锆、铌、镍及其合金的焊接。另外，电子束焊还可以用于焊接异种金属。

3. 扩散连接

新材料在生产应用中经常遇到焊接问题，如陶瓷、金属间化合物、非晶态材料及单晶合金等。这些材料采用传统的熔化焊方法很难焊接。一些特殊的高性能构件的制造往往要求把性能差别较大的异种材料，如金属与陶瓷、铝与钢、钛与钢、金属与玻璃等连接在一起。为了适应这种工业要求，近年来作为固相连接的方法之一——扩散连接技术成为连接领域的研究热点。扩散连接是指相互接触的表面，在高温和压力的作用下，被连接表面相互靠近，局部发生塑性变形，经一定时间后结合层原子间相互扩散而形成整体的可靠连接过程。扩散连接适用于耐热材料、陶瓷、磁性材料及活性金属的连接，特别适用于不同种类的金属与非金属异种材料的连接，在扩散连接技术研究与实际应用中，有70%涉及异种材料的连接；可以进行内部及多点、大面积构件的连接；该法连接的工件不变形，可以实现机械加工后的精密装配连接。目前，扩散连接技术发展迅速，已广泛应用于航空、航天、仪表及电子等国防部门，并逐步扩展到机械、化工及汽车制造等领域。

4. 爆炸焊

爆炸焊是一种固相焊接方法。它利用炸药爆轰能量，驱动焊件做高速倾斜碰撞，使其界面实现冶金结合，通常用于异种金属之间的焊接，如钛、铜、铝、钢等金属之间的焊接，可以获得强度很高的焊接接头。而这些化学成分和物理性能各异的金属材料的焊接，用其他的焊接方法很难实现。爆炸焊所需装置简单，操作方便，成本低廉；但是在生产过程中会产生噪声和地震波，对爆炸场附近环境和居民造成影响，因此，爆炸焊加工场一般应建在偏远的山区。

5. 超声波焊

超声波焊是一种固相焊接方法，利用超声波的高频振荡能对工件接头进行局部加热和表面清理，然后施加压力实现焊接。进行超声波焊时，通常由高频发生器产生 16~80kHz 的高频电流，通过励磁线圈产生交变磁场，使铁磁材料在交变磁场中发生长度交变伸缩，超声频率的电磁能便转换成振动能，再由传送器传至声极；同时通过声极对工件加压，平行于连接面的机械振动起着破碎和清除工件表面氧化膜的作用，并加速金属的扩散和再结晶过程。适当选择振荡频率、压力和焊接时间，即可获得优质接头。

超声波焊不需要外加热源，焊接区热输入较小，既可以焊接同种金属，也可以焊接异种金属，如铝与铜、铝与不锈钢、钛与不锈钢等，还可以实现金属与非金属的焊接。超声波焊机输入功率由几瓦至几十瓦，可焊铝合金厚度为几毫米。超声波焊特别适用于金属箔片、细丝及微型器件的焊接，广泛应用于电子器件中引线与锗、硅上的金属镀膜的焊接，集成电路中各种金属（铝、铜、金、镍）与陶瓷、玻璃上的金属镀膜的焊接，热电偶焊接，化学活性物质如炸药、试剂、易爆品的封装焊接等。

6. 搅拌摩擦焊

搅拌摩擦焊是英国焊接研究所（The Welding Institute）于1991年发明的专利焊接技术。它是利用搅拌摩擦工具沿焊缝旋转前进，通过摩擦热和机械搅动使焊接材料发生塑化、机械混合，以及回复、再结晶等一系列复杂过程，进而形成致密焊缝的固相焊接方法。

搅拌摩擦焊除了具有普通摩擦焊技术的优点外，还可以进行多种接头形式和不同焊接位置的连接。挪威已建立了世界上第一个搅拌摩擦焊商业设备，可焊接厚度为3~15mm、尺寸为6mm×16mm的钨船板；1998年美国波音公司的空间和防御实验室引进了搅拌摩擦焊技术，用于焊接某些火箭部件；麦道公司也把这种技术用于制造Delta运载火箭的推进剂贮箱。2011年，中航工业北京赛福斯特技术有限公司（中国搅拌摩擦焊中心）首次将搅拌摩擦焊技术应用于新能源汽车领域，成功实现了某混合动力汽车水冷套筒件的搅拌摩擦焊接，解决了混合动力汽车制造中的问题，节约了99%的能量消耗，经冷热环境下打压测试，性能高于传统焊接，可以有效地缓解汽车发动机过热的问题。

焊接工艺技术在迅速发展，主要体现在以下三个方面：一是随着现代工业技术的发展，如原子能、航空、航天、微电子等技术的需要，出现了新的焊接工艺方法及设备，如激光焊、超声波焊、真空扩散焊等；二是改进常用焊接方法和工艺，使焊接质量和生产率大大提高，如脉冲氩弧焊、三丝埋弧焊、固定式熔化极自动电弧焊等；三是焊接过程的智能控制和焊接机器人技术的应用。

本 章 小 结

本章主要介绍了金属材料三种主要的热加工工艺，包括铸造、压力加工和焊接。铸造成形的工艺特点体现在适应性强、适用范围广泛、尺寸精度高和成本低，在机械制造业中占有非常重要的地位。铸造性能包括液态金属的流动性、收缩性、偏析和吸气性等，合适的铸造工艺的制订要考虑以下几方面：金属液的充型能力；金属液的收缩；铸造缺陷，如缩孔、缩松的形成与防止措施；铸件内应力导致的变形与改善措施。典型铸造方法，如砂型铸造的工艺流程及铸件的结构工艺性分析。压力加工实质是通过材料的塑性变形而制成型材、毛坯或零件的一种成形工艺，既可以是冷成形也可以是热成形。常见的压力加工形式有锻造、板料冲压、轧制、挤压、拉拔等。在塑性变形过程中，金属材料的微观组织会发生显著的变化，并最终影响零件或毛坯的力学性能。不同的压力加工工艺要制订相适应的工艺规程，并要对压力加工件的结构工艺性进行分析。焊接具有成形方便、方法灵活、工艺简便，能够在较短时间内生产出复杂的结构件等特点，成为一种重要的材料成形工艺方法和制造技术，并在现代国民经济生产中占有重要的地位。焊接接头包括焊缝区和焊接热影响区，其中焊接热影响区的组织和性能是影响焊接成形性能的关键。常见的焊接方法包括电弧焊、压焊和钎焊。其中，电弧焊又细分为焊条电弧焊、埋弧焊和气体保护焊等。压焊又分为电阻焊和摩擦焊。焊接工艺主要包括焊接变形与预防、焊接材料的选择、焊缝的布置，以及焊接接头的选择与坡口形式的设计四个方面。本章思维导图如图 9-78 所示。

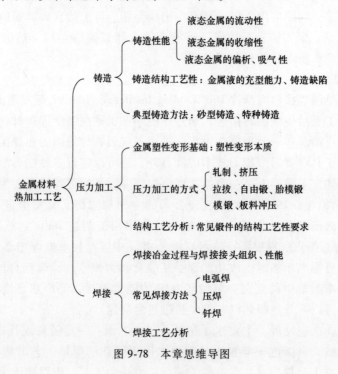

图 9-78　本章思维导图

思　考　题

1. 在实际生产中为什么要采用"高温出炉，低温浇注"的原则？

2. 简述砂模等铸造件结构上常常要设有斜度和圆角的原因。

3. 分析图 9-79 所示铸件的工艺性，要求标出分型面（注明上、下箱）并说明理由。

4. 分析图 9-80 所示铸件的分型面选择是否适合机器造型，如果不适合请修改，并标出正确的分型面（注明上、下箱）并画出型芯，说明理由。

5. 分析图 9-81 所示砂型铸造铸件的结构缺陷，并做适当修改。

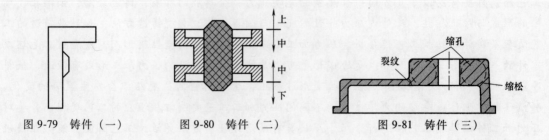

图 9-79　铸件（一）　　　　图 9-80　铸件（二）　　　　图 9-81　铸件（三）

6. 如何从本课程的角度解释"趁热打铁"这个词?

7. 简述锻模常常要设有模锻斜度和圆角的原因。

8. 模锻件为什么常有飞边及冲孔连皮?

9. 冲压加工中落料和冲孔有什么区别?

10. 拉深时容易出现哪两种质量问题? 如何解决?

11. 在板料深拉深工序间为什么常穿插再结晶退火?

12. 自由锻的基本工序主要有哪些?

13. 如图 9-82 所示自由锻件,对结构中不合理之处进行修改,并给出修改的理由。

14. 如图 9-83 所示自由锻件,请对结构中不合理之处进行修改,并给出修改的理由。

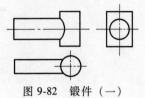

图 9-82　锻件 (一)

15. 比较三大连接技术焊接、胶接和机械连接,简述焊接的优、缺点。

16. 将电子元件连接到电路板上,应采用焊条电弧焊、电阻焊还是钎焊,为什么?

17. 焊接之前为了防止应力和变形,可以采取哪些措施?

18. 如图 9-84 所示两块板件,在焊接时发生角变形,请进行合理的结构工艺设计来避免这种角变形,要求画出示意图。

19. 分析图 9-85 所示焊条电弧焊结构的工艺性,绘制出修改示意图,并给出修改理由。

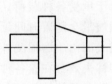

图 9-83　锻件 (二)

图 9-84　焊接时的角变形

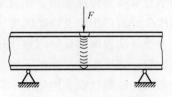

图 9-85　焊条电弧焊结构

第 10 章

工程材料的失效分析

10.1 零件的失效

10.1.1 失效的概念

各类机电产品的机械零部件、微电子元件和仪器仪表等，以及各种金属及其他材料形成的构件，在工程上习惯地统称为零件，它们都具有一定的功能并承担各种各样的工作任务，如承受载荷、传递能量、完成某种规定的动作等。失效是指零件在使用中，由于形状、尺寸的改变或内部组织及性能的变化而失去原有设计的效能。在工作时，由于承受各种载荷，或者由于运动表面间长时间地互相摩擦等原因，零件的尺寸、形状及表面质量会随着时间延长而改变。如果零件尺寸由于磨损超过了零件设计时的尺寸公差范围，或表面由于磨损或外界介质的侵蚀等造成表面质量下降，这些都是零件失效。金属装备及其构件失效存在着各种不同的情况。装备整体失效的情况比较少，往往是某个构件先失效而导致装备整体的失效。根据丧失功能的程度，零件失效表现为下列三种情况：

1）零件由于断裂、磨损、磨蚀、变形，完全丧失工作能力，如齿轮轮齿折断、传动轴或连杆断裂、枪炮膛炸裂等都将使机器（械）不能再继续运转（工作）。

2）零件在外部环境作用下，已严重损伤，虽然能够工作，但不能再安全工作，如航空发动机零件、电站的关键部件（转子轴）出现裂纹后再继续工作可能很不安全，这些零件一旦失效将造成重大事故。

3）零件虽能安全工作，但已不能满足预期作用，如高精度机床、精密仪表中的齿轮、轴、轴承、导轨等零件受到磨损后，虽仍能安全运转，但传动精度、传动效率达不到预定要求。

出现上述三种情况中的任一种时，即认为零件已经失效。有些零件失效前无明显征兆，这可能会造成严重的事故。因此，对零件的失效进行分析，确定失效原因，提出避免或推迟失效的措施就显得尤为重要。

10.1.2 失效类型

根据零件损坏的特点、所受载荷的类型及外在条件，零件失效的类型可归纳为过量变形、断裂与表面损伤三种。

1. 过量变形失效

过量变形是指零件承受载荷后产生超过规定值的变形。它可以是塑性的、弹性的或弹塑性的。过量变形失效的构件或零件，通常无法承受规定的载荷，起不到预定的作用，还会与其他零件的运转发生干扰。如厂房内的大型行车，其起吊横梁通过横梁两端的车轮跨支于钢轨上；当其吊物时，横梁将产生一定的挠度变形，如果超过许用挠度的规定值，车轮因梁的弯曲变形而卡住钢轨使其无法运行或发生出轨事故。

（1）过量弹性变形失效　弹性变形发生在弹性范围内。过量弹性变形与材料强度无关，而与零件形状、尺寸、材料的弹性模量、零件工作温度和载荷大小等有关。在一定的材料和外加载荷条件下，零件的结构（形状、尺寸）因素是影响弹性变形大小的关键。如横截面面积相同的材料，在受到相同的载荷下，工字形刚度最大（变形量最小），立方形次之，矩形更次，薄板最差（变形最大）。当采用不同材料时，相同结构的零件，材料的弹性模量越大，则其相应变形就越小，如采用碳钢所发生的弹性变形就小于铜、铝合金。

（2）过量塑性变形失效　因外加应力超过零件材料的屈服强度而发生明显的塑性变形。引起过量塑性变形的因素，除在过量弹性变形中所讨论的有关影响因素外，常见的还有材质缺陷、使用不当、设计有误和热处理不当等。

2. 断裂失效

（1）断裂类型与特点　机械零件在工作过程中发生断裂的现象称为断裂失效。断裂失效，尤其是突然断裂，会造成巨大损失。

1）按断裂性质，即材料或零件在断裂前所产生的宏观塑性变形量的大小，将断裂分为韧性断裂、脆性断裂、韧性-脆性断裂和蠕变断裂四种。

① 韧性断裂：材料断裂之前发生明显的宏观塑性变形的断裂，是金属材料破坏的主要方式之一。当韧性较好的材料所承受的载荷超过材料的强度极限时，就会发生韧性断裂。它是一个缓慢的断裂过程。韧性断裂的典型断口为杯锥状断口或剪切断口。杯锥状断口的底部，晶粒被拉长，宏观上呈纤维状；剪切断口平面和拉伸轴大致成 45°角，断口比较灰暗，断口侧面可观察到明显宏观塑性变形的痕迹。

② 脆性断裂：材料在断裂之前不发生宏观可见塑性变形的断裂。断裂之前无明显的征兆，裂纹长度一旦达到临界长度，即以声速扩展，并发生瞬间断裂。有时在显微镜镜下仍可以观察到脆性断口的局部区域发生了少量塑性变形，通常把金属材料的塑性变形量小于 5%的断裂，均称之为脆性断裂。脆性断裂断口一般与正应力垂直，断口表面平齐，断口颜色比较光亮。

③ 韧性-脆性断裂：又称为准脆性断裂，实质上这是一种塑性与脆性混合的断裂。

④ 蠕变断裂：蠕变断裂即在应力不变的情况下，变形量随时间的延长而增加，最后由于变形量过大或断裂而导致的失效。如架空的聚氯乙烯电线管在电线和自重的作用下发生的缓慢挠曲变形，就是典型的材料蠕变现象。金属材料一般在高温下才产生明显的蠕变，而高聚物在常温下受载就会产生显著的蠕变，当蠕变变形量超过一定范围时，零件内部就会产生裂纹而很快裂变。

2）按断裂路径可分为沿晶断裂、穿晶断裂和混晶断裂三种类型：①沿晶断裂是指多晶体材料的裂纹在晶界处萌生并沿晶界扩展而致断裂的过程；②穿晶断裂是指裂纹萌生和扩展发生在晶粒内部的断裂；③混晶断裂是指断裂时裂纹的扩展不是单一的沿晶界或沿晶内发生，而是具有两种混合路径的断裂。

（2）不同条件下的断裂

1）室温静载下的断裂：在室温静载荷作用下，零件的某一截面上的应力超过材料的强度极限而发生断裂。它可表现为韧性断裂或脆性断裂。

2）应力与环境介质共同作用下的断裂：在一定环境介质中工作的零件，在载荷作用下而发生低应力脆性断裂，也叫应力腐蚀断裂。

3）交变载荷下的断裂：其交变应力值低于材料的屈服强度，断裂之前无明显的征兆。它是大量承受动载荷的零件的主要断裂形式。

4）高温下的断裂：高温下工作的零件随温度升高和高温停留时间的增加，材料的抗拉强度和屈服强度降低而发生的断裂。它有两种形式：一种是蠕变断裂，这是长时间高温和应力共同作用所造成的；另一种是高温延迟断裂，这是长时间在高温作用下，材料强度降低所致。

3. 表面损伤失效

零件在工作过程中，由于机械和化学的作用，使工件表面及表面附近的材料受到严重损伤导致失效，称为表面损伤失效。表面损伤失效大体上分为三类，即磨损失效、表面疲劳失效和腐蚀失效。

（1）磨损失效　相互接触并做相对运动的一对金属表面不断发生损耗或产生塑性变形，使金属表面状态和尺寸改变的现象称为磨损。磨损是零件表面失效的主要原因之一，直接影响机器的使用寿命。

磨损失效的基本类型有黏着磨损、磨料磨损、表面疲劳磨损、冲刷磨损、腐蚀磨损五种基本类型。在实际的分析中往往遇到多种磨损类型的复合状况，即复合磨损失效。

1）黏着磨损：也称擦伤、磨伤、胶合、咬住、结疤等。两个金属表面的微凸部分在局部高压下产生局部黏结（固相黏着），使材料从一个表面转移到另一表面或撕下作为磨料留在两个表面之间，这一现象称为黏着磨损。黏着磨损使摩擦副降低了零件的使用性能，严重时可产生咬合现象，完全丧失了滑动的能力。如轴承轴颈部零件润滑失效时，可发生擦伤甚至咬死等损伤。

2）磨料磨损：配合表面之间在相对运动过程中，因外来硬颗粒或表面微凸体的作用造成表面损伤的磨损称为磨粒（料）磨损。其主要特征是表面被犁削形成沟槽。

3）表面疲劳磨损：摩擦副两对偶表面做滚动或滚滑复合运动时，由于交变接触应力的作用，使表面材料疲劳断裂而形成点蚀或剥落的现象，称为表面疲劳磨损（或接触疲劳磨损）。其主要特征是表面金属小片状脱落，在金属表面形成一个个麻坑，在麻坑的前沿或者根部，有表面疲劳裂纹或者二次裂纹。

4）冲刷磨损：是由于含固态粒子的流体（常为液体）冲刷造成表面材料损失的磨损。冲刷流体中所带固体粒子的相对运动方向与被冲刷表面相平行的冲刷称为研磨冲刷。如风机中带硬粒气流对叶片纵向冲刷、液体中固态粒子与被冲刷表面近于垂直的冲刷称为碰撞冲刷。

5）腐蚀磨损：金属在摩擦过程中，同时与周围介质发生化学或电化学反应，产生表层金属的损失或迁移现象。化学反应会增强机械磨损作用。

磨损失效涉及摩擦副的材质和磨损工况。摩擦副材质相同（即材料的成分、晶格类型、原子间距、电子密度、电化学性能等均相近）的材料副互溶性大，易于黏着而导致黏着磨损失效；而金属与非金属（如塑料、石墨等），互溶性小，黏着倾向小。摩擦副表面合理的强化处理有利于降低磨料磨损、黏着磨损等的磨损率。另外，材料表层组织和结构缺陷如夹杂、疏松、空洞、锻造夹层，以及各种微裂纹、过高的装配应力等都将使各种磨损加剧。

（2）表面疲劳失效　两个接触面做滚动或滚动滑动复合摩擦时，在交变接触压应力作用下，使材料表面疲劳而产生材料损失的现象称为表面接触疲劳失效。齿轮副、凸轮副、滚动轴承的滚动体与内外座圈、轮箍与钢轨等都可能产生表面接触疲劳失效。它是在交变载荷作用下，产生表面裂纹或亚表面裂纹，裂纹沿表面平行扩展而引起表面金属小片的脱落，在金属表面形成麻坑。

（3）腐蚀失效　腐蚀是材料表面与环境介质发生化学或电化学作用的现象。腐蚀失效有以下多种类型。

1）均匀腐蚀是在整个金属的表面均匀地发生腐蚀。

2）点腐蚀是集中于局部，呈尖锐小孔，进而向深度扩成孔穴甚至穿透（孔蚀）的腐蚀。点腐蚀是由于洁净表面上的钝化膜的破坏或起防护作用的防蚀剂的局部破坏而产生的。

3）晶间腐蚀是发生于晶粒边界或其近旁的腐蚀。它会使其力学性能显著下降以致酿成突发事故，危害很大。不锈钢、镍合金、铝合金、镁合金及钛合金均可在某特定环境介质条件下产生晶间腐蚀。

10.1.3　失效原因

只有弄清零件的失效形式和失效原因，才能使选材有可靠的依据。零件在设计寿命内发生失效的主要原因大致有下列四个方面，可以是单方面的原因，也可能是交错的影响，要具体分析。

1. 设计不合理

由于设计上考虑不周密或认识水平的限制，构件或装备在使用过程中的失效时有发生，其中结构或形状不合理，如构件存在缺口、小圆弧转角、不同形状过渡区等应力集中区，未能恰当设计引起的失效比较常见。对工作时的过载估计不足或结构尺寸计算错误，会造成零件不能承受一定的过载；对环境温度、介质状况估计不足，会造成零件承载能力降低。例如，受弯曲或扭转载荷的轴类零件在变截面处的圆角半径过小就属于设计缺点。

总之，设计中的过载荷、应力集中、结构选择不当、安全系数小（追求轻巧和高速度）及配合不合适等都会导致零件失效。零件的设计要有足够的强度、刚度、稳定性，结构设计要合理。

分析因设计原因引起的失效时尤其要注意：对复杂零件未做可靠的应力计算，或对零件在服役中所承受的非正常工作载荷类型及大小未做考虑，甚至对工作载荷确定和应力分析准确的零件来说，如果只考虑抗拉强度和屈服强度数据的静载荷能力，而忽视了脆性断裂、低循环疲劳、应力腐蚀和腐蚀疲劳等机理可能引起的失效，都会在设计上造成严重的错误。

2. 选材不当及材料缺陷

未能正确判断零件的失效形式，会导致设计时选错材料。使用在特定环境中的零件，对可预见的失效形式要为其选择足够的抵抗失效的能力。对材料性能指标试验条件和应用场合缺乏全面了解，使所选材料抗力指标与实际失效形式不相符而造成选材错误。如对韧性材料可能产生的屈服变形或断裂，应该选择足够的抗拉强度和屈服强度；但对可能产生的脆性断裂、疲劳及应力腐蚀开裂的环境条件，高强度的材料往往适得其反。在符合使用性能的原则下选取的结构材料，对构件的成形要有好的加工工艺性能。在保证零件使用性能、加工工艺性能要求的前提下，经济性也是必须考虑的。

选材不当引起的金属零件的失效已引起很大的重视，但仍有发生。如构件高温蠕变失效屡见不鲜，某厂的火管锅炉，壳体材料为 Q355，火管材料为 10g 无缝钢管，流体入口温度超过 1000℃，出口温度为 240℃，压力为 4MPa。这种结构的火管，经一段时间使用后，会因局部过热而烧穿。如此高温的炉管选用 10g 钢是不合理的，应改用 Cr、Mo 元素含量高的合金钢钢管。

零件所用原材料一般经冶炼、铸造、轧制或锻造成形，在这些原材料制造过程中所造成的缺陷往往也会导致早期失效。冶炼工艺较差会使金属材料中有较多的氧、氢、氮，并有较多的杂质和夹杂物，这不仅会使钢的性能变脆，甚至还会成为疲劳源，导致早期失效。轧制工艺控制不好，会使钢材表面粗糙、凹凸不平，产生划痕、折叠等。铸件容易产生疏松、偏析、内裂纹，夹杂沿晶间析出引起脆断，因此金属装备要求强度高的重要零件较少采用铸件。由于锻造可明显改善材料的力学性能，因此许多受力零部件应尽量采用锻钢，如整锻件开孔补强、高颈对焊法兰等。而锻造过程也会产生各种缺陷，如过热、裂纹等，导致零件在使用过程中失效。

3. 制造工艺不合理

零件往往要经过机械加工（车、铣、刨、磨、钻等）、冷热成形（冲、压、卷、弯等）、焊接、装配等加工工艺过程。若工艺规范制订欠合理，则金属零件在这些加工成形过程中，往往会留下各种各样的缺陷。如机械加工常出现的圆角过小、倒角尖锐、裂纹、划痕；冷热成形过程出现的表面凹凸不平，直线度超差、圆度超差和裂纹；在焊接时可能产生的焊缝表面缺陷（咬边、焊缝凹陷、焊缝过高）、焊接裂纹、焊缝内部缺陷（未焊透、气孔、夹渣），焊接热影响区更因在焊接过程经受的温度不同，导致组织转变不同，有可能产生组织脆化和裂纹等缺陷；组装的错位、同心度超差、不对中，配合过紧，导致较大的内应力等。所有这些缺陷都是导致零件失效的重要原因。

4. 使用操作不当和维修不当

使用操作不当是零件失效的重要原因之一，如违章操作、超载、超温、超速；缺乏经验、判断错误；训练不够；主管臆测、责任心不强、粗心大意等都是不安全的行为。某时期统计 260 次压力容器和锅炉事故中，操作事故 194 次，占 74.5%。

装备是需要定期维修和保养的，如对装备的检查、检修和更换不及时，或没有采取适当的修理和防护措施，也会引起零件或装备的早期失效。

10.2　零件的失效分析方法

10.2.1　失效分析的概念

对零件在使用过程中发生各种形式失效现象的特征及规律进行分析研究，从中找出产生失效的主要原因及防止失效的措施，所进行的一切技术活动，称为失效分析。一旦失效发生后，能否在短期内找出失效的原因，做出正确的判断，从而找出解决问题的途径，代表一个国家或科技人员的科学技术水平和管理水平。

失效分析是一门综合性的质量系统工程，是一门解决材料、工程结构、系统组元等质量工程的工程学。它的任务是既要揭示产品功能失效的模式和原因，弄清失效的机理和规律，又要找出纠正和预防失效的措施。

金属装备失效给社会和人类带来的损失与威胁，迫使人们在失效分析方面开展了长期的探索研究。失效分析的目的不在于造出具有无限使用寿命的装备，而是确保装备在给定的寿命期限内不发生早期失效，或只需要更换易损构件，或把装备的失效限制在预先规定的范围之内，能够对失效的过程进行监测、预警，以便采取紧急措施，避免造成严重的损失和灾难发生。失效总是首先从零件最薄弱的部位开始，而且在失效的部位必然会留存着失效过程的信息，通过对失效件的分析，明确失效类型，找出失效原因，采取改进和预防措施，防止类似的失效在设计寿命范围内再发生，对零件在以后的设计、选材、加工及使用都有指导意义。这就是失效分析的目的。

失效分析学是人类长期生产实践的总结，与其他学科相比，有两个显著的特点：一是实用性强，即它有很强的生产实用背景，与国民经济建设存在着密切关系；二是综合性强，即它涉及广泛的学科领域和技术部门。图 10-1 所示为失效分析学与其他学科的关系。

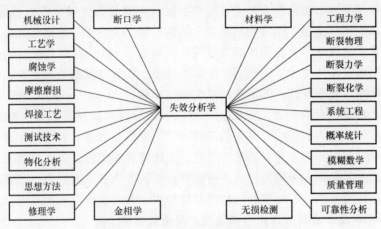

图 10-1　失效分析学与其他学科的关系

应该指出，失效分析与生产现场所进行的废品分析在所涉及的专业知识、采用的思想方法及分析手段等方面，有许多的共同之处。但是，二者在分析的对象、分析的目的及判断是非的依据等方面是不同的。

失效分析的对象是在使用中发生失效的零件产品。这些零件产品通常是经过出厂检验合格的，即符合技术标准要求的产品（在个别情况下也有漏检的废品）。分析的主要目的是寻找失效的原因。漏检和技术标准不合理都可能是失效的原因，如果属于后者，则应对技术标准进行修改。

废品分析的对象是不符合技术标准的产品及半成品。它所讨论的问题是产品或者半成品为什么不符合技术标准的要求。至于产品的技术标准是否正确则不属于废品分析要解决的问题。

在失效分析时应将二者区分开来。例如，在分析某零件发生断裂的原因时，不能简单地根据该产品的某项技术指标不符合标准要求，就作为判断失效原因的依据。这一结论可能正确也可能不正确。

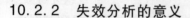

10.2.2 失效分析的意义

1. 失效分析的社会经济效益

失效分析的巨大社会经济效益是显而易见的。一方面，产品失效有时能够造成巨大的直接经济损失，而且产品发生失效后，往往造成整机的破坏甚至整个企业的生产停顿，由此将造成更大的间接损失。除此之外，机械产品的失效除造成本企业的损失外，往往引起相关企业的停产或减产，其实际损失往往比估算的还要大。至于失效引起的人员伤亡事故，更是难以用经济数字来表示的。一些量大面广的机械产品，由于质量低劣，使用寿命大大缩短，也将造成巨大的经济损失。齿轮、轴承、弹簧、轴及紧固件、工模具等是机械工业的典型基础件。一个具体件的失效，往往并不会造成多大的经济损失，但是由于量大面广且失效频繁产生，由此而造成的经济损失却是巨大的。

另一方面，失效分析还有助于提高设备运行和使用的安全性。一次重大的失效可能导致一场灾难性的事故，通过失效分析，可以避免和预防类似失效，从而提高设备的安全性。设备的安全性是一个大问题，从航空航天到电子仪表，从电站设备到旅游娱乐设施，从大型压力容器到家用液化气罐，都存在失效的可能性。通过失效分析明确失效的可能因素和环节，从而针对性地采取防范措施，则可起到事半功倍的效果。如对于一些高压气瓶，通过断裂力学分析知道，要保证气瓶不发生脆性断裂（突发性断裂），必须提高其断裂韧性，通常采用高安全性设计来确定构件尺寸。这样，即使发生开裂，在裂纹穿透瓶壁之前，不会发生突然断裂；容器泄漏后，易于发现，不至于酿成灾难性事故。

由此可知，机械产品的失效，不仅会造成巨大的、直接的经济损失，而且会造成更大的、间接的经济损失及人员伤亡。重大的工程构件的失效是如此，许多量大面广的、往往不被人们注意的小型零件的失效也是如此。但是，无论哪种类型的失效，通过失效分析，明确失效模式，找出失效原因，采取改正或预防措施，使同类失效不再发生，或者把产品的失效限制在预先规定的范围内，都可挽回巨额的经济损失，并可获得巨大的社会效益。

2. 失效分析有助于提高管理水平和促进产品质量提高

有些产品在使用中之所以会失效，常常是由于产品本身有缺陷，而这些缺陷大多数情况下在出厂前是可以通过相应的手段发现的。但是由于出厂的时候漏检而进入市场，这就表明工厂的检验制度不够完善或者检验的技术水平不够高。

产品在使用中发生的早期失效，有相当大的部分是因为产品的质量有问题。通过失效分析，将其失效原因反馈到生产厂家并采取相应措施，将有助于产品质量的不断提高。这一工作是失效分析和预防技术研究的重要目的和内容。

有些产品在加工制造过程中留下了较大的加工刀痕，或热处理工艺控制不当形成了不良组织，在以后的服役过程中，断裂源就在此处产生，从而导致早期断裂。例如：某发电厂使用的灰浆泵，在一年内连续出现灰浆泵主轴断裂，最严重时，一根主轴使用时间不到24h，经分析，主轴均为疲劳断裂，是由于表面加工刀痕过大引起的。对某摩托车连杆断裂的失效分析表明，热处理过程中在连杆表面形成粗大的马氏体针状组织是导致断裂的主要原因。

通过失效分析，切实找出导致失效的原因，从而提出相应的有效措施，提高产品的质量和可靠性。如某坦克厂生产的扭力轴，长期存在疲劳寿命不高的质量问题。该厂曾多次改进热处理工艺及滚压强化措施均未能得到显著的改善效果。后来利用失效分析技术，发现疲劳寿命不高的主要原因是钢中存在过量的非金属夹杂物，将此信息反馈到冶金厂，通过提高冶金质量，使扭力轴的疲劳寿命由原来的10万次左右提高到50万次以上。某碱厂购进的40Cr钢活塞杆在试车时就发生断裂，经过对断裂的失效分析，提出了改进热处理工艺的措施。经改进的活塞杆使用近一年后没有出现任何问题。

在材料的研究过程中，由于钢材中过量氢的存在而引起的氢脆，促进真空冶炼和真空浇注技术的出现，从而大大提高了钢材的冶金质量。不锈钢的晶间腐蚀断裂，可以通过降低钢中的碳含量或利用加钛和铌来稳定碳的办法予以解决。这些措施的提出是在失效分析时发现不锈钢的晶间腐蚀是由碳化物沿晶界析出引起的。

目前，日本的某些产品在国际市场有很大的竞争力，如日本的汽车冲击着整个世界的市场。其实早在20世纪60年代初期，日本就对各国生产的汽车，特别是关键的零部件进行分析并加以比较，为改进本国的产品提供了科学的依据，从而使其产品很快地进入世界先进行列。早在20世纪70年代，德国拜尔轻金属厂（BLM）的精密锻造齿轮产量就达到了年产1000万件的水平，而我国在20世纪60年就开始了精密锻造齿轮的研究，但至今生产水平不高，其主要原因之一是模具使用寿命低。统计表明约有80%属于磨损、塌陷等正常失效，而另外的20%则属于早期断裂，甚至加工几件就开裂，通过失效分析，选用合适的材料和工艺可以有效地提高模具寿命，在压铸型中也存在同样的问题。由于失效分析是对产品在实际使用中的质量与可靠性的客观考察，由此得出的正确结论用以指导生产和质量管理，将产生改进和革新的效果，企业和管理组织应根据实际情况设立有效的失效分析组织和质量控制体系。图10-2所示为美国以工程为基础的可靠性分析组织形式。

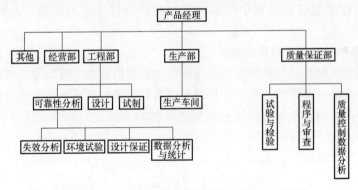

图 10-2　美国以工程为基础的可靠性分析组织形式

3. 失效分析有助于分清责任和保护用户（生产者）利益

对重大事故，必须分清责任。为了防止误判，必须依据失效分析的科学结论进行处理。例如，某军工厂一重要产品在锻造时发生成批开裂事故，开始主观地认为是操作工人有意进行破坏并进行了处分。后经分析表明，锻件开裂的原因是铜脆引起的，并非人为的破坏，从而避免了错案。又如，某煤矿扒装机减速器上的行星齿轮采用45钢制造，齿轮在井下使用1个多月就因严重磨损而报废，为了更换该齿轮，必须将减速器卸下送到机修厂检修，一般需停产4～5天，造成了很大损失。失效分析发现，该齿轮并未按要求进行热处理。

对于进口产品存在的质量问题，及时地进行失效分析，则可向外商进行索赔，以维护国家的利益。例如，某磷肥厂由国外引进的价值几十万美元的设备，使用不到9个月，主机叶片发生撕裂。将此事故通知外商后，外商很快返回了处理意见，认为是操作者违章作业引起的应力腐蚀断裂。该厂在使用中的确存在着 pH 值控制不严的问题，而叶片的外缘部位也确实有应力腐蚀现象，看来事故的责任应在我方。但进一步分析表明，此叶片断裂的起裂点并不在应力腐蚀区，而发生在叶片的焊缝区，这是由焊接质量不良（有虚焊点）引起的。随着我国经济与世界经济的进一步接轨，相信这一工作的意义会更大，也会更加引起国内各企业和政府部门的关注和支持。

4. 失效分析是修订产品技术规范及标准的依据

随着科学技术水平的不断提高及生产的不断发展，要求对原有的技术规范及标准做出相应的修订。各种新产品的试制及新材料、新工艺、新技术的引入也必须及时制订相应的规范和标准。这些工作的正确进行，都需要依据产品在使用条件下所表现的行为来确定。如果不了解产品服役中是如何失效的，不了解为避免此种失效应采取的相应措施，原有规范和标准的修订及新标准的制订将失去科学依据。这对确保产品质量的不断提高是不利的。

例如，某车辆重负荷齿轮，原来采用固体渗碳处理，其渗碳层的深度、硬度及金相组织等均有相应的技术要求。但在使用中发现，产品的主要失效形式为齿根的疲劳断裂。为了提高齿根的承载能力改进了渗碳工艺，并加大了齿轮的模数，该齿轮的使用性能得以显著提高。当对产品的性能提出更高要求时，齿轮的主要失效形式为齿面的黏着磨损及麻点剥落。为此，试制了高浓度浅层碳氮共渗表面硬化工艺，该齿轮的使用寿命又有大幅度的提高。在老产品的改型和新工艺的引入过程中，产品的技术规范和标准多次做了修改。由于此项工作始终是以产品在使用条件下所表现的失效行为为基础的，所以确保了产品的性能得以保持和不断提高。相反，如果旧的规范及标准保持不变，就会对生产的发展起到阻碍作用；但在产品的技术规范和标准变更的过程中，如果不以失效分析工作为基础，也很难达到预期的效果。

5. 失效分析对材料学科的促进作用

失效分析在近代材料学科的发展史上占有极为重要的地位。可以毫不夸张地说，材料科学的发展史实际上是一部失效分析史。材料是用来制造各种产品的，它的突破往往成为技术进步的先导，而产品的失效分析又反过来促进材料的发展，失效分析在整个材料"链"中的作用可以用图 10-3 来表示。

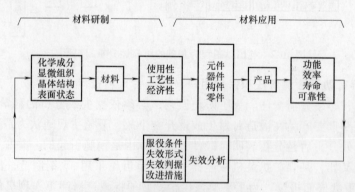

图 10-3　失效分析对材料的反馈

失效分析对材料科学与工程的促进作用，具体表现在材料科学与工程的主要方面和各个学科分支及交叉领域，周惠久院士等在其《失效分析对材料科学与工程的促进作用》一文中做了深入、详细的分析，简要介绍如下。

（1）材料强度和断裂　可以说，整个强度和断裂学科的发展都是与失效分析紧密相连的。近代对材料学科的发展具有里程碑意义的"疲劳与疲劳极限""氢脆与应力腐蚀""断裂力学与断裂韧度"的提出都是在失效分析的促进下完成的。

在19世纪初，频繁的火车断轴曾经给工程界造成巨大冲击。长期在铁路部门工作的A. Whöler（1819—1914）设计了各种疲劳试验机，经过大量试验，提出了疲劳极限的概念并从中获得了 S-N 曲线。一百多年来，人们对各种材料的 S-N 曲线进行了研究，从而推动了由静强度到疲劳强度设计的进步。1954年1月10日和4月8日，有两架英国彗星号喷气客机在艾尔巴和那不勒斯相继失事，之后进行了详尽的调查和周密的试验，在一架彗星号整机上进行模拟实际飞行时的载荷试验，经过3057充压周次（相当于9000飞行小时），压力舱壁突然破坏，裂纹从应急出口门框下后角处发生，起源于一铆钉孔处。之后又在彗星号飞机上进行了实际飞行时的应力测试和所用铝材的疲劳试验。经过与从海底打捞上来的飞机残骸的对比分析，最后得出结论，事故是由疲劳引起的。这次规模空前的失效分析打开了疲劳研究的新篇章。

在第一次世界大战期间，随着飞机制造业的发展，高强度金属材料相继出现，并用于制造各类重要构件，但随后发生的多次飞机坠毁事件给高强度材料的广泛应用造成了威胁。失效分析发现，飞机坠毁的原因是构件中含有过量氢而引起的脆性断裂。含有过量氢的金属材料，其强度指标并未降低，但材料的脆性大大增加了，故称为氢脆。这一观点是我国金属学家李薰等人首次提出的。

目前以断裂力学（损伤力学）和材料的断裂韧度为基础的裂缝体强度理论，被广泛应用于大型构件的结构设计、强韧性校核、材料选择与剩余寿命估算，因而成为当代材料科学发展中的重要组成部分。这一学科的建立和发展也与机械失效分析工作有着密切的关系。对蠕变、弛豫和高温持久强度等的研究也是和各种热力机械，特别是高参数锅炉、汽轮机和蒸汽轮机的失效分析与防止紧密联系的。

（2）材料开发与工程应用　把失效分析所得到的信息反馈给冶金工业，就能促进现有材料的改进和新材料的研制。例如，在严寒地区使用的工程机械和矿山机械，其金属构件常常发生低温脆断，由此专门开发了一系列的耐寒钢。海洋平台构件常在焊接热影响区发生层状撕裂，经过长期研究发现这与钢中的硫化物夹杂物有关，后来研制了一类Z向钢。

在化工设备中经常使用的高铬铁素体不锈钢，对晶间腐蚀很敏感，特别是在焊接后尤其严重，经分析，只要把碳、氮含量控制在极低水平，就可以克服这个缺点，由此发展了一类"超低间隙元素（ELI）"的铁素体不锈钢。

大量的失效分析表明，飞机起落架等构件，既需要超高强度钢，又要保证足够的韧性，于是发展了改性的300M钢，即在4340钢中加入适量的Si以提高其耐回火性，从而提高了钢的韧性。

对于机械工业中最常用的齿轮类零件，麻点和剥落是主要的失效形式，于是研发了一系列的控制淬透性的渗碳钢，以保证齿轮合理的硬度分布。对于矿山、煤炭等行业的破碎和采掘机械等，磨损是主要的失效形式，从而研发了一系列的耐磨钢和耐磨铸铁，开发了耐磨焊条和一系列表面抗磨技术。材料中的夹杂、合金元素的分布不良等经常会导致材料失效，这极大地促进了冶金技术、铸造、焊接和热处理工艺的发展。

腐蚀、磨损失效的研究，促进了表面工程这一学科的形成和发展。现在，表面工程技术已经广泛应用于不同的构件和材料，保证了材料的有效使用。

10.2.3 失效分析的原则

在对具体的失效问题进行分析时，除要求失效分析工作者具有必要的专业知识外，正确的思维方法是十分重要的。失效分析的理论、技术和方法的核心是其思维学、推理法则和方法论，失效分析专家对此进行了深入的研究，总结了一些在工作中应该遵循的基本原则和方法。在实际工作中，应遵循并能正确运用以下基本原则。

1. 整体观念原则

失效分析工作者在分析失效问题时，始终要树立整体观念。因为一整套设备在运转中某个部件失效引起停车，往往有这样一些联系：它与相邻的其他部件有关；它与周围环境的条件或状态有关；它与操作人员的使用情况，以及管理与维护有关。因此，一旦失效就要把设备-环境-人（管理）当作一个整体（系统）来考虑。尽可能地设想设备能出哪些问题，环境能造成哪些问题，人为因素能造成哪些问题。然后根据调查资料及检验结果，采用"排除法"把不成为问题的问题逐个审查排除。如果孤立地对待失效部件，或局限于某一个小环境，往往使问题得不到解决。

对于大型构件失效事故的分析必须遵从整体观念的原则，即使对于不大的、个体的零件失效，也应遵循这一原则。实际上，认识一个失效分析活动都是一次系统工程的实践。例如，某工厂生产的继电器，春天存放在仓库里，到秋天就发现大批继电器的弹簧片发生沿晶断裂，经过失效分析判定是氨引起的应力腐蚀开裂。但仓库里面从来没有存放过能释放氨气的化学物质，因此，分析结论中的腐蚀介质还得不到证实。问题就处在把系统局限于仓库这个小环境。后来查明，在仓库大门南面附近的田野里有一个大鸡粪堆，是鸡粪释放出的氨气经春、夏的南风送进仓库，提供了应力腐蚀必要的介质，引起了损坏。可见，如果不和环境联系起来，就得不到正确的结论。

2. 从现象到本质的原则

从现象分析问题导入，进而找到产生现象的原因，即失效的本质问题，才能解决失效问题。例如，分析一个断裂件，它承受的是交变载荷，并且在断口上发现有清晰的贝壳花样，很容易得出疲劳断裂的结论。但是，这仅仅是一个现象的论断，而不是失效本质的结论。一个零部件失效的表象是由其内在的本质因素决定的。对于一个疲劳断裂的零件，仅仅判断其是疲劳失效是不够的，而更难的也更关键的问题，是要确定为什么发生疲劳断裂。导致疲劳失效的原因很多，常见的不下 40 个。因此，在失效分析中，不应只满足于找到断裂或其他失效机制，更重要的是要找到致断或失效的原因，才有助于问题解决。

3. 动态原则

所谓动态原则，是指机械产品对周围的环境、条件或位置，总在那里做相对运动。产品在服役过程中是如此，存放在仓库里也是如此。例如，一个部件的受力条件、环境的温度、湿度和介质等外部条件的变化，产品本身的某些元素随时间发生的偏聚及亚稳组织状态的转变等内在变化，甚至操作人员的变化，都应包括在这一原则中。在失效分析时，应将这些变化条件考虑进去。

4. 一分为二原则

这个认识论的原则用于失效分析时，常指对进口产品、名牌产品等不要盲目地以为没有缺点。大量的事实表明，我国引进的设备不少失效原因是属于设计、用材、制造工艺或漏检引起的。如对某进口离心机叶片的断裂分析中，开始时有几家单位认为是使用问题，认为这样的设备对于制造方面而言是不会出现加工缺陷的；而经过深入分析，却正是焊接缺陷引起的失效。

5. 纵横交汇原则

既然客观事物总是在不同的时空范围内变化，那么同一设备在不同的服役阶段、不同的环境，就具有不同的性质或特点。所有机电设备的失效率与时间的关系都服从"浴盆曲线"，但这是从设备本身来看的特点；另外，同一温度、介质或外界强迫振动，在服役不同阶段的介入所起的作用也是不同的。这就使产品的失效问题变得更加复杂。例如，同一产品在不同的工况条件下可能产生不同的失效模式。不同工况条件下产生的同一失效模式，又可能是由不同的因素引起的。即使同一零件，在相同的工况条件下，在零件的不同部位也会产生不同的失效模式，典型的如在腐蚀环境下服役的奥氏体不锈钢结构件，会同时产生点蚀、应力腐蚀或者腐蚀疲劳失效等。

除上述基本原则外，在分析方法上还应当注意以下几点：

第一，比较方法。选择一个没有失效的而且整个系统能与失效系统一一对比的系统，将其与失效系统进行比较，从中找出差异。这样将有利于尽快地找出失效的原因。

第二，历史方法。依据的是物质世界的运动变化和因果制约性。就是根据设备在同样的服役条件下过去表现的情况和变化规律，来推断现在失效的可能原因。这主要依赖过去失效资料的积累，运用归纳法和演绎法来分析失效原因。

第三，逻辑方法。就是根据背景资料（设计、材料、制造的情况等）和失效现场调查资料，以及分析、测试获得的信息进行分析、比较、综合、归纳，做出判断和推论，进而得出可能的失效原因。

另外，在实际分析中，还要抓住关键问题。在众多的影响因素和失效模式中，要抓住导致零件失效的关键因素。一个零件的失效，表观上可能有多重表象，一定要排除次要因素。并不是说这些因素不能导致零件失效，但针对一个具体零件的具体失效，这些因素可能不是关键。但同时要注意，关键问题解决了，原来不是关键的问题变成了关键问题，这就要遵循动态原则，提出防止失效的措施。

上述基本原则和方法的掌握和运用水平，决定着失效分析的速度和结论正确的程度。掌握这些原则和方法，可以防止失效分析人员在认识上的主观片面性和技术运用上的局限性，在判断和推论上应实事求是，不能做无事实根据的推论。

10.2.4 失效分析的程序及步骤

失效分析是一项复杂的技术工作，它不仅要求失效分析工作人员具备多方面的专业知识，而且要求多方面的工程技术人员、操作者及相关科学工作者的相互配合，才能圆满地解决问题。因此，如果在分析以前没有设计出一个科学的分析程序和实施步骤，往往就会出现工作忙乱、漏取数据、工作缓慢或走弯路，甚至把分析步骤搞颠倒，使某些应得的信息被另一提前的步骤给毁掉了。例如，在腐蚀环境条件下发生断裂的零件，其断口上的产物对于分析断裂的原因具有重要的意义，但是如果在尚未对其进行成分及相结构分析时，就在断口清洗时给去掉了，以至于无法挽回。另外，在现场调查和背景资料搜集的工作中，如果没有一个调查提纲，就容易漏掉某些应取得的信息资料，以致多次到现场了解情况，影响了工作进程。

失效分析工作又是一项关系重大且严肃的工作，工作中切忌主观和片面，对问题的考虑应从多方面着手，严密而科学地进行分析工作，才能得出正确的分析结果和提出合理的预防措施。

由此可见，首先制订好一个科学的分析程序，是保证失效分析工作顺利而有效进行的前提条件。其合理的工作程序一般分为以下几步。

1. 收集历史资料

仔细收集失效零件的残体，详细整理失效零件的设计资料、加工工艺文件及使用、维修记录。根据这些资料全面地从设计、加工、使用各方面进行具体的分析。确定重点分析的对象，样品应取自失效的发源部位，或能反映失效的性质或特点的部位。

2. 检测

对所选试样进行宏观（用肉眼或立体显微镜）及微观（用高倍光学或电子显微镜）断口分析，以及必要的金相剖面分析，找出失效起源部位和确定失效形式。对失效样品进行性能测试、组织分析、化学分析和无损检测，检验材料的性能指标是否合格，组织是否正常，成分是否符合要求，有无内部或表面缺陷等，全面收集各种必要的数据。

3. 综合分析

对上述检测所得数据进行综合分析，在某些情况下需要进行断裂力学计算，以便于确定失效原因。若零件发现断裂失效，则可能是零件强度、韧性不够，或疲劳破坏等。综合各方面分析资料做出判断，确定失效的具体原因，提出改进措施。

4. 写出失效分析报告

失效分析报告是失效分析的最后结果。通过它，可以了解材料的破坏方式，这就可以作为选材的重要依据。

必须指出，在失效分析中，有两项工作很重要：一是收集失效零件的有关资料，这是判断失效原因的重要依据，必要时应做断裂力学分析；二是根据宏观及微观的断口分析，确定失效发源地的性质及失效方式，这项工作最重要，因为它除了告诉人们失效的精确部位和应在该处测定哪些数据外，同时还能对可能的失效原因做出重要指示。例如，沿晶断裂应该是材料本身、加工或介质作用的问题，与设计关系不大。

本 章 小 结

本章主要介绍机械零件在使役过程中出现的失效现象及金属零件常见的失效类型，在此基础上介绍引起失效的原因，进一步介绍失效分析的意义和方法及程序，最后介绍了几种典型构件的失效分析实例。典型金属零件常见的三种失效类型包括过量变形失效、断裂失效、表面损伤失效。通过学习，应能够对典型金属构件可能出现的失效类型进行判断分析，能够进行一般工况下的零件失效分析。本章内容能够为机械零件的设计者和制造者合理选用材料、合理设计零件结构和合理制订零件的成形加工工艺提供必要的理论依据和基础。本章思维导图如图 10-4 所示。

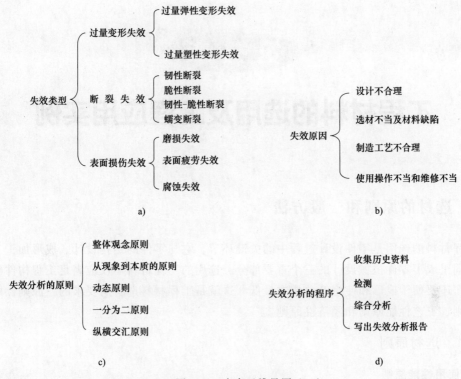

图 10-4　本章思维导图

思 考 题

1. 什么是零件的失效，主要表现为哪几种情况？
2. 根据零件损坏的特点、所受载荷的类型及外在条件，零件的失效类型可归纳为哪几种？
3. 分析零件失效的主要目的是什么？零件失效的原因有哪些？
4. 什么是失效分析？失效分析的意义体现在哪些方面？
5. 失效分析的一般程序和步骤是什么？

第11章

工程材料的选用及工程应用实例

11.1　选材的原则和一般方法

工程材料的选用是零件设计过程中的关键环节，它与零件的结构设计、成形加工工艺的制定共同组成了零件机械设计的三个重要部分。选用的工程材料不仅应满足工程构件使用性能要求，还要便于成形和使生产总成本最低。这就是工程材料选材所要求的三原则，即使用性能原则、工艺性能原则和经济性原则。

11.1.1　选材原则

1. 使用性能原则

使用性能是保证零件实现规定功能的必要条件，是选材最主要的依据。使用性能主要指零件在使用状态下应具有的力学性能、物理性能和化学性能。零件必须满足的使用性能要在对工作条件和失效形式分析的基础上提出。

（1）根据零件工作条件，确定其使用性能要求　零件的工作条件包括受力状态、工作环境和特殊性能。从受力状态来分析，有拉、压、弯、扭等应力；从载荷性质来分，有静载荷、动载荷；从工作温度来分，有低温、室温、高温、交变温度等；从环境介质来看，有润滑剂、酸、碱、盐、海水、粉尘等。此外，有时还要考虑特殊物理性能要求，如密度、导电性、磁导性、热导性、热膨胀性、辐射等。

零件的失效类型包括过量变形、断裂和表面损伤：过量变形包括过量弹性变形和过量塑性变形；断裂包括韧断和脆断；表面损伤包括磨损、接触疲劳和腐蚀。确定失效类型后，可确定避免失效的使用性能要求。

（2）根据零件使用性能要求，确定其使用性能指标　通过对零件工作条件和失效形式的全面分析，得到了零件对使用性能的具体要求，但这是不够的，必须将使用性能的具体要求量化为零件的性能指标数据。一些零件的工作条件、主要失效形式及主要力学性能指标见表 11-1。

表 11-1　一些零件的工作条件、主要失效形式及主要力学性能指标

零件	工作条件	主要失效形式	主要力学性能指标
紧固螺栓	拉应力、切应力	过量塑性变形、断裂	强度、塑性
连接螺栓	交变拉应力、冲击	过量塑性变形、疲劳断裂	疲劳强度、屈服强度
连杆	交变拉压应力、冲击	疲劳断裂	拉压疲劳强度
活塞销	交变切应力、冲击、表面接触应力	疲劳断裂	疲劳强度、耐磨性

（续）

零件	工作条件	主要失效形式	主要力学性能指标
曲轴及轴类零件	交变弯曲、扭转应力、冲击、振动	疲劳、过量变形、磨损	弯扭疲劳强度、屈服强度、耐磨性、韧性
传动齿轮	交变弯曲应力、交变接触压应力、摩擦、冲击	断齿、齿面麻点剥落、齿面磨损、齿面胶合	弯曲强度、接触疲劳强度、表面耐磨性、心部屈服强度
弹簧	交变弯曲或扭转应力、冲击	过量变形、疲劳	弹性极限、屈强比、疲劳极限
滚动轴承	交变压应力、接触应力、温升、腐蚀、冲击	过量变形、疲劳	接触疲劳强度、耐磨性、耐蚀性
滑动轴承	交变拉应力、温升、腐蚀、冲击	过量变形、疲劳、咬合、腐蚀	接触疲劳强度、耐磨性、耐蚀性
汽轮机叶片	交变弯曲应力、高温燃气、振动	过量变形、疲劳、腐蚀	高温弯曲疲劳强度、蠕变强度及持久强度、耐蚀性、韧性

大多数情形下，常把零件的性能指标数据直接看作材料的性能指标数据。对一些重要和特殊的零件，零件的性能指标数据与材料的性能指标数据并不一致，通常要经过实际试验或数值模拟计算，将零件的性能指标数据转化为材料的性能指标数据。

2. 工艺性能原则

任何零件都是由不同的工程材料通过一定的加工工艺制造出来的。因此材料的工艺性能，即加工成零件的难易程度，自然应是选材时必须考虑的重要问题，它直接影响零件的加工质量和费用。所以，熟悉材料的加工工艺过程及材料的工艺性能，对于正确地选材是相当重要的。材料的工艺性能包括以下内容。

（1）材料的可加工性　材料的可加工性是指材料进行加工时的难易程度。评价材料的可加工性可以从切削后工件的表面粗糙度、切削速度、断屑能力及刀具磨损等方面加以考虑。金属的硬度对其可加工性有较大影响。经验证明，当材料的硬度处于 170～230HBW 时可加工性最好。硬度过低时切削速度低，断屑性能差；硬度过高时，对刀具磨损严重。

（2）铸造性能　金属的铸造性能可以从金属液流动性、铸件收缩性及偏析倾向等方面衡量。铸造性能好意味着具有好的流动性、低的收缩率及小的偏析倾向。常用铸造合金的综合铸造性能比较见表 11-2。

表 11-2　常用铸造合金的综合铸造性能比较

材料	流动性	收缩性		偏析倾向	其他性能
		液态收缩与凝固收缩	固态收缩		
灰铸铁	好	小	小	小	铸造应力小
球墨铸铁	稍差	大	小	小	易形成缩孔、疏松，白口倾向小
铸钢	差	大	大	大	导热性差、易冷裂
铸造黄铜	好	小	较小	较小	易形成集中缩孔
铸造铝合金	较好	小	小	较大	易吸气、易氧化

（3）焊接性　焊接性指材料对焊接成形的适应性，即在一定焊接工艺条件下材料获得优质焊接接头的难易程度。它包括焊接应力、变形及晶粒粗化倾向，焊缝脆性、裂纹、气孔及其他缺陷倾向等。通常低碳钢和低合金钢具有良好的焊接性，碳与合金元素含量越高，焊接性越差。

（4）压力加工性能　压力加工性能是指材料的塑性和变形抗力，包括可锻性、冲压性能等。塑性好，易成形，加工面质量优良，不易产生裂纹；变形抗力小，则变形比较容易，变形功小，金属易于充满型腔，不易产生缺陷。一般低碳钢的压力加工性能比高碳钢好，非合金钢的压力加工性能比合金钢好。

（5）热处理工艺性能　热处理工艺性能是指材料对热处理工艺的适应性能，常用材料的热敏感性、氧化、脱碳倾向、淬透性、回火脆性、淬火变形和开裂倾向等来判定。一般来说，碳钢的淬透性差，强度较低，加热时易过热，淬火时易变形开裂，而合金钢的淬透性优于碳钢。

（6）黏合固化性能　高分子材料、陶瓷材料、复合材料及粉末冶金材料，大多数靠黏合剂在一定条件下将各组分黏合固化而成。因此，这些材料应注意在成形过程中，各组分之间的黏合固化倾向，才能保证顺利成形及成形质量。

3. 经济性原则

材料的经济性也是选材的重要原则之一。选材的经济性，不单单指材料本身的价格，还应包括所选材料在加工成零件时的生产过程中的一切费用，即总成本。设计任何产品首先应从使用性能的角度考虑选材，在保证使用性能的前提下，要尽量降低生产成本。合理的设计是用最小的成本去换取最好的性能，尤其是对于大批量生产的零部件，材料的经济性将是一个非常重要的考核指标。从材料的经济性考虑，选材时应注意以下几个方面：

（1）材料的价格　材料的直接成本在产品总成本中占有较大比例，因此，必须正确地选材和合理选用成形工艺。

各种材料的价格差别比较大，在满足使用性能的前提下，应优先选用价格比较低的材料，必要时可以采用不同材料的组合。在金属材料中，铸铁和碳钢的价格比较低，高合金钢、有色金属、工程塑料的价格就比较高。非金属材料依其类别不同，有的机械强度较低，工作温度也不允许太高（如工程塑料），有的材料脆性较大（如陶瓷），但它们有独特的、金属材料不能与之相比的性能优势，因而在机械制造、交通、化工、电子、仪表、能源、航空、冶金等工业部门越来越广泛地被用来代替金属材料制造一般结构件、摩擦传动件、耐蚀件、耐高温件等。一些齿轮、凸轮、轴承、导轨、密封环、叶片、泵叶轮、高温炉管、切削刀具等零件都可用非金属材料制作。这既节约了大量金属材料，又可提高产品质量，延长使用寿命，减轻重量，降低成本。因此，扩大非金属材料的应用范围是材料选择中一个十分重要的问题。选材时，凡能用便宜材料解决问题的，绝不选紧缺、昂贵的材料。

在机器制造业中常用的毛坯有铸件、锻件、焊接件，在满足使用性能要求的前提下，选择零件毛坯的形式时主要考虑零件的外形尺寸特点、加工工艺性及生产批量等方面，使其易于加工、效率高、材料与能源消耗少、总的加工成本低等。一般形状复杂的零件，如箱体等，常用铸件毛坯；外形相对简单的零件则制成锻件；焊接件常用于要求尺寸大、质量小、刚性大的零件。单件或小批量生产时，采用自由锻件毛坯可以缩短生产周期、节省模具费用；而大批量生产时，多采用模锻件或精密铸件毛坯以减少机械加工工时，提高生产效率。

（2）零件的总成本　零件的总成本由生产成本与使用成本两部分组成。前者包括材料价格、加工费用等，后者包括使用寿命、产品维护、修理、更换零件及停机损失等，在选材时要考虑这几方面对总成本的影响。例如，从长远看，选用性能好的材料可使零件的寿命延长、维修费减少，虽然其原材料价格比较贵，但综合考虑是经济的。这时就应该从对零件的性能、使用性能要求等方面进行综合分析。另外，加工费用也与生产批量有关，批量越小，加工费用就越高。

（3）国家的资源 选材时应立足于我国的资源，并考虑我国生产和供应情况。我国的镍、铬等资源缺少，应尽量不选或少选含这类元素的钢或合金。

除上述三方面因素之外，也可采用一些价廉质优的新材料来代替常用的钢铁材料，如陶瓷材料、高分子材料及各种复合材料。由于这些非金属材料具有较高的比强度、比模量，在满足性能要求的前提下，用它们代替金属材料后，可以减轻零件自重，降低生产成本。

11.1.2 零件选材的一般方法

综上所述，零件材料的合理选择通常按照以下步骤进行：

1）对零件的工作条件进行周密的分析，找出主要的失效方式，从而恰当地提出主要性能指标。一般地，主要考虑力学性能，特殊情况还应考虑物理、化学性能。

2）调查研究同类零件的用材情况，并从其使用性能、原材料供应和加工等方面分析选材是否合理，以此作为选材的参考。

3）根据力学计算，确定零件具有的主要力学性能指标，正确选择材料。这时要综合考虑所选材料应满足失效抗力指标和工艺的要求，同时还需考虑选材在保证实现先进工艺和现代生产组织方面的可能性。

4）确定热处理方法或其他强化方法，并提出所选材料在供应状态下的技术要求。

5）审核所选材料的经济性，包括材料价格、加工费、使用寿命等。

6）关键零件投产前应对所选材料进行试验，可通过实验室试验、台架试验和工艺性能试验等，最终确定合理的选材方案。

最后，在中、小型生产的基础上，接受生产考验，以检验选材方案的合理性。

图 11-1 所示为机械零件选材的一般步骤。

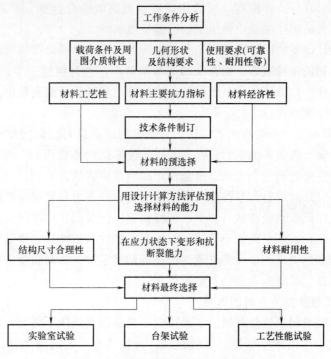

图 11-1 机械零件选材的一般步骤

1. 以综合力学性能为主时的选材

若零件工作时承受冲击力和循环载荷，如连杆、锤杆、锻模等，其主要失效形式是过量变形与疲劳断裂，对这类零件的性能要求主要是综合力学性能要好（R_m、S、A、a_K 较高）。对一般机械零件，根据其受力和尺寸大小，通常选用调质或正火状态的中碳钢或中碳合金钢，调质、正火或等温淬火状态的球墨铸铁，或淬火、低温回火的低碳钢等制造。当零件受力较小并要求有较高的比强度与比刚度时，应考虑选择铝合金、镁合金、钛合金或工程塑料与复合材料等。

2. 以疲劳强度为主时的选材

零件在交应变应力作用下最常见的破坏形式是疲劳破坏，如发动机曲轴、齿轮、弹簧及滚动轴承等零件的失效，大多数是由疲劳破坏引起的。这类零件的选材，应主要考虑疲劳强度。

应力集中是导致疲劳破坏的重要原因。实践证明，材料强度越高，疲劳强度也越高；在强度相同时，调质后的组织比退火、正火后的组织具有更好的塑性和韧性，且对应力集中敏感性小，具有较高的疲劳强度。因此，对受力较大的零件应选用淬透性较高的材料，以便进行调质处理；对材料表面进行强化处理，且强化层深度应足够大，也可有效地提高疲劳强度。

3. 以磨损为主时的选材

机器运转中两零件发生摩擦时，其磨损量与接触压力、相对速度、润滑条件及摩擦副的材料等有关。材料的磨损性是抵抗磨损能力的指标，它主要与材料的硬度、显微组织有关。根据零件的工作条件不同，可分为以下两种情况选材：

1）磨损较大、受力较小的零件和各种量具，对其材料的基本要求是耐磨性好和硬度高，如钻套、顶尖、刀具、冲模等，可选用高碳钢或高碳的合金钢，并进行淬火和低温回火，获得高硬度回火马氏体和碳化物组织，以满足要求。

铸铁中的石墨是优良的固体润滑剂，石墨脱落后，孔隙中可储存润滑油，所以也常用铸铁制作耐磨零件，如机床导轨等。铜合金的摩擦系数小，约为钢的一半，也常用作在运动、摩擦部位工作的零件，如滑动轴承、丝杠开合螺母等。塑料的摩擦系数小，也常用于摩擦部件，甚至是无润滑的摩擦部位。

2）同时受磨损和交变应力作用的零件，为使其耐磨并具有较高的疲劳强度，应选用能进行表面淬火或渗碳、渗氮等的钢材，经热处理后使零件"外硬内韧"，既耐磨又能承受冲击。例如，机床中重要的齿轮和主轴，应选用中碳钢或中碳的合金钢，经正火或调质后再进行表面淬火，获得较好的综合力学性能。对于承受较大冲击力和要求耐磨性高的汽车、拖拉机变速齿轮，应选用低碳钢经渗碳后淬火、低温回火，使表面获得高硬度的高碳马氏体和碳化物组织，耐磨性高；心部是低碳马氏体，强度高，塑性和韧性好，能承受冲击。

要求硬度、耐磨性更高，以及热处理变形小的精密零件，如高精度磨床主轴及镗床主轴等，常选用可进行氮化处理的钢并进行渗氮处理。

4. 以耐蚀性或热强度为主时的选材

当受力不大、要求耐蚀性较好时，一般可以考虑选用奥氏体不锈钢，例如，发动机尾锥体和飞机蒙皮。选用奥氏体不锈钢，不仅耐蚀，而且具有一定的耐热性，同时成形工艺性好。当零件受力较大又要求耐蚀性较好时，如汽轮机叶片，则以选用马氏体不锈钢为宜。为减小结构质量，也可考虑选用钛合金。不同类型的材料，具有不同水平的耐热性，从热强度角度选用材料，必须了解零件的工作温度、介质的性质、所受载荷的大小和性质。耐热铝合金和镁合金，一般只能在400℃以下工作，而且能够承受的工作应力较小，往往是为了减小结构质量，或因零件形状较复杂，需要铸造成形时选用。不锈钢和钛合金的耐热水平相近，大致都可在600℃以下工作，但不锈钢零件的结构质量较大。在工作应力、温度和腐蚀条件允许时，选用钛合金可以减小结构质量。

11.2 零件的选材及加工工艺分析实例

11.2.1 齿轮类零件的选材与加工工艺分析

1. 齿轮的工作条件、失效形式及性能要求

（1）工作条件 齿轮是机械工业中应用最广的零件之一，是机床、汽车、拖拉机等机器设备中的重要零件，主要用于传递转矩、改变运动方向和调节速度，其工作时的受力情况如下：由于传递转矩，齿根承受较大的交变弯曲应力；齿面相互滑动和滚动，承受较大的接触应力，并发生强烈的摩擦；由于换挡、起动或啮合不良，齿部承受一定的冲击。

（2）失效形式 根据齿轮的工作特点，其主要失效形式有以下几种：①主要发生在齿根的疲劳断裂，通常一齿断裂引起数齿甚至更多的齿断裂，它是齿轮最严重的失效形式；②由于齿面接触区摩擦使齿面磨损，导致齿厚变小，齿隙增大；③在交变接触应力作用下，齿面产生微裂纹并逐渐发展，最终齿面接触疲劳破坏，出现点状剥落；④有时还出现过载断裂，主要是冲击载荷过大造成齿断。

（3）性能要求 根据工作条件和失效形式，对齿轮用材提出如下性能要求：高的弯曲疲劳强度；高的接触疲劳强度和耐磨性；轮心部要有足够的强度和韧性。此外，对金属材料，应有较好的热处理工艺性，如淬透性高、过热敏感性小、变形小等。

2. 齿轮零件的选材

根据工作条件，表11-3给出了一些齿轮的工作条件、选材、热处理工艺和性能要求。由于陶瓷脆性大，不能承受冲击，不宜用来制造齿轮。一些受力不大或无润滑条件下工作的齿轮，可选用塑料（如尼龙、聚碳酸酯）来制造。

表11-3 一些齿轮的工作条件、选材、热处理工艺和性能要求

序号	齿轮工作条件	钢牌号	热处理工艺	硬度要求
1	在低载荷下工作,要求耐磨性好的齿轮	15 (20)	900~950℃渗碳，直接淬火或预冷到780~800℃淬火（水冷）;180~200℃回火	58~63HRC
2	圆周速度<0.1m/s,低载荷下工作的不重要的变速器齿轮和交换齿轮架齿轮	45	840~860℃正火	156~217HBW
3	圆周速度为2m/s,中等载荷下工作的高速机床进给箱、变速器齿轮	40Cr 42SiMn	调质后高频加热,乳化液冷却,180~200℃回水	45~50HRC
4	高速、重载荷、冲击,模数>6mm的齿轮（如立车上的重要齿轮）	20SiMnVB 20CrMnTi	900~950℃渗碳,预冷820~850℃淬火,180~200℃回火	58~63HRC
5	高速、重载荷、形状复杂要求热处理变形小的齿轮	38CrMoAlA	正火或调质后500~550℃渗氮	850HV 以上

3. 典型齿轮选材举例

（1）机床齿轮　各种机床中大量采用齿轮来传递动力和改变速度。一般地，受力不大、运动平稳、工作条件好、对齿轮的耐磨性及抗冲击能力要求不高，常选用碳钢制造，为了提高淬透性，也可选用中碳的合金钢，经高频感应淬火后，虽然在耐磨和耐冲击方面比渗碳钢齿轮差，但能满足要求，且高频感应淬火变形小，生产效率高。

例如，CA6140 车床主轴箱齿轮，齿轮工作中受力不大，转速中等，工作平稳，无强烈冲击，工作条件好，因此，对齿轮的耐磨性及抗冲击性要求不高。心部要具有较好的综合力学性能，调质后硬度为 200～250HBW；表面具有较高的硬度、耐磨性和接触疲劳强度，采用高频淬火后，齿面硬度为 45～50HRC。

由以上分析，选用 40Cr 钢可满足性能要求。其加工工艺路线为：下料→锻造→正火→粗加工→调质→精加工→齿轮高频感应淬火→低温回火→拉花键孔→精磨。

正火是锻造齿轮毛坯必要的热处理，它可改善齿面加工质量，便于切削加工，均匀组织，消除锻造应力，一般齿轮的正火处理可作为高频感应淬火前的预备热处理；调质可使齿轮具有较高的综合力学性能，改善齿轮心部强度和韧性，使齿轮能承受较大的弯曲应力和冲击力，并减小淬火变形；高频感应淬火及低温回火是决定齿轮表面性能的关键工序，高频感应淬火可提高齿面的硬度和耐磨性，且齿轮表面具有残留压应力，从而提高疲劳抗力；低温回火可以消除淬火应力，防止产生磨削裂纹，提高抗冲击能力。表 11-4 中列出了不同工作条件下的机床齿轮的选材和热处理情况。

表 11-4　不同工作条件下机床齿轮常用钢牌号及热处理工艺

序号	工作条件	钢牌号	热处理工艺	硬度要求
1	在低载荷下工作，要求耐磨性高的齿轮	15（20）	900～950℃ 渗碳，直接淬冷，或 780～800℃ 水淬，180～200℃ 回火	58～63HRC
2	低速（圆周速度<0.1m/s），低载荷下工作，不重要的变速器齿轮和交换齿轮架齿轮	45	840～860℃ 正火	156～217HBW
3	低速（圆周速度≤1m/s），低载荷下工作的齿轮（如车床溜板上的齿轮）	45	820～840℃ 水淬，500～550℃ 回火	200～250HBW
4	中速、中载荷或大载荷下工作的齿轮（如车床变速器中的次要齿轮）	45	860～900℃ 高频感应加热，水淬，350～370℃ 回火	40～45HRC
5	速度较大或中等载荷下工作的齿轮，齿部硬度要求较高（如钻床变速器中的次要齿轮）	45	860～900℃ 高频感应加热，水淬，280～320℃ 回火	45～50HRC
6	高速、中等载荷，要求齿面硬度高的齿轮（如磨床砂轮箱齿轮）	45	860～900℃ 高频感应加热，水淬，180～200℃ 回火	52～58HRC
7	速度不大、载荷中等、断面较大的齿轮（如铣床工作台变速器齿轮、立车齿轮）	40Cr 42SiMn	840～860℃ 油淬，600～650℃ 回火	200～230HBW
8	中等速度（2～4m/s），中等载荷，不大的冲击下工作的高速机床进给箱、变速器齿轮	40Cr 42SiMn	调质后 860～880℃ 高频感应加热，乳化液冷却，280～320℃ 回火	45～50HRC
9	高速、高载荷、齿部要求高硬度的齿轮	40Cr 42SiMn	调质后 860～880℃ 高频感应加热，乳化液冷却，180～200℃ 回火	50～55HRC
10	高速、中载荷、受冲击、模数<5mm 的齿轮（如机床变速器齿轮、龙门铣床的电动机齿轮）	20Cr 20CrMn	900～950℃ 渗碳，直接淬火或 800～820℃ 再加热油淬，180～200℃ 回火	58～63HRC

（续）

序号	工作条件	钢牌号	热处理工艺	硬度要求
11	高速、重载荷、受冲击、模数<6mm 的齿轮（如立车上的重要弧齿锥齿轮）	20CrMnTi 20SiMnVB 12CrNi3	900~950℃渗碳，降温至 820~850℃淬火，180~200℃回火	58~63HRC
12	高速、重载荷、形状复杂，要求热处理变形小的齿轮	38CrMoAlA	正火或调质后 510~550℃渗氮	>850HV
13	在不高载荷下工作的大型齿轮	50Mn2 65Mn	820~840℃空冷	<241HBW
14	传动精度高,要求具有一定耐磨性的大齿轮	35CrMo	850~870℃空冷,600~650℃回火（热处理后精切齿形）	255~302HBW

（2）汽车齿轮　汽车、拖拉机齿轮，特别是主传动系统中的齿轮，工作条件比机床齿轮恶劣，受力较大，受冲击较频繁。这类齿轮失效形式主要为齿端磨损、崩角等，因此要求材料应有高的表面接触疲劳强度、弯曲强度和疲劳强度。由于弯曲应力与接触应力都很大，所以重要齿轮都要渗碳、淬火处理，以提高耐磨性和疲劳抗力。为保证心部有足够的强度及韧性，材料的淬透性要求较高，心部硬度应在 35~45HRC 之间。另外，汽车生产批量大，因此在选用钢材时，在满足力学性能的前提下，对工艺性能必须予以足够的重视。

汽车、拖拉机齿轮所用材料主要是低合金渗碳钢，如 20Cr、20CrMnTi、20MnVB 等，并进行渗碳或碳氮共渗处理；部分齿轮则采用中碳钢和中碳合金钢，进行调质或正火处理。实践证明，20CrMnTi 钢具有较高的力学性能，在渗碳、淬火、低温回火后，表面硬度可达 58~62HRC，心部硬度达 30~45HRC。正火态切削加工工艺性和热处理工艺性均较好。为进一步提高齿轮的耐用性，渗碳、淬火、回火后，还可采用喷丸处理，增大表面压应力。

渗碳齿轮的工艺路线为：下料→锻造→正火→切削加工→渗碳、淬火及低温回火→喷丸→磨削加工。

表 11-5 为汽车、拖拉机齿轮所选用的材料及热处理技术要求。

表 11-5　汽车、拖拉机齿轮常用材料及热处理技术要求

序号	齿轮类型	常用钢牌号	热处理	
			工艺	技术要求
1	汽车变速器和差速器齿轮	20CrMnTi 20CrMo 等	渗碳	法向模数 m_n：$m_n \leqslant 3mm$，渗层深为 0.6~1.0mm；$3mm< m_n \leqslant 5mm$，渗层深为 0.9~1.3mm；$m_n >5mm$，渗层深为 1.1~1.5mm 齿面硬度:58~64HRC 心部硬度:$m_n <5mm$ 时为 32~45HRC，$m_n \geqslant$ 5mm 时为 29~45HRC
		40Cr	浅层碳氮共渗	层深>0.2mm，表面硬度为 51~61HRC
	汽车驱动桥主动及从动圆柱齿轮	20CrMnTi 20CrMo	渗碳	渗碳深度按图样要求，硬度要求同序号 1 中的渗碳工艺
2	汽车驱动桥主动及从动锥齿轮	20CrMnTi 20CrMnMo	渗碳	端面模数 m_t：$m_t \leqslant 5mm$，渗层深为 0.9~1.3mm；$5mm< m_t \leqslant 8mm$，渗层深为 1.0~1.4mm；$m_t >8mm$，渗层深为 1.2~1.6mm 齿面硬度:58~64HRC 心部硬度:$m_t <8mm$ 时为 32~45HRC，$m_t \geqslant$ 8mm 时为 29~4511RC

（续）

序号	齿轮类型	常用钢牌号	热处理	
			工艺	技术要求
3	汽车驱动桥差速器行星轮及半轴齿轮	20CrMnTi 20CrMo 20CrMnMo	渗碳	同序号1中渗碳工艺
4	汽车发动机凸轮轴齿轮	HT200		170~229HBW
5	汽车曲轴正时齿轮	35、40、45	正火	149~179HBW
		40Cr	调质	207~241HBW
6	汽车起动电动机齿轮	15Cr、20Cr 20CrMo 15CrMnMo 20CrMnTi	渗碳	层深:0.7~1.1mm 表面硬度:58~63HRC 心部硬度:33~43HRC
7	汽车里程表齿轮	20	浅层碳氮共渗	层深:0.2~0.35mm
8	拖拉机传动齿轮,动力传动装置中的圆柱齿轮及轴齿轮	20Cr、 20CrMo 20CrMnMo 20CrMnTi 30CrMnTi	渗碳	层深:不小于模数的18%,但不大于2.1mm 各种齿轮渗层深度的上、下限差不大于0.5mm,硬度要求同序号1、2
9	拖拉机曲轴正时齿轮,凸轮轴齿轮,喷油泵驱动齿轮	45	正火	156~217HBW
			调质	217~255HBW
		HT200		170~229HBW
10	汽车拖拉机油泵齿轮	40、45	调质	28~35HRC

（3）塑料齿轮 非金属材料齿轮在工业上早有应用。用塑料制作的齿轮代替某些金属材料齿轮,在不少机械上得到应用。塑料齿轮的摩擦系数低,耐磨性好,传动效率高,所以可在无润滑或少润滑的条件下运转,这对食品、纺织等需防油污染的设备特别有利。塑料齿轮有较好的弹性,故有吸震防冲击作用,噪声低,传动平稳;同时其重量轻,耐蚀不生锈,可节约大量贵重耐蚀合金和不锈钢。塑料齿轮用注射法成形,生产工艺简单,成本低。但由于塑料强度较低,所以塑料齿轮传动载荷不宜太大,且不能在较高温度工作。表11-6、表11-7分别列出了塑料齿轮用材及实例。

表 11-6 塑料齿轮用材

塑料品种	性能特点	适用范围
尼龙6,尼龙66	较高的疲劳强度,刚性、耐磨性、吸湿性大	低、中负荷,中等温度(80℃以下)和少润滑条件下工作
尼龙610、尼龙1010、尼龙9	强度、耐热性略差,但吸湿性小,尺寸稳定性较好	同上,可在湿度波动较大的情况下工作
MC尼龙	强度、刚性均较前两者高,耐磨性较好	大型齿轮与蜗杆
玻纤增强尼龙	强度、刚性、耐热性均较未增强者优越,尺寸稳定性显著提高	高载荷高温下使用,速度较高时用油润滑
聚甲醛	耐疲劳、刚性高于尼龙,吸湿性小,耐磨性、耐热性好	轻载荷,中等温度(100℃以下)无润滑或少润滑条件下工作
聚碳酸酯	刚性好、尺寸稳定性好,因此精度高、耐疲劳性及耐磨性较差,有开裂倾向	较高载荷、温度下工作的精密齿轮,速度高时用油润滑
玻纤增强聚碳酸酯	强度、刚性、耐热性可与增强尼龙媲美,尺寸稳定性超过尼龙,耐磨性差	较高载荷、温度下工作的精密齿轮,速度高时用油润滑
聚酰亚胺	强度高、耐热性好,成本也高	在260℃以下长期工作的齿轮

表 11-7　塑料在齿轮、齿条上的应用实例

类别	零件名称	使用条件及要求	原用材料	现用材料	使用效果
圆柱齿轮	C336-1 转塔车床进给机构传递动力齿轮	常温,开式无润滑传动,转速为 24~625r/min,切削功率可达 4.5kW,连续使用	45 钢	聚碳酸酯聚甲醛铸型尼龙	噪声减小、传动平稳、长期使用无损坏及磨损现象
锥齿轮	B8810 刨模机锥齿轮	转速为 300~400r/min,受力不大,无润滑,常温使用	45 钢	尼龙 1010	减重 62%,经 2 年使用无损坏现象
齿条	Z3025 摇臂钻床移动主轴箱用齿条	无润滑,常温使用,低速(手动),有一定载荷,要求刚性好,变形小	黄铜	聚碳酸酯	减重 90%,使用情况良好
			冷拔 35 钢	30%玻纤增强聚碳酸酯	变形小,长期使用无磨损,与其啮合的钢齿轮有磨损

塑料齿轮的结构形式可分为全塑结构、带嵌件结构和机械装配式结构三种。全塑结构的齿轮成形方便、造价低廉,但强度低、精度差、散热不良;金属轮盘外镶嵌塑料齿圈的结构,其强度、刚性及与轴装配的可靠性都比全塑的好,但内应力较大,用螺钉把两者装配在一起的结构,即可克服内应力较大的缺点。

11.2.2　轴类零件的选材与加工工艺分析

1. 轴的工作条件、失效形式及性能要求

（1）工作条件　轴类零件在机床、汽车、拖拉机等机器设备中用量很大,是机器中最基本的零件之一。轴的质量好坏直接影响机器的精度与寿命。其主要作用是支承传动零件,并传递运动和动力。机床主轴、丝杠、内燃机曲轴、镗杆、汽车半轴等都属于轴类零件。尽管轴的尺寸和受力大小差别很大（钟表轴直径在 0.5mm 以下,受力极小;汽轮机转子轴直径达 1m 以上,载荷很大）,然而多数轴受交变扭转载荷,同时还要承受一定的交变弯矩或拉压载荷。而轴颈处,在用滑动轴承时,受摩擦磨损（在用滚动轴承且轴颈不作为内圈时,则没有摩擦磨损）。同时,大多数轴尤其是汽车、拖拉机上的轴,都会受到一定过载和冲击载荷的作用。

（2）失效形式　根据轴的工作特点,其主要失效形式有以下几种:由于受扭转和弯曲交变载荷长期作用,造成轴疲劳断裂,这是最主要的失效形式;由于大载荷或冲击载荷作用,轴发生折断或扭断;轴颈或花键处过度磨损。

（3）性能要求　根据工作条件和失效形式,对轴用材料提出如下性能要求:良好的综合力学性能,即强度、塑性、韧性有良好的配合,以防止冲击或过载断裂;高的疲劳强度,以防止疲劳断裂;良好的耐磨性,以防止轴颈磨损。此外,还应考虑刚度、可加工性、热处理工艺性能和成本。

2. 轴类零件的选材

对轴进行选材时,必须将轴的受力情况做进一步分析,按受力情况,可将轴分为以下几类。

1）不传递动力只承受弯矩起支承作用的轴,主要考虑刚度和耐磨性,如主要考虑刚度,可以用碳钢或球墨铸铁来制造;对于轴颈有较高耐磨性要求的轴,则须选用中碳钢并进行表面淬火,将硬度提高到 52HRC 以上。

2）主要受弯曲、扭转的轴,如变速器传动轴、发动机曲轴、机床主轴等。这类轴在整

个截面上所受的应力分布不均匀，表面应力较大，心部应力较小。这类轴无须选用淬透性很高的钢种，通常选用中碳钢，如 45、40Cr、40MnB 等；若要求高精度、高的尺寸稳定性及高耐磨性的轴，如镗床主轴，则常选用 38CrMoAlA 钢，进行调质及渗氮处理。

3）同时承受弯曲（或扭转）及拉、压载荷的轴，如船用推进器轴、锻锤锤杆等。这类轴的整个截面上应力分布均匀，心部受力也较大，应选用淬透性较高的钢种。

上述几类受力情况的轴一般选用 45、40Cr、40MnB、30CrMnSi、35CrMo 和 40CrNiMo 等中碳钢和中碳合金钢，以满足优良的综合力学性能。对那些要求抗冲击和耐磨的高载重要轴，也可选 20Cr2Ni4A、18Cr2Ni4WA 经渗碳、淬火、回火处理。

3. 典型轴的选材

（1）机床主轴　机床主轴是机床的重要零件之一，在进行切削加工时，高速旋转的主轴承受弯曲、扭转和冲击等多种载荷，要求它具有足够的刚度、强度、耐疲劳、耐磨损，以及精度稳定等性能。

机床主轴的轴颈常与滑动轴承配合，当润滑不足、润滑油不洁净（如含有杂质微粒）或轴瓦材料选择不当、加工精度不够、装配不当时经常会发生咬死现象，损伤轴颈的工作面，使主轴的精度下降，在运转时产生振动。为防止轴颈被咬死，除了针对上述问题采取一些相应的措施外，应选择合适的材料和热处理工艺，以提高轴颈表面的硬度和强度，如进行表面硬化处理。带内锥孔或外圆锥度的主轴需要频繁的装卸，如铣床主轴常需更换刀具，车床尾座主轴常需调换卡盘和顶尖等，为了防止装卸时锥面拉毛或磨损而影响精度，也需要对这些部位进行硬化处理。

根据机床主轴所选用的材料和热处理方式，可以将其分为四种类型：局部淬火主轴、渗碳主轴、渗氮主轴和调质（正火）主轴。对一般的中等载荷、中等转速、冲击载荷不大的主轴，选用 45 钢或 40Cr、40MnB 中碳合金钢等即可满足要求，对轴颈、锥孔等有摩擦的部位进行表面处理。对载荷较大并承受一定疲劳载荷与冲击载荷的主轴，则应采用 20CrMnTi 合金渗碳钢或 38CrMoAlA 渗氮钢制造，并进行相应的渗碳或渗氮处理。

图 11-2 所示为 C620 车床主轴，该主轴主要承受中等的交变弯曲与扭转载荷及不大的冲击载荷，转速中等，因此材料经过调质处理后具有一定的综合力学性能即可，但在局部摩擦表面要求有较高的硬度与耐磨性，应进行局部表面处理。该轴一般选用 45 钢或 40Cr 钢制造，加工工艺路线为：下料→锻造→正火→粗加工→调质→半精加工→局部表面淬火+低温回火→磨削加工→零件。

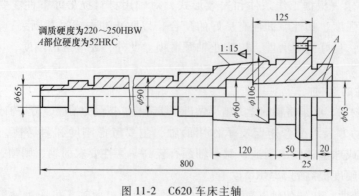

图 11-2　C620 车床主轴

整体的调质处理可使轴得到较高的综合力学性能与疲劳强度，硬度可达 220~250HBW，调质后组织为回火索氏体。在轴颈和锥孔处进行表面淬火与低温回火处理后，硬度为 52HRC，可以满足局部高硬度与高耐磨性的要求。

当轴的精度、尺寸稳定性与耐磨性都要求很高时，如精密镗床的主轴，选用 38CrMoAlA，经调质后再进行渗氮处理。

表 11-8 为常用的机床主轴选用的材料和热处理方法。

（2）内燃机曲轴　曲轴是内燃机中形状比较复杂而又重要的零件之一，它将连杆的往复运动转化为旋转运动并输出至变速机构。曲轴在运转过程中要受到周期性变化的弯曲与扭转复合载荷；气缸中周期性变化的气体压力与连杆机构的惯性力使曲轴产生振动和冲击；与连杆相连的轴颈表面的强烈摩擦等作用。在这样的复杂工作条件下，内燃机曲轴表现出的失效方式主要是疲劳断裂和轴颈表面的磨损。因此要求曲轴材料具有高的弯曲与扭转疲劳强度，足够高的冲击韧性和局部高的表面硬度和耐磨性。表 11-9、表 11-10 为曲轴的选材情况。

表 11-8　常用的机床主轴选用的材料和热处理方法

类别	工作条件	材料	热处理及硬度	应用实例
渗碳	与滑动轴承配合；中等载荷，心部强度要求不高，但转速高；精度不太高；疲劳应力较高，但冲击不大	20Cr 20MnV 20MnVB	渗碳淬火,58~62HRC	精密车床、内圆磨床等的主轴
	与滑动轴承配合；重载荷,高转速；高疲劳,高冲击	20CrMnTi 12CrNi3	渗碳淬火,58~63HRC	转塔车床、齿轮磨床、精密丝杠车床、重型齿轮铣床等的主轴
渗氮	与滑动轴承配合；重载荷,高转速；精度高,轴隙小；高疲劳,高冲击	38CrMoAlA	调质,250~280HBW 渗氮,≥900HV	高精度磨床的主轴,镗床的镗杆
淬火	与滑动轴承配合；中轻载荷；精度不高；低冲击,低疲劳	45	正火,170~217HBW；或调质,220~250HBW；小规格局部整体淬火,42~47HRC；大规格轴颈表面感应淬火,48~52HRC	龙门铣床、立铣、小型立式车床等的小规格主轴,C650、C660、C8480 等大重型车床的主轴
	与滑动轴承配合；中等载荷,转速较高；精度较高；中等冲击和疲劳	40Cr 42MnVB 42CrMo	调质,220~250HBW；轴颈表面淬火,52~61HRC（42CrMo 取上限,其他钢取中下限）,装拆部位表面淬火,48~53HRC	齿轮铣床、组合车床、车床、磨床砂轮等的主轴
	与滑动轴承配合；中、重载荷；精度高；高疲劳,但冲击小	65Mn GCr15 9Mn2V	调质,250~280HBW；轴颈表面淬火,≥59HRC；装卸部位表面淬火,50~55HRC	磨床的主轴
调质或正火	与滑动轴承配合；中小载荷,转速低；精度不高,稍有冲击	45 50Mn2	调质,220~250HBW；正火,192~241HBW	一般车床的主轴、重型机床的主轴

表 11-9　曲轴的选材

材料牌号或名称	预备热处理	最终热处理	应用举例
45、50、45Mn、45Mn2、50Mn、40Cr	正火或调质	感应淬火或火焰淬火	中吨位汽车曲轴、轿车曲轴、中型拖拉机曲轴
35CrNiMo、40CrNi、35CrMo	调质	感应淬火	重型汽车曲轴
镁球墨铸铁、稀土镁球墨铸铁	正火	感应淬火	中吨位汽车曲轴、轿车曲轴、拖拉机曲轴
合金球墨铸铁	正火	感应淬火	重型汽车曲轴

表 11-10　各种曲轴的工作条件、选材及热处理技术条件

序号	工作条件	材料	热处理		应用举例
			工艺	技术要求	
1	中等载荷,中等转速,工作较平稳,冲击较小	45	感应淬火	层深:2~4.5mm 硬度:55~63HRC	轿车 轻型车 拖拉机
		50Mn	570℃碳氮共渗 180min,油冷	层深:>0.5mm 硬度:≥500HV$_{0.1}$	
		QT600-3	560℃碳氮共渗 180min,油冷	层深:≥0.1mm 硬度:>650HV$_{0.1}$	
2	中等或较高载荷,中等转速,冲击较大,轴颈摩擦较大	QT600-3	感应淬火,自回火	层深:2.9~3.5mm 硬度:46~58HRC	载货汽车 拖拉机
		45	感应淬火,自回火	层深:3~4.5mm 硬度:55~63HRC	
		45	感应淬火,自回火	层深:≥3mm 硬度:≥55HRC	
3	功率较大,转速较高,轴所受的负荷与冲击较大,轴颈摩擦较严重	45	氮碳共渗	层深:0.9~1.2mm 硬度:≥300HV$_{10}$	重型载货汽车
		QT600-3	正火+回火	硬度:280~321HB	
		35CrMo	感应淬火	层深:3~5mm 硬度:53~58HRC	
4	负荷较高,转速较高,轴颈处摩擦强烈	QT600-3	正火+回火	硬度:240~300HBW	大功率柴油机
		35CrNi3Mo	490℃渗氮 60h	层深:≥0.3mm 硬度:≥600HV	
		35CrMo	515℃离子渗氮 40h	层深:≥0.5mm 硬度:≥550HV$_{10}$	
		QT600-3	510℃渗氮 120h	层深:≥0.7mm 硬度:≥600HV	

　　生产中,按照材料和加工工艺可以把曲轴分为锻钢曲轴和铸造曲轴两种。锻钢曲轴所选材料主要是优质中碳钢和中碳合金钢,如 45、40Cr、50Mn、42CrMo、35CrNiMo 等,以及非调质钢 45V、48MnV、49MnVS3 等,其中 45 钢是最常用的,一般在调质或正火后采用中频感应淬火对轴颈进行表面强化处理。某些汽车、拖拉机发动机的曲轴轴颈也可采用氮碳共渗处理,以提高曲轴的疲劳强度和耐磨性。

　　锻钢曲轴的工艺路线为:下料→锻造→正火→校直→粗加工→去应力退火→调质→半精加工→局部表面淬火+低温回火→校直→精磨→零件。

　　为保证曲轴在加工过程中的尺寸精度,一般毛坯热处理后可以采用热校直,若采用冷态校直及粗加工后均应进行去应力退火。在感应淬火后的低温回火过程中应采用专用的夹具进行静态逆向校直,利用相变塑性达到无应力校直的效果。曲轴的其他热处理的作用与机床主轴的相应热处理相同。

　　球墨铸铁也是曲轴常用的材料,在轿车发动机中应用很广泛。曲轴用球墨铸铁有 QT600-2、QT700-2、QT900-2 等。一般汽车发动机曲轴用的球墨铸铁的抗拉强度应不低于 600MPa,农用柴油发动机曲轴的球墨铸铁的抗拉强度则不低于 800MPa。

　　铸造曲轴的工艺路线为:铸造→高温正火→高温回火→校直→切削加工→去应力退火→轴颈气体渗氮(或氮碳共渗)→校直→精加工→零件。

　　铸造质量对铸造曲轴质量有很大影响,应保证铸造毛坯球化良好并无铸造缺陷。正火是

为了增加组织中珠光体的含量并使其细化，以提高其强度、硬度与耐磨性；高温回火的目的是消除正火过程中造成的内应力。

（3）汽车半轴　半轴是连接发动机与车轮的传动件，半轴轴杆一端带有花键，另一端带有法兰，其结构如图 11-3 所示。半轴主要承受驱动和制动扭矩，尤其是在汽车起动、制动和爬坡时扭矩很大。半轴的使用寿命还与花键齿的耐磨性能有关。对重型载货汽车半轴，轴杆与花键的连接处、轴杆与法兰的连接处是易发生疲劳的部位。因此，半轴应有足够的强度、韧性、抗疲劳性和一定的耐磨性。

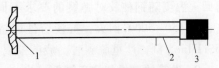

图 11-3　汽车半轴结构示意图
1—花键端　2—花键与杆连接部位
3—法兰与杆连接部位

通常选用中、低碳合金调质钢制造半轴。小型汽车、拖拉机半轴多用 40Cr 、40MnB 制造；大型载货汽车半轴多用 40CrNi、40CrMo、40CrMnMo 等钢种制造。

汽车半轴的加工工艺路线为：下料→锻造→正火（或退火）→切削加工→调质→喷丸→校直→感应淬火+低温回火→精加工→成品。

11.2.3　弹簧类零件的选材与加工工艺分析

1. 弹簧的工作条件和性能要求

（1）工作条件　弹簧是重要的机械零件，广泛用于火车、汽车、枪炮及各种机械设备中，起承重、减振、缓冲及控制等作用。弹簧按外形分为叠板弹簧（板簧）和螺旋弹簧（卷簧），如图 11-4 所示。板簧多用于火车、汽车等，起减振作用和承受大的负荷。卷簧可承受拉力、压力和扭力载荷，起缓冲、测量、控制等作用，用途广泛。弹簧会因发生疲劳断裂或产生过大的残余永久变形而失效。

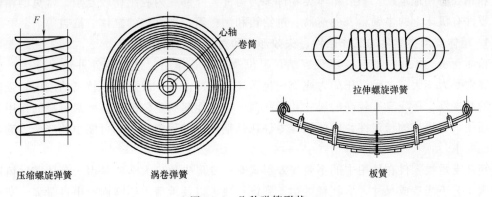

压缩螺旋弹簧　　　　涡卷弹簧　　　　　　　板簧

图 11-4　几种弹簧形状

（2）对弹簧的性能要求　弹簧应具有较高的弹性极限，以免在工作时产生残余变形；在振动及周期交变载荷作用下的弹簧应具有较高的抗疲劳性能，防止疲劳断裂；受较大冲击负荷起减振缓冲作用的弹簧，应具有一定的塑性和韧性；用于测量、控制的弹簧，应具有稳定的弹性系数；弹簧应具有良好的表面质量。

2. 弹簧的成形及热处理工艺

直径为 6~12mm 的弹簧多用冷卷成形；板簧及大直径螺旋弹簧要用热成形。

板簧的制造工艺为：切割→弯制主片卷耳→加热→弯曲→淬火→回火→喷丸→检验。

卷簧的制造工艺为：下料→锻尖→加热→卷簧及校正→淬火→回火→磨端面→检验。

为防止和减少弹簧淬火变形，可将加热的弹簧压住后水平淬入冷却剂（油）中。淬火与回火温度随钢种及对弹簧的要求不同而异：一般弹簧钢在 350～450℃ 回火，弹性极限较高；在 450～500℃ 回火，抗疲劳性能较好。热处理时要防止脱碳，以免降低疲劳强度。以 55Si2Mn 为例，严重脱碳时，疲劳极限只有未脱碳的 46%。

3. 弹簧的选材与应用举例

表 11-11 为常用弹簧钢牌号及其应用举例。

表 11-11　常用弹簧钢牌号及其应用举例

钢牌号	应用举例
65	用于火车车厢的螺旋弹簧或小型机械的弹簧
85	用于制造汽车、火车和拖拉机等机械中承受振动的螺旋弹簧等
65Mn	适于制造较大尺寸的各种扁弹簧、圆弹簧、坐垫弹簧、气门簧、离合器簧片、制动弹簧等
60Si2Mn、60Si2MnA	铁路机车车辆、汽车、拖拉机上的减振板簧和螺旋弹簧，气缸安全阀弹簧，以及要求承受较高应力的弹簧
60Si2CrA	用于 200～300℃ 工作的簧片、汽轮机汽封阀簧等
65Si2MnWA	用于制作耐高温（≤350℃）而要求强度更大的弹簧及枪管复进簧等
50CrVA	用于气门阀弹簧、油嘴簧、气缸涨圈、安全阀用簧等，特别适于在不高于 400℃ 工作的弹簧及受冲击的弹簧
50CrMn	用于制造车辆、拖拉机和炮车上用的大截面和较重要的板簧、螺旋弹簧
30W4Cr2VA	主要用于高温（≤500℃）条件下使用的弹簧，如锅炉安全阀用簧等

11.2.4　箱体支承类零件的选材与加工工艺分析

箱体支承类零件是构成各种机械的骨架，它与有关零件连成整体，以保证各零件的正确位置和相互协调地运动。一般箱体类零件多为铸件，外部或内腔结构较复杂，常见的箱体支承类零件有机床上的主轴箱、变速器、进给箱和溜板箱，内燃机的缸体、缸盖等。

1. 箱体支承类零件的工作条件、失效形式和对材料的性能要求

箱体支承类零件一般起支承、容纳、定位及密封等作用，这类零件外形尺寸大，板壁薄，通常受力不大，多承受压应力或交变拉压应力和冲击力，故要求有较高的刚度、强度和良好的减振性，还应具有较高的尺寸和形状精度，才能起到定位准确、密封可靠的作用。另外，还须具有较高的稳定性，以便箱体零件在长期使用过程中产生尽可能小的畸变，满足工作性能要求。

箱体支承类零件在使用中的主要失效形式有：变形失效，大多数是由于箱体零件铸造或热处理工艺不当造成尺寸、形状精度达不到设计要求以及承载力不够而产生过量弹、塑性变形；断裂失效，箱体零件的结构设计不合理或铸造工艺不当造成内应力过大而导致某些薄弱部位开裂；磨损失效，主要是箱体零件中某些支承部位的硬度不够而造成耐磨性不足，工作部位磨损较快而影响了工作性能。

根据上述工作条件和失效形式，箱体支承类零件对材料的主要性能要求是：具有较高的硬度和抗压强度，具有较小的热处理变形量，同时还应具有良好的铸造工艺性能。

2. 箱体支承类零件的选材及热处理工艺

箱体支承类零件及热处理工艺的选择，主要根据其工作条件来确定。常用的箱体支承类零件材料有铸铁和铸钢两大类。

对于受力较大，要求强度、韧性高，甚至在高压、高温下工作的箱体支承类零件，如汽轮机机壳等，应选用铸钢。铸钢零件应进行完全退火或正火，以消除粗晶组织和铸造应力。

受力较大，但形状简单、数量少的箱体支承类零件，可采用钢板焊接而成。

对于受力不大，主要承受静载荷，不受冲击的箱体零件可选用灰铸铁，如 HT150、HT200。若在工作中与其他零件有相对运动，相互间有摩擦、磨损，则应选用珠光体基体灰铸铁，如 HT250。铸铁零件一般应进行去应力退火，消除铸造内应力，减少变形，防止开裂。

受力不大、要求自重轻或导热好的箱体零件，可选用铸造铝合金，如 ZAlSi5Cu1Mg（ZL105）、ZAlCu5Mn（ZL201）。

受力小，要求自重轻、耐磨蚀的箱体零件，可选用工程材料，如 ABS 塑料、有机玻璃和尼龙等。

11.2.5 枪、炮身管类零件的选材与加工工艺分析

1. 枪、炮身管的工作条件与性能要求

枪、炮身管是发射弹丸的主要部件，本质上，身管为一个管状压力容器，它的尾端封闭（无后坐力炮例外）而炮口敞开。在发射时，弹丸自身的密封结构——弹带与枪、炮身管的紧密闭合形成一个密闭空腔，火药在空腔内爆炸产生很大的压力而推动弹丸高速飞出。通常压力可高达几百兆帕（如 37 高炮膛压为 333MPa、122 加农炮为 315MPa、大口径坦克炮膛压超过 500MPa、枪膛压可达 280MPa），而作用时间很短（37 高炮弹丸在膛内仅停留 0.04s），发射一次，作用一次。火药爆温高达 3000～3500℃。持续射击时，炮膛内温度可达 1000℃左右，内表面可达 350～400℃或更高。所以，身管尤其是炮（枪）膛，承受着高压、高温、高速火药气体的冲击、冲刷、烧蚀作用。此外，还承受着弹丸（带）剧烈的摩擦使内壁产生磨损，热应力与组织应力的作用会形成裂纹，尤其是龟裂纹由膛线两侧发展连到一起时，就会加速膛线的损坏。火药气体和弹丸（带）的磨蚀作用造成的危害最大。膛线起始部分的烧蚀最为严重，因为这里的温度高，弹带由这里挤进膛线，摩擦力也最大。当采取高爆温火药时，火药气体所造成的烧蚀作用就更为突出。

综合上述分析，身管在工作时受火药气体压力和弹丸机械力的作用、热的作用和化学作用，因而受到烧蚀，这是身管失效的主要形式。此外，还有金属的塑性流动或变形及裂纹和断裂。

2. 性能要求

身管的工作条件十分严酷，所以身管材料必须具备优良的性能：应有好的耐热性，即使膛面温度高达 1093℃左右也能抵抗火药气体的烧蚀作用，耐急冷急热能力高，膨胀系数小，这样不会导致内膛表面镀层（涂层）脱落；应具有好的化学稳定性，高温下与火药气体接触时保持化学稳定性，或者当发生化学反应时，能形成一层黏着的防护薄膜；应有良好的可加工性和热处理工艺性能。但是，现有材料并不能完全满足这些要求。实践证明，采用衬管并进行内膛电镀对提高身管的性能有明显的效果。

3. 身管用材

身管材料用得较多的是合金钢，它具有高强度和好的耐烧蚀性。为了提高身管寿命，可

用耐烧蚀的材料做成衬管或采用表面镀层工艺。枪管可选用碳钢。

到目前为止，高温下钢材的力学性能、耐热性及化学性能的相关数据较少，一般是按其常温强度给以适当安全系数，并综合考虑热-化学作用的影响。火炮工作时身管受力很大，为了不使其发生塑性变形造成管壁扩张降低精度，一般以 $\sigma_{0.1}$ 作为设计计算标准。

身管零件尤其是火炮身管的截面尺寸较大，其结构示意图如图 11-5 所示。为了获得良好的综合力学性能，选材时，在给定强度类别下必须与淬透层数据结合在一起考虑。通常把截面尺寸或壁厚划为三档，分别为 80mm 以下、80~120mm 和 120~160mm。

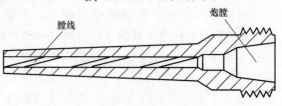

图 11-5　身管结构示意图

对强度级别为 P-75~P-80、壁厚小于 80mm 的身管，选择 PCrNi1Mo（P 表示炮钢，牌号中不标明碳含量）；而壁厚为 80~120mm 的身管，则选用 PCrNi3Mo；壁厚为 120~160mm 时，选用 PCrNi3MoV（或 PCrNi3MoA）。

表 11-12 和表 11-13 列出了部分火炮、枪身管用材情况。

表 11-12　部分火炮身管用材

钢牌号	火炮种类
30CrNi2MoVA、35SiMn2MoVA	航空炮身管
30Si2Mn2MoWVA、30CrNi2MoVA	无后坐力炮、反坦克火箭炮身管
PCrNi1W、PCrNi1Mo	37 高射炮、85 加农炮身管
PCrNi2Mo	160 迫击炮身管
PCrNi3Mo	100 高射炮、130 加农炮身管
PCrNi3MoV	57 高射炮、海双 37 炮身管

表 11-13　部分枪身管用材

钢牌号	火炮种类
50A、50BA	63 式、7.62 自动步枪身管、手枪管
30SiMn2MoVA、30CrNi2MoVA	14.5 高射机枪、7.62 轻重两用机枪枪管 77 式 12.7 高射机枪身管

枪用碳素钢的碳含量较高。有资料介绍 7.62mm 马克沁轻机枪及 7.62mm 勃朗宁盘机枪碳含量（质量分数）为 0.75%，枪炮身管用合金钢碳含量（质量分数）为 0.3%~0.4%。在 400℃ 以下，PCrNilMo、PCrNi3MoV 与 PCrNi3Mo 中，由于前两种钢线膨胀系数小，热导率高，所以用它们制造的身管耐烧蚀性好，寿命长。很明显，从耐烧蚀角度看，含镍过多是不利的，但镍对钢的韧性有贡献。少量钒不仅能细化晶粒，而且还因能提高钢的耐回火性，从而有利于提高其耐烧蚀性。生产实践表明，PCrNi3MoV 钢身管比 PCrNi3Mo 钢身管的寿命长。

除钢之外，钛合金、铝合金及玻璃纤维增强塑料也都可以在某些特定条件下用来制作身管。钛合金用来制造无后坐力炮身管已取得一些成就。钛合金的抗拉强度可达 1125MPa。钛比钢轻 40%，较易成形和热处理，但耐热水平未突破 600℃，而且生产成本高，耐磨损性能差。所以，除无后坐力炮外，其他火炮并不用钛合金作为身管材料。

铝合金的性能比钛合金差。尽管有些铝合金在 200℃ 时仍能保持其强度特性，但这对于连续射击是无济于事的。所以铝合金可以考虑用于那些消耗性身管。

塑料也可用于那些消耗性身管。但温度升高时，塑料的强度降低。采用玻璃纤维增强之后，可以改善塑料的性能。

无论钛合金身管，还是铝合金或玻璃纤维增强塑料身管，只要采用钢制衬管来承受火药气体和弹丸的烧蚀、磨损作用，就可以使其寿命有所延长。

4. 典型火炮身管的选材和热成形工艺——57 高射炮身管

根据 57 高射炮身管工作条件，要求其力学性能必须满足：$R_{p0.1} \geq 790MPa$；硬度为 302～352HBW（$d = 3.25 \sim 3.50mm$）；$Z = 32.5\%$；$KV_2 \geq 26.8J$。据此确定材料强度类别为 P-80。根据有关资料并参考以往用材实践，选用 PCrNi3MoA。

工艺路线为：钢锭→锻造→预防白点退火→粗加工→正火→调质→钻孔、精加工→表面处理→成品。

实际生产中，57 高射炮身管的工艺流程比上述流程要复杂得多。中、小口径火炮身管采用先调质后钻孔的工艺，以减小变形。

锻造是为了获得一定形状尺寸的身管毛坯，同时也在于提高其力学性能。管坯用整钢锭锻压，钢锭的锭尾部锻成药室部，钢锭冒口部锻成炮口部。管坯锻件整体上类似变截面阶梯轴。

预防白点退火是大锻件生产工艺中必不可少的。钢中含氢时，处理工艺是在 580～660℃长期保温。时间参数与锻件直径（或厚度）及钢的冶炼工艺等有关。去氢后冷却至 300～350℃，必须限速冷却（PCrNi3Mo 钢采用 10℃/h 的冷却速度），以减少和防止应力的产生。

正火的目的是细化晶粒和均匀组织，为调质做组织准备。正火温度比淬火温度高 10～20℃。正火在工艺路线中的安排有两种情况，本例是其一种。如果锻后紧接着进行正火和低温预防白点退火（也有称高温退火或正火加高温回火的），则淬火前不再进行正火。

调质热处理是身管的最终热处理，以获得需要的组织与性能。管坯采用"空-水-油"直入式淬火。先在空气中预冷降温（对铬镍钼、铬镍钼钒钢以装炉量不同，按截面尺寸每 1mm 冷却 1～2s 计），然后垂直入水；控制大小头不同水冷时间（冷却速度为 1～2min/100mm），再转入油中冷却（冷却速度为 15～20min/s100mm）。这种工艺的最大优点是能获得比油淬更深的淬透层，而在整个管坯进入 Ms 附近时，其温差比水冷小，从而减少了淬裂的危险。淬火后立即回火，特殊情况下也不得延误至 2h。

由于管坯必须进行校直，因此需要两次回火。第一次为校直回火，第二次为性能回火。第二次回火温度比第一次回火高 15～20℃，以彻底消除校直时产生的应力。回火温度及时间与管坯截面尺寸、钢种及性能要求等有关。本例在所用钢种及强度类别条件下，推荐温度为 585～595℃，均温保温时间为 8～10h。第一次回火可采用水冷工艺，因为水冷造成的残余应力可在第二次回火时消除。第二次回火不允许快冷。由于钢中含有 Mo，故不致产生第二类回火脆性，回火后获得综合力学性能较高的回火索氏体组织。

5. 典型枪炮身管的选材和热成形工艺——14.5 高射机枪枪管

根据 14.5 高射机枪枪管的工作条件，确定其性能指标为：$R_m \geq 900MPa$，$R_{eL} \geq 800MPa$；$A \geq 10\%$，$Z \geq 40\%$；硬度为 302～341HBW（$d = 3.3 \sim 3.5mm$）；$KV_2 \geq 27J$。

材料为 30SiMn2MoVA 工艺路线为：下料→锻造→正火→调质→机械加工+校直→去应力回火+精加工+镀铬→去氢定性回火+抛光→交验。

以上是枪管的大致工艺路线。枪管属于硬度要求较低而精度要求高的零件，一般把机械加工安排在调质之后进行。为了保证内膛质量，使孔径、膛线合乎要求、表面光洁，必须首先使材料的组织和性能均匀一致。材料经正火、调质后即可达到这样的要求。

淬火工艺为经 650~700℃ 预热后，加热到 870~890℃ 保温水淬。回火在 （650±20）℃ 进行保温，然后空冷或水冷。

回火的加热是在铅浴中进行的。在铅浴中加热均匀、速度快，可减少氧化脱碳和变形。但铅在高温下挥发，对操作者的健康有害。所以，可考虑采用中频淬火机进行枪管淬火。淬火前就已成孔的管坯，为使其充分淬透和硬度均匀，一般采用枪管淬火机对枪管内外同时以 5 个大气压（506.65kPa）的压力喷油冷却进行淬火。

去应力回火在 450~550℃ 进行。

去氢定性回火的目的是消除应力及残留在铬层内的氢，一般是在 480℃ 保温 5~6h，然后炉冷至 300℃ 以下空冷。

零件经上述工艺处理后，即可获得所要求的性能。

11.2.6 量具的选材与加工工艺分析

量具指的是各种测量工具，它们工作时主要受摩擦、磨损的作用，承受外力很小，因而，其工作部要有高的硬度（62~65HRC）、耐磨性和良好的尺寸稳定性，并要求有好的可加工性。

精度较低、尺寸较小、形状简单的量具，如样板、塞规等，可采用 T10A 钢、T12A 钢制作，经淬火、低温回火，或用 50 钢、60 钢、65Mn 钢制作，经高频感应淬火，也可用 15 钢、20 钢经渗碳、淬火、低温回火后使用。

精度高、形状复杂的精密量具，如量块等，常用热处理变形小的钢制造，如 CrMn 钢、CrWMn 钢、GCr15 钢等，经淬火、低温回火。若要求耐蚀的量具可用不锈钢 30Cr13 钢等制造。

下面以量块为例进行分析：

量块是机械制造工业中的标准量具，常用来测量及标定线性尺寸，因此，要求量块硬度达到 62~65HRC，淬火后直线度≤0.05mm，并且要求量块在长期使用中能够保证尺寸不发生变化。

根据上述分析，选用 CrWMn 钢制造是比较合适的。其加工工艺路线为：锻造→球化退火→机械加工→粗磨→淬火→冷处理→低温回火→时效处理→精磨→低温回火→研磨。

球化退火可改善可加工性，为淬火做组织准备。冷处理和时效处理的目的是保证量块具有高的硬度（62~66HRC）和尺寸的长期稳定性。冷处理后的低温回火是为了减小内应力，并使冷处理后的过高硬度（66HRC 左右）降至所要求的硬度。时效处理后的低温回火是为了消除磨削应力，使量具的残余应力保持在最低程度。

本 章 小 结

无论机械零件的设计者，还是机械零件的制造者，都应能合理选用材料、合理设计零件结构和合理制订零件的成形加工工艺，这样才能保证设计和加工制造出的零件在使用过程中具有良好的工作性能，并且零件的生产总成本最低。因此，如何合理地选择材料及其成形加工工艺是一项十分重要的工作。本章主要介绍机械零件选材的三原则，以及一些典型零件的选材过程与成形工艺。机械零件合理选用的三项基本原则包括使用性能原则、工艺性能原则和经济性原则。零件选材遵循一般的方法和程序，其中典型的包括以综合力学性能为主的选材，以疲劳强度为主的选材，以磨损为主的选材和以耐蚀性或热强度为主的选材。并对典型零件包括轴、齿轮、箱体支承、工模具类零件等进行了选材过程的分析。本章思维导图如图 11-6 所示。

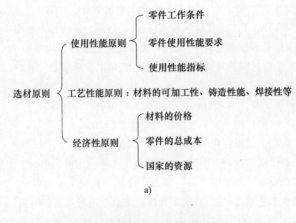

a)

b)

图 11-6 本章思维导图

思 考 题

1. 材料选用的一般原则有哪些？在选用材料时有哪些方法？

2. 怎么才能做到材料的代用与节省？

3. 有一类零件，工作中主要承受交变弯曲应力和交变扭转应力，同时还受到振动和冲击，轴颈部还受到摩擦磨损。该轴直径为 30mm，选用 45 钢制造。试拟定该零件的加工工艺路线，说明每项热处理工艺的作用，分析轴颈部分从表面到心部的组织变化。

4. JN-150 型载货汽车（载重量为 8t）变速器中的第二轴二、三挡齿轮，要求心部抗拉强度 $R_m \geqslant$ 1150MPa，$KV_2 \geqslant 70J$；轮齿表面硬度为 58~60HRC，心部硬度为 33~35HRC。试合理选择材料，指定生产工艺流程及各热处理工序的工艺规范。

5. 已知某轴尺寸为 $\phi30mm \times 200mm$，要求摩擦部分表面硬度为 50~55HRC，现用 30 钢制作，经高频淬火（水冷）和低温回火，使用过程中发现摩擦部分严重磨损，试分析失效原因。如何解决？

6. 某工厂用 CrMn 钢制造高精度量块，其加工路线为：锻造→球化退火→机械粗加工→调质→机械精加工→淬火→冷处理→低温回火并人工时效→粗磨→人工时效→研磨。试说明各热处理工序的作用。

7. 原由 40Cr 钢制作的拖拉机 $\phi12mm$ 连杆螺栓，其工艺路线为：下料→锻造→退火→机械加工→调质→机械加工→装配。现缺 40Cr 材料，试选用代用材料，说明能代替的理由，并确定代用材料制作时的热处理方法。

参 考 文 献

[1] 库兹. 材料选用手册 [M]. 陈祥宝，戴圣龙，等译. 北京：化学工业出版社，2005.

[2] 郑峰. 铝与铝合金速查手册 [M]. 北京：化学工业出版社，2008.

[3] JACOBS J A, KILDUFF T F. 工程材料技术 [M]. 赵静，等改编. 北京：电子工业出版社，2007.

[4] 王群骄. 有色金属热处理技术 [M]. 北京：化学工业出版社，2008.

[5] 崔占全，孙振国. 工程材料 [M]. 3版. 北京：机械工业出版社，2013.

[6] 徐自立. 工程材料及应用 [M]. 武汉：华中科技大学出版社，2007.

[7] 沈莲. 机械工程材料 [M]. 4版. 北京：机械工业出版社，2018.

[8] 陈振华. 变形镁合金 [M]. 北京：化学工业出版社，2005.

[9] 陈振华. 镁合金 [M]. 北京：化学工业出版社，2004.

[10] 莱茵斯，皮特尔斯. 钛与钛合金 [M]. 陈振华，等译. 北京：化学工业出版社，2005.

[11] 曾正明. 实用有色金属材料手册 [M]. 3版. 北京：机械工业出版社，2016.

[12] 刘维良. 先进陶瓷工艺学 [M]. 武汉：武汉理工大学出版社，2004.

[13] 尹衍升，陈守刚，李嘉. 先进结构陶瓷及其复合材料 [M]. 北京：化学工业出版社，2006.

[14] 陈惠芬. 金属学与热处理 [M]. 北京：冶金工业出版社，2009.

[15] 肖汉宁，高朋召. 高性能结构陶瓷及其应用 [M]. 北京：化学工业出版社，2006.

[16] 宋希文. 耐火材料工艺学 [M]. 北京：化学工业出版社，2008.

[17] 李云凯，周张键. 陶瓷及其复合材料 [M]. 北京：北京理工大学出版社，2007.

[18] 周玉. 陶瓷材料学 [M]. 2版. 北京：科学出版社，2004.

[19] 刘宗昌. 金属学与热处理 [M]. 北京：化学工业出版社，2008.

[20] 胡曙光. 特种水泥 [M]. 2版. 武汉：武汉理工大学出版社，2010.

[21] 张锐，陈德良，杨道媛，等. 玻璃制造技术基础 [M]. 北京：化学工业出版社，2009.

[22] 薛群虎，徐维忠. 耐火材料 [M]. 2版. 北京：冶金工业出版社，2009.

[23] 江树勇. 工程材料 [M]. 北京：高等教育出版社，2010.

[24] 齐宝森. 新型材料及其应用 [M]. 哈尔滨：哈尔滨工业大学出版社，2007.

[25] 崔占全，王昆林，吴润. 金属学与热处理 [M]. 北京：北京大学出版社，2010.

[26] 刘阳，曾令可，刘明泉. 非氧化物陶瓷及其应用 [M]. 北京：化学工业出版社，2011.

[27] 宋希文，赛音巴特尔，等. 特种耐火材料 [M]. 北京：化学工业出版社，2011.

[28] 陈光，崔崇，徐锋，等. 新材料概论 [M]. 北京：国防工业出版社，2013.

[29] 李涛，杨慧. 工程材料 [M]. 北京：化学工业出版社，2013.

[30] 王毅坚，索忠源. 金属学及热处理 [M]. 北京：化学工业出版社，2014.

[31] 朱张校，姚可夫. 工程材料 [M]. 5版. 北京：清华大学出版社，2011.

[32] 侯英玮. 材料成型工艺 [M]. 北京：中国铁道出版社，2002.

[33] 谢弗，等. 工程材料科学与设计 [M]. 余永宁，强文江，等译. 北京：机械工业出版社，2003.

[34] 韩建民. 材料成型工艺技术基础 [M]. 北京：中国铁道出版社，2002.

[35] 方洪渊. 焊接结构学 [M]. 北京：机械工业出版社，2008.

[36] 张柯柯. 特种先进连接方法 [M]. 3版. 哈尔滨：哈尔滨工业大学出版社，2016.

[37] 陈勇. 工程材料与热加工 [M]. 武汉：华中科技大学出版社，2001.

[38] 孙康宁，程素娟，孙宏飞. 现代工程材料成形与制造工艺基础：上册 [M]. 北京：机械工业出版社，2001.

［39］ 赵程，杨建民. 机械工程材料［M］. 3版. 北京：机械工业出版社，2015.

［40］ 金国珍. 工程塑料［M］. 北京：化学工业出版社，2001.

［41］ 廖正品. 未来我国塑料工业发展思路及重点［J］. 塑料工业，2003，31（10）：1-8.

［42］ 刘新佳. 工程材料［M］. 北京：化学工业出版社，2005.

［43］ 师昌绪. 材料大辞典［M］. 北京：化学工业出版社，1994.

［44］ 丁惠麟，辛智华. 实用铝、铜及其合金金相热处理和失效分析［M］. 北京：机械工业出版社，2008.

［45］ 孙智. 金属/煤接触腐蚀理论及其控制［M］. 徐州：中国矿业大学出版社，2000.

［46］ 师昌绪. 新型材料与材料科学［M］. 北京：科学出版社，1988.

［47］ 孙智，江利，应鹏展. 失效分析：基础与应用［M］. 北京：机械工业出版社，2005.

［48］ 吴锵，刘瑛，丁锡锋. 材料科学基础［M］. 北京：国防工业出版社，2012.

［49］ 刘春廷. 工程材料与加工工艺［M］. 北京：化学工业出版社，2009.

［50］ 陶亦亦，潘玉娴. 工程材料与机械制造基础［M］. 北京：化学工业出版社，2006.

［51］ 廖景娱，刘正义. 金属构件失效分析［M］. 北京：化学工业出版社，2016.

［52］ 朱鹏程，史保萱. 工程材料与成型工艺［M］. 北京：高等教育出版社，2017.